U0387003

道路机动车排放模型技术方法与应用

贺克斌　霍　红　王岐东　姚志良　著

科学出版社

北京

内 容 简 介

本书针对道路机动车污染物排放问题,结合国内外研究发展动态,探讨了控制技术、行驶工况、交通流特征等因素影响机动车排放的作用机制及定量表征方法;论述了基于实验室测试、在路测试、现场调查和模型模拟等分析手段解析关键参数与排放之间定量关系的数学和物理建模技术;从宏观、中观和微观等分析层面总结并比较了机动车排放因子模型技术和排放清单建立方法的特点和应用优势;应用各模型技术方法定量分析了全国、区域和城市多种尺度和分辨率的机动车污染物排放特征。

本书可供科研院所及环境管理部门从事机动车污染物排放模拟和控制的科技人员参考,也可作为高等院校环境工程、环境规划等专业的教学参考书。

图书在版编目(CIP)数据

道路机动车排放模型技术方法与应用/贺克斌等著. —北京:科学出版社,2014.3

ISBN 978-7-03-039757-7

Ⅰ.①道… Ⅱ.①贺… Ⅲ.①汽车排气污染-空气污染控制 Ⅳ.①X704.201

中国版本图书馆 CIP 数据核字(2014)第 026139 号

责任编辑:杨 震 刘 冉 / 责任校对:朱光兰
责任印制:钱玉芬 / 封面设计:铭轩堂

斜 学 出 版 社 出版

北京东黄城根北街 16 号
邮政编码:100717
http://www.sciencep.com

北京通州皇家印刷厂 印刷

科学出版社发行 各地新华书店经销

*

2014 年 3 月第 一 版 开本:720×1000 1/16
2014 年 3 月第一次印刷 印张:24 3/4 插页:1
字数:500 000

定价:128.00 元

(如有印装质量问题,我社负责调换)

前　言

由于道路机动车保有量和行驶里程的快速增长,机动车在城市和区域大气污染物排放中的贡献日益增加,对城市空气质量和人体健康产生严重影响,成为城市空气质量管理中重点控制的污染源之一。

道路机动车排放的定量表征是建立污染源排放清单和实施城市空气质量管理的重要基础技术支撑。由于道路机动车数量庞大、技术构成复杂、影响排放的因素多、排放源具有流动性的特点,对其进行准确的定量表征具有很大的技术难度,往往需要综合多种模型技术和方法来完成。国内外研发机动车排放模型技术方法,主要集中在三个方面:①基于尾气测试获取的不同条件下机动车的排放变化规律,应用数学或物理模型方法建立主要影响因素(即关键参数)与排放之间的定量响应关系;②通过现场数据采集、数理统计和模型模拟等多种分析手段对关键参数进行定量化分析和时空定位;③构建模型耦合上述定量关系和关键参数,定量模拟机动车排放及其时空变化特征。其中,关键参数与排放的相关性分析、关键参数的定量化与时空定位是机动车排放模型技术方法的核心内容,是机动车排放模型研究领域的国际热点和前沿。

近20年来,作者在国家“九五”攻关、973(2010CB951803)、863(2006AA06A305)、自然科学基金(20625722等)和国际合作等项目经费的支持下,围绕道路机动车排放定量表征这一科学问题,针对中国城市道路机动车排放特征,开展了一系列的模型方法学探索工作。我们将十几年来积累的研究成果和国内外研究进展著书出版,以期求教于大气环境与机动车领域的同行,并期望能为推动我国机动车排放模型技术的发展及其在大气污染控制决策中的应用贡献一份绵薄之力。

全书共分11章,主要包括机动车排放的影响因素和测试方法、机动车技术分布和活动水平确定方法、道路机动车行驶特征分析方法、宏观排放因子模型、基于工况的排放因子模型、瞬态排放因子模型和综合排放因子模型MOVES、宏观机动车排放清单建立方法和城市微观机动车排放清单建立方法。全书以机动车排放主要影响因素的识别与量化、影响因素与排放间数理关系的建模理论以及各种模型技术方法的应用为主线,力图全面阐释机动车排放特征以及定量表征方法。

本书由贺克斌、霍红、王岐东和姚志良策划并统稿,包含了霍红和王岐东博士学位论文,姚志良博士学位论文的部分工作,何春玉和王新彤硕士学位论文,以及课题组十多年来的相关研究。张强教授为本书第1章、第9章和第11章提供了部分素材,并为全书的结构提出了有益的建议,郑博同学参与了部分章节的编写和图表绘制工作,周砚参与了全书的文字整理工作,在此一并表示感谢。作者特别感谢肖亚平研究员,她为本书提出了许多宝贵的意见和建议。作者还要对科学出版社杨震和刘冉编辑的悉心校审衷心致谢。

由于研究条件和作者能力有限,书中不足和疏漏之处在所难免,敬请同行专家和各界读者不吝批评指正。

目　　录

前言
第1章　绪论 ……………………………………………………………… 1
　1.1　机动车排放的主要污染物 ………………………………………… 1
　1.2　机动车对中国城市大气环境的影响 …………………………… 2
　1.3　机动车排放与控制的历史演变 ………………………………… 5
　　1.3.1　世界机动车排放与控制演变趋势 …………………………… 5
　　1.3.2　中国机动车排放与控制演变趋势 …………………………… 7
　1.4　模型技术与机动车污染控制决策 ……………………………… 12
　　参考文献 ………………………………………………………………… 14
第2章　机动车排放的影响因素和测试方法 …………………………… 17
　2.1　尾气排放 ……………………………………………………………… 17
　　2.1.1　排放产生及控制原理简介 …………………………………… 17
　　2.1.2　主要影响因素 ………………………………………………… 20
　　2.1.3　测试方法 ……………………………………………………… 27
　2.2　蒸发排放 ……………………………………………………………… 42
　　2.2.1　蒸发排放的产生与分类 ……………………………………… 42
　　2.2.2　主要影响因素 ………………………………………………… 43
　　2.2.3　测试方法 ……………………………………………………… 44
　　参考文献 ………………………………………………………………… 47
第3章　机动车技术分布和活动水平确定方法 ………………………… 59
　3.1　部门宏观调查 ………………………………………………………… 59
　3.2　问卷调查法 …………………………………………………………… 61
　　3.2.1　调查方法:以2004年北京轻型车调查研究为例 …………… 61
　　3.2.2　中国城市机动车活动水平特征综合分析 …………………… 69
　3.3　车队模型法 …………………………………………………………… 73
　　3.3.1　存活曲线正演法 ……………………………………………… 73
　　3.3.2　存活曲线反演法 ……………………………………………… 78
　　3.3.3　基于调查的模型法 …………………………………………… 82
　3.4　方法总结 ……………………………………………………………… 84
　　参考文献 ………………………………………………………………… 85

第 4 章　道路机动车行驶特征分析方法 ……………………………………… 87

4.1　机动车标准测试工况 ………………………………………………… 87

　4.1.1　欧洲轻型车测试工况 ………………………………………… 87

　4.1.2　美国测试工况 ………………………………………………… 89

　4.1.3　日本测试工况 ………………………………………………… 94

4.2　城市综合行驶工况 …………………………………………………… 98

　4.2.1　行驶数据的收集和处理 ……………………………………… 100

　4.2.2　行驶特征曲线的拟合 ………………………………………… 104

　4.2.3　行驶特征分析 ………………………………………………… 105

4.3　特殊行驶工况 ………………………………………………………… 112

　4.3.1　行驶数据采集 ………………………………………………… 112

　4.3.2　行驶特征分析 ………………………………………………… 114

4.4　路段行驶特征 ………………………………………………………… 115

　4.4.1　路段行驶特征数据收集 ……………………………………… 116

　4.4.2　行驶特征综合分析 …………………………………………… 119

　4.4.3　路段行驶特征分析 …………………………………………… 122

参考文献 ……………………………………………………………………… 134

第 5 章　宏观排放因子模型 ………………………………………………… 136

5.1　MOBILE 系列模型及 PART 模型 …………………………………… 136

　5.1.1　MOBILE5 模型 ……………………………………………… 137

　5.1.2　PART 模型 …………………………………………………… 143

　5.1.3　MOBILE6 模型 ……………………………………………… 144

　5.1.4　在中国的应用 ………………………………………………… 147

5.2　EMFAC 模型 ………………………………………………………… 148

5.3　COPERT 模型 ………………………………………………………… 150

　5.3.1　概述 …………………………………………………………… 150

　5.3.2　计算方法 ……………………………………………………… 151

　5.3.3　在中国的应用 ………………………………………………… 155

5.4　基于燃料消耗的宏观排放因子 ……………………………………… 156

　5.4.1　方法及应用 …………………………………………………… 156

　5.4.2　优点及局限性 ………………………………………………… 157

5.5　宏观排放因子模型评价 ……………………………………………… 158

　5.5.1　不确定性 ……………………………………………………… 158

　5.5.2　准确性验证 …………………………………………………… 159

　5.5.3　在中国的适用性 ……………………………………………… 162

5.6　MOBILE 模型在中国的应用案例分析 ································ 164

　　5.6.1　宁波和广州机动车保有量 ································ 165

　　5.6.2　MOBILE5 模型关键输入参数的确定 ·················· 166

　　5.6.3　模拟结果分析 ·· 169

参考文献 ·· 172

第 6 章　基于工况的排放因子模型 ································ 176

6.1　方法学概述 ·· 176

6.2　IVE 模型方法学及应用 ······································ 178

　　6.2.1　方法学 ·· 178

　　6.2.2　数据获取方法 ·· 182

　　6.2.3　在全球及中国的应用 ·································· 189

6.3　中国工况排放因子模型 DCMEM 的开发与应用 ·············· 190

　　6.3.1　机动车排放测试 ······································ 192

　　6.3.2　测试数据处理 ·· 195

　　6.3.3　测试结果分析 ·· 197

　　6.3.4　DCMEM 排放速率库的建立 ·························· 202

　　6.3.5　DCMEM 模型的构建与应用 ························ 204

6.4　工况排放因子模型评价 ······································ 212

参考文献 ·· 213

第 7 章　瞬态排放因子模型 ·· 216

7.1　数学瞬态排放因子模型 ······································ 217

　　7.1.1　VT-Micro 模型 ·· 217

　　7.1.2　EMIT 模型 ·· 218

7.2　物理瞬态排放因子模型 CMEM ······························ 220

　　7.2.1　轻型汽油车 ·· 221

　　7.2.2　重型柴油车 ·· 230

　　7.2.3　CMEM 模型评价 ······································ 234

　　7.2.4　CMEM 模型在中国城市的应用和验证 ················ 235

7.3　中国轻型车瞬态排放因子模型 ICEM ·························· 242

　　7.3.1　机动车排放测试 ······································ 242

　　7.3.2　测试结果分析 ·· 244

　　7.3.3　轻型车瞬态排放模型 ICEM 的建立 ·················· 248

7.4　MOBILE 模型、IVE 模型和 ICEM 模型的对比与评价 ·········· 257

　　7.4.1　模型输入数据 ·· 257

　　7.4.2　结果分析 ·· 260

　　　7.4.3　对高分辨率排放清单的支持 ································· 262

　　参考文献 ··· 262

第8章　综合排放因子模型 MOVES ································· 266

　8.1　发展历程简述 ··· 266

　8.2　方法学 ··· 269

　　　8.2.1　研究内容和边界 ··· 269

　　　8.2.2　模型方法学框架 ··· 271

　　　8.2.3　排放因子模拟方法及数据的更新 ························· 275

　8.3　方法学特点、模型验证及应用 ································· 288

　　　8.3.1　方法学特点 ··· 288

　　　8.3.2　与其他模型的结果对比 ··································· 291

　　　8.3.3　模型验证 ··· 293

　　　8.3.4　模型应用 ··· 293

　　参考文献 ··· 294

第9章　宏观机动车排放清单建立方法 ····························· 298

　9.1　清单方法学 ··· 298

　　　9.1.1　清单的研究内容 ··· 298

　　　9.1.2　交通活动水平的获取 ····································· 300

　　　9.1.3　交通活动水平的分解 ····································· 304

　　　9.1.4　排放清单网格化 ··· 308

　9.2　中国多城市排放清单的建立 ··································· 314

　　　9.2.1　引言 ··· 314

　　　9.2.2　清单方法和数据 ··· 315

　　　9.2.3　结果分析 ··· 320

　　　9.2.4　对全国高分辨率排放清单的方法学启示 ················· 323

　　　9.2.5　政策启示 ··· 324

　9.3　中国高分辨率机动车排放清单的建立 ··························· 325

　　　9.3.1　引言 ··· 325

　　　9.3.2　清单方法和数据 ··· 326

　　　9.3.3　结果分析 ··· 331

　　　9.3.4　全国高分辨率机动车排放清单方法的评价 ··············· 341

　　参考文献 ··· 343

第10章　城市微观机动车排放清单建立方法 ······················· 347

　10.1　概述 ··· 347

　　　10.1.1　方法学 ·· 347

　　　 10.1.2 主要应用 ··· 349
　10.2 北京市轻型车路段微观排放清单的建立 ··················· 351
　　　 10.2.1 路段排放量的计算 ····································· 351
　　　 10.2.2 北京市路段电子地图的绘制 ························· 354
　　　 10.2.3 结果与分析 ··· 358
　10.3 宏观排放清单和微观路段排放清单的对比和评价 ········· 366
　　　 10.3.1 排放量 ··· 367
　　　 10.3.2 排放的时空分辨率 ····································· 369
　　　 10.3.3 应用优势 ··· 369
　参考文献 ·· 370
第 11 章 挑战与展望 ·· 372
　11.1 问题与挑战 ·· 372
　11.2 研究展望 ··· 376
　参考文献 ·· 377
缩略词表 ·· 378
单位换算表 ··· 381
索引 ·· 382
彩图

第1章 绪 论

1.1 机动车排放的主要污染物

当前我国的大气污染特征正处于由传统的一次污染向一/二次复合污染转型的重要时期。大气复合污染的主要表现形式是以高臭氧(O_3)浓度为代表的光化学污染,以高细颗粒物浓度为代表的灰霾污染,以及硫酸盐、硝酸盐等致酸物质引起的酸沉降等。

机动车在启动和行驶过程中排放的主要污染物有氮氧化物(NO_x)、挥发性有机物（VOC）、一氧化碳(CO)、含碳颗粒物、二氧化硫(SO_2)等,另外轮胎和刹车磨损还会产生颗粒物排放,燃料系统的蒸发过程会产生 VOC 排放。上述污染物对于区域大气复合污染均有不同程度的重要贡献。

氮氧化物(NO_x)在对流层大气化学中具有重要作用。NO_x 在大气中通过均相反应形成硝酸之后,可进一步与氨(NH_3)反应生成亚微米级的硝酸铵粒子。NO_x 以气态形式或硝酸根(NO_3^-)的形式沉降到地面和水体,会引起生态系统的酸化和富营养化。同时,NO_x 也是对流层 O_3 的重要前体物之一。氮氧化物的人为源排放主要来自煤炭、石油等化石燃料的燃烧过程,生物质燃烧、闪电、土壤等天然源对氮氧化物的排放也具有重要的贡献。

挥发性有机物（VOC）一般是指饱和蒸气压较高(20℃下大于或等于 0.01 kPa)、沸点较低、相对分子质量小、常温状态下易挥发的有机化合物。在机动车排放研究中,也常采用碳氢化合物(hydrocarbon,HC)、总碳氢化合物(total hydrocarbon,THC)、非甲烷碳氢化合物(non-methane hydrocarbon,NMHC)、非甲烷有机气体(non-methane organic gas,NMOG)等术语表示包括或不包括甲烷的挥发性有机物。大气中 VOC 的来源非常复杂,既来自化石燃料燃烧、生物质燃烧、工业生产、油气和溶剂挥发等人为源排放,又来自植被、土壤等自然过程的排放,同时还源于光化学反应的二次生成。VOC 是对流层 O_3 和二次有机气溶胶的重要前体物,对于大气复合污染具有非常重要的贡献。而且,VOC 中的很多成分对于人体具有较强的毒性,健康危害很大。

一氧化碳(CO)是一种无色无味的气体,是不完全燃烧的产物,主要来源为化石燃料和生物质的不完全燃烧过程。CO 参与对流层 O_3 的形成,同时它是大气中氢氧自由基（·OH）最重要的汇。近年来的研究表明,通过对 ·OH 浓度的影响,大气中 CO 的浓度会影响二次细颗粒物的浓度水平。

含碳颗粒物包括黑碳(BC)和有机碳(OC),也是源于燃料的不完全燃烧过程,包括民用部门的煤炭和生物质燃烧、生物质开放燃烧、中小型燃煤锅炉以及使用柴油和重油的燃烧设备,如柴油车、轮船、建筑机械等。含碳颗粒物对于环境、气候、能见度和人体健康都具有不良影响。BC 对长波和短波辐射均具有吸收作用,能产生辐射强迫而影响气候变化,同时导致能见度的降低。OC 则含有多种具有致癌、致畸、致突变作用的物质,对人体健康具有很大危害。

二氧化硫(SO₂)是一种无色、具有强烈刺激性气味的气体,其主要来源有化石燃料的燃烧、矿石冶炼和煅烧以及火山喷发等。SO₂ 在大气中通过均相或非均相反应可转化为硫酸盐气溶胶。硫酸盐是大气气溶胶的主要成分之一,具有重要的气候和环境影响。硫酸盐气溶胶能够有效地散射各波段的太阳光,使得到达地球的入射光减少。另外,硫酸盐气溶胶易溶于水,可以有效地作为云凝结核,从而影响气候。IPCC 给出的硫酸盐的全球平均直接辐射强迫为 $-0.4\ \mathrm{W/m^2}$,是最重要的短寿命辐射强迫活性物质之一。硫酸盐是气溶胶中主要的消光成分,对大气灰霾的形成具有重要贡献。另外,二氧化硫在大气中与水、氧和氧化剂反应形成各种酸性化合物时,发生酸沉降,进而对生态系统产生影响。

1.2 机动车对中国城市大气环境的影响

大气中的 NO_x/NO_2 浓度一定程度上可表征机动车污染程度。20 世纪 90 年代以来,中国超大型城市逐渐表现出明显的机动车污染特征,而且污染形势愈显严峻,体现为 NO_x/NO_2 污染浓度频繁超标。图 1-1 对北京和上海等城市 1990 年以来的 NO_x/NO_2 年均浓度进行统计。2000 年以前,中国各种公开的环境公报均报告 NO_x 的大气浓度。2000 年,各级环境年报、日报以及统计数据陆续使用 NO_2 代替 NO_x,对标准限值也相应进行了调整。图 1-1 中 1990~1999 年的数据为 NO_x 浓度及 NO_x 标准,2000~2012 年的数据为 NO_2 浓度及 NO_2 标准。

20 世纪 90 年代,城市 NO_x 污染水平居高不下,在 1996~1999 年间,城市机动车污染达到了顶峰,广州和北京等城市的 NO_x 年均浓度甚至超出国家空气质量三级标准(GB 3095—1996)30%~50%。近年来政府采取了多项措施治理城市机动车污染,缓解了机动车污染的恶化趋势,NO_2 年均浓度呈现逐年下降的态势。2000年,“《环境空气质量标准》修改单”放宽了 NO_2 二级标准的年均浓度限值,由 $40\ \mu\mathrm{g/m^3}$ 修改为 $80\ \mu\mathrm{g/m^3}$,这使得这些城市的 NO_2 年均浓度能够达到国家二级标准。然而,2012 年发布的新环境空气质量标准(GB 3095—2012)将 NO_2 环境浓度的二级标准严格为 $40\ \mu\mathrm{g/m^3}$,与世界卫生组织发布的 NO_2 年均准则值一致,新标准将于 2016 年实施。如图 1-1 所示,虽然北京等城市的 NO_2 年均浓度满足现行标

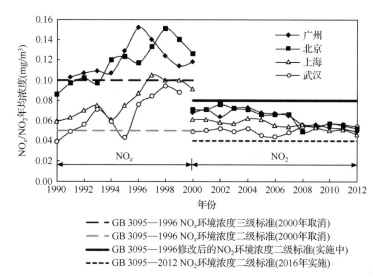

图 1-1　1990～2012 年广州、北京、上海和武汉 NO_x/NO_2 年均浓度变化

资料来源：中国环境年鉴 1991～2009；2009～2012 年北京市环境状况公报；2010～2012 年上海市
环境状况公报；2010～2012 年广州市环境状况通报；2009～2011 年武汉市环境状况公报

准，但与新的标准要求还有相当的差距。

　　就全国城市而言，NO_2 年均浓度呈现两个变化趋势：①在超大城市及经济发达城市有所下降；②在普通大城市及中等城市逐渐增加。图 1-2 为 2003 年及 2012 年上半年全国 100 多个环境保护重点城市 NO_2 平均浓度变化。2003～2012 年近十年间，NO_2 年均浓度超过 $0.05\ mg/m^3$ 的城市个数明显减少，这些城市包括天津、广州和深圳等大城市和经济发达城市；与此同时，一些原本 NO_2 浓度较低的城市 NO_2 浓度增加至 $0.04\ mg/m^3$ 以上，例如厦门、攀枝花和南昌。按照现行标准，这些重点城市均可达到 $0.08\ mg/m^3$ 的 NO_2 年均浓度标准，而若参考 2016 年将要执行 $0.04\ mg/m^3$ 的新 NO_2 年均浓度标准，将有 40% 的城市无法达标。

　　近年来，人们对多种污染源作用下产生的大气复合污染越来越关注，其中机动车排放在城市地区复合污染形成中发挥越来越重要的作用。机动车排放的 VOC 和 NO_x 是臭氧（O_3）的前体物，早在 1986 年夏季，北京就发现了光化学烟雾的迹象（张远航等，1998）。随后十几年内，O_3 污染水平逐年恶化，超标面积和浓度不断增加，超标小时数由 1991 年的 188 小时增加到 1999 年的 777 小时[①]（谢绍东等，2000）。随着北京市空气污染治理不断深入，O_3 污染水平有所下降，但是 O_3 超标现象仍然严重。2012 年，北京市夏秋季节 O_3 超标天数为 76 天，超标小时数达到 296

---

　　①　参见：1999 年北京市环境状况公报

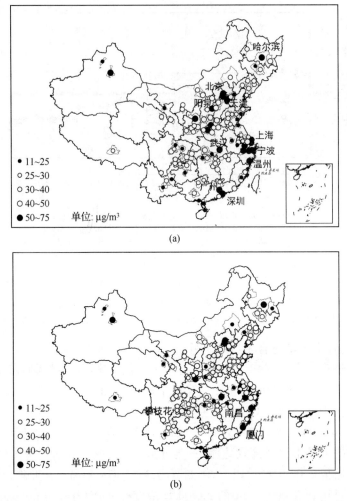

图 1-2　2003 年(a)及 2012 年(b)上半年全国百余个环境保护重点城市 NO₂ 年均浓度图
资料来源：中国环境年鉴 2003；环境保护部《2012 年上半年环境保护重点城市环境空气质量状况》
本书所用全国地图，均根据国家测绘局标准地图[审图号：GS(2008)1349 号]绘制
本图另见书末彩图

小时[①]。中国中、南部特别是沿海城市均已发生或面临光化学烟雾污染的威胁，在上海和广州等城市频繁观测到光化学烟雾污染的现象。研究表明，北京等城市的 O_3 污染状况与机动车保有量的持续增长及其污染物排放不断增加密切相关（张远航等，1998；谢绍东等，2000）。

2011 年入秋以来，北京、南京、武汉等城市多次发生持续数日的雾霾天气，这

① 参见：2012 年北京市环境状况公报

种雾霾天气以高细颗粒物（PM$_{2.5}$）浓度为特征,严重威胁城市环境及公众健康(Zhang et al.,2012)。机动车是城市 NO$_x$ 的主要排放源,而 NO$_x$ 又是二次颗粒物的重要前体物,因此机动车是否是城市雾霾天气的主要贡献者成为政府、学术界及公众广泛关注的焦点。2011 年发生的雾霾污染事件引发了国家对大气环境质量的高度重视,国务院于 2012 年 2 月出台了新的《环境空气质量标准》(GB 3095—2012),首次将 PM$_{2.5}$ 和 8 小时臭氧浓度纳入常规空气质量评价体系,还收紧了可吸入颗粒物(PM$_{10}$)和 NO$_2$ 等标准限值,这意味着机动车排放将面临更严格的约束。这项新标准将于 2016 年实施。

整体上,机动车对中国城市大气环境的影响格局发生了如下的变化:20 世纪90 年代超大城市及经济发达城市机动车污染较为严重,且逐年恶化;近十年随着机动车污染治理工作的不断深入,污染势态有所缓解,但形势依然严峻,特别是机动车在中国城市群大气复合污染中的贡献越来越突出。近年来普通大城市及中小城市陆续进入机动车快速增长时期,开始表现出明显的机动车污染特征,不容忽视。

1.3　机动车排放与控制的历史演变

1.3.1　世界机动车排放与控制演变趋势

1943 年,拥有上百万辆汽车的工业化大城市洛杉矶爆发了世界首次光化学烟雾事件,随后光化学烟雾在洛杉矶频繁发生,对居民健康和生态环境造成了恶劣的影响。此后,巴黎和东京等多个城市和地区也出现了光化学烟雾。Haagen-Smit(1952)对洛杉矶光化学烟雾的形成原因进行了分析,认为光化学烟雾是由有机气体(VOC)和氮氧化物(NO$_x$)在一定的气象条件下发生光化学反应形成的,而汽车、炼油厂和化工厂等是 VOC 和 NO$_x$ 的主要排放源。根据研究者的估算,当时汽车排放的 VOC 和 NO$_x$ 占洛杉矶城市两种气体总排放量的 80% 和 50% 以上,是洛杉矶光化学烟雾最主要的污染源(Maga and Hass,1960)。

美国加利福尼亚州是世界上最早开展机动车污染控制的地区。1960 年,加州政府成立了机动车污染控制委员会(Motor Vehicle Pollution Control Board)。在委员会的努力下,1961 年及之后出厂的车辆安装了曲轴箱排放控制装置,1966 年及以后出厂的车辆安装了尾气排放控制装置,1970 年及以后出厂的车辆安装了蒸发排放控制装置(Haagen-Smit,1970)。与此同时,美国联邦、欧洲和日本等开始了针对机动车污染物排放的多阶段控制,使单车单位行驶里程的排放水平大幅度下降。图 1-3 为美国、欧洲和日本轻型汽油车新车 HC+NO$_x$ 排放标准的发展趋势。最近 40 年,这些国家的轻型汽油车 HC+NO$_x$ 排放因子下降了 98% 以上。

1960~2010 年,全球机动车保有量从约 1 亿辆增加到 7 亿多辆(Davis et al.,

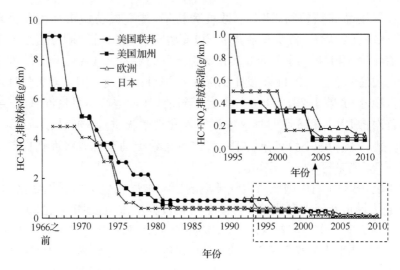

图 1-3　美国、欧洲和日本轻型汽油车 HC＋NOₓ 排放标准发展趋势

各标准基于各国工况；图中 1993 年后的美国联邦和加州标准为 NMOG＋NOₓ

2012）。而同期机动车主要污染物的排放量呈现先增加、后下降的趋势，反映了世界各国机动车排放控制的演变进程。如图 1-4 所示，机动车的 NO_x、CO 和 VOC 排放量均在 20 世纪 90 年代初期出现峰值，之后则开始下降。其中 CO 和 VOC 排放下降幅度较大，2008 年排放量比 1990 年分别减少了 51% 和 41%；而 NO_x 排放下降幅度较小，2008 年排放量比 1990 年仅下降了 13%（European Commission，2012）。这一下降幅度的差别体现了全球范围内汽油车和柴油车控制进程的差异。

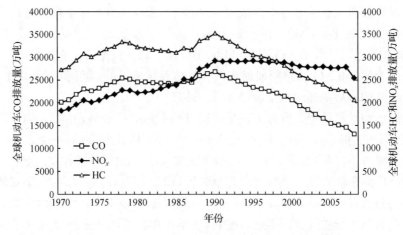

图 1-4　1970～2008 年全球机动车排放量变化趋势

欧美等发达国家开始机动车排放控制的时间较早，而且机动车保有量也已达到或接近饱和，因此过去二十年内机动车污染物排放量下降幅度很大。以美国为

例,2012 年机动车的 NO_x、CO 和 VOC 三种污染物的排放量比 1990 年分别下降了 59%、78% 和 79%(USEPA,2012)。而在很多发展中国家,由于机动车保有量增长迅速,且排放控制进程滞后,过去二十年里机动车污染物的排放仍然呈增长趋势。例如,1990~2008 年间,印度机动车的 NO_x、CO 和 VOC 排放量分别增加了 53%、62% 和 91%(European Commission,2012)。

1.3.2 中国机动车排放与控制演变趋势

1. 机动车排放演变趋势

随着中国经济的高速发展以及城市化进程的逐步加快,城市的经济活动日益频繁,人们的出行需求持续增长,机动车保有量不断增加。如图 1-5 所示,1980~2012 年的 32 年间,全国机动车保有量从 135 万辆增长到 1.2 亿辆,增长了近百倍,年均增长率达 15%。2012 年,中国千人汽车拥有量达到 88 辆/1000 人,其中大城市的千人汽车拥有水平更高,譬如北京市已达到 250 辆/1000 人。

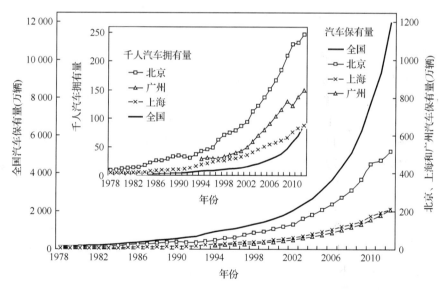

图 1-5　全国及几个主要大城市机动车保有量增长情况

持续扩大的机动车车队逐渐成为大气环境的主要污染源,是城市空气质量恶化的主要因素之一。根据中国环境保护部 2010~2012 年发布的《中国机动车污染防治年报》,1980~2000 年间,全国汽车(不含摩托车)CO、HC、NO_x 和 PM 排放量增长迅速,其排放量在 20 年内分别增加了 12 倍、10 倍、6.7 倍和 5.5 倍,进入 2000 年后,中国加大了机动车排放控制的力度,尽管汽车污染物排放量仍在逐年增长,但增长势头明显放缓(图 1-6)。

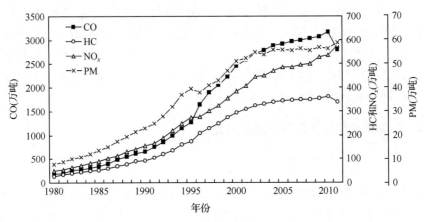

图 1-6　1980～2011 年中国汽车污染物排放变化趋势

资料来源：中国机动车污染防治年报(2010～2012 年)

　　20 世纪 90 年代,研究者对中国机动车引发的城市和区域污染越来越关注,开展了多项研究对全国及主要城市的机动车污染物排放量进行测算,分析中国城市机动车的排放特征及排放贡献。

　　就全国而言,机动车已经成为污染物排放的主要贡献者,从 20 世纪 90 年代至 21 世纪初,其排放和贡献率一直攀升;最近十年,在国家持续有效的机动车排放控制下,机动车排放贡献率有所下降,但仍然处于较高水平。Zhang 等(2007)的研究显示,1995～2004 年间,中国汽油车和柴油车的 NO_x 排放由 161 万吨增长到 320 万吨,对全国 NO_x 总排放的贡献由 14.8% 增加到 17.2%。2005 年中国机动车的 VOC 排放贡献被估算为 24%～33%(Bo et al., 2008;Wei et al., 2011)。根据 Zhang 等(2009),2001 年交通部门(含非道路交通)的 CO 和 HC 排放分别占全国总排放的 26.8% 和 36.2%,2006 年其贡献率分别下降至 20.2% 和 28.5%。Y. Zhao 等(2012)估算中国道路机动车的 CO 排放近年来呈现略微下降的趋势,且其贡献从 2005 年的 12% 下降至 2009 年的 11%。Qin 和 Xie(2012)认为机动车对全国黑碳(black carbon,BC)的贡献从 1980 年的 2.9% 上升到 2000 年的 13% 左右,随后 2009 年降至 11% 左右。

　　经济相对发达地区的机动车活动水平较高,因此机动车的排放贡献高于全国平均水平。根据 B. Zhao 等(2012)的研究,2003 年华北地区北京、天津和河北等 6 省 2 市机动车的 NO_x、VOC、CO、PM_{10} 和 $PM_{2.5}$ 的排放贡献分别为 31%、55%、22%、7% 和 10%。在珠江三角洲地区,2006 年机动车对 NO_x、VOC、CO、PM_{10} 和 $PM_{2.5}$ 排放的贡献被估算为 36%、40%、67%、22% 和 36%(Zheng,2009a,2009b)。有研究显示,机动车是珠江三角洲地区的重要污染源,但其排放贡献率已经出现下降趋势,例如 2000～2009 年间,机动车的 NO_x 排放贡献率从 41% 下降至 38%,VOC

的贡献率从 58% 下降至 53%（Lu et al.，2013）。Li 等（2011）估算了 2004 年长江三角洲上海、南京和杭州等 16 个城市的人为污染源排放，其中机动车的 NO_x、VOC、CO 和 $PM_{2.5}$ 排放贡献分别为 28%、60%、80% 和 6%，但 Huang 等（2011）对 2007 年长江三角洲地区机动车的排放贡献测算结果较低，其研究显示机动车的 NO_x、VOC 和 CO 排放贡献分别为 12%、12% 和 30%。

机动车活动多发生在人群密集的城市区域，所以在城市层面，机动车的排放贡献更高，危害更为突出。表 1-1 为研究者估算的 1989～2008 年间中国各城市机动车污染的排放分担率。如表所示，在近 20 年里，城市机动车的排放贡献一直处于较高水平，多数城市的机动车 CO 和 NO_x 排放分担率为 80% 和 40% 左右，在城中心其排放贡献更高。尽管有研究表明北京、上海等大城市的机动车污染物排放量已经进入下降阶段（Wu et al.，2011；姚志良等，2012），但由于机动车在城市地区活动集中，排放的污染物容易在大气中形成高浓度，在一定条件下可能会引发二次污染，影响城市空气质量和公众身体健康。

表 1-1　机动车在城市的排放贡献

城市	研究域	年份	机动车污染物排放分担率（%）				相关研究
			CO	HC	NO_x	PM	
北京	全市	1989	39	75	46		Faiz 和 Delarderel(1993)
	全市	1995	77		40		郝吉明等(2000)；Hao 等(2001)
	全市	1998	83		43		郝吉明等(2000)
	全市	2008(6 月/奥运期间)		42/43	66/67	4.4/5.0	Wang 等(2010)
上海	全市	1995	76	93	44		陈长虹等(1997)
	全市	1996	86		56		He 等(2002)
	内环/全市	2002			81/21		伏晴艳等(2004)
重庆	全市	1999	86	37	86		陈盛櫆等(2000)
	主城区	2004			36		赵琦等(2007)
	主城区	2007	80	54	50	6.9	杨清玲等(2009)
广州	全市	1995	85		42		He 等(2002)
乌鲁木齐	城区/外埠	2007	51/—	43/58	—/75		李珂等(2010)
济南	全市	2000	79	63	19		王立柱等(2003)
南京	全市	2001			46		张丹宁等(2004)
深圳	中心城区	2003	91		90		王令(2007)
兰州	全市	2006	90		20		张乐群(2008)
成都	全市	2007	70	35	17		李从庆等(2010)
成都	中心城区	2008	75	31	43		宋丹林(2010)；周来东等(2011)
石家庄	全市	2008			14		程轲(2009)

2. 机动车排放控制进程

随着机动车污染问题的日益突出,中国逐渐认识到机动车污染对人体健康及城市环境的严重危害,从 20 世纪 90 年代末起,在机动车污染控制方面开展了大量的、全方位的工作,包括不断严格新车排放标准和油品标准、对在用车实施检查/维护制度、加速报废老旧车辆、强化交通管理等。

(1) 新车排放标准及油品标准

中国从 1999 年开始了新一轮的排放标准修订工作,新的排放标准基本采用欧洲标准体系。2000 年中国实施了国家第一阶段(国 I)机动车排放标准(相当于欧 I),并于 2004 年和 2007 年分别实施了国家第二阶段和第三阶段(国 II 和国 III)机动车排放标准(相当于欧 II 和欧 III)。在北京和上海等机动车污染较严重的地区,控制进程更快一些,例如,北京在 2005 年提前实施国 III 标准,2008 年提前实施国家第四阶段(国 IV)排放标准(相当于欧 IV),2013 年 2 月 1 日起实施国 V 标准(相当于欧 V 标准,也称京 V 标准),与欧洲现行的标准相当。

图 1-7 为中国和部分城市机动车污染物排放标准实施的时刻表。总的来说,与欧洲相比,中国的机动车排放标准整体落后 6~8 年,大致相当于两个阶段。1999 年,北京比全国提前一年实施国 I 排放标准,随后领先优势逐渐拉大,目前北京的标准实施进程比全国领先两个标准阶段。

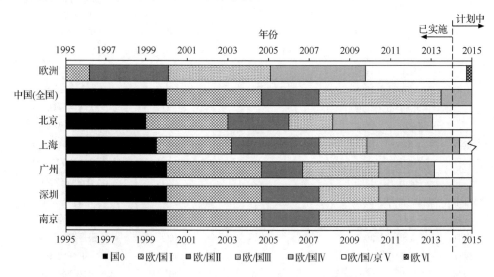

图 1-7　中国及部分城市的轻型汽油车新车排放标准实施时刻表(截至 2013 年 12 月)

若要机动车排放满足标准的限值规定,除了车辆自身要具备相应的排放控制技术,还需要使用与车辆技术匹配的油品。中国在实施新车排放标准的同时,也在努力推进油品质量的改善。评判油品质量的一个重要指标是硫含量。总体而言，中国油品标准滞后于机动车排放标准，例如中国 2007 年 7 月对轻型汽油车实施国III 排放标准，而直到 2009 年年底才在全国范围内普及符合国 III 油品标准的、硫含量低于 150 ppm（即 150 mg/kg）的汽油。国 IV 排放标准的实施需要硫含量低于 50 ppm 的国 IV 汽油与之匹配，因此国 IV 汽油的供给能力成为中国国 IV 排放标准能否顺利实施的关键。

推进新车排放标准在中国机动车污染排放控制战略中处于举足轻重的地位，它对缓解中国机动车的污染趋势具有重要意义。如上所述，中国在 2000 年实施第一阶段新车标准之后，机动车污染排放的增长势头开始放缓，并在几年后开始出现下降的趋势。从国外发达国家的机动车污染控制经验来看，新车排放标准也是控制机动车污染最重要的措施之一。特别是现在中国正处于机动车迅猛增长的时期，不断严格新车排放标准是防止机动车污染物排放随之激增的必要手段。

（2）在用车检查/维护制度（I/M 制度）

定期的检查/维护有助于识别并调整因故障或其他机械问题而导致的高排放车辆。小部分高排放车辆排放的污染物往往在总排放中占有相当大的比例。研究表明，20% 的高排放车辆的排放可占到总排放量的 60% 以上（Huo et al.，2012）。若车辆的催化转化器或氧传感器失效，CO 和 HC 排放可增加 20 倍以上，NO_x 排放增加 3~5 倍。由于影响排放性能的故障并不影响行驶性能，因此不能引起驾驶员的注意。I/M 制度可识别出存在问题的车辆并要求它们进行修理和维护，从而保证机动车处于正常的排放水平，有效控制机动车污染。北京、上海等城市先后实施了 I/M 制度。

（3）限制老旧车辆的使用及加速报废

老旧车辆技术水平低，排放劣化严重，单车排放水平非常高，限制及淘汰老旧车辆是控制机动车排放的一种有效方法。北京和上海等城市已经对高排放车辆的行驶区域进行了严格限制。为了加速车队技术更新并刺激汽车市场经济，全球各国均采用补贴的方式鼓励车主自愿报废老旧车辆。例如，2009 年德国出台了一项政策，自愿报废 9 年以上车龄旧车的车主，在购买新车时可获得 2500 欧元的报废补贴。在中国，达不到国 I 排放标准的汽油车和达不到国 III 排放标准的柴油车被称为"黄标车"。由于中国 2000 年实施国 I 标准，而且车辆服役年限一般为 15 年，因此目前仍有一部分黄标车辆在运行。黄标车排放水平十分恶劣，一辆相当于几辆甚至几十辆国 III 车辆的排放水平，尽早淘汰这些车辆有助于大幅度降低机动车排放。财务部和商务部等多家部委在 2009 年联合发出了关于印发《汽车以旧换新实施办法》的通知，对报废黄标车的车主给予 3000~6000 元的补贴，并在 2010年加大了补贴力度，对某些车型的补贴增加了 1~2 倍。

（4）其他措施

除了上述针对新车、油品和在用车等以降低单车排放水平为目的的控制措施以外,还有一些措施经常被划入机动车排放控制措施的范畴中,这些措施包括使用替代燃料和先进动力技术(如混合动力和纯电动车)、交通管理、发展快速公交系统和轨道交通等。这些措施可能未必以减少机动车排放为首要目的,它们或是为了节约石油资源,或是为了缓解城市拥堵问题,但是它们可以起到减少城市机动车排放的效果。例如,2008 年奥运会期间,为了保障空气质量和道路通畅,北京实施了一系列临时交通管制措施,包括：①私人机动车实行单双号限行;②70%的政府车辆在奥运会期间禁止上路;③6 时至 24 时,禁止卡车在六环路以内道路(不含六环路)行驶;④黄标车禁止在全市范围内行驶。这些措施使得全市机动车的行驶里程在奥运会期间减低了 32%,平均速度从 25 km/h 增加到 37 km/h,机动车的 VOC、CO、NO_x 和 PM_{10} 排放分别比无措施时减少了 55.5%、56.8%、45.7% 和 51.6%(Zhou et al. , 2010)。

总体上,中国的机动车控制进程正朝着推广低排放新技术车辆、限制并淘汰落后高排放车辆、加强交通管理以减少机动车使用的多元化和综合性方向发展。

1.4　模型技术与机动车污染控制决策

城市空气质量控制和管理是一个复杂的决策过程,需要一系列的技术手段作为支撑,包括排放源表征、空气质量模拟、控制措施筛选、控制费用效益分析等。其中,排放源的表征是最核心的基础支撑之一。城市空气质量的改善需要对多种污染物进行协同控制。城市大气污染物来源通常较为复杂,因此,对多种来源产生的污染物排放进行高精度的表征,是开展多污染物协同控制决策的重要基础。从城市空气质量管理进程来看,往往首先针对固定源进行控制。而随着城市的发展,机动车保有量增加很快,致使机动车排放的分担率不断提高,成为大气污染物的重要来源之一。因此,准确量化并表征其排放对城市空气质量管理具有非常重要的意义。

机动车保有量众多,技术构成复杂,不同行驶条件下排放差异大,排放源具有流动性,对其进行准确的表征具有较大的难度,是最难定量表征的排放源之一。实验手段可定量呈现被测机动车在特定运行条件下的排放水平,而若研究整个车队,则需要采用模型手段基于数学和物理等方法解析并回归这些繁杂的因素与机动车排放的关系,用以计算目标年目标区域的机动车队排放量,支持各个层面的大气环境科学研究和空气质量管理。

机动车排放模型研究包括排放因子模型和排放清单模型两方面范畴。机动车排放因子模型关心的是车的排放特征,它给出单车或车队单位里程、单位时间或者单位油耗的排放水平,即排放因子(常用单位为 g/km,g/mile 和 g/kg 燃料)或排放速率(常用单位为 g/s)。机动车排放清单模型除了关心车的排放特征,还有车的活动特点,它输出目标区域的机动车在一段时间内的排放量及时空分布。机动车的排放特征具有共性,即某一技术的车辆在给定的条件下普遍表现出相似的排放变化规律,排放因子模型的任务是在实验测试数据的基础上,将这些共性的变化规律表达出来,告诉人们某种技术类型的车辆在某种工作状态和环境条件下的排放水平是多少。机动车排放特征的共性特点使得基于一个地区机动车测试数据建立的排放因子模型较容易移植到另一个地区使用。相对而言,车的活动特点具有特殊性,不同地区车辆的活动水平和特征差异很大,清单模型的任务是确定目标区域内机动车的活动水平及分布特征,在排放因子模型的支持下,得到机动车的排放量和时空分布,其结果的准确性取决于排放因子模型解析车辆污染特征的准确性以及清单中车辆活动水平的准确性。机动车活动水平的地域特殊性使得清单模型的移植性较差。

机动车排放的定量表征不但具有科学意义,更具有决策意义,应用模型定量分析机动车排放是制定和实施机动车污染控制战略的重要支撑。模型研究帮助决策者获知各种流动源的排放特点和贡献,把握机动车排放的发展趋势和排放增长的主要驱动力,从而制定具有针对性的控制措施。在美国和欧洲等国家和地区,政府部门主持开发了各类官方机动车排放模型,用于支持本地区的机动车排放控制决策,例如美国环境保护署(U. S. Environmental Protection Agency,USEPA)早期开发的 MOBILE 模型和目前正在开发和维护的 MOVES 模型,以及欧盟联合研究中心(European Commission's Joint Research Centre)开发的 COPERT 模型等。这些模型是目前国际上最具权威性,且在科学和决策层面上应用均最为广泛的机动车排放模型。

实际上,机动车排放模型技术的发展很大程度上是由机动车排放控制的决策需要而推动的。现代机动车控制战略已经从单一地控制单车排放发展到集合了车、燃料、司机行为、交通规划与管理等多种控制目标的综合性控制战略,为此,机动车排放模型正向更细致的纵深方向发展,从单纯输出排放总量到可模拟不同交通状况或政策情景下每条路每个时段的排放量变化,不但能回答"提前一年实施欧 V 标准的减排潜力有多大"及"当前报废所有黄标车会带来多少减排效益"等基于机动车技术的宏观问题,还能够回答诸如"实施尾号限行措施会使机动车污染物排放分布发生什么变化"及"设置公交专用道对道路交通排放有什么影响"等基于路网的、与交通管理相关的微观问题。清单的细致化依赖于活动水平的细致化,这意味着对活动水平的确定方法提出了更高的要求,在这种需求下,目前城市清单模型研究越来越多地借助交通仿真模型完成机动车交通活动水平的确定。

图 1-8 为机动车排放测试、机动车排放模型与机动车污染控制的关系图。

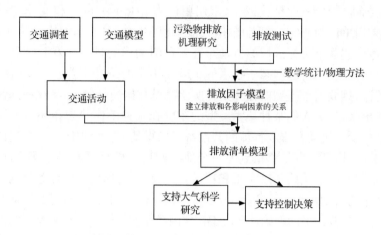

图 1-8　机动车排放测试、机动车排放模型与机动车污染控制决策

参 考 文 献

陈长虹,方翠贞,戴利生. 1997. 上海市机动车排污状况与污染控制战略. 上海环境科学,16(1):28-31

陈盛樑,陈思龙,周忠淦. 2000. 重庆城区机动车排放污染研究. 重庆环境科学, 22(6):29-32

程轲. 2009. 石家庄市机动车大气污染物排放及控制对策研究:[硕士学位论文]. 杨凌:西北农林科技大学

伏晴艳,杨冬青,黄嵘,等. 2004. 上海市机动车发展的大气环境容量. 环境科学,25S:1-6

郝吉明,傅立新,贺克斌,等. 2000. 城市机动车排放污染控制——国际经验分析与中国的研究成果. 北京:中国环境科学出版社:158-180

李从庆,白琨,张普,等. 2010. 成都市机动车排放分担率研究. 成都市科技年会分会场——世界现代田园城市空气环境污染防治学术交流会论文集:1-6

李珂,王燕军,王涛,等. 2010. 乌鲁木齐市机动车排放清单研究. 环境科学研究,23(4):407-412

宋丹林,周来东,柴发合,等. 2010. 成都市中心城区机动车排气污染浓度贡献研究. 成都市科技年会分会场——世界现代田园城市空气环境污染防治学术交流会论文集:103-109

王立柱,田峰,韩道汶. 2003. 济南市机动车污染物排放量及分担率计算分析. 山东内燃机,(2):30-32

王令. 2007. 深圳市机动车尾气的污染排放状况及对大气污染的影响研究:[硕士学位论文]. 湘潭大学

谢绍东,张远航,唐孝炎. 2000. 我国城市地区机动车污染现状与趋势. 环境科学研究,13(4):22-25

杨清玲,陈刚才,马宁,等. 2009. 重庆市主城区机动车污染分担率研究. 西南师范大学学报(自然科学版),34(4):173-177

姚志良. 2008. 基于车载测试(PEMS)技术的柴油机动车排放特征研究:[博士学位论文]. 北京:清华大学.

姚志良,张明辉,王新彤,等. 2012. 中国典型城市机动车排放演变趋势. 中国环境科学,32(9):1565-1573

张丹宁,许立峰,仁毅宏,等. 2004. 南京市机动车排气污染现状分析. 环境监测管理与技术,16(5):11-15

张乐群. 2008. 兰州市机动车尾气排放状况研究. 环境与可持续发展,(6):26-27

张远航,邵可声,唐孝炎,等. 1998. 中国城市光化学烟雾污染研究. 北京大学学报(自然科学版),34(2-3):392-400

赵琦,周志恩,陈刚才. 2007. 重庆市主城 NO_x 污染排放及 NO_2 分担率研究. 西南大学学报(自然科学版),29(7):146-148

周来东,柴发合,张普,等. 2011. 成都市机动车排气污染现状研究. 中国科技成果,(3):4-6

Bo Y, Cai H, Xie S D. 2008. Spatial and temporal variation of historical anthropogenic NMVOCs emission inventories in China. Atmos. Chem. Phys. , 8: 7297-7316

Davis S C, Diegel S W, Boundy R G. 2012. Transportation Energy Data Book: Edition 31. U. S. Oak Ridge National Laboratory, ORNL-6987.

European Commission. 2012. Emission Database for Global Atmospheric Research (EDGAR) v4. 2. http://edgar. jrc. ec. europa. eu/overview. php? v=42

Faiz A, Delarderel J A. 1993. Automotive air pollution in developing countries: outlook and control strategies. Sci. Total Environ. , 134: 325-334

Haagen-Smit A J. 1952. Chemistry and physiology of Los Angeles Smog. J. Ind. Eng. Chem. , 44(6): 1342-1346

Haagen-Smit A J. 1970. A lesson from the smog capital of the world. Proceedings of the National Academy of Sciences, 67(2): 887-897

Hao J, Wu Y, Fu L, et al. 2001. Source contributions to ambient concentrations of CO and NO_x in the urban area of Beijing. J. Environ. Sci. Health A Tox Hazard. Subst. Environ. Eng, 36(2): 215-228

He K B, Huo H, Zhang Q. 2002. Urban air pollution in China: current status, characteristics, and progress. Annu. Rev. Energy Environ. , 27: 397-431

Huang C, Chen C H, Li L, et al. 2011. Emission inventory of anthropogenic air pollutants and VOC species in the Yangtze River Delta region, China. Atmos. Chem. Phys. , 11: 4105-4120

Huo H, Yao Z L, Zhang Y Z, et al. 2012. On-board measurements of emissions from light-duty gasoline vehicles in three mega-cities of China. Atmos. Environ. , 49: 371-377

Li L, Chen C H, Fu J S, et al. 2011. Air quality and emissions in the Yangtze River Delta, China. Atmos. Chem. Phys. , 11: 1621-1639

Lu Q, Zheng J Y, Ye S Q, et al. 2013. Emission trends and source characteristics of SO_2, NO_x, PM_{10} and VOCs in the Pearl River Delta region from 2000 to 2009. Atmos. Environ. , 76: 11-20.

Maga J A, Hass J C. 1960. The development of motor vehicle exhaust emission standards in California. J. Air Pollut. Control Assoc. ,10(5): 393-396

Qin Y, Xie S D. 2012. Spatial and temporal variation of anthropogenic black carbon emissions in China for the period 1980—2009. Atmos. Chem. Phys. , 12: 4825-4841

USEPA. 2012. National Emission Inventory Air Pollutant Emission Trends. http:// www. epa. gov/ttn/chief/trends/

Wang S X, Zhao M, Xing J, et al. 2010. Quantifying the air pollutants emission reduction during the 2008 Olympic Games in Beijing. Environ. Sci. Technol. , 44: 2490-2496

Wei W, Wang S H, Hao J M, et al. 2011. Projection of anthropogenic volatile organic compounds (VOCs) emissions in China for the period 2010-2020. Atmos. Environ. , 45: 6863-6871

Wu Y, Wang R J, Zhou Y, et al. 2011. On-road vehicle emission control in Beijing: Past, present, and future. Environ. Sci. Technol. , 45: 147-153

Zhang Q, He K B, Huo H. 2012. Cleaning China's air. Nature, 484: 161-162

Zhang Q, Streets D G, He K B, et al. 2007. NO_x emission trends for China, 1995—2004: The view from the ground and the view from space. J. Geophys. Res. , 112: D22306

Zhang Q, Streets D G, Carmichael G R, et al. 2009. Asian emissions in 2006 for the NASA INTEX-B mission. Atmos. Chem. Phys. , 9: 5131-5153

Zhao B, Wang P, Ma J Z, et al. 2012. A high-resolution emission inventory of primary pollutants for the Huabei region, China. Atmos. Chem. Phys. , 12: 481-501

Zhao Y, Nielsen C P, McElroy M B, et al. 2012. CO emissions in China: Uncertainties and implications of improved energy efficiency and emission control. Atmos. Environ. , 49: 103-113

Zheng J Y, Shao M, Che W W, et al. 2009a. Speciated VOC emission inventory and spatial patterns of ozone formation potential in the pearl river delta, China. Environ. Sci. Technol. , 43, 8580-8586

Zheng J Y, Zhang L J, Che W W, et al. 2009b. A highly resolved temporal and spatial air pollutant emission inventory for the Pearl River Delta region, China and its uncertainty assessment. Atmos. Environ. , 43: 5112-5122

Zhou Y, Wu Y, Yang L, et al. 2010. The impact of transportation control measures on emission reductions during the 2008 Olympic Games in Beijing, China. Atmos. Environ. , 44: 285-293

第2章 机动车排放的影响因素和测试方法

机动车排放受车辆技术、交通状况、燃料、环境等多方面的因素影响。识别机动车排放的主要影响因素,开展机动车排放测试,并基于测试结果建立车辆排放与各影响因素的响应关系,是机动车排放因子模型研究的基础。

机动车污染物排放可分为尾气排放和蒸发排放两大类。本章从各类排放的产生原理出发,探讨影响机动车排放的主要因素及原因,分析并总结目前广泛使用的机动车测试方法及其优缺点。

2.1 尾 气 排 放

2.1.1 排放产生及控制原理简介

机动车尾气排放是指燃料在发动机内燃烧过程中产生的、从尾气管释放到大气的污染物。理想燃烧状态下,发动机中的氧气与由碳氢化合物构成的燃料发生反应,生成 CO_2 和 H_2O。而实际上发动机会因氧气不足而发生不完全燃烧,产生 CO 和 HC 等不完全燃烧产物。而且,参与燃烧过程的并非纯氧,是含有大量氮气(N_2)的空气。氮气在高温下会被氧化,形成热力型 NO_x,其主要成分为 NO,还含有少量的 NO_2(Heywood,1988)。

空气和燃料的比例(空燃比,A/F)是决定污染物产生多少的重要参数。通常,富燃状态下,即空燃比较低时,燃烧过程会产生大量的不完全燃烧产物 CO 和 HC。贫燃状态下,即空燃比较高时,由于氧气比较多,燃烧较充分,因此 CO 和 HC 的排放比较少。1 克燃料完全燃烧时所需的最少空气克数,叫做理论空燃比,也称为化学计量比(stoichiometric A/F)。各种燃料的理论空燃比不同,汽油约为 14.7,柴油约为 14.3(王建昕等,2000)。发动机排放的 NO_x 主要为空气中 N_2 和 O_2 在高温下反应生成的热力型 NO_x,其产生量取决于燃烧室内的温度。

图 2-1 为普通点燃式汽油发动机的污染物排放浓度与空燃比关系曲线示意图(Kašpar et al.,2003)。富燃条件下,发动机 CO 和 HC 排放较高,CO 和 HC 的排放随空燃比升高而逐渐降低,但在极度贫燃条件下,HC 的排放会增加。发动机 NO_x 排放在化学计量状态下达到最高,因为此时温度最高,有利于 NO_x 的形成。而富燃条件下,富余的燃料对气缸温度有冷却作用,贫燃条件下燃烧温度降低,因此 NO_x 排放在富燃和贫燃两种条件下均较低。

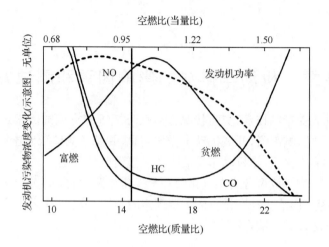

图 2-1　发动机污染物排放浓度与空燃比关系曲线示意图(Kašpar et al.，2003)

　　汽车生产商在设计发动机时,会尽量提高车辆的燃料效率,调整空燃比以达到最佳的效率点。但同时为了满足驾驶者的需求,汽车生产商还要使发动机在需要时有能力提供足够的马力,例如车辆在高速行驶和加速时需要输出较高的功率,此时系统会给发动机提供充分的燃料,这使发动机处于富燃状态,产生大量的 CO 和 HC。

　　过去 40 年里,发动机技术和排放控制技术取得了突飞猛进的发展。20 世纪 70 年代,燃油喷射系统实现电子控制,新出厂的车辆纷纷安装 Pt-Pd 氧化模式的二元催化转化器,降低 CO 和 HC 排放。随后,Pt-Rh 三元催化剂(three way catalysts,TWC)问世,它可在催化剂表面同时发生氧化反应和还原反应,将 HC、CO 和 NO_x 转化为 CO_2 和 N_2,其中采用氧化模式去除 HC 和 CO,还原模式去除 NO_x,如式(2-1)至式(2-6)所示(Heck and Farrauto,2001)。值得注意的是,温度是发生这些催化反应的先决条件,车辆刚启动时,催化剂的温度往往达不到工作温度,致使排放很高。

氧化:　$C_xH_y + \left(x + \dfrac{y}{4}\right)O_2 \longrightarrow x\,CO_2 + \dfrac{y}{2}H_2O$ 　　　　　　　　(2-1)

$\qquad CO + \dfrac{1}{2}O_2 \longrightarrow CO_2$ 　　　　　　　　　　　　　　　(2-2)

$\qquad CO + H_2O \longrightarrow CO_2 + H_2$ 　　　　　　　　　　　　(2-3)

还原:　$NO(或\ NO_2) + CO \longrightarrow \dfrac{1}{2}N_2 + CO_2$ 　　　　　　　(2-4)

$\qquad NO(或\ NO_2) + H_2 \longrightarrow \dfrac{1}{2}N_2 + H_2O$ 　　　　　　　(2-5)

$\left(2x + \dfrac{y}{2}\right)NO(或\ NO_2) + C_xH_y \longrightarrow \left(x + \dfrac{y}{4}\right)N_2 + x\,CO_2 + \dfrac{y}{2}H_2O$ 　(2-6)

研究发现,三元催化剂的污染物去除效率在接近化学计量比时最高(Heywood,1988;Tiwary and Colls,2010),这是因为氧化剂 O_2 和还原剂 H_2 在尾气中的浓度在该点达到最高。20 世纪 80 年代,车辆开始安装氧传感器用于控制空燃比,图 2-2 为一个传统汽油车发动机控制系统示意图。传统汽油车的发动机控制系统由电子燃料喷射、催化转化器和反馈控制单元组成。在这个系统中,发动机的操作由三元催化剂的转化效率来驱动。为使催化剂的转化效率达到最高,系统尽量使发动机的燃烧过程维持在化学计量状态,这是由系统内可感应氧含量及可探测空燃比的 λ 传感器(λ 通常代表空燃当量比)来实现的。随着排放标准的逐渐严格,发动机控制技术及催化剂技术也不断升级(Docquier and Candel,2002)。

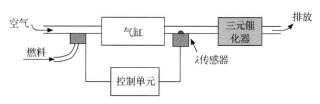

图 2-2　传统汽油车发动机控制系统示意图(Docquier and Candel,2002)

在排放因子模型中,根据排放产生原理和过程,尾气排放通常被分为启动排放、热稳定运行排放和怠速排放。

启动排放:启动排放可分为冷启动排放和热启动排放。冷启动状况下,发动机已处于关闭状态一段时间,催化转化器完全冷却。在发动机启动及随后预热的一段时间里,污染物的排放通常会很高,这是因为催化剂尚未达到工作温度,而且为了使发动机在低温运行时保持良好的稳定性,系统会给气缸提供更多的燃料,导致燃料不充分燃烧产生大量的 HC 和 CO 排放。这一过程直到系统达到工作温度才结束。在热启动条件下,发动机关闭时间不长,催化剂温度没有完全冷却到环境温度,系统达到工作温度的时间比冷启动状态下要短,因此,机动车的热启动排放比冷启动排放要低。研究者通常采用热浸时间(即发动机关闭时间)界定这两种启动排放。美国 EPA 轻型车的标准测试程序中,冷启动测试在车辆于室温条件下(20～30℃)静置 12 小时后进行,热启动测试在完全加热的发动机被关闭 10 分钟之后进行。

热稳定运行排放:系统达到工作温度后,机动车在热稳定的模式下运行。这个运行过程的排放通常比较低,与车辆速度和发动机负载直接相关,也简称为热运行排放或热稳定排放。

怠速排放:车辆在怠速过程中的排放。例如,在美国 EPA 开发的 MOBILE 模型中,怠速排放的排放因子是运行模式(热运行或冷启动之后)及环境温度的函数,以 g/h 为单位。

2.1.2 主要影响因素

影响机动车排放的因素很多。机动车的排放水平不仅由发动机技术和控制技术等自身条件所决定,还受道路状况和行驶状态等外部因素影响。此外,影响机动车排放水平的还包括机动车维护水平、驾驶员驾驶习惯、空调使用状况、环境温度和湿度以及油品质量等因素。根据各影响因素的特征,可将其归纳为车(技术及使用状况)、交通状况(行驶特征)、油品及环境(温度、湿度和海拔)四类因素。

1. 车辆技术及使用状况

与机动车技术相关的影响因素包括发动机技术和催化剂技术,以及机动车重量和发动机排量等参数。先进技术的普及极大地降低了机动车排放水平。以汽油车为例,电子燃油喷射＋三元催化转化器技术车辆仅为化油器车辆排放水平的10%～20%(郝吉明等,2000)。根据机动车排放测试研究,满足欧Ⅰ排放控制标准的轻型汽油车可比欧0车辆减少60%以上的排放,欧Ⅱ车辆的排放水平比欧Ⅰ车辆低30%～60%,欧Ⅲ车辆比欧Ⅱ车辆减少50%的排放,欧Ⅳ可再减少80%以上的排放(Yao et al., 2007；Huo et al., 2012a)。由此可见,不断推动新的车辆控制技术是有效控制机动车排放的重要手段。

与机动车使用相关的影响因素包括累积行驶里程和维护状况等,这类影响因素与机动车活动水平直接相关。研究发现,由于催化剂性能老化、气缸杂质聚积等因素,车辆的排放会随行驶里程增加不断劣化(Calvert et al., 1993；Anilovich and Hakkert, 1996；Zachariadis et al., 2001)。在美国EPA开发的机动车排放因子模型MOBILE模型里,车辆排放是累积行驶里程的线性函数。根据Ntziachristos和Samaras(2000a)的研究,在欧洲累积行驶里程超过9万公里的轻型汽油轿车的排放水平是新车的2～3倍。Huo等(2012a)估算了中国不同技术轻型汽油车的各种污染物的劣化水平,以国Ⅰ车辆为例,车辆每行驶1万公里,CO排放因子将增加0.44 g/km,HC排放因子增加0.02 g/km,NO$_x$排放因子增加0.004～0.03 g/km。此外,如果车况维护不佳,部件调整不当,行驶里程较少的车辆也会出现排放严重超标的情况(Hickman, 1994；Dill, 2004)。一些研究将这些维护不当的车辆定义为高排放车,MOBILE模型等排放因子模型设计了专门的模块来模拟高排放车产生的排放。

技术水平及使用状况不同的车辆产生的排放差异很大,因此在计算机动车排放时,首先需要获取准确的车队技术分布和活动水平。

2. 行驶特征

与机动车行驶特征相关的影响因素包括机动车启动方式(冷启动或热启动)、

机动车平均车速、机动车运行模式(加速、减速、匀速和怠速)以及爬坡等。

理论上,机动车排放量与油耗、空燃比和催化剂温度等参数有关。例如,机动车在加速、爬坡以及使用空调时,会导致发动机在富燃状态下运行,使污染排放增加(Ross,1994;Bachman,1997)。驾驶员行为也会影响机动车排放,冲动的驾驶习惯将导致富燃并引起排放增加(De Vlieger,1997;Holmén and Niemeier,1998;De Vlieger et al.,2000)。

机动车在一次出行任务中,一般经历以下排放过程:

(1) 启动排放

机动车刚启动时,尾气控制装置内的催化剂尚未达到最佳温度,并且为了避免发动机在预热阶段熄火,机动车将发动机控制在富燃状态,因此机动车在启动后的几分钟内通常具有较高的污染物排放水平。随着发动机的温度升高,催化剂逐渐到达有效温度,同时燃烧效率提高,污染排放下降。对于装有催化剂的车辆,冷启动过程的排放水平比热稳定状态高数十倍(Glover and Carey,1999;CARB,2012)。启动排放被认为是热浸时间和环境温度的函数(Glover and Carey,1999;Joumard and Sérié,1999;Favez et al.,2009)。目前的排放因子计算模式通常将启动排放从其他行驶状态的排放分离出来而单独进行计算。

(2) 速度波动较小的热稳定排放状态

渡过启动阶段后,机动车开始进入低排放热稳定状态。对于没有催化剂装置的机动车,由于富燃和缸壁淬灭等现象减轻,也会到达这种低排放热稳定状态。在此状态下,速度是影响机动车排放因子的最重要因素(Heywood,1988;Hansen et al.,1995)。研究者发现,排放因子(g/km)随速度的增加呈分段递增或递减趋势(Tong et al.,2000)。速度小于 90 km/h 时,HC 和 CO 排放因子随速度增加而减小;速度大于 90 km/h 时,发动机处于富燃状况,HC 和 CO 排放增加。NO_x 排放因子会随速度的增加而升高,因为速度越高,燃烧室温度越高,有利于热力型 NO_x 的生成,此外,较低速度时(<20 km/h)的 NO_x 排放因子也较高。

(3) 加速度排放

机动车加速时,为了提供足够的输出功率,燃烧室处于富燃状态,导致排放急剧升高。加速度是与速度一起成为构建机动车瞬态排放因子模型的重要参数。

(4) 爬坡排放

在机动车爬坡时,发动机需要提供更大的能量维持机动车平稳前进,这将导致富燃和排放增加。Cicero-Fernández 等(1997)指出,道路坡度每增加 1%,HC 排放因子增加 0.04 g/mile,CO 排放因子增加 3 g/mile。根据研究者开展的测试研究,3.8%~5%的道路坡度会使车辆的 NO_x 排放增加 1~3 倍(Pierson et al.,1996;Kean et al.,2003;Zhang and Frey,2006),CO 和 HC 排放增加 50%~100%(Pierson et al.,1996;Zhang and Frey,2006),但 Kean 等(2003)认为,车辆

爬坡时 CO 排放是否增加与当时的速度有关,车辆以中等速度(40~60 km/h)爬坡不会引起明显的 CO 排放变化,但在高速(>80 km/h)爬坡情况下,基于燃耗的 CO 排放因子比同样速度下下坡行驶时的排放因子多 1 倍,此外,Kean 等(2003)还认为,下坡时的 NMHC 排放因子是上坡时的 3 倍。

图 2-3 为机动车从点火到熄火一次出行任务中的排放变化示意图(Bachman,1997)。在发动机启动、加速以及爬坡的时候,机动车排放会急剧增加。

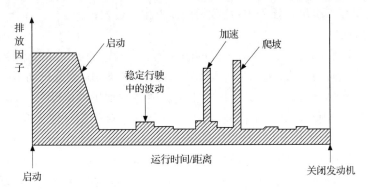

图 2-3　机动车从点火到熄火一次出行任务中的排放变化示意图(Bachman,1997)

在实际交通流中,车辆的行驶状态复杂多变,如何建立行驶特征与排放的响应关系,成为整个机动车排放模型研究中的难点。在数学排放因子模型中,为简化问题,研究者通常会选择一个或几个与机动车排放关系最为密切的参数来近似代表机动车的行驶特征,这类参数被研究者定义为"代用参数(surrogate variables)"(Barth et al.,2000;Fomunung,2000)。例如,MOBILE 模型的"代用参数"为平均速度,速度-加速度矩阵方法的"代用参数"为速度和加速度。代用参数也可以由几个车辆行驶状态参数综合表示,譬如机动车比功率(vehicle specific power,VSP)综合了速度、加速度、道路坡度等因素(Jiménez,1999),作为一种重要的"代用参数"广泛应用于各类机动车排放因子模型中,包括美国加州大学河滨分校开发的 IVE 模型和美国 EPA 的新一代排放因子 MOVES 模型。

代用参数是排放因子模型最重要的定义之一,它很大程度上决定了机动车排放因子模型的时空分辨率、准确性和适用性。按照代用参数的选择及处理方式,可将机动车排放因子模型分为宏观排放因子模型、工况排放因子模型和瞬态排放因子模型等,这在本书后续章节(第 5~8 章)中会详细阐述。

3. 油品质量

油品中的氧含量、里德蒸气压(Reid vapor pressure,RVP)、10%、50%、90%馏出温度(T_{10}、T_{50}、T_{90})及硫含量等会影响机动车的排放性能。例如,增加汽油氧含量可降低车辆的 CO 和 HC 排放;汽油的辛烷值如果较低,可能会引起较强的爆燃,并增加 NO_x 排放量;表征汽油挥发性能的 RVP、T_{10}、T_{50} 和 T_{90} 主要影响 HC 的排放,特别是蒸发排放;燃料中的硫会降低三元催化器的转化效率,也会对氧传感器产生不利影响,使车辆的排放增加。

全球已开展多项研究工作探索油品质量对机动车排放的影响规律,其中,汽车和石油企业对此尤为关注。20 世纪 70 年代初,环球油品公司(Universal Oil Products,UOP)研究了油品中的硫导致催化剂中毒的机理(Fishel et al.,1974)。1989 年,为了达到联邦及各州制定的空气质量标准,美国三大汽车公司(克莱斯勒、福特和通用汽车)和 13 家石油公司联合发起了汽车/石油空气质量改善研究项目(Auto/Oil Air Quality Improvement Research Program,AQIRP)(Burns et al.,1991),在这个合作框架下,研究者开展了多项汽油质量及其排放影响的测试研究,发现汽油硫含量从 450 ppm 降到 50 ppm,汽油车的 HC、CO 和 NO_x 气态污染物的排放会降低 9%～16%,当硫含量继续降低到 10 ppm 时,HC 和 CO 的排放会进一步降低 6%～10%,但对 NO_x 排放的影响不明显(Benson et al.,1991;Koehl et al.,1993;Rutherford et al.,1995)。美国通用汽车研究发展中心的一项研究表明,随着汽车累积行驶里程增加,汽油硫含量对车辆 NO_x 排放的影响会愈加明显,对于累积行驶里程达到 9 万公里的老旧车辆,使用硫含量为 75 ppm 的燃料会使催化剂去除 NO_x 的性能比使用硫含量为 15 ppm 的燃料时降低 40%(Beck and Sommers,1995)。

欧洲石油化工协会(Oil Companies' European Association for Environment, Health and Safety in Refining and Distribution,CONCAWE)测试分析了不同品质的柴油对轻型轿车及重型卡车排放的影响(De Craecker et al.,2005),图 2-4 显示了该研究的部分结果,其中轻型轿车排放的测试工况为新欧洲测试工况(New European Driving Cycle,NEDC),重型卡车排放的测试工况为欧洲重型发动机瞬态测试工况(European Transient Cycle,ETC)。研究表明,燃油硫含量对重型柴油卡车 NO_x 和 PM 排放的影响较弱,硫含量从 300 ppm 降低到 10 ppm 时,带来的排放减少小于 10%。轻型柴油轿车的 HC、CO 和 PM 排放对硫含量比较敏感,使用硫含量小于 10 ppm 的柴油时,HC 和 CO 排放因子比使用高硫柴油(300 ppm)时降低 70% 以上,PM 排放因子可降低 25%,但硫含量对轻型柴油车的 NO_x 排放无明显影响。

为了给炼油企业提供一个可自我评估其产品是否能达到相关排放和油品标准的工具,美国 EPA 开发了一个可根据燃油品质预测机动车排放的模型——Complex 模型。在模型的开发过程中,美国 EPA 启动了一项重整汽油项目,其中进行了三期测试研究,共测试了 105 辆轻型汽油车,分析了 29 种品质各异的燃油对机动车污染物排放的影响规律(Mayotte et al.,1994a,1994b;Korotney et al.,1995)。

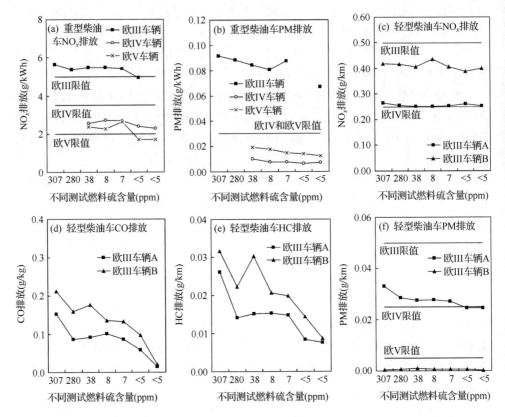

图 2-4　不同燃料品质对轻型柴油车和重型柴油车排放的影响(De Craecker et al. ，2005)

在表征油品质量的各项参数里,硫含量对排放的影响得到最多的关注,也是机动车排放因子模型中的重要参数之一。排放因子模型通常根据大量的测试结果,对排放和硫含量的关系进行拟合。美国 EPA 开发的 MOBILE 模型采用半对数线性函数和双对数线性函数模拟排放和硫含量的关系(Rao，2001),欧洲开发的 COPERT 模型将硫含量对排放的影响描述为线性关系(Ntziachristos and Samaras，2000b)。除了定量分析硫含量对车辆排放因子的影响,目前的研究更多地聚焦在油品中的硫对车辆排放的颗粒物的形态、组分及粒径分布等特征的影响(Maricq et al. ，2002a，2002b；Ristovski et al. ，2006；Zhang et al. ，2009)。

4. 环境温度、湿度和海拔

（1）环境温度

汽车在低温环境下排放的污染物会大幅度增加,其主要原因是低温环境使催化剂达到工作温度的时间变长,导致污染物排放增加。因此,环境温度对排放的影响主要发生在冷启动阶段,发动机充分预热后的排放水平与环境温度的相关性非常小(Grinberg and Morgan,1974)。国家车辆排放标准一般在常温(20～30℃)下确定,而车辆在实际运行中的环境温度范围会很广,为此研究者开展大量的测试实验,以定量描述环境温度对机动车排放的影响。研究发现,冷启动过程中,车辆的 CO 和 HC 排放对温度极为敏感,温度对 NO_x 排放也有影响,但是敏感程度低于 CO 和 HC(Spindt et al.,1979;Aakko and Nylund,2003)。50℉(即 20℃)和 80℉(约 27℃)之间,CO 和 HC 排放随温度降低而升高。低于50℉时,污染物排放随着温度降低呈非线性增加(National Research Council,2000),高于 80℉时,温度升高时,空调使用增加会引起污染物排放量增加。此外,使用 RVP 大于 9 psi 的燃料会发生 CO 排放随温度升高而增加的现象,其原因是 RVP 较高的燃料在环境温度升高时会使燃空比增加,导致排放增加(AIR,2005)。对于颗粒物排放,研究者发现,汽油车颗粒物排放随温度的降低呈超线性增长(Mathis et al.,2005)。美国 EPA 根据在堪萨斯州夏季和冬季开展的 496 辆轻型汽油车颗粒物排放测试结果,认为颗粒物排放随温度降低呈指数增长,表现为环境温度每降低 20℉(相当于降低约11℃),机动车颗粒物排放增加 1 倍(Nam et al.,2010)。而柴油车和天然气车的颗粒物排放随温度变化不发生明显变化(Aakko and Nylund,2003)。

　　环境温度是排放因子模型里的重要参数,图 2-5 为美国 EPA 开发的 MOVES 模型采用的实际温度对常温(75℉,即 24℃)的排放修正(USEPA,2010)。

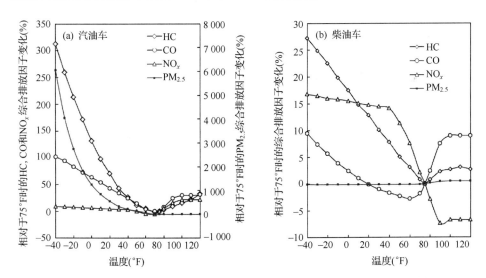

图 2-5　MOVES 模型中温度对污染物综合排放因子的影响(2005 年出厂车辆)

$$摄氏度(℃)=\frac{5}{9}[华氏度(℉)-32]$$

(2) 环境湿度

空气湿度增加时,吸入发动机的空气氧含量则会降低,使车辆排放发生变化,

表现为 NO_x 排放降低,CO、HC 和颗粒物排放增加。研究者开展大量测试研究,探讨并不断更新车辆排放的湿度修正因子算法(Brereton et al.,1997;McCormick et al.,1997;Gingrich et al.,2003)。美国联邦法典(Code of Federal Regulations,CFR)给出了车辆 NO_x 排放的湿度修正因子算法。美国 EPA 在其开发的 MOVES 模型中建立了不同温度下的车辆排放湿度修正曲线,如图 2-6 所示,其中对 NO_x 为直接湿度修正,CO 和 HC 为与空调使用有关的间接修正(Choi et al.,2012)。

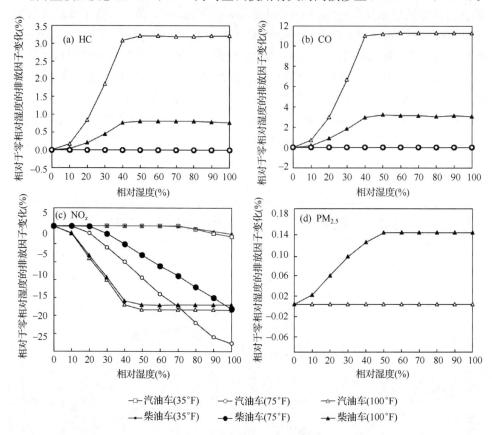

图 2-6　MOVES 模型中湿度对污染物综合排放因子的影响

(3)海拔高度

海拔高度对机动车,特别是柴油车污染物排放水平产生显著影响,主要原因是海拔升高,空气变得稀薄,氧气压下降,柴油发动机的燃烧特性也随之发生改变,表现为燃烧效率降低,CO、HC 和 PM 等不完全燃烧产物增加。研究者发现,海拔为 2000 m 时,柴油发动机的输出功率下降 24%,燃料消耗增加 5%(Shen et al.,1995),此时 NO_x 排放没有明显变化甚至减少 10%,但是 HC、CO 和颗粒物排放会增加 1～3 倍(Human et al.,1990)。根据 Chaffin 和 Ullman(1994)的研究,当大气压从 98.9 kPa 降低到 77.9 kPa 时(即海拔高度由 200 m 升至 2240 m),重型柴油发动机的 HC、CO、CO_2 和 PM 排放增加 47%~60%,NO_x 排放不发生明显变化。Bishop 等(2001)对 1997~1999 年间在美国五个不同海拔的城市(104~2530 m)利用遥感测试方法获得的 5772 辆重型柴油卡车排放测试结果进行了分析,发现基于燃料的 CO、HC 和 NO_x 排放因子与海拔高度呈线性递增关系,海拔每升高 1000 m,基于燃料的 CO、HC 和 NO_x 排放因子分别增加 14.8 g/kg 燃料、2 g/kg 燃料和 4.1 g/kg 燃料。Yanowitz 等(2000)对过去数十年在美国开展的各类针对重型柴油车的台架测试、隧道测试和遥感测试结果进行了对比分析,发现重型柴油车的颗粒物排放因子在海拔为 1600 m 的情况下比低海拔(<100 m)增加 4 g/gal,对于燃料经济性为 4.65 MPG(mile per gallon,相当于百公里油耗为 50 L/100 km)的卡车而言,这意味着其颗粒物排放因子增加了 0.53 g/km。在高海拔下(1600 m),柴油车颗粒物中的可溶性有机组分(soluble organic fraction,SOF)由低海拔(海平面高度)时的 20%~35% 降低到 10%~15%,因此,海拔升高产生的颗粒物排放增加被认为是由残余碳引起的(Graboski and McCormick,1996)。

5. 影响因素的量化与表征

计算机动车排放不但需要掌握排放与各种因素的响应规律,还要对这些影响因素进行量化和确定。温度和海拔等环境影响因素的信息较易获取,油品质量等影响因素的确定则需要开展数据调研和实地数据采集,例如,Zhang 等(2010)在北京、天津、吉林、辽宁、山西、陕西、河南、河北、江苏等地的加油站采集了 235 个汽油和柴油样本并进行分析,以确定中国的燃油品质。

与油品类影响因素相比,车相关的影响因素涵盖的内容更多,包括车龄、年均行驶里程、启动时间、空调使用等,而且车的个体差异较大,因此需要更大规模的数据调研和数据采集。本书第 3 章"机动车技术分布和活动水平确定方法"将着重介绍机动车技术分布和活动水平的确定方法。

在各类影响因素中,行驶特征的确定和量化最为复杂。车的行驶信息较多,研究中通常选择几个关键的行驶特征参数(例如速度和加速度),在大量实际道路车辆行驶测试数据的基础上,以体现这些关键特征参数的数值和频率为准则,构造一条或一组行驶特征曲线或者行驶特征矩阵,来代表车队的平均行驶状态。本书第 4 章"道路机动车行驶特征分析方法"将重点阐述车辆行驶特征以及建立行驶特征曲线和矩阵的方法。

2.1.3 测试方法

机动车排放测试研究是定量分析机动车排放与各影响因素之间的数理关系,以及建立机动车排放因子模型的基础工作。机动车排放的测试方法可分为实验室测试和实际道路测试,前者包括台架测试(dynamometer measurements),后者包括隧道测试(tunnel measurements)、道路遥感测试(on-road remote sensing measurements)、道路车载测试(on-board measurements)和移动实验室测试(mobile laboratory measurements)。这些方法都可获取机动车的污染物排放水平,各具特点及应用优势。

1. 台架测试

台架测试是机动车排放研究最重要的测试手段之一。台架测试条件容易控制,可重复性强,所以测试结果准确程度高于其他测试方法,在研究机动车排放机理方面具有优势。目前,台架测试是各国官方测试应用最多的方法,用于新车认证、检查/维护项目以及机动车排放研究。美国、欧洲和日本等国家和地区先后建立了自己的标准排放测试程序,例如美国 EPA 采用联邦测试规程(Federal Test Procedure,FTP)。图 2-7 为台架测试示意图(Klingenberg,1996)。如图所示,被测机动车在底盘测功机上按照某一设定工况(通常为标准工况)行驶,同时车辆在不同行驶阶段(冷启动、热运行和热启动)排放的污染物被测试系统收集,并送到气体分析仪和颗粒物分析设备进行分析,结果传输到计算机。台架测试是建立机动车排放因子模型的重要实验手段,美国 EPA 开发的 MOBILE 系列排放因子模型及美国加利福尼亚州空气资源局开发的 EMFAC 排放模型等均建立在台架测试的基础上。

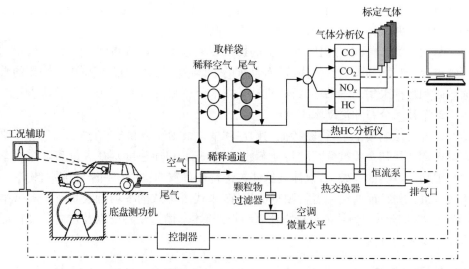

图 2-7　台架排放测试示意图(Klingenberg,1996)

台架测试的主要缺点是系统昂贵,耗时长,每次测试只能获取一辆机动车的排放数据,样本代表性有限。此外,台架测试只能得到车辆在一定实验室条件下的排放水平,其结果用于模拟机动车在实际交通流内的排放水平时,还需要进行一系列修正,这将引入一定的不确定性(De Vlieger, 1997; De Vlieger et al., 2000; Gorse, 1984)。

2. 隧道测试

隧道测试在交通隧道内进行,根据隧道内污染物浓度变化、现场的车流参数和风速等气象条件,计算得到对应车队的平均排放水平。其基本原理是,认为隧道内除了机动车外没有其他的污染源,隧道内污染物浓度增加均由机动车排放造成。隧道测试可反映机动车在实际交通流内的排放特征。

隧道测试常用的方法是在隧道出入口及通风口设置采样点,测量采样点的浓度,如图 2-8 所示。

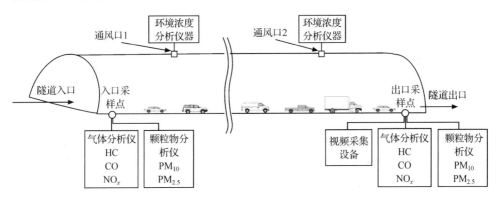

图 2-8　隧道排放测试示意图

根据一段时间内污染物浓度差和通风量可计算得到这段时间内的车队总排放量,然后除以这段时间内通过隧道的机动车总量和隧道长度,得到车队的平均排放因子,如式(2-7)所示。

$$E_{P1} = \frac{(TC_{out} - TC_{in}) \times v_{wind} \times A \times t + \sum_{i}(VC_{out,i} \times V_{out,i}) - \sum_{j}(VC_{in,j} \times V_{in,j})}{N \times L}$$

(2-7)

其中,E_{P1} 为基于里程的污染物 P 排放因子,g/km;TC_{out} 和 TC_{in} 分别为隧道出口和入口的污染物浓度,g/m³;v_{wind} 为从入口到出口的风速矢量值,包括自然风和隧道鼓风设备造成的风速,m/s;A 为隧道横截面积,m²;t 为时间段,s;i 和 j 分别为隧道出风口和进风口的个数;VC_{out} 和 VC_{in} 分别为通风口出口和入口的污染物浓度,g/m³;V_{out} 和 V_{in} 分别为 t 时间段内的出口通风量和入口通风量,m³;N 为 t 时段通过的车辆数;L 为隧道两个采样点的长度,km。

也可利用碳平衡原理,根据 CO 和 CO_2 等含碳气态污染物的排放浓度变化,得到基于燃耗的污染物排放因子,如式(2-8)所示。

$$E_{P2} = 10^3 \times \frac{\Delta[P]}{\Delta[CO_2] + \Delta[CO] + 3 \times \Delta[HC]} \times \frac{mol(P)}{mol(C)} \times Fuel_C \quad (2-8)$$

其中，E_{P2} 为基于燃耗的污染物 P 排放因子，g/kg 燃料；$\Delta[P]$ 为污染物 P 在隧道中相对于隧道外的体积浓度增量，L/m^3；$\Delta[CO_2]$、$\Delta[CO]$ 和 $\Delta[HC]$ 分别为 CO_2、CO 和 HC 的浓度增量，L/m^3，其中假设 HC 的平均分子式为 C_3H_8，即 HC 的分子平均含有 3 个碳原子；$mol(P)$ 和 $mol(C)$ 分别为污染物 P 和碳元素的摩尔质量，g/mol，C 的原子质量为 12；$Fuel_C$ 为燃料的碳含量，汽油约为 0.85，柴油约为 0.87。

式(2-7)和式(2-8)得到的 E_P 是车队混合的平均排放因子。为了得到分车型的排放因子，可以对同一隧道进行多组测试，然后建立平均排放因子与车型分布比例的线性关系，如式(2-9)所示。

$$E_P = x \times E_P^L + (1-x) \times E_P^H = (E_P^L - E_P^H) \times x + E_P^H \quad (2-9)$$

其中，E_P、E_P^L 和 E_P^H 分别为车队平均、轻型车和重型车的污染物 P 排放因子；x 为轻型车在车队中的数量比例或油耗比例。从多组测试结果(E_P)和被测车队的轻型车比例(x)可以回归得到轻型车和重型车的排放因子。在此基础上，对车型进一步分类，利用式(2-9)可以继续得到更细致车型分类的排放因子。

采用隧道测试方法研究机动车的污染物排放在国内外均比较常见。开展隧道测试的前提条件是具备满足一定实验要求的封闭隧道，这些要求包括有持续的代表性车流通过、长度至少为 0.4 km、隧道内有足够的安全空间架设实验仪器等。如果某地区没有合适的隧道，将无法开展隧道测试。表 2-1 列举了一些中国及其他国家已经开展的机动车排放隧道测试。

表 2-1 中国及其他国家开展的隧道测试

国家	省份/城市/州	公路	隧道名称	隧道长度(km)	隧道测试研究
中国	广州		珠江隧道	1.2	王伯光等(2001a, 2001b, 2007)
					付琳琳等(2005)
					He 等(2008)
	甘肃		七道梁公路隧道	1.6	邓顺熙和董小林(2000)
	成都	成渝高速	龙泉山隧道	0.8	邓顺熙等(2000b)
	西安		城市交通隧道	0.5	邓顺熙等(2000a)
	北京	八达岭高速[a]	谭裕沟隧道	3.5	王玮等(2001)
	深圳	沙头角高速	梧桐山隧道	2.3	王玮等(2001)
	台湾		中正隧道	0.4	Hsu 等(2001)
	台湾		台北隧道	0.8	Hwa 等(2002)
	台湾		中寮隧道	1.8	Chiang 等(2007)
	南京		富贵山隧道	0.47	胡伟和钟秦(2009)
	台湾		雪山隧道	12.9	Chang 等(2009)

续表

国家	省份/城市/州	公路	隧道名称	隧道长度(km)	隧道测试研究
美国	巴尔的摩	95 号公路	Fort McHenry 隧道	2.2	Pierson 等(1996)
	宾夕法尼亚州	76 号公路	Tuscarora 隧道	1.6	Pierson 等(1996)
	宾夕法尼亚州	76 号公路	Allegheny 隧道	1.85	Gorse(1984)
	旧金山	24 号公路	Caldecott 隧道	1.1	Kirchstetter 和 Harley(1996) Kirchstetter 等(1996, 1999) Miguel 等(1998) Kean 等(2003)
	洛杉矶		Sepulveda 隧道	0.58	Gillies 等(2001)
	Milwaukee	43 号公路	Kilborn 隧道		Lough 等(2005)
	Milwaukee		Howell 隧道		Lough 等(2005)
	休斯顿		Washburn 隧道	0.895	McGaughey 等(2004)
	匹斯堡	376 号公路	Squirrel Hill 隧道	1.3	Grieshop 等(2006)
瑞士	苏黎世附近		Gubrist 隧道	3.0	Weingartner(1997) Staehelin 等(1998)
奥地利	萨尔斯堡附近	A10 高速公路	Tauern 隧道	6.4	Schmid 等(2001)
	维也纳	A22 高速公路	Kaisermühlen 隧道	2.1	Handler 等(2008)
瑞典	斯德哥尔摩		Söderleds 隧道	1.5	Kristensson 等(2004)
	哥德堡		Tingstad 隧道	0.45	Sternbeck 等(2002)
	哥德堡		Lundby 隧道	2.06	Sternbeck 等(2002)
巴西	圣保罗		Janio Quadros 隧道	1.9	Martins 等(2006)
	圣保罗		Maria Maluf 隧道	1.02	Martins 等(2006)

a. 现更名为京藏高速公路

　　需要指出的是,隧道测试得到的是车队平均排放因子,其结果很难用于全面解析车辆技术、燃料、累积行驶里程、行驶特征等影响因素对车辆排放的影响,因此无法支持排放因子模型的建立。隧道测试的结果主要应用在三个方面:①理解车队整体的排放水平,掌握一个地区机动车排放水平随年份的变化趋势;②支持基于燃料消耗的宏观排放清单的建立;③验证 MOBILE 和 COPERT 等官方机动车排放因子模型的准确性。

3. 道路遥感测试

（1）原理简介

遥感技术是一种非接触式的光学测量手段,是实验室光谱分析技术的延伸。

遥感测试技术最早由美国丹佛大学的研究者 Bishop 和 Stedman 引入到机动车排放测试研究领域中,用于测量道路上行驶中的机动车尾气排放(Bishop et al.,1989;Bishop and Stedman,1990,1996)。其基本原理是不同气体对不同波长的紫外线和可见光具有吸收作用,利用人工光源发射的光线透过机动车尾气,测量透过光的波长和强度并由此计算污染物的浓度。同时还需要摄像/照相设备记录被检测车辆的车型和技术等信息。图 2-9 为采用遥感技术测试机动车排放的示意图。

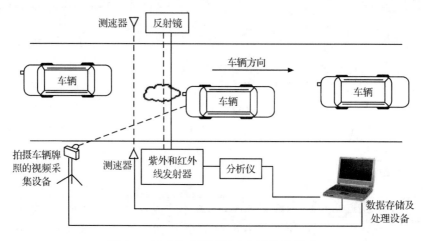

图 2-9　遥感技术测试机动车排放示意图

　　遥感测试手段可获取 CO_2 以及 CO、HC、NO_x 和 PM 等常规污染物的浓度。Bishop 与 Stedman 研究团队开发的遥感仪器及测试技术 FEAT(Fuel Efficiency Automobile Test)采用不分光红外分析法(NDIR)测量 CO_2、CO 和 HC 浓度,采用不分光紫外分析法(NDUV)测量 NO 浓度(Bishop and Stedman,1996),随后该研究团队又提出采用分光紫外分析法(DUV)测量 NO 浓度(Popp et al.,1999),FEAT 测试系统还纳入了 SO_2 和 NH_3 等测试内容(Burgard et al.,2006a,2006b)。美国沙漠研究所开发了一套名为 VERSS(Vehicle Emissions Remote Sensing System)的机动车排放遥感测试系统,采用 NDIR 和 NDUV 方法测量 CO_2、CO 和 HC 以及 NO 的浓度,雷达激光和紫外透射计测量 PM 的浓度(Moosmüller et al.,2003;Kuhns et al.,2004;Mazzoleni et al.,2004)。此外,研究者们还研制和开发出其他遥感测试方法,如 Barrass 等(2004)提出用调谐近红外二极管激光吸收光谱(NIR-TDLAS)技术测量机动车排放的 CO_2 和 CO 浓度。Jiménez 等(1999,2000a)采用调谐红外激光差分吸收光谱(TILDAS)技术测量机动车排放的氮氧化物。表 2-2 总结了目前遥感测试研究中主要采用的测试方法及测试内容。

表 2-2　机动车排放遥感测试的主要测试方法及测试内容

测试方法			测试内容	应用的研究
简写	中文	英文		
NDIR	不分光红外分析法	non-dispersive infrared spectroscopy	CO_2, CO 和 HC	Bishop 和 Stedman(1996) Schifter 等(2003)
NDUV	不分光紫外分析法	non-dispersive ultra-violet spectroscopy	NO	Bishop 和 Stedman(1996)
DUV	分光紫外分析法	dispersive ultraviolet spectroscopy	NO	Popp 等(1999) Schifter 等(2003)
NIR-TDLAS	调谐近红外二极管激光吸收光谱	near-infrared tunable diode laser absorption spectroscopy	CO_2 和 CO	Barrass 等(2004) 董凤忠等(2005a, 2005b)
TILDAS	调谐红外激光差分吸收光谱	tunable infrared laser differential absorption spectroscopy	CO_2, CO, NO, NO_2, N_2O	Nelson 等(1998) Jiménez 等(1999, 2000a) Jiménez(1999)
UV-DOAS	紫外差分吸收光谱	ultraviolet differential optical absorption spectroscopy	HC 和 NO	Guo 等(2007) 董凤忠等(2005a, 2005b) Zhou 等(2007)
LP Tom-DOAS	长光程层析差分吸收光谱	long-path tomographic differential optical absorption spectroscopy	NO_2, SO_2, O_3	Pundt 等(2005)

（2）污染物浓度计算

当得到机动车各种污染物的浓度以后,利用碳平衡原理可由含碳污染物浓度转化为基于燃料消耗的排放因子,如式(2-10)所示。

$$\frac{\dfrac{EF_P}{mol(P)}}{\dfrac{Fuel_C}{mol(C)}} = \frac{[P]}{[CO_2] + [CO] + 3 \times [HC]} \tag{2-10}$$

其中,EF_P 为污染物 P 的排放因子,g/kg 燃料;$mol(P)$ 和 $mol(C)$ 分别为 P 和碳元素(C)的摩尔质量,g/mol;$[P]$、$[CO_2]$、$[CO]$ 和 $[HC]$ 分别为污染物 P 以及含碳污染物 CO_2、CO 和 HC 的浓度值,其中假设 HC 的平均分子式为 C_3H_8,即 HC 的分子平均含有 3 个碳原子;$Fuel_C$ 为燃料的碳含量,g/kg 燃料。

遥感测试测得的结果通常是机动车尾气中 CO/CO_2、HC/CO_2 和 NO/CO_2 的浓度比(即物质的量比)。由式(2-10),污染物排放因子计算公式可转化为式(2-11)至式(2-13):

$$CO(g/kg\ fuel) = \frac{Q}{Q+1+(3\times\alpha\times Q')} \times 28 \times \frac{CD_f}{12} \qquad (2\text{-}11)$$

$$HC(g/kg\ fuel) = \frac{\alpha\times Q'}{Q+1+(3\times\alpha\times Q')} \times 44 \times \frac{CD_f}{12} \qquad (2\text{-}12)$$

$$NO(g/kg\ fuel) = \frac{Q''}{Q+1+(3\times\alpha\times Q')} \times 30 \times \frac{CD_f}{12} \qquad (2\text{-}13)$$

其中,Q、Q'和Q''分别为CO/CO_2、HC/CO_2和NO/CO_2的浓度比值;28、44和30分别为CO、$HC(C_3H_8)$和NO的摩尔质量,g/mol;CD_f为每千克燃料的碳的质量,g,即燃料的碳密度;12为碳的摩尔质量,g/mol,$CD_f/12$即每千克燃料的碳的物质的量,mol;α为 HC 测试结果对火焰离子检测器(flame ionization detector,FID)的修正因子,如采用 NDIR 方法,α取值为 2.2(Singer et al.,1998),Guo 等(2007)采用 UV-DOAS 方法测量 HC 浓度,α取为 4。

（3）遥感测试的优缺点及主要应用

遥感测试的优点是实验仪器便携,对测试场地的要求少,测试过程自动化程度高,不影响车辆的正常行驶,检测效率高,一天可测试上万辆机动车。遥感测量的主要缺点是受环境条件(如风速和风向)影响,而且由于遥感测试为定点测试,不能全面反映机动车在各种行驶状态下的排放,为了克服这种影响,需选择多个地点进行遥感测试。

遥感测试技术已在全球多个国家得到广泛应用。Zhang 等(1995)和 Ropkins 等(2009)分析并总结了世界上各国开展的遥感测试及结果。表 2-3 为近十年来中国开展的一些机动车排放遥感测试研究。

表 2-3　中国近期开展的机动车排放遥感测试研究

研究	主要研究单位	城市/地区	测试年份	测点数量	测试仪器	有效样本
Chan 等(2004)	香港理工大学	香港	2001	9	RSD 3000	8 544
Chan 和 Ning(2005)	香港理工大学	香港	2001	9	RSD 3000	9 057
周昱等(2005)	清华大学	北京	2002~2003	≥9	Inspector IV	60 985
Ko 和 Cho(2006)	台湾大叶大学	台湾中部	1999~2000	20	RSD 3000	>27 万
Zhou 等(2007)	清华大学	北京	2004	5	Inspector IV	53 198
Guo 等(2007)	浙江大学	杭州	2004~2005	5	Inspector IV	32 260
Ning 和 Chan(2007)	香港理工大学	香港	未知	1	RSD4000	20[b]
Oliver 等(2008)	多家单位[a]	天津	2005	3	—	22 502
Lau 等(2012)	香港理工大学	香港	2004,2006,2008	10	ETC-S420	>33 万

a. 由哈佛大学、中国汽车技术研究中心、清华大学及美国加州大学河滨分校合作完成

b. Ning 和 Chan(2007)挑选了 20 个车辆样本

遥感测试主要用于以下几个方面的研究:①分析当地机动车排放随车龄和年

代的变化趋势,获取当地车辆排放因子,例如 Muncaster 等(1996)、Bishop 和 Stedman(1997)、Schifter 等(2003)、Kuhns 等(2004)、Chan 等(2004)、周昱等(2005)、Zhou 等(2007)和 Oliver 等(2008)的研究。Bishop 和 Stedman(2008)分析和总结了其团队过去十年在芝加哥、丹佛、洛杉矶等多个城市开展的机动车排放遥感测试。此外,遥感测试结果还用于建立基于燃料消耗的机动车排放清单,例如 Singer 和 Harley(2000)、Pokharel 等(2002)和 Guo 等(2007)的研究。②识别高排放车的贡献。在全球多个城市开展的遥感测试研究结果表明,10%左右的高排放车对车队总排放的贡献高达 40% 以上(Zhang et al.,1993;Guenther et al.,1994;Zhang et al.,1995;周昱等,2005)。③研究车辆在不同行驶条件下的排放变化。Sadler 等(1996)、Ashbaugh 等(1992)和董刚等(2003)利用遥感测试结果分析车辆在不同运行模式下的排放变化特征。Jiménez 提出了应用机动车比功率(vehicle specific power,VSP)模拟机动车排放,并用遥感测试数据解析了车辆排放对 VSP 的变化规律(Jiménez,1999;Jiménez et al.,1999)。④由于仪器操作简单、测试过程快速的优点,遥感测试成为了评价机动车尾气检测/维修(I/M)项目及发现高排放车的主要手段(Stedman et al.,1997;Corley et al.,2003;Wenzel,2003;USEPA,2004)。Zhang 等(1996)对比了美国开展 I/M 项目和无 I/M 项目的地区的机动车遥感测试结果,指出 I/M 项目的效果并没有达到预想效果。2008年北京奥运会期间,遥测技术在识别和限制外地高排放车辆入京方面起到了良好应用效果(邓南,2011)。⑤验证 MOBILE 和 COPERT 等官方机动车排放因子模型的准确性(Ekström et al.,2004;Jiménez et al.,2000a)。

4. 道路车载测试

随着机动车排放研究的不断深入,研究者愈发关注机动车在实际道路上的瞬态排放特征,道路车载测试成为研究热点之一。道路车载测试系统直接安置在行驶中的被测车辆内,逐秒采集机动车行驶特征参数和污染物排放速率。最初的车载测试主要用于发动机参数测试与排放检测。随着仪器技术水平的提高,可支持机动车排放研究的车载测试产品不断丰富。用于测试气态污染物排放的车载测试仪器有美国 SPX OTC 公司生产的五气分析仪,CATI 公司(Clean Air Technologies International Inc.)的 OEM-2100TM 车载测试仪器及 PEMS(portable emissions measurement systems),Sensor 公司开发的 SEMTECH 系列产品,以及日本 Horiba 公司的 OBS 系列产品等;测试颗粒物排放的仪器包括芬兰 Dekati 公司的 DMM(Dekati Mass Monitor)和 ELPI(electrical low pressure impactor)。基于这些测试仪器,许多研究单位搭建了自己的车载测试系统,如 Flemish 技术研究所(Flemish Institute for Technological Research,VITO)的 VOEM 车载测试系统(VITO's on-the-road emission and energy measurement system)、美国 EPA

的 ROVER(real-time on-road vehicle emission reporter)车载测试系统等。图 2-10
为清华大学搭建的柴油卡车尾气排放车载测试系统示意图(姚志良, 2008)。

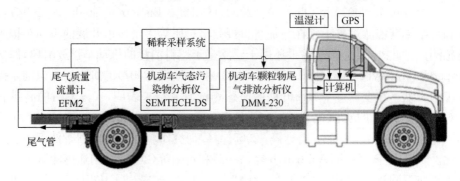

图 2-10　机动车尾气排放车载测试示意图(姚志良, 2008)

　　车载测试能够得到以秒为单位的排放速率(g/s),可表现出车辆在行驶中的瞬态排放特点,被广泛地用于研究机动车的排放变化规律,例如,各种运行模式下的排放变化(Frey et al.,2003;El-Shawarby et al.,2005),不同燃料及负载变化对车辆排放的影响(Ropkins et al.,2007;Frey and Kim,2009)等。

　　由于在研究实际道路上机动车的瞬态排放特征方面具有很强优势,车载测试更多地被研究者用来研究交通设施和交通流与机动车排放的关系,譬如车辆在不同道路类型以及不同时段交通流内的排放特性(De Vlieger,1997;De Vlieger et al.,2000;Lenaers,1996;Unal et al.,2003),交叉路口信号变化对排放的影响(Tong,2001;Rouphail et al.,2001),道路高排放区域的识别(Unal et al.,2004),以及司机的驾驶行为对排放的影响(Holmén and Niemeier,1998;Nam et al.,2003;Hawirko,2003)。

　　车载测试结果也可用于建立、修正和验证机动车排放因子模型。Hart 等(2002)建议美国 EPA 在新一代模型(MOVES 模型)中采用车载测试数据预测机动车排放,随后 MOVES 模型的建模方法吸纳了车载测试数据。El-Shawarby 等(2005)使用车载测试数据验证弗吉尼亚理工大学开发的 VT-Micro 模型的准确性。清华大学以实测的中国车辆车载排放数据为基础,建立了中国的机动车工况排放模型——DCMEM 模型(Driving-Cycle Based Mobile Emission Factors Model)(王岐东,2005)。

　　中国已广泛开展车载排放测试研究。早期研究多采用简便的五气分析仪,只能测试汽油车的尾气排放,而且样本数较少。随着车载测试技术的不断进步,中国车载测试研究逐渐使用功能更为完善的仪器,朝着测量多种车辆技术类型、多种污染物成分、多地点、多样本的方向发展。2003～2005 年间,清华大学建立了由 Microgas 五气分析仪等仪器构成的第一代多功能机动车排放车载测试系统,在北京、上海、成都等多个城市开展实际道路排放测试,获取了 49 辆汽油轻型车的排放数据(Wang et al.,2005;Yao et al.,2007)。随后清华大学对系统进行升级,发展了以 SEMTECH-DS 和 DMM-230 等仪器为核心的第二代机动车排放车载测试系统,可测试重、中、轻型汽柴油机动车的气态污染物和颗粒物排放,并在北京、深圳、西安、济南等城市开展车载测试研究,测试了农用车、多种控制技术的轻型汽油车以及多种控制技术的各类柴油车的排放(Yao et al.,2011;Huo et al.,2012a,2012b)。表 2-4 总结了近十年来中国研究者开展的机动车尾气排放车载测试研究。

表 2-4　中国近期开展的机动车排放车载测试研究

	研究	研究单位	地点	测试年份	测试仪器	污染物种类	样本数
轻型汽油车	杨延相等(2003)	天津内燃机研究所	天津	2000~2001	Multi-Gas 五气分析仪	CO,HC,NO$_x$	2
	胡京南等(2004)	清华大学等	澳门	2001	AVL Gas 五气分析仪	CO,HC,NO$_x$	7
	刘娟和于雷(2004)	北京交通大学	北京	2004	OEM	CO,HC,NO$_x$	2
	Wang 等(2005)	清华大学	北京	2003	Microgas 五气分析仪	CO,HC,NO$_x$	8
	Yao 等(2007)	清华大学	北京等[a]	2003~2005	Microgas 五气分析仪	CO,HC,NO$_x$	49
	秦孔建等(2007)	中国汽车技术研究中心	天津	未知	OBS-2200	CO,HC,NO$_x$	74
	王海鲲等(2008)	清华大学等	深圳	2004~2005	Microgas 五气分析仪	CO,HC,NO$_x$	7
	李孟良等(2011)	中国汽车技术研究中心	北京	未知	OBS-2200	CO,HC,NO$_x$	55
	Huo 等(2012a)	清华大学	北京等[b]	2008-2010	SEMTECH-DS	CO,HC,NO$_x$	57
柴油客车和卡车	Chen 等(2007)	上海市环境科学研究院等	上海	未知	SEMTECH-D	CO,HC,NO$_x$	9
	Liu 等(2009)	清华大学等	北京等[c]	2007~2008	SEMTECH-D+DMM	CO,HC,NO$_x$,PM	75
	李振华等(2009)	中国环境科学研究院	济南	2008	SEMTECH-DS	CO,HC,NO$_x$	2
	樊守彬等(2011)	北京市环境保护科学研究院	北京	未知	SEMTECH-D+ELPI	CO,HC,NO$_x$,PM	2
	Wang 等(2011a)	北京理工大学	北京	未知	SEMTECH-DS+ELPI	CO,HC,NO$_x$,PM	6[e]
	Huo 等(2012b)	清华大学	北京等[d]	2007~2009	SEMTECH-DS+DMM	CO,HC,NO$_x$,PM	175
	Wu 等(2012)	清华大学等	北京	2008~2010	多种[f]	CO,HC,NO$_x$,PM	135
柴油农用车	Yao 等(2011)	清华大学	北京	2009	SEMTECH-DS+DMM	CO,HC,NO$_x$,PM	20
其他燃料车	Lau 等(2011)	香港理工大学	香港	2009	SEMTECH-DS	CO,HC,NO$_x$	4

a. 包括北京、上海、重庆、成都、长春、宁波和吉林七个城市

b. 包括北京、广州和深圳

c. 包括北京和西安

d. 包括北京、西安、深圳、宜昌和济南五个城市

e. 含两辆天然气公交车

f. SEMTECH-DS/OBS-2200+DMM/ELPI

车载测试方法的不足之处在于测试样本有限,无法反映整体车队的排放水平。

5. 移动实验室测试

移动实验室为装载测试仪器的车辆,它由测试人员驾驶,在行驶中吸取气体样本,对样本的浓度和组分进行分析。图 2-11 为美国重飞行器研究中心(Aerodyne Research Inc., ARI)开发的第二代移动实验室的示意图(Canagaratna et al., 2004)。该移动实验室架设在一个尺寸为 5.5 m 长、2.1 m 宽、2.1 m 高的货车车厢内,使用 TILDAS 仪器测量 NO、NO_2、HONO、CO、N_2O、CH_4、C_2H_6、SO_2 和 H_2CO 浓度,NDIR LI-COR 仪器测量 CO_2 浓度,气溶胶质谱仪(aerosol mass spectrometer,AMS)测量气溶胶的无机盐和有机碳等成分,全球定位系统(Global Positioning System,GPS)设备和摄影设备收集速度和车辆信息。

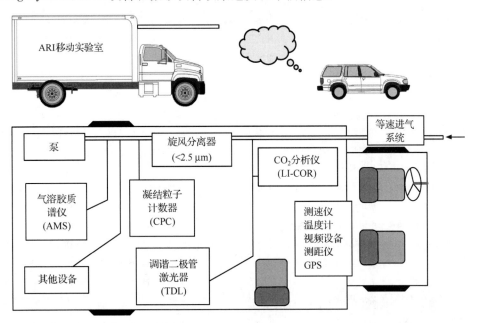

图 2-11　ARI 第二代移动实验室示意图(Canagaratna et al., 2004)

瑞士保罗谢尔研究所(Paul Scherrer Institute,PSI)开发的 PSI 移动实验室架设平台为一个 5.1 m 长、2 m 宽、2.6 m 高的货车,核心仪器为扫描式粒径分析仪(scanning mobility particle sizer,SMPS)TSI 3071、凝聚粒子计数器 TSI 3025、光学粒子计数器 Grimm Dust monitor 1.108、NDIR CO 分析仪 LI-COR、化学发光 NO_x 分析仪、臭氧监测仪、甲醛监测仪等,可测量各种气态污染物的浓度及气溶胶组分和粒径分布(Bukowiecki et al., 2002)。明尼苏达大学建立的移动实验室 MEL(Mobile Emissions Laboratory)由 SMPS TSI 3071、NDIR CO 和 CO_2 分析仪以及化学发光 NO_x 分析仪等仪器构成(Kittelson et al., 2004)。芬兰赫尔辛基理

工学院(Helsinki Polytechnic)开发的名为 Sniffer 的移动实验室搭建在一个 5.6 m
长,1.9 m 宽,2.6 m 高的柴油货车上,配有 ELPI、SMPS 以及 CO 和 NO$_x$ 分析仪等
多种仪器(Pirjola et al.,2004a,2004b)。类似的移动实验室还包括亚琛福特研究
中心(Ford Forschungszentrum Aachen,FFA)研发的移动实验室 FML(Ford Mo-
bile Laboratory)(Vogt et al.,2003),以及加利福尼亚州空气资源局(Westerdahl
et al.,2005;Fruin et al.,2008)、荷兰能源研究中心(Weijers et al.,2004)、西弗
吉尼亚大学(Gautam et al.,2000a,2000b)和北京大学(Wang M et al.,2009)等
研究单位各自开发的移动实验室。其中,西弗吉尼亚大学应用移动实验室开展的
重型柴油车排放测试支持了美国 EPA 新一代排放模型 MOVES 模型的开发
(USEPA,2009a)。澳大利亚昆士兰理工大学开发了一种烟羽捕集拖车,可拖在
被测车辆上(Morawska et al.,2007),虽然其本身没有驱动行驶的动力,但也可看
作是一种移动实验室。

　　移动实验室能够进行定点测试和移动测试,可用于测量多种污染源及环境浓
度。应用移动实验室测量机动车排放主要有两种方法:交通流移动测试(in-traffic
flow measurements)和跟车测试(car-chasing measurements)。前者在交通流中自
由行驶和取样,测得交通流中的环境浓度,后者选择车辆目标,保持一定距离跟随
一段时间,在跟随过程中,逐秒测得目标车辆排放的污染物浓度,被测车辆既可以
是事先设定的,也可以是在交通流中随机选择的。

　　(1) 交通流移动测试

　　交通流移动测试与隧道测试有相似之处,可得到交通流中平均车队的排放水
平,但交通流移动测试的测试地点不局限于隧道,可以是任何道路,因此交通流移
动测试被认为是隧道测试的拓展(Kolb et al.,2004)。同时,交通流移动测试也被
看作是道路遥感测试的补充。道路遥感测试能够捕捉单个车辆的排放信息,可用
于模拟车龄和催化剂等因素对机动车排放的影响,但由于是定点测试,被测车辆的
工况不全面。交通流移动测试可得到车队的平均排放水平,其结果虽然很难分解
到个体车辆,但因为是移动测试,它可获得各种运行条件下的车队排放水平(Kolb
et al.,2004)。Jiménez 等(2000b)采用遥感测试和交通流移动测试两种方法对机
动车排放的温室气体(CO$_2$,CH$_4$ 和 N$_2$O)进行了测试,两种方法均采用 TILDAS 技
术,其中遥感测试在美国加利福尼亚州进行,交通流移动测试在美国新罕布什尔州
进行,两项测试表现了一致的 N$_2$O/CO$_2$ 比及车辆的 N$_2$O 排放贡献分布。

　　此外,与遥感测试相比,移动实验室具有的一个明显优势,它可以将机动车排
放的颗粒物采集下来,因此可以进行更为复杂的颗粒物粒径分布特征及化学组分
分析。Kittelson 等(2004)应用明尼苏达大学的 MEL 移动实验室分析了明尼阿波
利斯市高速公路的纳米颗粒(直径<50nm)污染特征。Jiang 等(2005)应用 ARI
移动实验室,采用交通流移动测试方法,研究了墨西哥城机动车排放的黑碳和多环

芳烃(polycyclic aromatic hydrocarbons, PAHs)污染特征。瑞士保罗谢尔研究所
应用 PSI 移动实验室分析了苏黎世道路交通排放的颗粒物粒径分布特征
(Bukowiecki et al., 2003; Imhof et al., 2005)。

中国已经应用移动实验室测试和研究机动车污染物排放特征。M. Wang 等
(2009)利用由 SMPS TSI 3071、光学粒子计数器 Grimm Dust monitor 1.108、多角
度光散射黑碳气溶胶分析仪(multi angle absorption photometer, MAAP)、NDIR
CO 和 CO_2 分析仪等仪器构建的移动实验室对 2008 年北京奥运会之前、期间及之
后四环道路的污染物浓度进行了监测和分析,发现奥运会期间和之后的交通环境
浓度有明显降低,表明奥运会期间的机动车污染治理措施具有比较好的效果。
Westerdahl 等(2009)和 X. Wang 等(2009)也在北京开展了移动实验室交通流移
动测试研究。

(2) 跟车测试

与车载测试相同,跟车测试可获得单个车辆在各种运行模式下逐秒的排放水
平。而与车载测试相比,跟车测试免去了仪器安装和拆卸的繁琐步骤,因此测试效
率较高,一天可以测试数十辆车。美国重飞行器研究中心应用自己开发的 ARI 移
动实验室开展了大量的跟车测试。Shorter 等(2005)用 ARI 移动实验室在纽约市
测量了 170 辆公交车的 NO_x 排放,其结果与台架测试、隧道测试和遥感测试的结
果表现出较好的一致性。ARI 移动实验室还用来分析纽约市不同技术类型、不同
燃料公交车的 SO_2、H_2CO 和 CH_4 排放特征(Herndon et al., 2005),研究公交车
排放的颗粒物化学成分及粒径分布(Canagaratna et al., 2004),以及墨西哥
城车辆的排放特征(Zavala et al., 2006)等。亚琛福特研究中心利用移动实验室
FML 研究了柴油车高速行驶中排放烟羽的颗粒物粒径分布特征(Vogt et al.,
2003)。美国康奈尔大学等研究单位应用移动实验室在北京和重庆实际道路上开
展测试,获取了数百辆卡车和公交车的排放样本,并分析了这些车辆的 CO、BC、
$PM_{0.5}$ 和 NO_x 的排放特征(Wang X et al., 2011, 2012)。

6. 测试方法总结与对比

上述五种测试方法有不同的功能,各具优势,可满足不同的研究需要。

台架测试用于研究机动车在指定运行条件和环境下的排放水平,目前国际上
应用最为广泛的机动车排放因子模型(例如美国的 MOBILE 模型和欧洲的
COPERT 模型)均基于台架测试结果。

隧道测试获取的是车队平均排放水平,可支持基于燃料消耗的机动车排放清
单的建立,还能用于验证基于其他测试方法建立的排放因子模型的准确性。

道路遥感测试在短时间内能获取大量车辆在实际行驶过程中的排放水平,可支
持基于燃料消耗的机动车排放清单的建立,也可用于验证排放因子模型的准确性。

道路车载测试可得到车辆在实际运行过程中逐秒的排放数据,在研究车辆的瞬态排放特征方面具有明显优势,可支持排放因子模型研究,美国 EPA 新一代排放因子模型 MOVES 采用了车载测试结果。

移动实验室测试与隧道测试及道路遥感测试相比,优点为应用灵活,可定点和移动测试,能够支持颗粒物组分及粒径分析等研究;与道路车载测试相比的优点为免去了仪器装卸的繁琐,一天可测试数十辆车。

表 2-5 总结了五种机动车排放测试方法的特点与不足。

表 2-5　机动车排放测试方法的比较

	台架测试	隧道实验	道路遥感测试	道路车载测试	移动实验室测试
测试地点	实验室	道路	道路	道路	实验室/道路
测试对象	单车	车队平均	单车	单车	车队/单车
温度工况等条件控制	容易	难	难	一般	一般
可重复性	强	弱	弱	一般	一般
车样代表性	有限	一般	好	弱	一般
工况代表性	强	弱	弱	强	强
测试耗时	长	较短	短	较长	短
一天可获样本数	1~2	>1000	>1000	1~3	>10
成本	高	低	低	低	一般
准确性	高	一般	一般	高	一般
瞬态排放数据的获取	可以	不可以	可以	可以	可以
应用优势	由于较高的准确度,即使测试样本的代表性有限,目前用其测试结果建立的机动车排放因子模型仍具有最高的可信度	简单易操作,车辆样本数较多,具有一定代表性,在精度要求不高的情况下可用来获取车队平均排放因子。可用于验证排放模型准确性	简单易操作且测试车辆样本数多。应用优势包括评价 I/M 制度,发现高排放车,建立车辆车龄、行驶特征等因素与排放的关系,验证排放模型准确性	在研究机动车实际道路行驶过程中的瞬态排放特征方面具有很强优势	操作相对简单,不需招募被测车辆,一天获取样本多,研究车辆实际道路排放,在研究颗粒物排放特征方面具有优势
主要缺点	成本高耗时长	实验地点受限,只能在隧道开展受背景浓度影响被测车辆工况不全面	受天气等因素影响被测车辆工况不全面	需招募被测车辆耗时长车样代表性不强	受天气因素影响跟车测试时受其他车辆影响

2.2 蒸 发 排 放

2.2.1　蒸发排放的产生与分类

汽油具有挥发性,环境温度变化和车辆使用过程中的系统温度变化会导致燃料挥发,使车辆产生蒸发排放。柴油很难挥发,所以柴油车的蒸发排放通常忽略不计。

蒸发排放产生的污染物主要为 HC。在美国,蒸发排放约占机动车总 HC 排放的 7％～35％(Pierson et al. , 1999)。随着尾气排放标准日趋严格,蒸发排放的贡献越来越高。研究发现,美国加州一些城市的机动车蒸发排放占车队总 HC 排放的 40％以上(Rubin et al. , 2006;Gentner et al. , 2009)。在北京,2004～2005 年夏天,蒸发排放占车队总 HC 排放的 20％左右(Liu et al. , 2005;Song et al. , 2007)。

MOBILE 模型、EFMAC 模型和欧洲 COPERT 模型等国际主流排放因子模型根据蒸发排放产生的原因将蒸发排放大致分为以下六类(National Research Council,2000;Hausberger et al. , 2005):

昼夜换气排放(diurnal emissions)　车辆静置时,昼夜温度变化会使油箱中产生燃料蒸气,并从油箱通风口散逸,这种排放也称为"油箱呼吸(tank breathing)"。为防止这部分蒸发排放,可在通风口安装碳罐吸附燃料蒸气。

运行损失(running losses)　车辆运行过程中,发动机产生的热量会促进油路系统燃料蒸气的形成。对于已安装蒸发排放控制装置的车辆,当燃油蒸气的产生量超过装置的处理能力时,便产生运行损失。对于未安装蒸发排放控制装置的车辆,运行蒸发损失直接排放到大气中。

热浸损失(hot soak losses)　关闭发动机后,通风散热系统停止工作,发动机的余热聚集在燃油系统上,使燃料蒸发并散逸到大气中。

静置损失(resting losses)　车辆停置时,由蒸气渗透、泄漏和扩散等造成的燃油蒸发损失称为静置损失。静置损失的发生与温度变化无关,也有研究将这部分排放计入昼夜换气排放或热浸排放(McClement,1992;Pierson et al. , 1999)。短时间内,这部分排放很低,但是长时间放置的车辆会产生很高的静置损失排放(Haskew et al. , 1990)。根据实验研究,轻型汽油车静置损失在 0.01～0.24 g/h(Reuter et al. , 1994;Pierson et al. , 1999)。

加油损失(refueling losses)　加油过程中,新进燃料将油箱原有的燃料蒸气排挤到空气中,形成蒸气排放。加油损失还包括加油过程中滴漏或溢出的燃料损失。

曲轴箱排放(crankcase emissions)　曲轴箱排放为所有从曲轴箱排出的污染物(主要为 HC)。严格来讲,曲轴箱排放不是真正意义上的"蒸发排放",但是经常被归为蒸发排放的一种,也有研究者把曲轴箱排放归为尾气排放和蒸发排放之外的第三类机动车排放(程勇等,2002)。目前的车辆均配有曲轴箱强制通风(positive crankcase ventilation,PCV)装置,用于控制曲轴箱排放。

美国EPA新一代流动源排放模型MOVES模型根据蒸发排放的发生性质建立了一套全新的蒸发排放模拟方法,新方法将蒸发排放分为渗透(permeation)、油箱排气口燃料蒸气排放(tank vapor venting)以及油路系统的燃料泄漏(liquid leaks),其中排气口燃料蒸气排放和燃料泄漏又分为冷浸(cold soak)、热浸(hot soak)和运行排放(running loss)(USEPA,2009b),这部分在本书第8章"综合排放因子模型MOVES"有更详细的论述。

2.2.2　主要影响因素

车辆在不同条件下蒸发排放水平差异极大。车辆蒸发排放的影响因素可分为以下几个方面:车辆蒸发排放控制技术、汽油里德蒸气压(RVP)及温度和使用特征(出行次数、停车时间等)。

1. 车辆蒸发排放控制技术

控制技术是决定车辆蒸发排放水平的首要因素。汽车燃油蒸发排放控制系统主要由燃料蒸气暂存装置(活性炭罐)、吸附控制装置(吸附阀)、脱附控制装置(脱附阀)等构成,其工作原理是,将油箱产生的燃油蒸气存储在活性炭罐中,在适当的时候将燃油蒸气抽到发动机进气管中燃烧掉(高俊华和付铁强,2002)。这套系统可减少95%以上的昼夜换气、热运行以及热浸等的蒸发排放(程勇等,2002)。

车载加油蒸气回收(on-board refueling vapor recovery,ORVR)控制技术可以减少由加油口产生的加油损失。早期车辆由于缺乏有效控制手段,加油损失较高,一些研究将这部分排放估算为 5 g/gal 汽油(Pierson et al.,1999)。1994 年,美国EPA 对无控制措施的蒸发排放估算为 3.9 g/gal 汽油(USEPA,1994)。ORVR控制技术可以减少95%以上的加油损失(Skelton and Rector,2007)。根据美国当时的法规,1998 年 40%的新汽油轻型车必须装配 ORVR,1999 年 80%的新车配有 ORVR,2000 年 100%的新车装配 ORVR。目前,中国对装配 ORVR 还没有强制要求。

2. 汽油 RVP 值及温度

RVP 值越高代表汽油的挥发性越强,提高燃料的 RVP 值会使蒸发排放增加。温度升高有利于燃料挥发,导致蒸发排放增加。Pierson 等(1999)分析了 1990~1994 年间在美国开展的数百辆汽车的蒸发排放测试研究及上万辆 I/M 测试数据,发现蒸发排放随 RVP 值和温度的升高均呈指数增长,当 RVP 值不变时,温度每升高 1°F(相对于升高约 0.56°C),热浸损失增加 4.6%,昼夜换气损失增加 3.9%,

静置损失排放增加 2.2%,当温度不变时,RVP 每升高 1 psi(约合 0.068 个标准大气压),热浸排放增加 47%,昼夜换气排放增加 34%。Reddy(1989)提出一个由 RVP 和温度指数函数构成的半经验公式计算车辆的昼夜换气损失,如式(2-14)所示,其中 A,B,C,D 均为常数。美国的 MOVES 模型和欧洲的 COPERT 模型均采用 RVP 和温度指数函数模式模拟机动车蒸发排放(USEPA,2010;Hausberger et al.,2005)。

$$昼夜换气排放 = A \times e^{B \times RVP} \times (e^{C \times 油箱最终温度} - e^{D \times 油箱初始温度}) \times 油箱蒸气空间$$

$$(2-14)$$

3. 使用特征

使用特征包括车辆每日出行次数和时间等,这些参数直接影响昼夜换气损失和热浸损失,是 MOBILE 模型和 COPERT 模型里模拟蒸发排放的重要参数。

2.2.3　测试方法

与尾气排放相比,蒸发排放的发生点分散,排放过程长,因此较难测试。目前测量汽车蒸发排放的方法主要为官方排放测试规程规定的方法。蒸发排放测试规程经历了“碳捕集(carbon trap)”方法(也称收集法)、密闭室蒸发测试方法(sealed housing for evaporative determination,SHED)和改进的新 SHED 方法(National Research Council,2006)。

碳捕集方法是在油路系统中一些容易产生蒸发的部位上连接碳捕集器。碳捕集器吸收这些部位的蒸发排放,其重量变化代表了排放量。1970 年美国第一个蒸发排放标准的测试规程便采用碳捕集方法,测试中程序包括 1 小时的昼夜换气测试、一个可代表城市工况的运行损失测试以及关闭发动机后的 1 小时热浸测试,这些排放之和为总蒸发排放量。根据美国当时的标准,在碳捕集方法下,出厂年份为 1971 年的车辆总蒸发排放量应低于 6.0 g/试验,出厂年份为 1972~1977 年的车辆总蒸发排放量应低于 2.0 g/试验。因为没有准确测量所有发生蒸发排放的部位,碳捕集测试方法被认为严重低估了汽油车的蒸发排放(Black et al.,1980)。

1978 年,美国 EPA 和 CARB 开始采用 SHED 方法测试蒸发排放。SHED 测试在一个封闭的房间完成。最初的蒸发排放测试程序由昼夜测试和热浸测试两部分构成,不包含运行损失。蒸发排放测试和 FTP 尾气排放测试相连接。尾气排放测试之前进行昼夜换气测试。首先给油箱加油(40%满),油温为 60 °F(约 16 ℃),然后将油温在 1 小时内升高到 84 °F(约 29 ℃),采用 FID 分析仪对产生的蒸发排放进行监测。在尾气排放测试之后立即进行热浸测试(不超过 10 分钟),收集 1 小时内的蒸发排放。昼夜换气和热浸排放测试结果的单位为 g/试验。根据当时的标准要求,1978~1980 年出厂的车辆的昼夜换气和热浸排放结果之和应低于

6.0 g/试验,对于出厂年份为 1981 年及以后的车辆,标准严格至 2.0 g/试验。

随后美国 EPA 对 SHED 方法进一步改进,使该测试方法能够应用于多种环境条件下的测试模拟。新 SHED 测试方法包括延长时间的多日昼夜换气测试,可模拟夏天高温情形下的温度变化,还增加了机动车 FTP 尾气测试过程中运行损失的测试内容。新 SHED 测试方法于 1995 年启用。MOBILE5 模型中蒸发测试的数据均基于新 SHED 测试方法。图 2-12 为两种 SHED 测试规程的示意图(USGPO,1998,2012)。图 2-13 为 SHED 测试方法示意图。

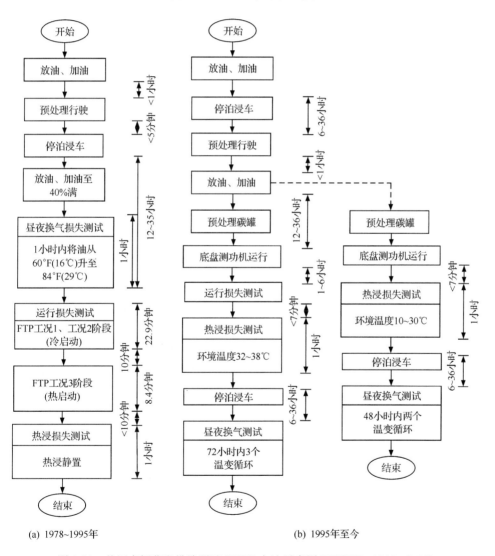

(a) 1978~1995年　　　　　　　　　　　　　　　(b) 1995年至今

图 2-12　美国车辆蒸发排放测试 SHED 方法示意图(USGPO,1998,2012)

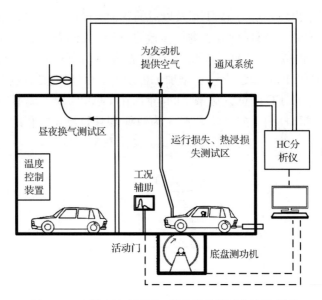

图 2-13　密闭室法(SHED)蒸发排放测试方法示意图

根据 SHED 昼夜换气和热浸测试结果,由式(2-15)可计算得到 HC 的蒸发损失(Klingenberg, 1996):

$$m_{HC} = 10^{-4} \times k \times V_n \times \left(\frac{C_{HCf} \times p_{af}}{T_f} - \frac{C_{HCi} \times p_{ai}}{T_i} \right) \qquad (2\text{-}15)$$

其中,i 代表测试初始点;f 代表测试结束点;m_{HC} 为 HC 的质量,g;k 为转换系数,$k=1.2 \times (12+H/C)$,昼夜换气测试中,H/C=2.33,热浸测试中,H/C=2.20;V_n 为密闭室的净容积,单位为 m³,计算中,V_n 需减去约 1.43 m³ 的车体积;C_{HCi} 和 C_{HCf} 分别为 HC 的测试初始浓度和结束浓度,ppm;p_{ai} 和 p_{af} 分别为测试初始时大气压和结束时大气压,10³Pa;T_i 和 T_f 分别为测试初始温度和结束温度。

中国的蒸发排放测试方法也经历了从碳捕集方法向密闭室法转变的过程,《汽油车燃油蒸发污染物的测量收集法》(GB/T 14763—1993)定义了收集法的测试方法,《轻型汽车污染物排放限值及测量方法(中国 II 阶段)》(GB 18352.2—2001)规定了密闭室法测量蒸发排放的试验规程,该方法与美国早期的 SHED 方法类似。表 2-6 为中国汽车技术研究中心对相同车辆采用收集法和密闭室法测量的结果对比(程勇等,2002),可以看出,密闭室法比收集法得到的结果高 3～8 倍。目前中国正在执行《轻型汽车污染物排放限值及测量方法(中国 III、IV 阶段)》(GB 18352.3—2005)中规定的蒸发测试方法。中国 II、III、IV 阶段,以及已经发布并将于 2018 年实施的《轻型汽车污染物排放限值及测量方法(中国第 V 阶段)》对蒸发污染物排放量的规定均为应不超过 2 g/试验。

表 2-6　收集法和密闭室法测量结果对比(程勇等，2002) 单位：g/试验

车型	收集法			密闭室法		
	昼夜换气排放	热浸损失	总排放	昼夜换气排放	热浸损失	总排放
电喷轿车 A	0.06	0.01	0.07	0.31	0.26	0.57
电喷轿车 B	0.04	0.04	0.08	0.11	0.17	0.28
化油器轿车 C	0.14	0.13	0.27	1.24	1.07	2.31
化油器轿车 D	0.16	0.08	0.24	0.58	0.83	1.41

SHED 测试方法广泛应用于美国、欧洲和日本等国家和地区。但是，SHED 蒸发排放测试耗时长、成本高，因此总体而言，蒸发排放测试研究比尾气排放测试研究少，样本规模小。中国目前还未见较大规模车辆蒸发排放测试研究的公开报道。

此外，研究者还对大气环境和隧道测试得到的 HC 组分浓度进行化学质量平衡(chemical mass balance，CMB)源解析，可间接获取汽车尾气 HC 排放因子和蒸发 HC 排放因子(Oadle et al.，1996；Pierson et al.，1999；Song et al.，2007)。值得注意的是，大气浓度测试结果包含各类蒸发排放，而隧道测试仅包含运行损失排放，不含昼夜换气、热浸和加油损失排放。

参 考 文 献

程勇，付铁强，李涓，等. 2002. 国产轻型汽油车蒸发排放现状与分析. 汽车工程，24(3)：182-186

邓南. 2011. 机动车尾气遥测技术应用探讨. 广州环境科学，26(1)：25-29

邓顺熙，陈杰，李百川. 2000a. 中国城市道路机动车 CO、HC 和 NO$_x$ 排放因子的测定. 中国环境科学，20(1)：82-85

邓顺熙，成平，朱唯. 2000b. 用隧道确定高速公路汽车 CO、THC 和 NO$_x$ 排放因子. 环境科学研究，13(2)：32-35

邓顺熙，董小林. 2000. 我国山岭公路汽车 CO、HCs 和 NO$_x$ 排放系数. 环境科学，21(1)：109-112

董凤忠，刘文清，刘建国，等. 2005a. 机动车尾气的道边在线实时监测(上). 测试技术学报，19(2)：119-127

董凤忠，刘文清，刘建国，等. 2005b. 机动车尾气的道边在线实时监测(下). 测试技术学报，19(3)：237-244

董刚，陈达良，张镇顺，等. 2003. 机动车行驶中尾气排放的遥感测量及排放因子的估算. 内燃机学报，21(2)：115-119

樊守彬，李钢，田刚. 2011. 国Ⅲ柴油公交车尾气排放实际道路测试研究. 环境科学与管理，36(7)：129-133

付琳琳，邵敏，刘源，等. 2005. 机动车 VOCs 排放特征和排放因子的隧道测试研究. 环境科学学报，25(7)：879-885

高俊华，付铁强. 2002. 国内汽油车蒸发排放控制系统现状与发展. 世界汽车，6：50-52

郝吉明，傅立新，贺克斌，等. 2000. 城市机动车排放污染控制-国际经验分析与中国的研究成果. 北京：中

国环境科学出版社

胡京南, 郝吉明, 傅立新, 等. 2004. 机动车排放车载实验及模型模拟研究. 环境科学, 25(3): 19-25

胡伟, 钟秦. 2009. 隧道实验测定南京市机动车 PM_{10} 排放因子. 环境工程学报, 3(10): 1852-1855

李孟良, 冯玉桥, 秦孔建, 等. 2011. 北京市轻型在用车实际道路排放特征分析. 武汉理工大学学报(交通科学与工程版), 35(2): 237-245

李振华, 胡京南, 鲍晓峰, 等. 2009. 国3重型柴油车在实际道路行驶中的气态污染物排放. 环境科学研究, 22(12): 1389-1394

刘娟, 于雷. 2004. 北京市实时尾气数据收集的探索与实践. 交通环保, 25(6): 13-15

秦孔建, 李孟良, 高继东, 等. 2007. 天津市在用车辆排放车载测试试验研究. 汽车工程, 29(9): 771-775

王伯光, 吕万明, 周炎, 等. 2007. 城市隧道汽车尾气中多环芳烃排放特征的研究. 中国环境科学, 27(4): 482-487

王伯光, 张远航, 吴政奇, 等. 2001a. 广州市机动车排放因子隧道测试研究. 环境科学研究, 14(4): 13-16

王伯光, 张远航, 祝昌健, 等. 2001b. 城市机动车排放因子隧道试验研究. 环境科学, 22(2): 55-59

王海鲲, 傅立新, 周昱, 等. 2008. 应用车载测试系统研究轻型机动车在实际道路上的排放特征. 环境科学, 29(10): 2970-2974

王建昕, 傅立新, 黎维斌. 2000. 汽车排气污染治理及催化转化器. 北京: 化学工业出版社

王岐东. 2005. 基于工况的城市机动车排放因子研究: [博士学位论文]. 北京: 清华大学

王玮, 刘红杰, 丁焰, 等. 2001. 公路隧道实验调查交通来源空气污染方法. 环境科学研究, 14(4): 1-4

杨延相, 蔡晓林, 杜青, 等. 2003. 实际道路上的车辆尾气排放因子和燃油消耗的研究. 燃烧科学与技术, 9(2): 112-118

姚志良. 2008. 基于车载测试(PEMS)技术的柴油机动车排放特征研究: [博士学位论文]. 北京: 清华大学

周昱, 傅立新, 杨万顺, 等. 2005. 北京市机动车排放遥感监测分析. 环境污染治理技术与设备, 6(10): 91-94

Aakko P, Nylund N O. 2003. Particle emissions at moderate and cold temperatures using different fuels. SAE Technical Paper Series 2003-01-3285

AIR (Air Improvement Resource, Inc). 2005. Examination of temperature and RVP effects on CO emissions in EPA's certification database. Report for Coordinating Research Council, CRC Project No. E-74a

Anilovich I, Hakkert A S. 1996. Survey of vehicle emissions in Israel related to vehicle age and periodic inspection. Sci. Total Environ., 189/190: 197-203

Ashbaugh L L, Lawson D R, Bishop G A, et al. 1992. On-road remote sensing of carbon monoxide and hydrocarbon emissions during several vehicle operating conditions. Presentation at AWMA/EPA Conference on "PM_{10} standards and nontraditional particulate source controls" Phoenix, AZ, U. S. A., January 1992

Bachman W H. 1997. Towards a GIS-based modal model of automobile exhaust emissions: [Ph. D. Dissertation]. USA: Georgia Institute of Technology

Barrass S, Gérard Y, Holdsworth R J, et al. 2004. Near-infrared tunable diode laser spectrometer for the remote sensing of vehicle emissions. Spectroc. Acta -A, 60: 3353-3360

Barth M, An F, Scora G, et al. 2000. Development of a comprehensive modal emissions model. Report prepared for National Research Council, NCHRP Project 25-11. http://onlinepubs. trb. org/onlinepubs/nchrp/nchrp_w122. pdf

Beck D D, Sommers J W. 1995. Impact of sulfur on the performance of vehicle-aged palladium monoliths. Applied Catalysis B: Environmental, 6: 185-200

Benson J D, Burns V, Gorse R A. et al. 1991. Effects of gasoline sulfur level on mass exhaust emissions - Auto/oil air quality improvement research program. SAE Technical Paper Series 912323

Bishop G A, Morris J A, Stedman D H, et al. 2001. The effects of altitude on heavy-duty diesel truck on-road emissions. Environ. Sci. Technol. , 35: 1574-1578

Bishop G A, Starkey J R, Ihlenfeldt A, et al. 1989. IR long-path photometry: a remote sensing tool for automobile emissions. Analytical Chemistry, 61: 671A-677A

Bishop G A, Stedman D H. 1990. On-road carbon monoxide emission measurement comparisons for the 1988-1989 Colorado oxy-fuels program. Environ. Sci. Technol. , 24: 843-847

Bishop G A, Stedman D H. 1996. Measuring the emissions of passing cars. Acc. Chem. Res. , 29: 489-495

Bishop G A, Stedman D H. 1997. On-road remote sensing of vehicle emissions in Mexico. Environ. Sci. Technol. , 31: 3505-3510

Bishop G A, Stedman D H. 2008. A decade of on-road emissions measurements. Environ. Sci. Technol, 42: 1651-1656

Black F M, High L E, Lang J M, et al. 1980. Composition of automobile evaporative and tailpipe hydrocarbon emissions. Journal of the Air Pollution Control Association, 30: 1216-1220

Brereton G J, Bertrand E, Macklem L. 1997. Effects of changing ambient humidity and temperature on the emissions of carbureted two- and four-stroke hand-held engines. SAE Technical Paper Series 972707

Bukowiecki N, Dommen J, Prévôt A S H, et al. 2002. A mobile pollutant measurement laboratory—Measuring gas phase and aerosol ambient concentrations with high spatial and temporal resolution. Atmos. Environ. , 36: 5569-5579

Bukowiecki N, Dommen J, Prévôt A S H, et al. 2003. Fine and ultrafine particles in the Zurich (Switzerland) area measured with a mobile laboratory: An assessment of the seasonal and regional variation throughout a year. Atmos. Chem. Phys. , 3: 1477-1494

Burgard D A, Bishop G A, Stedman D H. 2006a. Remote sensing of ammonia and sulfur dioxide from on-road light duty vehicles. Environ. Sci. Technol. , 40: 7018-7022

Burgard D A, Bishop G A, Stedman D H. et al. 2006b. Remote sensing of in-use heavy-duty diesel trucks. Environ. Sci. Technol. , 40: 6938-6942

Burns V R, Benson J D, Hochhauser A M, et al. 1991. Description of Auto/Oil Air Quality Improvement Research Program. SAE Technical Paper Series 912320

Calvert J G, Heywood J B, Sawyer R F, et al. 1993. Achieving acceptable air quality: Some reflections on controlling vehicle emissions. Science, 261: 37-45

Canagaratna M R, Jayne J T, Ghertner D A, et al. 2004. Chase studies of particulate emissions from in-use New York City vehicles. Aerosol Sci. Technol. , 38: 6, 555-573

CARB (California Air Resources Board). 2012. Methodology for calculating and redefining cold and hot start emissions. www. arb. ca. gov/msei/onroad/downloads/pubs/starts. pdf

Chaffin C A, Ullman T L. 1994. Effects of increased altitude on heavy-duty diesel engine emissions. SAE Technical Paper Series, 940669

Chan T L, Ning Z, Leung C W, et al. 2004. On-road remote sensing of petrol vehicle emissions measurement and emission factors estimation in Hong Kong. Atmos. Environ. , 38: 2055-2066

Chan T L, Ning Z. 2005. On-road remote sensing of diesel vehicle emissions measurement and emission factors estimation in Hong Kong. Atmos. Environ. , 39: 6843-6856

Chang S C, Lin T H, Lee C T. 2009. On-road emission factors from light-duty vehicles measured in Hsuehs-han Tunnel (12. 9 km), the longest tunnel in Asia. Environ. Monit. Assess. , 153: 187-200

Chen C H, Huang C, Jing Q, et al. 2007. On-road emission characteristics of heavy-duty diesel vehicles in Shanghai. Atmos. Environ. , 41: 5334-5344

Chiang H L, Hwu C S, Chen S Y, et al. 2007. Emission factors and characteristics of criteria pollutants and volatile organic compounds (VOCs) in a freeway tunnel study. Sci. Total Environ. , 381: 200-211

Choi D, Beardsley M, Brzezinski D, et al. 2012. MOVES sensitivity analysis: The impacts of temperature and humidity on emissions. http://www. epa. gov/ttnchie1/conference/ei19/session6/choi. pdf

Cicero-Fernández P, Long J R, Winer A M. 1997. Effects of grades and other loads on on-road emissions of hydrocarbons and carbon monoxide. J. Air & Waste Manage. Assoc, 47: 898-904

Corley E A, Davis L D, Lindner J, et al. 2003. Inspection/Maintenance program evaluation: Replicating the Denver step method for an Atlanta fleet. Environ. Sci. Technol. , 37: 2801-2806

De Craecker R, Carbone R, Clark R H, et al. 2005. Fuel effects on emissions from advanced diesel engines and vehicles. Report no. 2/05

De Vlieger I. 1997. On-board emission and fuel consumption measurement campaign on petrol-driven passen-ger cars. Atmos. Environ, 31: 3753-3761

De Vlieger I, De Keukeleere D, Kretzschmar J G. 2000. Environmental effects of driving behaviour and con-gestion related to passenger cars. Atmos. Environ. , 34: 4649-4655

Dill J. 2004. Estimating emissions reductions from accelerated vehicle retirement programs. Transpn. Res. -D, 2004, 9: 87-106

Docquier N, Candel S. 2002. Combustion control and sensors: A review. Prog. Energy Combust. Sci. , 28: 107-150

Ekström M, Sjödin Å, Andreasson K. 2004. Evaluation of the COPERT III emission model with on-road op-tical remote sensing measurements. Atmos. Environ. , 38: 6631-6641

El-Shawarby I, Ahn K, Rakha H. 2005. Comparative field evaluation of vehicle cruise speed and acceleration level impacts on hot stabilized emissions. Transpn. Res. -D, 10: 13-30

Favez J Y, Weilenmann M, Stilli J. 2009. Cold start extra emissions as a function of engine stop time: Evo-lution over the last 10 years. Atmos. Environ. , 43: 996-1007

Fishel N A, Lee R K, Wilhelm F C. 1974. Poisoning of vehicle emission control catalysts by sulfur com-pounds. Environ. Sci. Technol. , 8: 260-267

Fomunung I W. 2000. Predicting emissions rates for the Atlanta on-road light duty vehicular fleet as a func-tion of operating modes, control technologies, and engine characteristics: [Ph. D. Dissertation]. USA: Georgia Institute of Technology

Frey H C, Kim K. 2009. In-use measurement of the activity, fuel use, and emissions of eight cement mixer trucks operated on each of petroleum diesel and soy-based B20 biodiesel. Transpn. Res. -D, 14: 585-592

Frey H C, Unal A, Rouphail N M, et al. 2003. On-road measurement of vehicle tailpipe emissions using a portable instrument. J. Air Waste Manage. Assoc. , 53: 992-1002

Fruin S, Westerdahl D, Sax T, et al. 2008. Measurements and predictors of on-road ultrafine particle con-centrations and associated pollutants in Los Angeles. Atmos. Environ. , 42: 207-219

Gautam M, Clark N N, Thompson G J, et al. 2000a. Evaluation of mobile monitoring technologies for heav-y-duty diesel-powered vehicle emissions. http://www. epa. gov/compliance/resources/cases/civil/caa/

diesel/phasei. pdf

Gautam M, Clark N N, Thompson G J, et al. 2000b. Development of in-use testing procedures for heavy-duty diesel-powered vehicle emissions. http://www. epa. gov/compliance/resources/cases/civil/caa/diesel/phaseii. pdf

Gentner D R, Harley R A, Miller A M, et al. 2009. Diurnal and seasonal variability of gasoline-related volatile organic compound emissions in Riverside, California. Environ. Sci. Technol. , 43: 4247-4252

Gillies J A, Gertler A W, Sagebiel J C, et al. 2001. On-road particulate matter (PM$_{2.5}$ and PM$_{10}$) emissions in the Sepulveda Tunnel, Los Angeles, California. Environ. Sci. Technol. , 35: 1054-1063

Gingrich J W, Callahan T J, Dodge L G. 2003. Humidity and temperature correction factors for NO$_x$ emissions from spark ignited engines. Report for ENVIRON International Corporation, SwRI Project No. 03. 10038

Glover E, Carey P. 1999. Determination of start emissions as a function of mileage and soak time for 1981-1993 model year light-duty vehicles. EPA420-P-99-015

Gorse R A. 1984. On-road emission rates of carbon monoxide, nitrogen oxides, and gaseous hydrocarbons. Environ. Sci. Technol. , 18:500-507

Graboski M S, McCormick R L, 1996. Effect of diesel fuel chemistry on regulated emissions at high altitude. SAE Technical Paper Series 961947

Grieshop A P, Lipsky E M, Pekney N J, et al. 2006. Fine particle emission factors from vehicles in a highway tunnel: Effects of fleet composition and season. Atmos. Environ. , 40: S287-S298

Grinberg L, Morgan L. 1974. Effects of temperature on exhaust emissions. SAE Technical Paper Series 740527

Guenther P L, Bishop G A, Peterson J E, et al. 1994. Emissions from 200000 vehicles: A remote sensing study. Sci. Total Environ. , 146/147: 297-302

Guo H, Zhang Q Y, Shi Y. 2007. On-road remote sensing measurements and fuel-based motor vehicle emission inventory in Hangzhou, China. Atmos. Environ. , 41: 3095-3107

Handler M, Puls C, Zbiral J, et al. 2008. Size and composition of particulate emissions from motor vehicles in the Kaisermühlen-Tunnel, Vienna. Atmos. Environ. , 42: 2173-2186

Hansen J Q, Winther M, Sorenson S C. 1995. The influence of driving patterns on petrol passenger car emissions. Sci. Total Environ. , 169: 129-139

Hart C, Koupal J, Giannelli R. 2002. EPA's onboard emissions analysis shootout: overview and results. USEPA, EPA420-R-02-026

Haskew H M, Cadman W R, Liberty T F. 1990. The development of a real-time evaporative emissions Test. SAE Technical Paper Series 901110

Hausberger S, Wiesmayr J, Bukvarevic E, et al. 2005. Evaporative emissions of vehicles. Final Report for ARTEMIS WP 400. http://www. inrets. fr/ur/lte/publi-autresactions/fichesresultats/ficheartemis/road3/modelling33/Artemis_del6_evap. pdf

Hawirko J D. 2003. Modeling vehicle emission factors determined with an in-use and real-time emission measurement system: [Master Dissertation]. Canada: University of Alberta

He L Y, Hu M, Zhang Y H, et al. 2008. Fine particle emissions from on-road vehicles in the ZhuJiang tunnel, China. Environ. Sci. Technol. , 42: 4461-4466

Heck R M, Farrauto R J. 2001. Automobile exhaust catalysts. Appl. Catal. A-Gen. , 221: 443-457

Herndon S C, Shorter J H, Zahniser M S, et al. 2005. Real-time measurements of SO_2, H_2CO, and CH_4 emissions from in-use curbside passenger buses in New York City using a chase vehicle. Environ. Sci. Technol., 39: 7984-7990

Heywood J B. 1988. Internal Combustion Engine Fundamentals. New York: McGraw-Hill

Hickman A J. 1994. Vehicle maintenance and exhaust emissions. Sci. Total Environ., 146/147: 235-243

Holmén B A, Niemeier D A. 1998. Characterizing the effects of driver variability on real-world vehicle emissions. Transpn. Res. -D, 3: 117-128

Hsu Y C, Tsai J H, Chen H W, et al. 2001. Tunnel study of on-road vehicle emissions and the photochemical potential in Taiwan. Chemosphere, 42: 227-234

Human D M, Ullman T L, Baines T M. 1990. Simulation of high altitude effects on heavy-duty diesel emissions. SAE Technical Paper Series 900883

Huo H, Yao Z L, Zhang Y Z, et al. 2012a. On-board measurements of emissions from light-duty gasoline vehicles in three mega-cities of China. Atmos. Environ., 49: 371-377

Huo H, Yao Z L, Zhang Y Z, et al. 2012b. On-board measurements of emissions from diesel trucks in five cities in China. Atmos. Environ., 54: 159-167

Hwa M Y, Hsieh C C, Wu T C, et al. 2002. Real-world vehicle emissions and VOCs profile in the Taipei tunnel located at Taiwan Taipei area. Atmos. Environ., 36: 1993-2002

Imhof D, Weingartner E, Ordóñez C, et al. 2005. Real-world emission factors of fine and ultrafine aerosol particles for different traffic situations in Switzerland. Environ. Sci. Technol., 39: 8341-8350

Jiang M, Marr L C. Dunlea E J, et al. 2005. Vehicle fleet emissions of black carbon, polycyclic aromatic hydrocarbons, and other pollutants measured by a mobile laboratory in Mexico City. Atmos. Chem. Phys., 5: 3377-3387

Jiménez J L. 1999. Understanding and quantifying motor vehicle emissions with vehicle specific power and TILDAS remote sensing: [Ph. D. Dissertation]. USA: Massachusetts Institute of Technology

Jiménez J L, Koplow M D, Nelson D D, et al. 1999. Characterization of on-road vehicle NO emissions by a TILDAS remote sensor. J. Air Waste Manage. Assoc., 49: 463-470

Jiménez J L, Mcrae G J, Nelson D D, et al. 2000a. Remote sensing of NO and NO_2 emissions from heavy-duty diesel trucks using tunable diode lasers. Environ. Sci. Technol., 34: 2380-2387

Jiménez J L, McManus J B, Shorter J H, et al. 2000b. Cross road and mobile tunable infrared laser measurements of nitrous oxide emissions from motor vehicles. Chemosphere-Global Change Science, 2: 397-412

Joumard R, Sérié E. 1999. Modelling of cold start emissions for passenger cars. INRETS report LTE 9931. http://www. inrets. fr/ur/lte/cost319/MEETDeliverable08. pdf

Kašpar J, Fornasiero P, Hickey N. 2003. Automotive catalytic converters: current status and some perspectives. Catal. Today, 77: 419-449

Kean A J, Harley R A, Kendall G R. 2003. Effects of vehicle speed and engine load on motor vehicle emissions. Environ. Sci. Technol., 37: 3739-3746

Kirchstetter T W, Harley R A. 1996. Measurement of nitrous acid in motor vehicle exhaust. Environ. Sci. Technol., 30: 2843-2849

Kirchstetter T W, Harley R A, Kreisberg N M, et al. 1999. On-road measurement of fine particle and nitrogen oxide emissions from light- and heavy-duty motor vehicles. Atmos. Environ., 33: 2955-2968

Kirchstetter T W, Singer B C, Harley R A. 1996. Impact of oxygenated gasoline use on California light-duty vehicle emissions. Environ. Sci. Technol. , 30: 661-670

Kittelson D B, Watts W F, Johnson J P. 2004. Nanoparticle emissions on Minnesota highways. Atmos. Environ. , 38: 9-19

Klingenberg H. 1996. Automobile Exhaust Emission Testing. New York: Springer

Ko Y W, Cho C H. 2006. Characterization of large fleets of vehicle exhaust emissions in middle Taiwan by remote sensing. Sci. Total Environ. , 354: 75-82

Koehl W J, Benson J D, Burns V R, et al. 1993. Effects of gasoline sulfur level on exhaust mass and speciated emissions: The question of Linearity -Auto/Oil Air Quality Improvement Program. SAE Technical Paper Series 932727

Kolb C E, Herndon S C, Mcmanus J B, et al. 2004. Mobile laboratory with rapid response instruments for real-time measurements of urban and regional trace gas and particulate distributions and emission source characteristics. Environ. Sci. Technol. , 38: 5694-5703

Korotney D J, Rao V, Lindhjem C E, et al. 1995. Reformulated gasoline effects on exhaust emissions: Phase III: Investigation on the effects of sulfur, olefins, volatility, and aromatics and the interactions between olefins and volatility or sulfur. SAE Technical Paper Series 950782

Kristensson A, Johansson C, Westerholm R, et al. 2004. Real-world traffic emission factors of gases and particles measured in a road tunnel in Stockholm, Sweden. Atmos. Environ. , 38: 657-673

Kuhns H D, Mazzoleni C, Moosmuller H, et al. 2004. Remote sensing of PM, NO, CO and HC emission factors for on-road gasoline and diesel engine vehicles in Las Vegas, NV. Sci. Total Environ. , 322: 123-137

Lau J, Hung W T, Cheung C S. 2011. On-board gaseous emissions of LPG taxis and estimation of taxi fleet emissions. Sci. Total Environ. , 409: 5292-5300

Lau J, Hung W T, Cheung C S. 2012. Observation of increases in emission from modern vehicles over time in Hong Kong using remote sensing. Environ. Pollut. , 163: 14-23

Lenaers G. 1996. On-board real life emission measurements on a 3 way catalyst gasoline car in motor way-, rural- and city traffic and on two Euro-l diesel city buses. Sci. Total Environ. , 189/190: 139-147

Liu H, He C Y, Lents J. et al. 2005. Beijing vehicle activity study. Report prepared for International Sustainable Systems Research. http:// www. issrc. org/ive/downloads/reports/BeijingChina. pdf

Liu H, He K B, Lents J M, et al. 2009. Characteristics of diesel truck emission in China based on portable emissions measurement systems. Environ. Sci. Technol. , 43: 9507-9511

Lough G C, Schauer J J, Park J S, et al. 2005. Emissions of metals associated with motor vehicle roadways. Environ. Sci. Technol. , 39: 826-836

Maricq M M, Chase R E, Xu N, et al. 2002a. The effects of the catalytic converter and fuel sulfur level on motor vehicle particulate matter emissions: Gasoline vehicles. Environ. Sci. Technol. , 36: 276-282

Maricq M M, Chase R E, Xu N, et al. 2002b. The effects of the catalytic converter and fuel sulfur level on motor vehicle particulate matter emissions: Light duty diesel vehicles. Environ. Sci. Technol. , 36: 283-289

Martins L D, Andrade M F, Freitas E D, et al. 2006. Emission factors for gas-powered vehicles traveling through road tunnels in São Paulo, Brazil. Environ. Sci. Technol. , 40: 6722-6729

Mathis U, Mohr M, Forss A M. 2005. Comprehensive particle characterization of modern gasoline and diesel passenger cars at low ambient temperatures. Atmos. Environ. , 39: 107-117

Mayotte S C, Lindhjem C E, Rao V. et al. 1994a. Reformulated gasoline effects on exhaust emissions: Phase I: Initial investigation of oxygenate, volatility, distillation and sulfur effects. SAE Technical Paper Series 941973

Mayotte S C, Rao V, Lindhjem C E. et al. 1994b. Reformulated gasoline effects on exhaust emissions: Phase II: Continued investigation of the effects of fuel oxygenate content, oxygenate type, volatility, sulfur, olefins and distillation parameters. SAE Technical Paper Series 941974

Mazzoleni C, Moosmüller H, Kuhns H D, et al. 2004. Correlation between automotive CO, HC, NO, and PM emission factors from on-road remote sensing: Implications for inspection and maintenance programs. Transpn. Res. -D, 9: 477-496

McClement D. 1992. Quantification of evaporative running losses from light-duty gasoline-powered trucks. Report prepared for California Air Resources Board. CARB Agreement No. A992-224

McCormick R L, Graboski M S, Newlin A W, et al. 1997. Effect of humidity on heavy-duty transient emissions from diesel and natural gas engines at high altitude. J. Air Waste Manage. Assoc. , 47: 784-791

McGaughey G R, Desai N R, Allen D T, et al. 2004. Analysis of motor vehicle emissions in a Houston tunnel during the Texas Air Quality Study 2000. Atmos. Environ. , 38: 3363-3372

Miguel A H, Kirchstetter T W, Harley R A, et al. 1998. On-road emissions of particulate polycyclic aromatic hydrocarbons and black carbon from gasoline and diesel vehicles. Environ. Sci. Technol. , 32: 450-455

Moosmüller H, Mazzoleni C, Barber P W, et al. 2003. On-road measurement of automotive particle emissions by ultraviolet lidar and transmissometer: Instrument. Environ. Sci. Technol. , 37: 4971-4978

Morawska L, Ristovski Z D, Johnson G R, et al. 2007. Novel method for on-road emission factor measurements using a plume capture trailer. Environ. Sci. Technol. , 41: 574-579

Muncaster G M, Hamilton R S, Revitt D M. 1996. Remote sensing of carbon monoxide vehicle emissions. Sci. Total Environ. , 189/190: 149-153

Nam E, Kishan S, Baldauf R W, et al. 2010. Temperature effects on particulate matter emissions from light-duty, gasoline-powered motor vehicles. Environ. Sci. Technol. , 44: 4672-4677

Nam E K, Gierczak C A, Butler J W. 2003. A comparison of real-world and modeled emissions under conditions of variable driver aggressiveness. 82nd Transportation Research Board Annual Meeting CD-ROM. Washington, D. C. , January 2003

National Research Council. 2000. Modeling Mobile-Source Emissions. Washington D. C. : National Academy Press

National Research Council. 2006. State and Federal Standards for Mobile-Source Emissions. Washington D. C. : The National Academies Press

Nelson D D, Zahniser M S, McManus J B, et al. 1998. A tunable diode laser system for the remote sensing of on-road vehicle emissions. Appl. Phys. -B, 67: 433-441

Ning Z, Chan T L. 2007. On-road remote sensing of liquefied petroleum gas (LPG) vehicle emissions measurement and emission factors estimation. Atmos. Environ. , 41: 9099-9110

Ntziachristos L, Samaras Z. 2000a. Speed-dependent representative emission factors for catalyst passenger cars and influencing parameters. Atmos. Environ. , 34: 4611-4619

Ntziachristos L, Samaras Z. 2000b. COPERT III computer programme to calculate emissions from road transport: Methodology and emission factors (Version 2. 1). European Environment Agency, Technical report No 49

Oadle S H, Bailey B K, Belian T C, et al. 1996. Real world vehicle emissions: A summary of the fifth Coordinating Research Council on-road vehicle emissions workshop. J. Air Waste Manage. Assoc., 46: 355-369

Oliver H H, Li M L, Qian G G, et al. 2008. In-Use vehicle emissions in China: Tianjin Study. Energy Technology Innovation Policy research group. http://belfercenter. ksg. harvard. edu/files/2008_Oliver_In-use_Vehicle_Emissions_Tianjin. pdf

Pierson W R, Gertler A W, Robinson N F, et al. 1996. Real-world automotive emissions-summary of studies in the Fort McHenry and Tuscarora Mountain Tunnels. Atmos. Environ., 30: 2233-2256

Pierson W R, Schorran D E, Fujita E M, et al. 1999. Assessment of Nontailpipe Hydrocarbon emissions from motor vehicles. J. Air Waste Manage. Assoc., 49: 498-519

Pirjola L, Parviainen H, Hussein T, et al. 2004a. "Sniffer"-a novel tool for chasing vehicles and measuring traffic pollutants. Atmos. Environ., 38: 3625-3635

Pirjola L, Parviainen H, Lappi M, et al. 2004b. A novel mobile laboratory for "chasing" city traffic. SAE Technical Paper Series 2004-01-1962

Pokharel S S, Bishop G A, Stedman D H. 2002. An on-road motor vehicle emissions inventory for Denver: An efficient alternative to modeling. Atmos. Environ., 36: 5177-5184

Popp P J, Bishop G A, Stedman D H. 1999. Development of a high-speed ultraviolet spectrometer for remote sensing of mobile source nitric oxide emissions. J. Air Waste Manage. Assoc, 49: 1463-1468

Pundt I, Mettendorf K U, Laepple T, et al. 2005. Measurements of trace gas distributions using long-path DOAS-Tomography during the motorway campaign BAB II: Experimental setup and results for NO_2. Atmos. Environ., 39: 967-975

Rao V. 2001. Fuel sulfur effects on exhaust emissions: Recommendations for MOBILE6. USEPA, EPA420-R-01-039

Reddy S. 1989. Prediction of fuel vapor generation from a vehicle fuel tank as a function of fuel RVP and temperature. SAE Technical Paper Series 892089

Reuter R M, Benson J D, Brooks D J, et al. 1994. Sources of vehicles emissions in three day diurnal SHED tests-Auto/Oil Air Quality Improvement Research Program. SAE Technical Paper Series 941965

Ristovski Z D, Jayaratne E R, Lim M, et al. 2006. Influence of diesel fuel sulfur on nanoparticle emissions from city buses. Environ. Sci. Technol., 40: 1314-1320

Ropkins K, Beebe J, Li H, et al. 2009. Real-world vehicle exhaust emissions monitoring: Review and critical discussion. Crit. Rev. Environ. Sci. Technol., 39: 79-152

Ropkins K, Quinn R, Beebe J, et al. 2007. Real-world comparison of probe vehicle emissions and fuel consumption using diesel and 5% biodiesel (B5) blend. Sci. Total Environ., 376: 267-284

Ross M. 1994. Automobile fuel consumption and emissions: Effects of vehicle and driving characteristics. Annu. Rev. Energy Environ., 19: 75-112

Rouphail N M, Frey H C, Colyar J D, et al. 2001. Vehicle emissions and traffic measures: Exploratory analysis of field observations at signalized arterials. 80th Transportation Research Board Annual Meeting CD-ROM. Washington, D. C., January 2001

Rubin J I, Kean A J, Harley R A, et al. 2006. Temperature dependence of volatile organic compound evaporative emissions from motor vehicles. J. Geophys. Res., 111: D03305

Rutherford J A, Koehl W J, Benson J D, et al. 1995. Effects of gasoline properties on emissions of current and future vehicles-T_{50}, T_{90}, and sulfur effects-Auto/Oil Air Quality Improvement Research Program. SAE Technical Paper Series 952510

Sadler L, Jenkins N, Legassick W, et al. 1996. Remote sensing of vehicle emissions on British urban roads. Sci. Total Environ., 189/190: 155-160

Schifter I, Díaz L, Durán J, et al. 2003. Remote sensing study of emissions from motor vehicles in the Metropolitan Area of Mexico City. Environ. Sci. Technol., 37: 395-401

Schmid H, Pucher E, Ellinger R, et al. 2001. Decadal reductions of traffic emissions on a transit route in Austria —Results of the Tauerntunnel experiment 1997. Atmos. Environ., 35: 3585-3593

Shen L Z, Shen Y G, Yan W S, et al. 1995. Combustion process of diesel engines at regions with different altitude. SAE Technical Paper Series 950857

Shorter J H, Herndon S, Zahniser M S, et al. 2005. Real-time measurements of nitrogen oxide emissions from in-use New York City transit buses using a chase vehicle. Environ. Sci. Technol., 39: 7991-8000

Singer B C, Harley R A. 2000. A fuel-based inventory of motor vehicle exhaust emissions in the Los Angeles area during summer 1997. Atmos. Environ., 34: 1783-1795

Singer B C, Harley R A, Littlejohn D, et al. 1998. Scaling of infrared remote sensor hydrocarbon measurements for motor vehicle emission inventory calculations. Environ. Sci. Technol., 32: 3241-3248

Skelton E, Rector L. 2007. Onboard refueling vapor recovery systems: Analysis of widespread use. http://www.nescaum.org/documents/onboard-refueling-vapor-recovery-systems-analysis-of-widespread-use/nescaum-orvr-widespread-use-report-082007-final.pdf

Song Y, Shao M, Liu Y, et al. 2007. Source apportionment of ambient volatile organic compounds in Beijing. Environ. Sci. Technol., 41: 4348-4353

Spindt R S, Dizak R E, Stewart R M, et al. 1979. Effect of ambient temperature on vehicle emissions and performance factor. USEPA, EPA-460/3-79-006A

Staehelin J, Keller C, Stahel W, et al. 1998. Emission factors from road traffic from a tunnel study (gubrist tunnel, Switzerland), Part III: Results of organic compounds, SO_2 and speciation of organic exhaust emission. Atmos. Environ., 32: 999-1009

Stedman D H, Bishop G A, Aldrete P, et al. 1997. On-road evaluation of an automobile emission test program. Environ. Sci. Technol., 31: 927-931

Sternbeck J, Sjödin Å, Andréasson K. 2002. Metal emissions from road traffic and the influence of resuspension—Results from two tunnel studies. Atmos. Environ., 36: 4735-4744

Tiwary A, Colls J. 2010. Air Pollution: Measurement, Modelling and Mitigation (Third Edition). Abingdon: Routledge

Tong H Y. 2001. Vehicular emissions and fuel consumption at urban traffic signal controlled junctions: [Ph. D. Dissertation]. Hong Kong: the Hong Kong Polytechnic University

Tong H Y, Hung W T, Cheung C S. 2000. On-road motor vehicle emissions and fuel consumption in urban driving conditions. J. Air Waste Manage. Assoc., 50: 543-554

Unal A, Fery H C, Rouphail N M. 2004. Quantification of highway vehicle emissions hot spots based upon on-board measurements. J. Air Waste Manage. Assoc., 54: 130-140

Unal A, Rouphail N M, Frey H C. 2003. Effect of arterial signalization and level of service on measured vehicle emissions. 82nd Transportation Research Board Annual Meeting CD-ROM, TRB 03-2884. Washington，D. C. ，January 2003

USEPA (U. S. Environmental Protection Agency). 1994. Final regulatory impact analysis: Refueling emission regulations for light duty vehicles and trucks and heavy duty vehicles

USEPA. 2004. Guidance on use of remote sensing for evaluation of I/M program performance. EPA420-B-04-010

USEPA. 2009a. Development of emission rates for heavy-duty vehicles in the Motor Vehicle Emissions Simulator (Draft MOVES2009). EPA-420-P-09-005

USEPA. 2009b. Development of evaporative emissions calculations for the Motor Vehicle Emissions Simulator (Draft MOVES2009). EPA-420-P-09-006

USEPA. 2010. MOVES: Highway vehicle temperature, humidity, air conditioning, and inspection and maintenance adjustments. EPA-420-R-10-027

USGPO(U. S. Government Printing Office). 1998. Code of Federal Regulations，§ 86. 1230-85 Test sequence; general requirements. http://www. gpo. gov/fdsys/pkg/CFR-1998-title40-vol12/pdf/CFR-1998-title40-vol12-sec86-1230-85. pdf

USGPO. 2012. Code of Federal Regulations，§ 86. 1230-96 Test sequence; general requirements. http://www. gpo. gov/fdsys/pkg/CFR-2012-title40-vol20/pdf/CFR-2012-title40-vol20-sec86-1230-96. pdf

Vogt R，Scheer V，Casati R，et al. 2003. On-road measurement of particle emission in the exhaust plume of a diesel passenger car. Environ. Sci. Technol. ，37: 4070-4076

Wang A J，Ge Y S，Tan J W，et al. 2011. On-road pollutant emission and fuel consumption characteristics of buses in Beijing. Journal of Environmental Sciences，23(3): 419-426

Wang M，Zhu T，Zheng J，et al. 2009. Use of a mobile laboratory to evaluate changes in on-road air pollutants during the Beijing 2008 Summer Olympics. Atmos. Chem. Phys. ，9: 8247-8263

Wang Q D，He K B，Huo H，et al. 2005. Real-world vehicle emission factors in Chinese metropolis city—Beijing. Journal of Environmental Sciences，17(2): 319-326

Wang X，Westerdahl D，Chen L C，et al. 2009. Evaluating the air quality impacts of the 2008 Beijing Olympic Games: On-road emission factors and black carbon profiles. Atmos. Environ. ，43: 4535-4543

Wang X，Westerdahl D，Hu J N，et al. 2012. On-road diesel vehicle emission factors for nitrogen oxides and black carbon in two Chinese cities. Atmos. Environ. ，46: 45-55

Wang X，Westerdahl D，Wu Y，et al. 2011. On-road emission factor distributions of individual diesel vehicles in and around Beijing, China. Atmos. Environ. ，45: 503-513

Weijers E P，Khlystov A Y，Kos G P A，et al. 2004. Variability of particulate matter concentrations along roads and motorways determined by a moving measurement unit. Atmos. Environ. ，38: 2993-3002

Weingartner E，Keller C，Stahel W A，et al. 1997. Aerosol emission in a road tunnel. Atmos. Environ. ，31: 451-462

Wenzel T. 2003. Use of remote sensing measurements to evaluate vehicle emission monitoring programs: Results from Phoenix, Arizona. Environ. Sci. Policy, 6: 153-166

Westerdahl D，Fruin S，Sax T，et al. 2005. Mobile platform measurements of ultrafine particles and associated pollutant concentrations on freeways and residential streets in Los Angeles. Atmos. Environ. ，39: 3597-3610

Westerdahl D，Wang X，Pan X C，et al. 2009. Characterization of on-road vehicle emission factors and micro-environmental air quality in Beijing, China. Atmos. Environ. ，43: 697-705

Wu Y, Zhang S J, Li M L, et al. 2012. The challenge to NO_x emission control for heavy-duty diesel vehicles in China. Atmos. Chem. Phys. , 12: 9365-9379

Yanowitz J, Mccormick R L, Graboski M S. 2000. In-use emissions from heavy-duty diesel vehicles. Environ. Sci. Technol. , 34: 729-740

Yao Z L, Huo H, Zhang Q, et al. 2011. Gaseous and particulate emissions from rural vehicles in China. Atmos. Environ. , 45: 3055-3061

Yao Z L, Wang Q D, He K B, et al. 2007. Characteristics of real-world vehicular emissions in Chinese cities. J. Air Waste Manage. Assoc. , 57: 1379-1386

Zachariadis T, Ntziachristos L, Samaras Z. 2001. The effect of age and technological change on motor vehicle emissions. Transpn. Res. -D, 6: 221-227

Zavala M, Herndon S C, Slott R S, et al. 2006. Characterization of on-road vehicle emissions in the Mexico City Metropolitan Area using a mobile laboratory in chase and fleet average measurement modes during the MCMA-2003 field campaign. Atmos. Chem. Phys. , 6: 5129-5142

Zhang J, He K B, Ge Y S, et al. 2009. Influence of fuel sulfur on the characterization of PM_{10} from a diesel engine. Fuel, 88: 504-510

Zhang K S, Frey H C. 2006. Road grade estimation for on-road vehicle emissions modeling using light detection and ranging data. J. Air Waste Manage. Assoc. , 56: 777-788

Zhang K S, Hu J N, Gao S Z, et al. 2010. Sulfur content of gasoline and diesel fuels in northern China. Energy Policy, 38: 2934-2940

Zhang Y, Stedman D H, Bishop G A, et al. 1993. On-road hydrocarbon remote sensing in the Denver Area. Environ. Sci. Technol. , 27: 1885-1891

Zhang Y, Stedman D H, Bishop G A, et al. 1995. Worldwide on-road vehicle exhaust emissions study by remote sensing. Environ. Sci. Technol. , 29: 2286-2294

Zhang Y, Stedman D H, Bishop G A, et al. 1996. On-road evaluation of inspection/maintenance effectiveness. Environ. Sci. Technol. , 30: 1445-1450

Zhou Y, Fu L X, Cheng L L. 2007. Characterization of in-use light-duty gasoline vehicle emissions by remote sensing in Beijing: Impact of recent control measures. J. Air Waste Manage. Assoc. , 57: 1071-1077

第3章 机动车技术分布和活动水平确定方法

机动车技术对排放的影响很大,是机动车排放因子模型的关键参数。反映机动车技术的主要参数包括机动车污染控制技术、燃料种类、累积行驶里程、维护状况、车辆载重和发动机排量等。机动车技术分布的定义是各技术参数在整个车队中的分布比例,它是模拟机动车排放因子和建立机动车排放清单不可或缺的重要信息。技术分布数据的精度是决定机动车排放清单精度的重要因素。根据排放模型或清单的要求,不同研究对机动车技术参数的定义和分类不尽相同。

机动车活动水平是模拟机动车排放因子和计算机动车排放清单的重要参数,包括车辆年均行驶里程、启动次数与热浸时间分布、车辆日出行次数分布等。

城市机动车保有量十分庞大,无法逐一对其进行技术和活动水平调查。获取机动车技术分布的方法大致有三种:①部门宏观调查:从政府统计部门或交通管理部门等官方机构或汽车服务部门提取需要的车辆信息;②问卷调查:设计问卷,对道路上的机动车进行调查,获取一定数量的机动车信息,进行统计和分析;③车队模型法:以车队的更新和报废规律为基础,利用车辆注册量和保有量等信息,结合相关政策变化,建立模型模拟得到机动车的技术分布。通过方法①和②也可获取机动车活动水平信息。

本章对以上三种方法及其应用逐一进行阐述。

3.1 部门宏观调查

政府开展的调查通常覆盖地域广,样本多,因此获取的数据最为准确和全面。在数据积累机制完善、数据资源共享环境较好的国家和地区,基本可以通过这种渠道获得所需数据。例如,美国统计局(U. S. Census Bureau)从 20 世纪 60 年代,每五年对全国数十个州的卡车使用状况进行调查(Vehicle Inventory and Use Survey,VIUS,1997 年前该调查称为 Truck Inventory and Use Survey,TIUS),并公布普查结果。目前由于缺乏资金,该项目已经停止。表 3-1 显示了历次美国 VIUS 调查中大于 10 000 磅(4540 kg)的中重型卡车的样本情况(U. S. Census Bureau,2012)。可以看到,VIUS 的样本选取率达到 1% 左右,非常具有代表性。卡车样本的选择以私家车和商用车为主,不考虑政府卡车、救火车、邮递车等特殊用途的卡车。调查内容包括卡车的出厂年代、卡车类型、行驶里程、燃料种类以及燃料效率等上百种信息。VIUS 调查数据对于政府、商界和学术界具有不可估量的价值。

表 3-1　美国 VIUS 调查的中重型卡车(大于 10 000 磅)样本数

调查年份	有效样本数	全国中重卡车总数	样本比例
1977	54 610	5 689 903	0.96%
1982	54 911	5 590 415	0.98%
1987	60 641	5 718 265	1.06%
1992	81 170	6 045 205	1.34%
1997	67 978	7 083 326	0.96%
2002	64 126	7 927 280	0.81%

　　中国对机动车使用状况的调查统计还不完善,无法形成定期的数据发布。但是,交通管理部门为了更好地执行管理任务,通常会开展大规模交通调查,掌握交通和车辆信息。需要指出的是,收集这些数据的初衷并非为了支持机动车排放研究,因此可能会缺失一部分研究需要的技术信息;另一方面这些调查数据不对外公开,研究者难以获取原始数据。2008 年,为了摸清公路水路运输行业发展状况,中华人民共和国交通运输部(2010)在国家统计局的支持和配合下开展了“全国公路水路运输量专项调查”。其中公路部门的调查对象集中在营运性车辆,主要调查内容为旅客和货物运量、周转量、燃料类型、燃油消耗、年均行驶里程,以及分营业性质、分车辆类型、分运输区域、分货类运输量等结构性指标。这次调查覆盖了全国30 多个省、直辖市和自治区,共获取了 78 100 辆营业性客运汽车和 123 100 辆营业性货运汽车的数据。粗略估算,样本数分别占 2008 年全国非私人载客汽车总数和货车总数的 0.84% 和 2.75%(纯营运车辆的总保有量未知),采样率达到甚至高于美国的 VIUS 调查,如果用纯营运车辆的总保有量来估算,采样率将更高,说明调查样本具有很高的代表性。这次调查具有极高的学术价值,遗憾的是调查中获取的详细数据不对外公开。

　　从汽车服务部门也可获取大量的车辆技术信息和活动水平。2007 年,中国环境科学研究院对全国地级及以上城市的机动车技术及活动水平进行了调查(林秀丽等,2009)。机动车类型包括轻型客车、摩托车和出租车。轻型客车的数据主要通过上海通用汽车有限公司和上海大众汽车有限公司在全国数百个地级及以上城市的售后保养维修点获取,共得到了 40 万余辆车的数据;出租车的数据从上海大众汽车有限公司在全国 300 个地级市设立的售后保养维修点获取,共得到了 1 万余辆车的数据;摩托车的数据由五羊本田摩托有限公司和钱江摩托车股份有限公司维修保养部门提供,共调查了约 3400 辆摩托车。这是目前我国公开记载的、规模最大的一次机动车技术及活动水平调查,轻型车和出租车的采样率分别达到了1.4% 和 1.2%。这次调查极大地增进了对中国机动车技术分布及活动水平变化特征的了解。然而,从汽车服务部门获取信息存在以下不足:①品牌单一,难以代表实际在路车队的品牌结构;②去汽车服务部门登记服务的车辆普遍较新,无法反映实际在路车队的车龄结构。

　　由此可见,大规模调查需要在政府部门或企业的协助下进行,目前中国的研究者还很难依赖这种方法获取机动车技术分布和活动水平的信息。改变这种情况,需要依靠中国统计体系的不断完善以及相关部门对调查信息的公开。在没有大规模官方和企业调查数据的情况下,研究者通常采用自行组织的小型问卷调查获取机动车技术分布和活动水平。

3.2　问卷调查法

　　问卷调查法是对道路上的机动车开展调查,获取所需的机动车信息,然后进行统计和分析。这种方法的优点是可根据研究需要,自行设计调查内容以及调查时间和地点,获取的信息细致而实用。缺点为工作量大,而且要求选取的调查地点在全市范围内具有一定代表性,如果调查地点选择不当将会造成调查结果的偏差。另外,所得信息只能体现调查当年的车队技术水平和活动水平。

　　由于中国统计部门尚未提供机动车技术的统计信息,中国研究者已经开始采用问卷调查法来获取机动车的技术和活动信息。目前,研究者已经在北京、上海、天津等多个城市进行了机动车技术分布和活动水平调查,为我国的城市机动车排放研究积累了宝贵而翔实的数据。

　　2004 年,清华大学在北京开展了轻型车技术分布和活动水平调查,获取了1274 辆轻型车和 86 辆出租车的车龄分布、技术分布及行驶里程分布信息,还获取了 75 辆车的启动信息和热浸时间分布。此后,清华大学应用该方法于 2009～2010 年间在佛山、宜昌等地对轻型客车、轻型卡车、中重型卡车、公交车和摩托车等多种车型的技术分布和活动水平进行了实地调查。本节首先以 2004 年北京轻型车调查为例,重点介绍问卷调查法以及数据处理方法。然后汇总国内各调查研究的结果,分析并总结中国城市车辆的活动水平特征。

3.2.1　调查方法:以 2004 年北京轻型车调查研究为例

　　2004 年,清华大学在与美国加州大学河滨分校的合作研究中,对北京市的轻型车技术信息和活动水平进行了实地调查,获取了建立排放因子模型所需的北京市轻型载客车技术分布(Liu et al. , 2005)。一般情况下,如果在总数较大的群体中进行抽样调查,采样率大于或等于 1‰则可认为是具有代表性的有效采样。2004 年北京市轻型车的数量为 120 万辆左右,该调查最初设计的样本数量为 1200 辆轻型车,约占总数的 1‰。在调查设计中,考虑到出租车的使用程度和管理方式与其他轻型车有较大差异,因此按照车的用途将北京市轻型车分为两类:第一类为私家车和商务用车(以下简称为普通轻型车);第二类为出租车。此外,这次调查研究还获取了 75 辆轻型客车共 630 天的启动信息和热浸时间分布。

1. 普通轻型车

普通轻型车和出租车的调查内容和方式有所不同。对于普通轻型车,调查内容包括车型、牌照、生产厂家、出厂年份、里程表读数、发动机技术、发动机排量、污染控制技术、传动方式、维护状况、空调使用等,详见表 3-2。选取的调查地点分布广泛,包括北京市北居住区、南居住区和中心商业区内的大型商业停车场和居民区停车场。由于非专业人士无法从机动车外观直接获取这些信息,调查中专门聘请两名有经验的汽车技师提供技术指导。调查工作均在工作日进行。

表 3-2　机动车技术分布调查表:普通轻型车

	牌照	车型	生产厂家	出厂年份	里程表读数[a]	发动机技术[b]	发动机排量	催化剂技术[c]	传动方式[d]	养护状况[e]	AC[f]	调查日期	调查地点
1													
2													
...													

a. 记录里程表盘中位数,如果位数只有 5 位,用星号表示出来

b. 化油器(C),单点燃料喷射(SI),多点燃料喷射(MI)

c. 无(No),2 元(2W),3 元(3W)

d. 自动(A),手动(M)

e. 好,中,差

f. 是否有空调

这次调查中共获取了 1274 辆普通轻型车的技术信息。其中,1200 个样本来自普通停车场,1/3 来自北居民区,1/3 来自中心商业区,1/3 来自南居民区。商业停车场车辆的流动性大于居民楼停车场,为了消除停车场车辆技术分布和道路车辆技术分布的差异,调查以商业停车场为主。在南北居民区样本中,1/2 来自居民楼停车场,1/2 来自商业停车场;在中心商业区的样本全部来自于大型商业停车场。另外 74 个车辆样本为在路随机抽取。

(1) 年代分布

每年都有新车加入车队,也有旧车达到报废年限被淘汰出车队。这种新旧车交替是机动车技术分布变化的主要动力,因此,车队年代分布是计算机动车技术分布的基础。

在调查的 1274 个机动车样本中,出厂年份分布在 1991 年到 2004 年之间。图 3-1 为各调查区机动车样本的年代分布,由于调查在 2004 年 5 月底和 6 月初进行,所以出厂年份为 2004 年的样本数量相对较小。四个样本来源表现出的年代分布

类似。近年来,随着城市经济的发展,北京市机动车销量持续增长,特别是私家轿车增长尤为迅速。2002 年中国加入世界贸易组织之后,汽车的价格不断下调,极大地刺激了消费者的购买行为。调查结果显示,出厂年份为 2001～2004 年的样本数占 67% 以上。1274 个样本的平均车龄为 3.2 年。

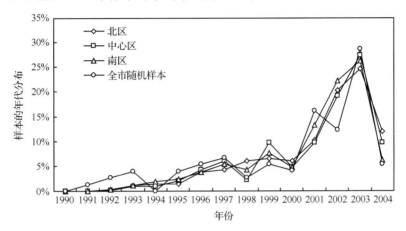

图 3-1　2004 年北京市轻型车年代分布调查结果

在南北居住区和中心区的调查数据显示,1990～1998 年的老龄车比例为19%,而全市随机调查中的老龄车占 27%。调查当时北京市采取措施禁止达不到国 I 排放标准的老技术车辆(多为 1999 年以前出厂)在北京市四环以内的道路上行驶,因此城内新车比例较高。采用分区调查可以体现这类措施对在路车辆技术分布的影响。以往的调查研究通常对全市获取的样本做整体分析,这种处理方式将忽略不同技术车辆出行范围的差异。由于老技术车的排放水平较高,如果在建立高分辨率城市排放清单时不考虑这个因素,将给模拟结果带来很大误差。表 3-3为基于调查数据的北京市轻型车队的年代分布。

表 3-3　北京市 2004 年 6 月轻型车队年代分布

年份	1991	1992	1993	1994	1995	1996	1997
四环以内	0.1%	0.4%	1.5%	1.3%	2.1%	4.1%	5.1%
四环以外	1.5%	3.0%	4.5%	3.3%	4.5%	6.0%	7.5%
年份	1998	1999	2000	2001	2002	2003	2004
四环以内	3.9%	7.4%	4.9%	10.8%	18.9%	24.8%	14.9%
四环以外	3.0%	8.0%	7.5%	9.2%	13.8%	17.7%	10.5%

(2) 发动机技术和污染控制技术分布

提高机动车污染控制水平的主要推动力是政府的政策和标准。从 1998 年起,国家及北京市出台了多项措施促进机动车采用先进的排放控制技术,其中包括实施强制性排放标准以及鼓励性经济政策。具体如下:①1999 年 1 月 1 日起,北京市对 M1 类轻型车执行严格程度相当于欧 I 排放标准的新车国 I 排放标准(DB 11/105—1998)。未达到此标准的轻型车不准在北京销售和上牌。国 I 标准的执行,可使单车排放水平降低 60% 以上。该标准的出台和实施,是北京市轻型车技术结构发生重大变化的开始,采用电子燃油喷射技术和三元催化转化器装置的低排放车逐渐增加。②2001 年 8 月,国家对提前达到国 II 标准的机动车减征 30% 的消费税,这一措施刺激了汽车制造商生产更清洁的车辆,同时刺激了消费者的购买行为。根据相关部门的统计和分析,2002 年,即国 II 标准正式实施以前,市场上 80%～90% 的新车达到了国 II 标准。③2003 年 1 月 1 日,北京市率先对新车执行更为严格的国 II 标准。此前上路的机动车仍实行国 I 标准,不需要进行改造。国 II 标准的实施可以使单车排放在国 I 的基础上再降低 30%～60%。④2004 年 1 月 1 日,国家对排放标准达到国 II 的轿车停止减征消费税,按规定税率征税。⑤2004 年 7 月 1 日,国家对达到国 III 排放标准的轿车减征 30% 的消费税。

总样本数中,可识别发动机技术的有效样本数为 1266 个,其中,化油器比例为 11.2%,单点电喷车比例为 1.6%,多点电喷车比例为 87.2%。样本分析显示,在 20 世纪 90 年代初期,化油器车在车队中居主导地位。1999 年,随着国 I 标准的实施,新车中化油器车所占的比例大幅减少,与此相对应,拥有电喷技术的样本比例迅速增加,成为车队中的主流。

总样本数中,可识别催化器(主要为三元催化器)技术的有效样本数为 1198 个。其中,无催化器样本比例为 3.2%,有催化器样本比例为 96.8%。样本分析显示,1992 年车型样本中,无催化器机动车占当年样本总数量的 2/3 左右。1993 年车型样本中,无催化器机动车比例迅速下降到 17%,安装催化器尾气控制装置的机动车居主导地位。1999 年车型中,无催化器机动车样本比例接近 0%。

(3) 累积行驶里程

调查中,累积行驶里程数据主要来自于里程表读数。当时一部分新车的里程读数为液晶显示(以下称其为液晶车辆样本),调查进行时,它们在停车场处于熄火状态,因此无法获取其里程表读数。调查发现,1996～2000 年间的车辆样本中,液晶车辆样本占当年车辆样本总数的 2%～6%,2000 年以后的液晶车辆样本比例为 30%～50%。由于液晶车辆和非液晶车辆在使用上并无明显差别,因此研究认为抛弃液晶车辆带来的误差影响在可接受的范围内。需要指出的是,随着车辆技术进步,目前绝大多数车辆的里程表为液晶屏显示,因此后续的调查研究调整了方案,由从里程表读数改为向车主询问,调查场所也逐渐由静态的停车场转向动态的停车场出入口和小区出入口等。

样本的离散程度直接决定了样本的有效性,而不同机动车样本之间存在的使用差别会引起合理的里程离散。这里引入对数距离这个概念来表征单个样本对整体样本的离散程度,并辨别样本所表现出来的非合理离散现象。对数距离表达式如式(3-1)所示:

$$L_{i,j} = \lg\left(\frac{odo_{i,j}}{ODO_j}\right) \tag{3-1}$$

其中,i 为样本编号;j 为出厂年份;$L_{i,j}$ 为对数距离,指 j 年份中第 i 个里程样本对 j 年份整体样本的距离;$odo_{i,j}$ 为 j 年份中第 i 个样本的里程读数;ODO_j 为 j 年份整体样本里程平均值。根据定义,里程读数为 0 的样本与整体样本的对数距离为无穷大。

图 3-2 统计了各年份样本对数距离的分布频率。[−1,1]区间的分布比例越高,表明样本的里程读数离散程度越小。除 1993 年样本外,各年份的里程样本有 60%~85% 处于该区间。对于年代久远的车型,里程样本在[−3,−1]区间分布较高,说明其中一部分车辆样本的里程读数偏小,仅为整体样本里程读数平均值的 1/1000~1/10。造成这种现象主要有两点原因:第一,老型机动车的里程表位数大多为 5 位,当里程表读数达到 100 000 公里时,里程表将清零并重新计数;第二,某些经历过大修的老机动车,在大修时里程表会自动清零。以上两种情况使得老车的里程表读数偏小,无法正确反映累积行驶里程。

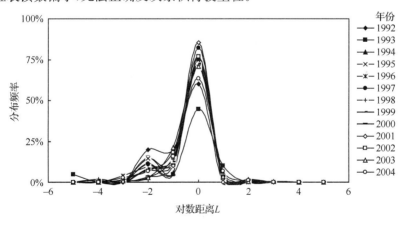

图 3-2　对数距离的分布频率

采用如下假设和程序,对无效里程样本进行识别和剔除:①整体相关性处理。假设车辆的出厂年代和累积里程线性相关,对整体里程样本的年份和里程读数进行线性拟合,计算各样本对拟合曲线的对数距离,将对数距离绝对值大于 1 的样本抛弃。对剩余样本再次进行线性拟合和样本识别,直至拟合曲线与上一次拟合结果相同。②考察每个年代样本的离散程度。首先计算里程样本的平均里程 ODO 和标准方差 σ,以 σ 小于 0.5×ODO 为判据,如果判据不成立,则剔除 ODO 对数距离绝对值最大的样本并重新计算 ODO 和 σ,直至判据成立。③经过前两个步骤处理后发现,由于年代久远的车型样本较少,而且多数的里程读数不准确,使得1991~1993 年的样本在步骤①和②中全部被剔除。针对这种情况,将其他年份的样本结果进行外推计算得到 1991~1993 年的累积行驶里程。

经过上述处理,共得到 768 个有效里程样本。各年份车型的平均累积行驶里程和样本剔除率如表 3-4 所示。由于出厂年份为 2003 年和 2004 年的液晶车辆样本比例较大,因此这两个年份样本的剔除率较高。

表 3-4　各年份车型的平均累积行驶里程

年份	1991	1992	1993	1994	1995	1996	1997
累积行驶里程(10^4 km)	24.3	22.5	20.7	20	18.1	14.1	13
有效样本个数	0	0	0	14	20	37	53
样本剔除率	100%	100%	100%	18%	29%	33%	23%

年份	1998	1999	2000	2001	2002	2003	2004
累积行驶里程(10^4 km)	10.3	9.5	8.2	6.9	4.7	2.4	0.9
有效样本个数	40	71	42	118	156	184	33
样本剔除率	25%	30%	36%	19%	39%	45%	72%

(4) 排量分布

车型大小通常用重量或者发动机排量表征。由于排放标准针对整个轻型车队,不分重量,因此一些宏观排放因子模型(例如 MOBILE)对轻型车不再进行详细分类。而实际上,不同重量的机动车具有不同的污染物排放水平,CMEM 和 IVE 等模型根据车的重量或排量对轻型车进一步分类。这里将排气量小于 1.6 升的轻型车称为小型车,排气量大于等于 1.6 升并小于 2.4 升的轻型车称为中型车,排气量大于等于 2.4 升的轻型车称为大型车。本次调查共获得 1198 个有效的发动机排量数据样本,结果显示,中型车占总样本数的 60%,处于主流地位,小型车和大型车的比例分别为 30% 和 10%。

北京市普通轻型车技术分布的汇总结果见表 3-5。

由于中国机动车技术和活动水平统计数据比较匮乏,问卷调查方法不失为一种获取城市机动车技术分布和活动水平的有效方法。需要注意的是,由于这种调查方式的采样率比官方调查要低(例如,美国 VIUS 的采样率约为 1%,而自发组织的问卷调查采样率为 1‰),因此该方法会存在一定程度的不确定性。所以在处理调查结果时,为了修正局部调查结果和整体之间可能存在的偏差,需要对城市经济发展进程及相关政策等对机动车的技术分布的影响进行分析,结合公开发表的相关统计数据,对调查结果进行补充和调整。

表 3-5　2004 年 6 月北京市普通轻型车队技术分布

	年代分布		累积行驶里程 (10⁴km)	控制技术分布				发动机排量规模分布		
	四环内（含）	四环外		化油器无催化	化油器有催化	电喷无催化	电喷有催化	<1.6升	1.6～2.4升	≥2.4升
1991	0.1%	1.5%	24.3	100%	0%	0%	0%	100%	0%	0%
1992	0.4%	3.0%	22.5	67%	33%	0%	0%	33%	28%	39%
1993	1.5%	4.5%	20.7	13%	63%	4%	21%	24%	65%	12%
1994	1.3%	3.3%	20.0	10%	78%	1%	10%	21%	75%	4%
1995	2.1%	4.5%	18.1	7%	53%	5%	35%	29%	59%	12%
1996	4.1%	6.0%	14.1	4%	52%	3%	40%	25%	64%	11%
1997	5.1%	7.5%	13.0	5%	38%	6%	51%	31%	51%	18%
1998	3.9%	3.0%	10.3	2%	25%	4%	69%	23%	70%	7%
1999	7.4%	8.0%	9.5	0%	11%	1%	88%	11%	75%	14%
2000	4.9%	7.5%	8.2	0%	4%	2%	94%	23%	68%	9%
2001	10.8%	9.2%	6.9	0%	2%	1%	96%	37%	59%	4%
2002	18.9%	13.8%	4.7	0%	0%	2%	98%	31%	59%	10%
2003	24.8%	17.7%	2.4	0%	0%	1%	99%	29%	57%	14%
2004	14.9%	10.5%	0.9	0%	0%	1%	99%	29%	61%	10%

2. 出租车

北京市出租车新车数量受相关管理政策制约,保有量基本维持在 6.5 万左右。北京市出租车的报废年限为 6～8 年,因此北京市出租车新车数量以 6～8 年为周期呈周期性变化。近年来,北京市出租车的发展历程如下:1998～1999 年,面包出租车全面淘汰,北京市进入出租车换车高峰;1998～2000 年间,2 万余辆新出租车先后上路服役;2002 年,北京市限制出租车更新;2003 年,作为换型尝试,北京市引进数百辆索纳塔出租车;2004 年年底,大约 2.2 万辆出租车被执行报废,新的换车高峰来临。根据《北京统计年鉴 2004》统计的数字,2003 年较高排量出租车的比例占总出租车保有量比例的 5% 左右(北京市统计局,2004)。

出租车调查内容包括车型、出厂年份、控制技术、发动机技术、动力传输方式、污染控制技术、里程表读数、每日工作小时数、每周工作天数、每日行驶里程、燃料类型、天然气使用频率(如果是双燃料车)等,见表 3-6,调查采用直接询问出租车司机的方式进行。出租车在市区行驶区域广泛,因此调查车辆在北京各城区随机选取。

表 3-6　机动车技术分布调查表：出租车

	车型	出厂年份	燃料类型[a]	天然气使用[b]	累积行驶里程	发动机技术[c]	发动机排量	催化器技术[d]	传动[e]	养护[f]	日工作小时数	每周工作天数	日行驶里程	AC[g]	调查日期
1															
2															
...															

a. 燃料类型：汽油、天然气、液化气、双燃料
b. 天然气使用频率：如果是双燃料车，选填此项
c. 发动机技术：化油器(c)、单点燃料喷射(SI)、多点燃料喷射(MI)
d. 催化器：无(No)，2元(2W)，3元(3W)
e. 传动方式：自动(A)，手动(M)
f. 养护状况：好/中/差
g. AC：是否有空调

　　这次调查共获取了 80 辆出租车的技术信息，出厂年份分布在 1998 年到 2003 年之间，其中 1998～2000 年比例占 70% 以上。与普通轻型车相比，北京市出租车的车龄较大，80 个样本的平均车龄为 4.4 年。

　　据统计，2003 年年底，北京拥有双燃料出租车为 3.5 万辆，约占出租车总保有量的 50%。被调查的出租车中有 30% 左右的双燃料车，但许多出租车司机只选择使用汽油，使用天然气或者液化气的比例仅占 10%。在被调查的 80 个出租车样本中，电喷技术样本的比例为 74%，其中，1999～2000 年的样本中 80% 左右为电喷技术车，2001 年以后的样本均为电喷技术车。

　　调查当时，北京市出租车的里程表数字多数是无效的，无法作为计算累积行驶里程的依据。出租车累积行驶里程采用直接询问司机的方式获取。根据调查结果，北京市出租车每周工作 7 天，每天工作 10～24 小时，每日行驶里程为 200～540 公里，平均约为 300 公里，据此得出北京市出租车年均行驶里程约为 11 万公里。表 3-7 为 2004 年 6 月北京市出租车队的技术分布。

表 3-7　2004 年 6 月北京市出租车技术分布

年份	年代分布	累积行驶里程 (10^4 km)	电喷技术比例	发动机排量规模分布	
				<1.6 升	≥1.6 升
1998	22%	66	33%	95%	5%
1999	34%	55	79%	95%	5%
2000	16%	44	77%	95%	5%
2001	19%	33	100%	95%	5%
2002	8%	22	100%	95%	5%
2003	1%	11	100%	95%	5%
2004	0%	—	—	—	—

3. 启动调查

随机挑选 75 个轻型客车司机,车主的职业尽可能多样化,包括教师、医生、工程师、专职司机和自由职业者等。在 75 个车上安装(接在车辆点火器上)可记录每次车辆启动和熄火时间的车辆使用特征记录仪(vehicle occupancy characteristics enumerator,VOCE)。司机按照各自的日常安排正常使用车辆,第 10 天,将 VOCE 仪器返还。这样,每个 VOCE 仪器完整地记录了 9 天的车辆启动信息,这次调查共获取了 630 天的有效启动信息。

调查结果发现,北京轻型车的日平均启动次数为 6.7 次。图 3-3(a)为调查得到的启动和热浸时间分布。可以看出,上午 6:00~9:00 与下午 14:00~19:00 是两个车辆启动高峰。在北京,轻型车 41% 的启动为热浸 6 小时以上的冷启动,多发生在上午 6:00~9:00。小于 15 分钟热浸时间的热启动比例为 37%,在白天(6:00~19:00)分布较均匀。图 3-3(b)为 2004 年上海市环境科学研究院采用相同方法在上海做的车辆启动调查结果(Huang et al.,2005)。上海轻型车每日启动 5.2 次,6 小时以上的冷启动占 28%,主要发生在上午 6:00~9:00。

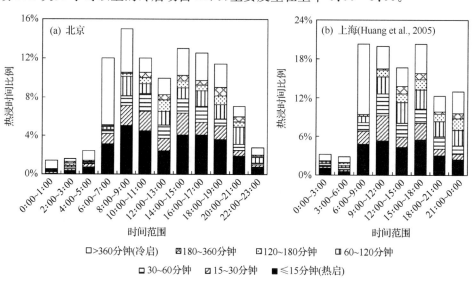

图 3-3 北京与上海轻型客车启动和热浸时间分布

3.2.2 中国城市机动车活动水平特征综合分析

年均行驶里程不仅是模拟机动车排放的重要参数,也是城市交通规划与管理需掌握的基本信息,它体现了一个城市车辆的出行需求及交通资源的利用程度。出于掌握交通信息的目的,全国许多城市开展了年均行驶里程调研,本小节汇总了国内多个机动车活动水平调研结果,分析并总结中国城市机动车活动水平特征。

1. 轻型客车

图 3-4 汇总了在全国多个城市开展的轻型客车年均行驶里程调查研究结果,其中包括清华大学在北京(2004 年和 2008 年)、天津(2006 年)、重庆(2008 年)、成都(2009 年)、佛山(2009 年)和宜昌(2010 年)开展的车辆技术分布和活动水平调研,上海市环境科学研究院在上海开展的轻型车技术分布和活动水平调研(2004 年),

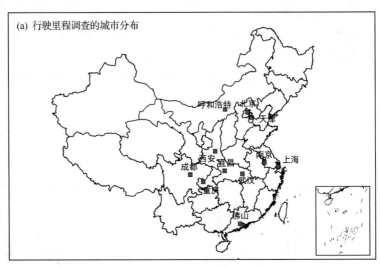

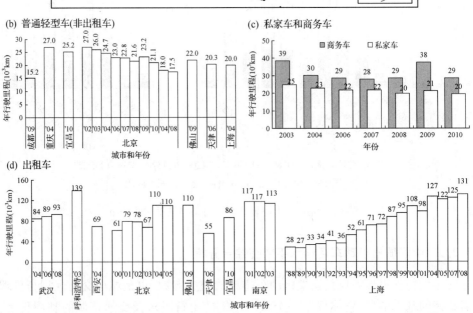

图 3-4　中国城市轻型客车年均行驶里程调查汇总

北京交通发展研究中心每年发布的《北京市交通发展年度报告》中的私家车和公务车年均行驶里程调研(2003~2011年),南京市交通规划研究所发布的《南京城市交通发展年度报告》(2004年),武汉市城市综合交通规划设计研究院发布的《武汉市交通发展年度报告》(2005年、2007年和2009年),上海市统计局编制的《上海市工业能源交通统计年鉴2009》以及文献中报道的调查研究等(上海市城市综合交通规划研究所,2004;Huang et al.,2005;Wang et al.,2008;胡太平和梁工谦,2004;郭平等,2009;张燕,2006)。图3-4(a)展示了调查城市的分布情况。

图3-4将轻型客车分为普通轻型车和出租车,然后将普通轻型车进一步分解为私家车和商务车。由于使用性质不同,这些车型的年均行驶里程具有明显差异。根据图3-4(b),2002~2010年,中国城市普通轻型车的年均行驶里程在15 000~27 000公里之间,平均约为20 000公里。北京交通发展研究中心每年在北京随机调查1200辆车的使用状况,提供了宝贵的车辆行驶里程时间序列数据,由图3-4(b)可见,北京普通轻型车的年均行驶里程呈下降趋势,从2002年的27 000公里下降到2010年的21 100公里,值得注意的是,2009年的年均行里程略有回升,为23 200公里。清华大学于2004年和2008年在北京做的调研也表明,普通轻型车的年均行驶里程呈现略微下降的趋势。这种下降趋势与美国的趋势正好相反。美国联邦高速公路管理局(U.S. Federal Highway Administration)的统计结果显示,美国轻型车的年均行驶里程每年略微增长,从1980年的14 100公里涨到2008年的18 300公里(U.S. Federal Highway Administration,2012)。其主要原因是,中国城市机动车处于高速增长时期,轻型车保有量增长速度高于出行需求总量的增长速度,导致单车的平均里程下降,而美国轻型车保有量增长极为缓慢,但是由工作和娱乐等目的激发的出行需求还在增加,引起单车的平均里程增加。

商务车在中国还占有相当比例,经估算2002年占轻型客车的43%,2009年下降到19%。随着私家车数量的增长,商务车比例将会大幅度降低。目前美国商务车(属于租车公司、企业和政府等单位和部门的车辆)的比例大约为4%。北京交通发展研究中心的里程调查研究将私家车和公务车分开,发现公务车年均行驶里程比私家车高30%~50%,如图3-4(c)所示。关于私家车和商务车的行驶里程特征分析还需要更多的调研数据支持。

图3-4(d)为中国城市出租车年行驶里程的调查结果。几组调查显示,中国出租车的年均行驶里程在5万公里以上。从上海市统计局公布的上海出租车1988~2008年的行驶里程数据可以看出。与普通轻型车年均行驶里程变化趋势相反,出租车年均行驶里程逐年增加,从1988年的2.8万公里增加到2008年的13.1万公里,这基本是一辆普通城市出租车每年运行的最大极限。出租车年行驶里程持续增长的原因是中国城市对出租车的数量进行一定的限制,例如北京的出租车数量维持在6.5万辆左右,而另一方面人们依靠出租车出行的需求却持续增加,这导致

出租车的年均行驶里程逐年增加直至达到饱和。

2. 中重型客车和各类卡车

客车和卡车的数据较难获取,相关调查研究非常少。图 3-5 为城市公交汽车年均行驶里程,数据来自于多个城市公交网站和城市统计年鉴。不同城市的公交车运行模式和行驶特征基本类似,即停站次数多、怠速时间长及平均速度低等。中国城市公交车的年均行驶里程基本在 50 000～70 000 公里之间,其中大城市公交车的年均行驶里程略高于中小城市,这是由大城市公交车每日运营时间较长造成的。从北京市公交车 1950～2009 年的年均行驶里程时间序列数据来看,城市公交车行驶里程随时间产生的变化较小,其原因可能是长期以来中国城市公交车一直满负荷运转。

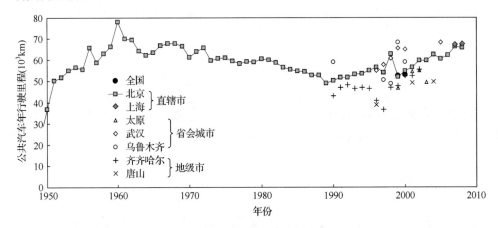

图 3-5　中国公交汽车年均行驶里程

图 3-6 总结并对比了清华大学在天津、佛山和宜昌开展的长途客运汽车和卡车的活动水平调研,上海市环境科学研究院 2004 年在上海的轻型卡车调研(Huang et al.,2005)以及交通运输部公路科学研究院根据全国客货运量模拟的

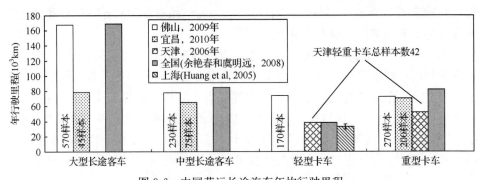

图 3-6　中国营运长途汽车年均行驶里程

营运客货车年均行驶里程(余艳春和虞明远,2008)。各研究结果得到的营运长途客车和卡车的年均行驶里程表现了较好的一致性,其中大型长途客车的年均行驶里程为 16 万公里左右,中型长途客车为 8 万公里左右,轻型卡车为 4 万公里左右,重型卡车为 7 万公里左右。与此对比,美国轻型卡车和重型卡车(连接式)的年均行驶里程大约为 2 万公里和 10 万公里(U. S. Federal Highway Administration,2012)。

3.3 车队模型法

机动车保有量、新注册车辆和不同车龄车辆的报废率之间存在一定的规律。车队模型法是一种利用这种规律建立车队模型,动态模拟车队新旧车交替过程的方法。用车队模型法可以得到车龄分布(或出厂年分布),按照车辆技术与车辆出厂年的对应关系,便可获取机动车技术分布。需要指出的是,车队模型法可以获取车辆技术分布,但是无法获取活动水平数据。式(3-2)描述了车队的更新与报废规律。

$$\begin{cases} VP_{i,j} = S_{j-i} \times R_i \\ VP_j = \sum_i VP_{i,j} \end{cases} \tag{3-2}$$

其中,j 为年份;i 为车龄;$VP_{i,j}$ 为 j 年车龄为 i 的机动车的保有量,即一个车队的车龄分布;VP_j 为 j 年机动车保有量;S_{j-i} 为第 $j-i$ 年该类车的新车注册量,也有研究采用新车销售量代替新车注册量;R_i 为车龄为 i 的车辆的存活率。

由式(3-2)可以看出,车队模型法包含三个要素:每年新车数量、存活曲线和机动车保有量。由机动车销量和存活曲线可以获取机动车保有量,利用机动车保有量和存活曲线也可计算新车数量,这使得车队模型法在应用上具有一定的灵活度。可以从新车数量出发,利用存活曲线得到车队的车龄分布,然后用保有量进行约束,这称为存活曲线正演法;另一方面,在新车数据缺乏的情况下,可以利用保有量和存活曲线反算新车数量,然后再利用模拟得到的新车数量和存活曲线获取车队的车龄分布,这称为存活曲线反演法;此外,根据调查获取的数据点,利用车队模型可以将调查数据外推到目标年,这称为基于调查的模型法。

3.3.1 存活曲线正演法

本小节以案例分析的形式,描述如何应用存活曲线正演法从新车数量和存活曲线获取 2008 年中国各类客车的技术分布。

1. 新车数量

一个地区的车队通常由车龄为 0~20+的车辆组成,因此车队模型法需要至少 20 年连续的新车数据。中国统计部门公布新注册车辆信息始于 2002 年,数据的时间序列较短,国内研究经常采用时间序列较长的新车销售量代表新车注册量。《中国汽车工业年鉴》公布每年各种车型的销售量,但期间车型定义略有变化。2005 年之前,《中国汽车工业年鉴》基于车的重量和尺寸将车辆分为重(大)型、中型、轻型和微型几类车型。2005 年,《中国汽车工业年鉴》更改了车辆分类定义,先按照车的用途将车分为乘用车和商用车两大类,然后再根据车重等要素进一步划分。

　　表 3-8 显示了从《中国汽车工业年鉴》获得的中国 1988～2008 年的客车销售量。其中 1992 年及以后的数据为真正销售量;1992 年以前《中国汽车工业年鉴》未公布销售数据,只公布汽车生产量的数据,这个期间的汽车销售量通过汽车生产量加上汽车进出口差额计算得到(Wang et al.,2006);2005 年及以后的销量数据通过对新旧两种车型的定义进行匹配后推算得到。

表 3-8　我国 1988～2008 年各种类型客车的销售量　　　　　单位:万辆

年份	大型客车		中型客车		轻型客车		微型客车		轿车	
	柴油	汽油	柴油	汽油	柴油	汽油	柴油	汽油	柴油	汽油
1988	0.2	0.0	0.2	0.2	0.5	2.3	0.0	2.5	0.0	4.3
1989	0.5	0.0	0.1	0.1	0.4	1.9	0.0	2.3	0.0	4.0
1990	0.5	0.0	0.8	0.8	1.5	6.5	0.0	0.1	0.0	4.8
1991	0.3	0.0	1.1	1.2	2.1	9.4	0.0	0.2	0.0	8.9
1992	0.5	0.0	1.8	1.9	3.5	16.4	0.0	0.8	0.0	18.4
1993	0.3	0.0	0.5	0.5	3.5	16.5	0.0	1.5	0.0	27.3
1994	0.5	0.0	0.9	1.0	3.1	14.9	0.0	9.9	0.0	24.2
1995	0.4	0.0	1.0	1.2	4.9	24.6	0.0	15.1	0.0	31.7
1996	0.3	0.0	1.0	0.8	6.9	12.5	0.1	16.8	0.0	38.7
1997	0.5	0.0	0.9	0.7	5.6	13.3	0.1	20.9	0.0	48.0
1998	0.6	0.0	0.9	0.8	6.3	11.8	0.0	23.4	0.0	50.8
1999	0.7	0.1	1.6	1.3	5.9	12.3	0.0	29.3	0.0	57.0
2000	0.7	0.1	2.1	1.5	6.8	17.9	0.3	40.7	0.0	61.3
2001	1.0	0.1	3.3	1.5	8.5	19.1	0.0	48.7	0.0	72.1
2002	1.5	0.2	5.9	0.6	9.0	24.3	0.0	63.1	0.0	112.6
2003	1.7	0.2	4.6	0.7	6.6	37.4	0.0	69.5	0.0	197.2
2004	2.2	0.4	4.6	0.6	11.9	27.9	0.3	74.0	0.9	231.8
2005	2.6	0.3	5.4	0.8	16.4	36.7	0.7	82.4	2.1	276.7
2006	2.8	0.4	5.7	0.8	20.0	42.2	0.8	91.0	4.6	378.3
2007	3.6	0.5	6.8	1.1	27.4	54.0	1.5	97.3	7.5	465.2
2008	4.0	0.4	7.0	0.9	30.3	56.0	2.1	104.3	9.9	494.8

2. 存活曲线

每年的新车在以后会因为各种原因被自然淘汰,存活下来的比例被定义为存活系数。存活曲线是模拟机动车新旧动态交替最关键的参数。机动车存活率的确定通常需要多年的数据积累得到。美国和日本的车辆注册和报废数据统计比较完善,可得到轿车、轻型货车和重型货车的车龄分布及存活率曲线,但中国在这方面的统计尚未成熟。Zachariadis 等(1995)使用韦布尔分布(Weibull distribution)模拟了机动车的存活率。Yang 等(2003)对北京市机动车车龄分布进行了模拟,他们使用总注册机动车数量、新注册机动车数量以及报废机动车数量三个数据模拟得到了北京市轻型车的存活率曲线,而对于绝大多数中国城市,很难获取这样的数据。图 3-7(a)为北京、日本和美国的机动车存活率曲线(Wang et al.，2006)。可以看出,同一国家重型车的存活时间比轻型车长。

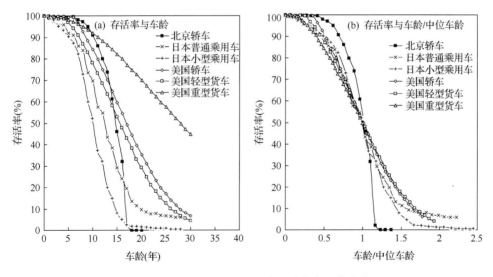

图 3-7　美国、日本及北京部分机动车存活率曲线

不同国家机动车的生存寿命不同,为方便比较,将车龄与中位车龄的比值作为横坐标重新绘图,可以得到新的机动车存活率曲线,如图 3-7(b)所示。其中,中位车龄指的是存活率为 50% 时的车龄,美国轿车、美国轻型货车、美国重型货车、日本普通乘用车、日本小型乘用车及北京轿车的中位车龄分别为:16.9 年、15.5 年、28.0 年、12.6 年、10.2 年及 14.6 年。从图 3-7 中可以看出,中国的机动车存活率曲线与其他国家的存活率曲线有显著区别,中国机动车的存活曲线变化趋势明显陡于其他国家,服役初期机动车存活率接近 100%,而到了某个阶段(15 年左右)以后突然降为很低的值,并很快达到 0,而其他国家的机动车存活曲线变化趋势则比

较平缓。这种变化趋势与中国的机动车报废规定密切相关。

中国车辆遵循严格的报废标准。早期车辆绝大多数为国有,私家车辆极少,因此国家为各种车型规定了使用年限和使用里程,车辆超过任一指标,即被强制报废。根据《关于发布〈汽车报废标准〉的通知》(国经贸经[1997]456号)、《关于调整轻型载货汽车报废标准的通知》(国经贸经[1998]407号)、《关于调整汽车报废标准若干规定的通知》(国经贸资源[2000]1202号)的规定,9座(含9座)以下非营运载客汽车(包括轿车、含越野型)的使用年限为15年,其余非营运类载客汽车的使用年限为10年。轻型货车、中型货车及重型货车的使用年限为10年或者行驶里程达到40万公里。微型客车的使用年限为8年。其中,轻型、中型及重型货车达到使用年限,汽车性能仍符合有关规定的,允许不超过5年的延缓报废时间;非营运客车在依据国家机动车安全、污染物排放有关规定进行严格检验后满足规定的,允许延缓不超过10年的报废时间。

近年来,随着社会私家车数量增多,商务部对非营运车辆的报废年限逐渐放宽了要求。2012年,商务部审议并通过了新的《机动车强制报废标准规定》,其中对非营运小、微型客车和大型轿车的报废年限不做要求,新报废规定还对其他车型的使用年限做了调整。表3-9为新报废标准中部分车型的报废里程和报废年限。

表3-9　2012年《机动车强制报废标准》部分车型的报废里程和报废年限

车辆类别	用途和车型	使用年限（年）	行驶里程参考值（万 km）
非营运客车	小、微型客车、大型轿车	无	60
	中型/大型	20/20	50/60
营运车辆客车	出租车(小、微/中型/大型)	8/10/12	60/50/60
	租赁车	15	60
	教练车(小型/中型/大型)	10/12/15	50/60/60
	公交客车	13	40
	其他(小、微/中型/大型)	10/15/15	60/50/60
货车	微型/重、中、轻型	12/15	50/60

资料来源：http://tfs.mofcom.gov.cn/aarticle/as/201109/20110907762864.html

在以上报废规定的基础上,进行如下假定:①中国各车型的存活曲线形状基本与图3-7中的北京轻型车存活曲线相似,但是中位车龄不同。各车型的中位车龄由其报废年限标准而定。②参照美国和日本机动车的存活规律,具有相同报废年限的车辆,越重的车型报废年限越长。例如我国重型货车、中型货车以及轻型货车具有相同报废规定,根据这一假设,重型的存活时间比轻型的存活时间长。③对同一种类的机动车,汽油车和柴油车的存活曲线相同。④考虑到未来中国私家车不再有硬性的报废规定,因此随着年代的推移,轻型客车的存活时间会更长。根据以上假设,建立了中国各种车型的报废曲线,图 3-8 显示了中国客车的存活曲线。

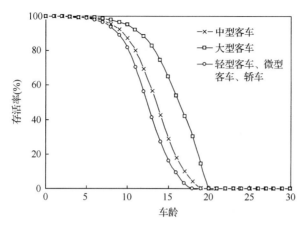

图 3-8　中国客车的存活曲线

3. 车龄分布和技术分布

根据每年新车数量和车辆存活曲线,由式(3-2)便可得到车队的分车龄保有量。在实际操作中,由新车数量和存活曲线计算得到的分车龄保有量加和与总保有量有一点的偏差,因此,需要引入校正因子 α 对分车龄保有量进行校正,使校正后的分车龄保有量加和与总保有量一致,如式(3-3)所示:

$$\begin{cases} \text{VP}_{i,j} = S_{j-i} \times R_i \\ \alpha = \dfrac{\text{VP}_j}{\sum\limits_i \text{VP}_{i,j}} \\ \text{VP\_ad}_{i,j} = \text{VP}_{i,j} \times \alpha \end{cases} \tag{3-3}$$

其中,j 为年份;i 为车龄;$\text{VP}_{i,j}$ 为 j 年车龄为 i 的机动车的保有量,即一个车队的车龄分布;VP_j 为 j 年机动车保有量;S_{j-i} 为第 $j-i$ 年该类车的新车数量;R_i 为车龄为 i 的车辆的存活率;α 为校正因子,α 越接近 1,表示存活曲线的选取越合理;$\text{VP\_ad}_{i,j}$ 为校正后的车龄为 i 的机动车保有量。

在车龄分布的基础上,根据技术和法规的年代变化,计算得到一个车队的技术分布。例如,中国在 2000 年、2004 年、2007 年对轻型乘用车分别实施了严格程度分别相当于欧 I、欧 II 和欧 III 的国 I、国 II 和国 III 排放标准,在北京和上海等城市,上述标准会提前 1～2 年实施。标准要求当年进入销售环节的车必须达到标准规定的限值,因此,可以通过标准实施的年份来确定我国机动车技术分布,如式(3-4)所示。表 3-10 给出了计算得到的 2008 年我国乘用车技术分布,这个案例中,α 的值为 0.98。由表 3-10 可以看出,国 I 和国 II 技术是 2008 年中国乘用车队的主力技术。

$$T_i = \frac{\sum_{m} (\text{VP\_ad}_{i,m})}{\sum_{j} (\text{VP\_ad}_j)} \tag{3-4}$$

其中，i 为技术类型，这里 $i=$ 国 0，国 I，国 II 和国 III；T_i 为 i 技术的分布比例；j 为年份，$j=1988\sim2008$；m 为技术 i 的实施年代；$\text{VP\_ad}_{i,m}$ 为校正后的 2008 年车队中技术为 i 出厂年为 m 的车辆数；VP_ad_j 为校正后的 2008 年车队中出厂年为 j 的车辆数。

表 3-10　2008 年我国乘用车技术分布

	大型客车		中型客车		轻型客车		微型客车		轿车	
	柴油	汽油	柴油	汽油	柴油	汽油	柴油	汽油	柴油	汽油
国 0	17%	18%	16%	65%	15%	17%	3%	11%	0%	9%
国 I	18%	8%	26%	5%	26%	33%	12%	39%	4%	30%
国 II	48%	74%	44%	30%	40%	35%	50%	36%	65%	47%
国 III	17%	0%	14%	0%	19%	15%	35%	14%	31%	14%

值得注意的是，若应用欧美国家机动车排放因子模型计算中国机动车排放，应该先将中国机动车车型分类与欧美模型分类进行匹配，获得符合模型车型分类定义的新车和保有量参数，然后再计算技术分布。

模型方法在实际操作中比问卷调查简单得多，因此在机动车能耗和排放研究中被广泛采用。它适用于国家尺度的机动车油耗和排放研究，也适用于发展相对平稳、变化较小的城市。但如果用于北京和上海等发展较快、政策变化较大的城市，会产生一定的不确定性。而且，模型方法在一定程度上受制于基础参数的分辨率。例如，研究省市级的问题时，技术分布的分辨率也需要提高到省市级，式(3-2)中的新注册车辆和存活曲线必须反映当地实际情况，如果仍然使用国家尺度的基础数据，将会带来一定误差。目前中国统计部门还未公布省市级分车型销量数据，若要获得省市级机动车技术分布，则需要采用存活曲线反演法。

3.3.2　存活曲线反演法

存活曲线正演法需要新注册数量，而中国城市级新车数据很难获取，对于这种情况可以利用保有量和存活曲线反算新车数量，再用得到的新车数量和存活曲线计算车辆技术分布，这一方法称为存活曲线反演法。如式(3-5)所示。

$$\begin{cases} \sum_{i} (S_{j-i} \times R_i) = \text{VP}_j \\ \text{VP}_{i,j} = S_{j-i} \times R_i \\ \alpha = \dfrac{\text{VP}_j}{\sum_{i} \text{VP}_{i,j}} \\ \text{VP\_ad}_{i,j} = \text{VP}_{i,j} \times \alpha \end{cases} \tag{3-5}$$

其中，j 为年份；i 为车龄；$\mathrm{VP}_{i,j}$ 为 j 年车龄为 i 的机动车的保有量；VP_j 为 j 年机动车保有量；S_j 为第 j 年该类车的新车数量；R_i 为车龄为 i 的车辆的存活率；α 为校正因子；$\mathrm{VP\_ad}_{i,j}$ 为校正后的车龄为 i 的机动车保有量。

存活曲线反演法和正演法区别在于前者通过已知存活率、统计的保有量及未知新车量建立线性方程组，求解新车量，再采用存活曲线正演法计算目标年车队技术分布。本小节以计算 2010 年天津市机动车技术分布作为案例，描述如何应用存活曲线反演法获取城市一级机动车技术分布。

1. 保有量数据

存活曲线反演法需要利用连续长时间序列的保有量数据作为输入建立方程组。保有量统计数据时间跨度越长，方程组拥有的方程数量越多，越有利于提高新车注册量的模拟精度。以天津市为例，从《中国统计年鉴》和《天津统计年鉴》中获取 1985～2010 年的民用汽车保有量数据，2002 年前统计分为载客与载货汽车两种车型，2002 年及以后车辆按照长度（载客汽车）和重量（载货汽车）进一步细分。考虑统计数据的时间跨度，以载客与载货两类汽车为基础进行存活曲线反演法的模拟。表 3-11 显示了天津市 1985～2010 年的民用汽车保有量数据（中华人民共和国国家统计局，2000～2011；天津市统计局和国家统计局天津调查总队，1999）。

表 3-11   天津市 1985～2010 年民用汽车保有量　　　　单位：万辆

年份	1985	1986	1987	1988	1989	1990	1991	1992	1993
客车总量	2.6	2.9	3.0	3.1	3.5	3.4	3.6	4.5	5.7
货车总量	5.4	6.1	7.0	7.2	8.1	9.0	9.9	11.1	14.0
年份	1994	1995	1996	1997	1998	1999	2000	2001	2002
客车总量	7.5	8.9	12.3	15.6	18.5	21.6	25.4	28.3	32.4
货车总量	15.3	17.1	19.2	19.9	20.5	20.9	21.3	15.4	14.3
年份	2003	2004	2005	2006	2007	2008	2009	2010	
客车总量	38.2	45.1	54.3	64.8	77.4	91.7	112.0	137.6	
货车总量	14.1	11.9	12.0	12.8	14.0	14.7	16.6	19.1	

2. 新车数量

根据天津市 1985～2010 年的保有量数据及 3.3.1 节建立的存活曲线，分别对客车与货车应用式(3-5)第一个方程建立由 26 个方程组成的方程组，方程组的解即历年新车数量。2002～2010 年天津市民用汽车新注册量可以从《中国统计年鉴》获得（中华人民共和国国家统计局，2002～2011），利用这一区间年鉴注册量数据约束方程组的解，修正存活曲线代入方程组重新进行计算，调整几次后即可达到良好的新车注册量模拟效果。表 3-12 对比了 2002～2010 年天津市民用汽车新注册量统计值与模拟值。客车统计值与模拟值相关系数平方为 0.997,货车统计值与模拟值相关系数平方为 0.867,显示了模拟结果的准确性。

表 3-12　天津市 2002～2010 年民用汽车新车注册量　　　单位:万辆

年份	2002	2003	2004	2005	2006	2007	2008	2009	2010
客车统计值	4.6	6.6	8.4	10.9	11.5	13.9	16.5	21.8	27.4
客车模拟值	4.4	6.2	7.3	9.8	11.2	13.3	15.1	21.3	26.8
货车统计值	0.9	1.0	1.3	1.0	1.3	1.7	1.6	2.3	3.5
货车模拟值	1.0	0.9	1.1	1.3	2.1	2.4	1.9	3.2	3.8

3. 车龄分布与技术分布

得到新车数量后,根据《中国统计年鉴》2002～2010 年新车注册量分车型比例将客车和货车进一步细分为大/重型、中型、小/轻型和微型,2002 年之前年份采用2002 年比例。之后计算步骤与存活曲线正演法一致,即应用式(3-5)的第二个方程,由历年新车数量及存活率计算车队车龄分布。

表 3-13 显示了 2008 年天津市车队构成及车龄分布,客车计算的 α 值为0.998,货车计算的 α 值为 0.614。计算结果中车龄为 23 年(即 1985 年生产)的汽车数量明显偏高。这是因为计算依据的保有量仅追溯到 1985 年,车龄 23 年的汽车数量实际代表了所有车龄大于或等于 23 年的汽车。2000 年全国开始实施国 I排放控制标准,2000 年前生产的汽车属于同一技术水平,所以初始年份计算结果的偏差不会对技术分布产生影响。客车的模拟精度要高于货车,因为客车保有量基本是单调递增,而货车保有量年际之间却有较大波动(见表 3-11),这说明存活曲线反演法在保有量平稳变化时的模拟效果要好于保有量波动较大的情况。

表 3-13　天津市 2008 年民用汽车车龄分布　　　单位:千辆

车龄	客车				货车			
	大型	中型	小型	微型	重型	中型	轻型	微型
23	0.06	0.05	0.82	0.35	0.05	0.03	0.20	0.05
22	0.01	0.01	0.20	0.08	0.02	0.02	0.09	0.02
21	0.01	0.01	0.10	0.04	0.06	0.04	0.23	0.06
20	0.00	0.00	0.05	0.02	0.02	0.02	0.10	0.03
19	0.06	0.06	0.97	0.41	0.21	0.15	0.84	0.21
18	0.06	0.06	0.94	0.40	0.30	0.22	1.25	0.32
17	0.05	0.05	0.75	0.32	0.41	0.29	1.68	0.42
16	0.25	0.23	3.70	1.58	0.65	0.46	2.66	0.67
15	0.41	0.38	6.14	2.63	1.86	1.33	7.62	1.93

续表

车龄	客车				货车			
	大型	中型	小型	微型	重型	中型	轻型	微型
14	0.63	0.58	9.42	4.03	0.96	0.69	3.95	1.00
13	0.57	0.52	8.40	3.60	1.45	1.04	5.97	1.51
12	1.34	1.23	19.92	8.52	1.82	1.30	7.48	1.89
11	1.37	1.26	20.40	8.73	0.84	0.60	3.46	0.87
10	1.27	1.17	18.92	8.10	0.74	0.53	3.03	0.77
9	1.38	1.27	20.54	8.79	0.80	0.57	3.28	0.83
8	1.69	1.55	25.15	10.76	0.89	0.64	3.66	0.93
7	1.39	1.27	20.61	8.82	0.87	0.62	3.58	0.90
6	1.91	1.75	28.32	12.12	0.85	0.61	3.49	0.88
5	2.13	2.15	53.30	4.61	0.54	0.67	4.21	0.24
4	1.98	1.96	67.77	1.27	0.98	0.98	4.73	0.00
3	1.70	1.05	93.92	0.87	0.35	0.75	6.53	0.09
2	1.77	1.25	108.11	0.63	0.54	1.17	10.90	0.26
1	2.61	1.32	128.51	0.36	0.70	1.05	12.86	0.01
0	2.55	0.82	147.18	0.59	0.58	1.41	9.58	0.04

在车龄分布的基础上,根据排放标准实施时间,可计算得到车队的技术分布。天津市的标准实施时刻表与全国相同,如本书第 1 章图 1-7 所示。表 3-14 给出了计算得到的 2008 年天津市车队技术分布。小型客车、微型客车假设仅有汽油车,重型货车假设仅有柴油车。

表 3-14　天津市 2008 年民用汽车技术分布

技术	大型客车		中型客车		小型客车		微型客车	
	柴油	汽油	柴油	汽油	柴油	汽油	柴油	汽油
总量(万辆)	2.1	0.4	1.5	0.5	0	78.5	0	8.7
国 0	36%	49%	42%	57%	—	14%	—	54%
国 I	22%	9%	26%	11%	—	25%	—	43%
国 II	32%	42%	28%	32%	—	42%	—	2%
国 III	10%	0%	4%	0%	—	19%	—	1%

技术	重型货车		中型货车		轻型货车		微型货车	
	柴油	汽油	柴油	汽油	柴油	汽油	柴油	汽油
总量(万辆)	1.7	0	1.4	0.1	7.5	2.6	0.9	0.5
国 0	67%	—	52%	60%	45%	45%	82%	83%
国 I	14%	—	13%	5%	11%	22%	15%	15%
国 II	16%	—	26%	35%	35%	23%	3%	2%
国 III	3%	—	9%	0%	9%	10%	0%	0%

3.3.3　基于调查的模型法

宏观部门调查、问卷调查和模型方法均有自己的局限性。其中,调查数据仅代表当年的技术分布,可利用存活曲线反演法和正演法,将调查结果推衍到其他年份。本节以3.2.1节描述的2004年北京车辆技术调研为基础,采用基于调查的车队模型法将2004年的技术分布推衍到2007年。

已知数据包括:①中国统计年鉴提供的2002~2007年的北京市轻型客车新车注册量(中华人民共和国国家统计局,2003~2008);②轻型客车存活曲线;③2004年北京市轻型客车年代分布调查结果(见3.2.1节);④中国统计年鉴提供的2004年和2007年北京市轻型客车的保有量(中华人民共和国国家统计局,2005,2008)。需要获取2007年北京市轻型客车的年代分布,并据此计算2007年轻型客车的技术分布。计算方法与过程见式(3-6)至式(3-10)。

(1) 2004年分车龄(分出厂年)保有量的计算

$$VP_{2004}^i = VP_{2004} \times \phi_{2004}^i \tag{3-6}$$

其中,i为车龄,$i=0\sim14$;VP_{2004}^i为2004年车队中车龄为i的轻型车保有量;VP_{2004}为2004年轻型车保有量,该数据由中国统计年鉴提供;ϕ_{2004}^i为2004年车队中车龄为i的轻型车比例,由问卷调查中获取,见表3-3。

(2) 1991~2001年新注册车辆的反演

$$NP_j = \frac{VP_{2004}^{2004-j}}{SF_{2004-j}} \tag{3-7}$$

其中,j为年份,$j=1991\sim2001$;NP_j为j年的轻型车新车注册量;VP_{2004}^{2004-j}为式(3-6)计算得到的2004年车龄为j的机动车保有量;SF_{2004-j}为车龄为$2004-j$的机动车存活率,该数据为已知。

(3) 2007年分车龄(分出厂年)保有量的计算

$$VP_{2007}^i = NP_{2007-i} \times SF_i \tag{3-8}$$

其中,i为车龄,$i=0\sim16$;VP_{2007}^i为2007车队中车龄为i的轻型车保有量;NP_{2007-i}为1991~2007年的轻型车新车注册量,其中2002~2007年数据由《中国统计年鉴》提供,1991~2001年数据由式(3-7)计算得到;SF_i为车龄为i的机动车存活率。

此时得到的2007年分车龄保有量还需用2007年轻型车保有量进行校正。

(4) 校正因子

$$\alpha = \frac{VP_{2007}}{\sum\limits_i VP_{2007}^i} \tag{3-9}$$

其中,i为车龄,$i=0\sim16$;VP_{2007}为2007年轻型车保有量,从《中国统计年鉴》获取;VP_{2007}^i为2007车队中车龄为i的轻型车保有量,由式(3-8)计算得到;α为校正因子,α越接近1,说明该方法得到的分车龄保有量与实际偏差越小,得到的结果越合理。

表 3-15 2007 年北京市轻型客车车年代分布计算表

	已知数据							计算获取					
年份	新注册车辆[a] (A_1)	2004 保有量[a] (B)	2007 保有量[a] (C)	车龄	存活系数[b] (D)	出厂年	2004 年调查年代分布[c] (E)	年份	新注册车辆 F/D (A_2)	出厂年	2004 年分年代保有量 $B×E$ (F)	校正前 2007 分厂年出厂年保有量 $A×D$ (G)	校正后 2007 分厂年出厂年保有量 $G×α^d$ (H)
				16	0.034	1991	0.1%	1991	4 036	1991	877	137	140
				15	0.066	1992	0.3%	1992	12 356	1992	4 386	811	827
				14	0.123	1993	1.5%	1993	35 352	1993	18 421	4 335	4 425
				13	0.217	1994	1.2%	1994	21 856	1994	14 912	4 750	4 849
				12	0.355	1995	2.0%	1995	30 358	1995	24 561	10 776	11 000
				11	0.521	1996	3.8%	1996	54 010	1996	48 245	28 143	28 728
				10	0.682	1997	4.8%	1997	64 174	1997	60 526	43 786	44 695
				9	0.809	1998	3.7%	1998	47 892	1998	46 491	38 747	39 552
				8	0.893	1999	7.0%	1999	89 909	1999	88 596	80 312	81 981
				7	0.943	2000	4.6%	2000	57 897	2000	57 894	54 606	55 740
				6	0.971	2001	10.2%	2001	128 073	2001	128 069	124 326	126 909
2002	195 536			5	0.985	2002	17.9%	2002		2002	225 437	192 681	196 684
2003	281 177			4	1.000	2003	23.4%	2003		2003	294 735	281 166	287 007
2004	228 645	1 259 467		3	1.000	2004	19.5%			2004	246 314	228 638	233 388
2005	307 111			2	1.000	2005				2005		307 105	313 485
2006	327 721			1	1.000	2006				2006		327 718	334 526
2007	386 709		2 158 682	0	1.000	2007				2007		386 709	394 743
						合计						2 114 746	
											校正因子 $α=C/\mathrm{sum}(G)$	1.020	

a. 来自《中国统计年鉴》
b. 见本章 3.3.1 小节
c. 来自 2004 年北京轻型车技术分布调查,见本章 3.2.1 小节,这里根据 2004 年北京新车注册量将 2004 年 6 月的调查结果调整到了 2004 年 12 月
d. 校正后数据稍高于当年新车注册量,这是由于对各出厂年机动车保有量采用同样的校正因子所致。本案例中校正后新车注册量误差较小(2%),因此可以忽略

（5）校正后的 2007 年分车龄保有量

$$VP\_ad_{2007}^{i} = VP_{2007}^{i} \times \alpha \qquad (3\text{-}10)$$

其中，$VP\_ad_{2007}^{i}$ 为校正后的 2007 年分车龄保有量；VP_{2007}^{i} 为校正前的 2007 年分车型保有量；α 为校正因子。

获取 2007 年机动车的车龄分布后，根据排放标准的实施年代，可利用式（3-4）计算出 2007 年目标车型的技术分布。表 3-15 给出了获取 2007 年北京市轻型客车年代分布所需的基础数据和计算过程。表中显示此算例的校正因子 α 的值为 1.02，因此结果比较合理。值得注意的是，由于 α 大于 1，对 2007 年分年代保有量进行校正，可能会使校正结果大于当年新车注册量，这是由于没有对各个年份使用不同的校正因子。α 是个综合校正因子，更准确的做法是对不同出厂年的保有量结果使用不同的校正因子。理论上，由于近期的数据更加完整，因此年代较近的保有量计算结果误差应该偏小，而年代较远的保有量计算结果偏差应该较大，但是目前还没有实际数据支持该论点。

车队模型法将调查获取的一个时间点的数据推广到多个时间点。尽管欧美等国家能够获取大规模的部门宏观调查数据，但是由于资金的限制，调查通常不是每年进行，例如美国的 VIUS 为每五年一次，这时就需要应用车队模型法在调查数据的基础上建立年代连续的机动车技术分布。

3.4　方　法　总　结

本章论述了三种常用的获取机动车技术分布和活动水平的方法，表 3-16 对这三种方法进行了总结和对比。

表 3-16　机动车技术分布和活动水平获取方法对比

	宏观部门调查	调查问卷	车队模型法
是否可获得技术分布	是	是	是
是否可获得活动水平	是	是	否
样本代表性	强	弱	—
准确性	强	较强	一般
不确定性主要来源	样本代表性	调查地点及样本的选取	存活曲线
对研究者的可操作性	难	较难，需花费大量人力和时间	容易
优点	样本多，准确	可按研究目的设计问卷	可模拟时间序列，易操作
缺点	仅代表调查当年水平	难操作，仅代表调查当年水平	不确定性高

部门宏观调查获取的数据最为可靠，但这种方法在中国的应用非常有限。第二种调查问卷方法和第三种车队模型法对于研究者来说更具有可操作性。

　　调查问卷方法比较灵活,可根据自己的研究来设计所需的调查项目,但是在实施上需要投入很多人力资源。为了获取不同地域和城市规模的城市机动车技术分布特征,清华大学和中国汽车技术研究中心等研究单位已经在天津、重庆、佛山和宜昌等多个城市开展了机动车技术分布和活动水平调查。由于自行开展的问卷调查样本数小,导致样本的代表性不足,这也是这类方法不确定性的主要来源。除了问卷方式,也有研究者采用实地视频数据采集技术收集车辆信息,对交通流中车辆的车牌进行识别,从中获取车辆的年代和技术信息(Malcolm et al.,2003),这种方法可以短时间内获取大量样本,但是通过车牌识别年代和技术具有一定的不确定性。

　　车队模型法在操作上比调查方法简单,但准确性低于第二种方法。车队模型法的不确定性主要来自于存活系数。存活系数体现了车队新旧更替的规律,理论上每年车队的存活曲线都会变化,特别是在机动车快速发展的地区(例如北京),存活系数随年代的推移将发生更大变化。美国的机动车市场已经非常成熟和稳定,但不同年代的车辆存活曲线仍表现出较大差异。本章的案例分析中,由于数据缺乏,对所有年代使用一套存活曲线,这将引入一定的不确定性。与中国情况不同,美国等发达国家具有比较好的车辆销量和保有量数据积累,他们可以利用销量和保有量对存活曲线进行约束和调整,使存活曲线最大限度地与销量和保有量数据相吻合。

　　目前,随着对中国城市大气污染机理及发展趋势的研究越来越深入,机动车污染控制的区域针对性也逐渐加强,研究层面和决策层面均对机动车排放研究的准确程度提出了越来越高的要求。机动车技术分布和活动水平的准确性直接决定了机动车排放模型的准确性。本章介绍的三种方法可以互相验证和补充,多种方法相结合有望降低结果的不确定性。中国的研究者们正在寻求多种渠道和模型算法进一步提高机动车技术分布和活动水平的时空分辨率及准确性。

参 考 文 献

北京市统计局. 2004. 北京统计年鉴 2004. 北京:中国统计出版社

郭平, 马宁, 陈刚才, 等. 2009. 重庆市机动车排放因子研究. 西南大学学报(自然科学版), 31(11): 108-113

胡太平, 梁工谦. 2004. 西安城区交通拥挤分析与对策. 西北工业大学学报(社会科学版), 24(4): 10-14

林秀丽, 汤大钢, 丁焰, 等. 2009. 中国机动车行驶里程分布规律. 环境科学研究, 22(3): 377-380

上海市城市综合交通规划研究所. 2004. 2004 上海城市综合交通发展报告. 交通与运输, 2004(5): 4-7

天津市统计局, 国家统计局天津调查总队. 1999. 天津统计年鉴 1998. 北京:中国统计出版社

余艳春, 虞明远. 2008. 我国公路营运汽车污染物排放量总量及预测. 公路交通科技, 25(6): 154-158

张燕. 2006. 呼和浩特市客运出租汽车数量调控及发展预测. 内蒙古公路与运输, 93: 59-61

中华人民共和国国家统计局. 2000. 中国统计年鉴 1999. 北京:中国统计出版社

中华人民共和国国家统计局. 2001. 中国统计年鉴 2000. 北京:中国统计出版社

中华人民共和国国家统计局. 2002. 中国统计年鉴 2001. 北京：中国统计出版社

中华人民共和国国家统计局. 2003. 中国统计年鉴 2002. 北京：中国统计出版社

中华人民共和国国家统计局. 2004. 中国统计年鉴 2003. 北京：中国统计出版社

中华人民共和国国家统计局. 2005. 中国统计年鉴 2004. 北京：中国统计出版社

中华人民共和国国家统计局. 2006. 中国统计年鉴 2005. 北京：中国统计出版社

中华人民共和国国家统计局. 2007. 中国统计年鉴 2006. 北京：中国统计出版社

中华人民共和国国家统计局. 2008. 中国统计年鉴 2007. 北京：中国统计出版社

中华人民共和国国家统计局. 2009. 中国统计年鉴 2008. 北京：中国统计出版社

中华人民共和国国家统计局. 2010. 中国统计年鉴 2009. 北京：中国统计出版社

中华人民共和国国家统计局. 2011. 中国统计年鉴 2010. 北京：中国统计出版社

中华人民共和国交通运输部. 2010. 全国公路水路运输量专项调查资料汇编. 北京：中国经济出版社

Huang C, Pan H S, Lents J, et al. 2005. Shanghai vehicle activity study. Report prepared for International Sustainable Systems Research. http://www. issrc. org/ive/downloads/reports/ShanghaiChina. pdf

Liu H, He C Y, Lents J. et al. 2005. Beijing vehicle activity study. Report prepared for International Sustainable Systems Research. http:// www. issrc. org/ive/downloads/reports/BeijingChina. pdf

Malcolm C, Younglove T, Barth M, et al. 2003. Mobile-source emissions: Analysis of spatial variability in vehicle activity patterns and vehicle fleet distributions. Transp. Res. Record, 1842: 91-98

U. S. Census Bureau. 2012. Vehicle inventory and use survey. http://www. census. gov/svsd/www/vius/products. html

U. S. Federal Highway Administration. 2012. Highway Statistics. http://www. fhwa. dot. gov/policyinformation/

Wang H K, Chen C H, Huang C, et al. 2008. On-road vehicle emission inventory and its uncertainty analysis for Shanghai, China. Sci. Total Environ. , 398: 60-67

Wang M, Huo H, Johnson L, et al. 2006. Projection of Chinese motor vehicle growth, oil demand, and CO_2 emissions through 2050. Argonne National Laboratory, ANL/ESD/06-6, USA

Yang F, Yu L, Song G H, et al. 2003. Modeling dynamic vehicle age distribution in Beijing. Proceedings of the 2003 Institute of Electronics and Electrical Engineers (IEEE), 1: 574-579

Zachariadis T, Samaras Z, Zierock K. 1995. Dynamic modeling of vehicle populations: an engineering approach for emissions calculations. Technol. Forecast. Soc. , 50: 135-149

第 4 章　道路机动车行驶特征分析方法

机动车行驶特征是机动车排放的主要影响因素之一,是机动车排放因子模型的重要输入参数。机动车在道路交通流内的行驶状态复杂多变,研究者在其中捕捉与排放最为相关的行驶特征参数,基于大量的实际道路车辆行驶测试数据,应用特征参数法构造可表征机动车行驶特征的曲线或者矩阵,用来代表交通流中车辆的实际行驶状态。

行驶特征曲线和矩阵可分为以下四种:标准测试工况、城市综合行驶工况、特殊行驶工况及路段行驶特征。标准测试工况是为标准化车辆的排放和油耗水平而开发的实验室测试工况,通常用于制定排放和油耗标准。城市综合行驶工况代表一个城市车辆的综合行驶特征,可用于模拟城市整体的机动车排放水平。特殊行驶工况是为了研究城市特殊道路、特殊时段或特殊车队的行驶特征以及排放特征而建立的。路段行驶特征以路段为单元,着眼于机动车在具有特定属性的路段上的行驶特征规律,用于微观尺度的机动车排放研究。本章首先对欧洲、美国和日本等国家主要的标准测试工况进行描述,然后对城市综合行驶工况、特殊行驶工况及路段行驶特征矩阵的构建方法及其在中国的应用展开分析和论述。

4.1　机动车标准测试工况

机动车在不同行驶状态下的排放水平差异很大。为了衡量和限定机动车的排放水平,世界各国的机动车排放(或油耗)标准及法规中均设定了一个或一组标准测试工况,要求车辆在标准测试工况下的排放(或油耗)不得高于规定的限值。国际上许多排放因子模型的测试数据也是基于一个或一组特定的测试工况。

4.1.1　欧洲轻型车测试工况

欧洲测试规程最早使用 ECE 城市行驶工况,也称 UDC(Urban Driving Cycle)工况。ECE 工况于 1962 年根据巴黎交通状况开发,是城市行驶状况的一个简化代表,基本反映欧洲大城市(例如巴黎和罗马)的行驶状况(Degobert,1995)。

20 世纪 90 年代初,为了反映机动车在市郊高速公路运行时的排放,欧洲测试规程引入了一个补充性的工况——EUDC(Extra Urban Driving Cycle)工况。EUDC 代表高速的行驶模式,持续时间为 400 s,平均速度为 62.6 km/h,最大速度为 120 km/h,最大加速度为 0.833 m/s²。ECE 工况和 EUDC 工况一起构成了欧洲标准测试工况 ECE+EUDC 工况,也称为 MVEG-A 工况(Motor Vehicle Emis-sion Group-A),如图 4-1(a)所示。ECE+EUDC 工况由四个 ECE 工况和一个 EUDC 工况组成。测试前,机动车需要在 20~30℃的环境中静置至少 6 h,点火后怠速 40 s,然后测试开始,进行取样。欧盟 1992~2000 年实施的欧 I 和欧 II 排放法规的测试规程均采用这个工况。

从 2000 年开始,欧盟取消了 ECE 工况点火后的 40 s 怠速过程,即点火后直接进入测试循环,这个新规程称为新欧洲测试工况 NEDC(New European Driving Cycle),也称为 MVEG-B 工况,如图 4-1(b)所示。从 2000 年以后的欧 III 和欧 IV 等排放法规的测试规程采用 NEDC 工况。

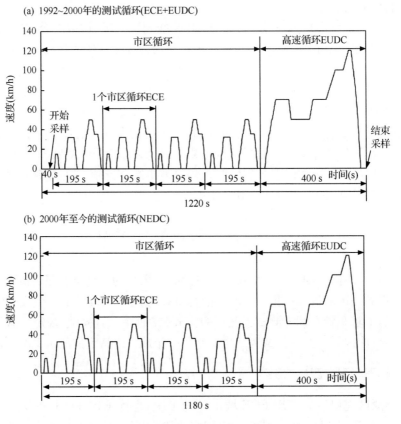

图 4-1　欧洲轻型车排放和燃油消耗测试循环

欧洲的标准测试工况也用于测试机动车燃油消耗。总的来说,欧洲测试工况相对简单,由匀速、匀加速和匀减速运动组成,这种缺乏真实工况的实验可能会导致结果准确性的下降,此外该工况还不含空调负载(Plotkin,2007)。有研究者指出,欧洲测试规程对排放的估计比实际情况要低 15%~50%(Joumard et al.,

2000）。目前，中国排放限值标准以及燃油消耗限值标准的测试规程均采用 ECE
＋EUDC（即 NEDC）工况。

4.1.2　美国测试工况

1. 轻型车测试工况

（1）美国联邦测试规程 FTP(Federal Test Procedure)及附加工况

FTP 工况是 20 世纪 70 年代由美国环境保护署（USEPA）开发和确定的。最
初的行驶数据由美国 EPA 西海岸实验室的研究者在洛杉矶城市里驾驶一辆 1969
年的 Chevrolet 轿车所获取，经过后续的数据处理和舍弃，形成 FTP 工况（USE-
PA，1993）。FTP 被认为可代表当时城市上下班时段的车辆行驶状况。美国
EPA 开发的排放因子模型 MOBILE 模型便基于 FTP 工况排放测试。

在排放测试中，整车在底盘测功机上按照 FTP 的速度-时间曲线行驶，尾气管
排气经稀释和冷却后，用定容采样系统（constant volume sampling system，CVS）
进行流量计算和采集样气。早期的 FTP-72 工况也称为美国城市道路工况（urban
dynamometer driving schedule，UDDS）和 LA-4 工况，包括一个冷启动阶段（505
s）和一个热运行阶段（867 s）。FTP-75 工况在 FTP-72 的基础上增加了一个热启
动阶段（505 s），如图 4-2 所示，二、三阶段之间被测车辆需要熄火热浸 10 min。测
试前，车辆需在 68～86 ℉（20～30 ℃）室温条件下静置至少 12 h。

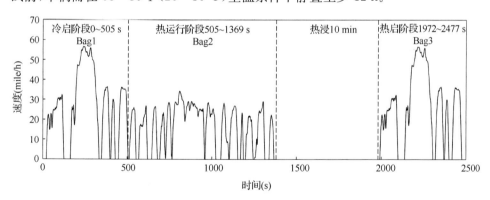

图 4-2　美国联邦测试循环 FTP 示意图

1 mile≈1.6 km

FTP-75 的三个阶段又分别被称为 Bag1、Bag2 和 Bag3。三个阶段的污染物排
放分别被收集在三个取样袋中，机动车的排放因子由三个取样袋的分析结果进行
加权平均计算得到，如式（4-1）所示。整个 FTP 工况的测试时间为 2477 s
（41.3 min，包括 10 min 热浸），最高速度 91.2 km/h，平均速度为 34.2 km/h，总距
离约 17.8 km。

$$EF_{平均} = \frac{Dis_{Bag1} \times EF_{Bag1} \times 0.43 + Dis_{Bag2} \times EF_{Bag2} + Dis_{Bag3} \times EF_{Bag3} \times 0.57}{Dis_{Bag1+Bag2}}$$

$$= 0.206 \times EF_{Bag1} + 0.521 \times EF_{Bag2} + 0.273 \times EF_{Bag3} \quad (4\text{-}1)$$

其中，$EF_{平均}$为机动车排放因子，g/km；EF_{Bag1}，EF_{Bag2}和EF_{Bag3}分别为三个阶段采样分析得到的排放因子，g/km；Dis_{Bag1}，Dis_{Bag2}和Dis_{Bag3}分别为冷启动阶段、热运行阶段和热启动阶段的行驶距离，5.8 km，6.2 km 和 5.8 km。$Dis_{Bag1+Bag2}$为冷启动和热运行阶段行驶距离之和，为 12.0 km。0.43 和 0.57 为美国车队热启动和冷启动的平均行驶比例。

FTP 测试规程存在如下不足：①FTP 测试工况是 20 世纪 70 年代所开发，无法完整地表现目前机动车的驾驶状况。美国 EPA 的分析数据表明，FTP 会漏掉相当比例的高速和急加速情况，譬如巴尔的摩的机动车有 18% 的驾驶过程没有被反映在 FTP 工况中（USEPA，1993）。②由于测功机所承受的负荷有限，不能模拟空调开放时的运行情况。美国 EPA 实验表明，开启空调的车辆比无空调时 NO_x 排放几乎多一倍（USEPA，1993）。

20 世纪 90 年代，为克服上述不足，美国 EPA 增加了两个附加工况——反映高速行驶特征的 US06 工况和空调使用状态的 SC03 工况。US06 测试循环是汽车排放认证 FTP-75 工况测试的附加工况（USEPA，2012），它可以更好地反映车辆在实际行驶过程中的高速运行和急加速状态。US06 的测试时间为 600 s（10 min），最高速度为 129 km/h，平均速度为 77.9 km/h，总距离为 12.8 km。图 4-3(a) 为 US06 和 FTP 工况的前 600 s 对比图。另一个附加工况 SC03 用来代表车辆运行过程中空调开启时的发动机负荷情况。SC03 工况全程 5.8 km，平均速度 34.8 km/h，最大速度为 88.2 km/h，测试时间约为 10 min，如图 4-3(b) 所示。两个附加工况扩大了速度和负荷的范围，并且考虑了使用空调的情况，能够更好地代表实际情况。

此外，美国 EPA 还增加了一个低温 C-FTP 工况（Cold FTP），采用同样的 FTP 速度曲线和规程，但是在 20℉（$-7\sim-6$℃）的工作温度下进行。

需要指出的是，FTP 工况及其附加工况也用于美国 EPA 对新车燃料经济性的认证。

（2）美国加州标准测试规程 UCDS

20 世纪 90 年代初，美国加利福尼亚州空气资源局（California Air Resources Board，CARB）为了估算加州的流动源排放清单，开发了加州标准测试规程（California Unified Cycle Driving Schedule，UCDS），也称 UC 工况和 LA92 工况，如图 4-4 所示。UC 测试循环的基础数据是在洛杉矶城里采用跟车技术获取的（Niemeier，2002）。与 FTP 相比，UC 工况所反映的驾驶风格更为急进，包括更多的高速、急加速和急减速等驾驶状况，同时怠速时间比例较低。UC 测试循环弥补了

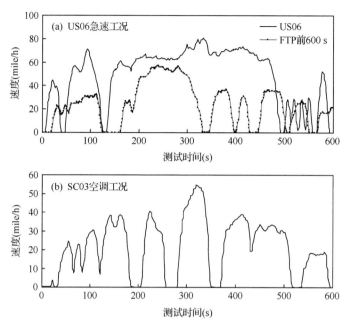

图 4-3　美国 US06 和 SC03 附加工况示意图

FTP 测试循环的一些不足,例如对急加减速的补充等。UC 测试循环的建立基于近期的行驶特征数据,而且涉及的道路种类和运行条件更全面,因此被认为比 FTP 测试循环更具有代表性。

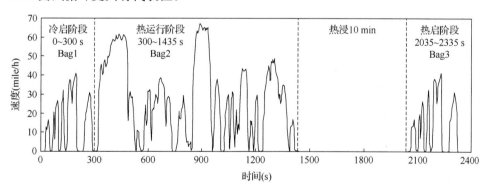

图 4-4　美国加州测试循环 UC 示意图

　　UC 测试采用类似的"三个取样袋"的程序,Bag1 和 Bag2 连续运行和采样,接着 10 min 的热浸,然后开始 Bag3 的采样(与 Bag1 工况相同)。UC 规程下机动车排放的计算方法与 FTP 测试循环相同,见式(4-1),其中里程参数采用 UC 工况的里程。UC 测试前两个阶段全程 15.7 km,平均速度 39.6 km/h,时间为 1435 s。Bag1 和 Bag3 时间为 300 s,行驶距离为 1.9 km;Bag2 时间为 1135 s,行驶距离为 13.8 km。

（3）美国高速公路燃料经济性测试工况 HWFET

美国高速公路燃料经济性测试工况（Highway Fuel Economy Test, HWFET）是美国 EPA 为了测试轻型车的燃料经济性而设定的（USEPA，2012）。HWFET 工况基于 20 世纪 70 年代在美国密歇根州、俄亥俄州和印第安纳州高速公路上采用跟车技术采集的 1050 英里（约 1700 公里）行驶数据拟合而成，如图 4-5 所示，时长为 765 s，总行驶距离为 16.4 km，平均速度为 77.7 km/h，最高时速为 97.0 km/h。

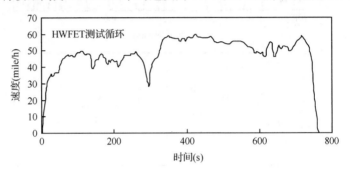

图 4-5　美国 EPA 高速公路测试循环 HWFET

1975～1984 年间，美国 EPA 确定车辆燃料经济性的方法包括两个部分：城市工况（FTP 工况）和高速公路工况（HWFET 工况）。车辆的综合燃料经济性由式（4-2）计算得到：

$$\text{FE}_{\text{综合},1975\sim1984} = \cfrac{1}{\cfrac{0.55}{\text{FE}_{\text{FTP}}} + \cfrac{0.45}{\text{FE}_{\text{HWFET}}}} \tag{4-2}$$

其中，$\text{FE}_{\text{综合}}$ 为机动车的综合燃料经济性，mile/gal（MPG）；FE_{FTP} 和 FE_{HWFET} 分别为城市工况和高速公路工况下测得的燃料经济性，MPG；0.55 和 0.45 为美国车队在两种工况下运行距离的比例系数。

美国 EPA 采用式（4-2）计算得到每个车型的燃料经济性值，作为标定燃料经济性向公众公开。随后不久，公众发现车辆实际燃料效率低于美国 EPA 的估算值。1985 年，美国 EPA 采用了将城市和高速工况结果分别降低 10% 和 22% 的修正方法，如式（4-3）所示。

$$\text{FE}_{\text{综合},1985\sim2007} = \cfrac{1}{\cfrac{0.55}{0.9 \times \text{FE}_{\text{FTP}}} + \cfrac{0.45}{0.78 \times \text{FE}_{\text{HWFET}}}} \tag{4-3}$$

式（4-3）中，参数含义同式（4-2）。

2005～2006 年间，美国 EPA 对燃料经济性估算方法进行了详尽的评述和考察，确定了新的"五工况法"计算车辆燃料经济性，并于 2008 年起采用新算法。该五工况为 FTP、HWFET、US06、SC03 和 C-FTP（USEPA，2006）。新算法中，综合燃料经济性 FE_综合 由 5 工况的城市燃料经济性 FE_5工况城市 和高速公路燃料经济性 FE_5工况高速 加权确定,如式(4-4)所示。FE_5工况城市 由启动燃料经济性 FE_城市启动 和运行燃料经济性 FE_城市运行 加权确定,其中 FE_城市启动 根据常温 FTP 和低温 C-FTP 的冷启动和热启动测试结果(即 Bag1 和 Bag3)加权而得。FE_城市运行 根据常温 FTP 和低温 C-FTP 的热运行测试结果(即 Bag2),以及 US06 和 SC03 工况下的测试结果加权而得。各工况的权重系数由实验结果回归得到。FE_5工况高速 的计算方法类似,仅权重系数有所差别,关于美国 EPA 的车辆燃料经济性新算法的详细情况,请参见文献(USEPA,2006)。

$$FE_{综合,2008至今} = \cfrac{1}{\cfrac{0.43}{FE_{5工况城市}} + \cfrac{0.57}{FE_{5工况高速}}} \tag{4-4}$$

中国的燃料消耗限值法规采用的测试规程为欧洲的 ECE+EUDC,该工况也是中国排放限值标准的测试规程。其中 ECE 工况下测得油耗结果为市区工况下的燃料消耗值,EUDC 工况下测得的结果为市郊工况下燃料消耗值,综合油耗的计算如式(4-5)所示(Huo et al.,2011)。

$$FC_{综合} = 0.37 \times FC_{ECE} + 0.63 \times FC_{EUDC} \tag{4-5}$$

其中,FC_综合 为机动车的综合油耗水平,L/100km;FC_ECE 和 FC_EUDC 分别为市区工况和市郊公路工况下测得的油耗水平,L/100km;0.37 和 0.63 分别为两个工况下燃料经济性的权重系数。

(4) 美国纽约城市工况 NYCC

美国纽约城市工况(New York City Cycle,NYCC)反映了交通拥堵时车辆的行驶状态,是美国 EPA 用于模拟轻型车在频繁低速和怠速行驶状态下排放的工况(USEPA,2012)。NYCC 工况全程约 10 min,行驶距离为 1.9 km,平均速度为 11.4 km/h,如图 4-6 所示。

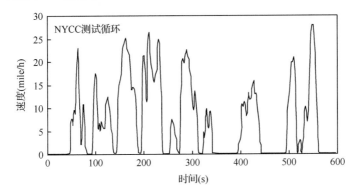

图 4-6　纽约城市工况 NYCC

（5）检查/维护测试工况 IM240

IM240 测试循环是美国 EPA 对车辆进行检查/维护时采用的测试规程，用于发现高排放车（USEPA，2012）。IM240 工况由 FTP 工况中截取的片段组成，测试一共进行 240 s，平均速度为 47.3 km/h，最高速度为 90.0 km/h，总行驶距离为 3.1 km。如图 4-7 所示。

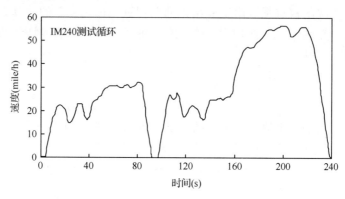

图 4-7　检查/维护测试工况 IM240

2. 重型车发动机台架测试循环

20 世纪 70 年代，美国分别采用 US-9 稳态模式（stationary cycle）和 US-13 稳态模式测试车重 2.7 吨或 12 座以上汽油车和柴油车的排放。1981 年，美国采用瞬态循环（transient cycle）取代了这两种测试程序，该瞬态测试循环称为美国重型车 FTP 瞬态测试循环，由四个工况组成，前三个工况分别为"纽约城市工况（New York Non Freeway，NYNF）"、"洛杉矶城市工况（Los Angeles Non Freeway，LANF）"、"洛杉矶高速工况（Los Angeles Freeway，LAFY）"，第四个工况再重复一次"纽约城市工况"（Degobert，1995）。测试循环重复两次，第一次测试从冷启动开始，即测试车辆静置一个晚上后开始测试，第二次从热启动开始，在第一次测试结束后 20 分钟后开始。美国瞬态测试循环的平均速度为 30 km/h，行驶距离相当于 10.3 km，时间长为 20 min。图 4-8 为美国 FTP 瞬态测试循环示意图。

4.1.3　日本测试工况

1. 轻型车测试工况

（1）10 工况、11 工况、10-15 工况

10 工况为日本 1973 年以后的新车试验工况，如图 4-9（a）所示（Degobert，1995；Mahlia et al.，2012）。试验时以不低于 40 km/h 的速度连续预热运转

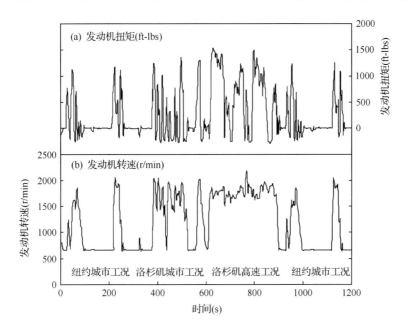

图 4-8　美国 FTP 瞬态测试循环示意图

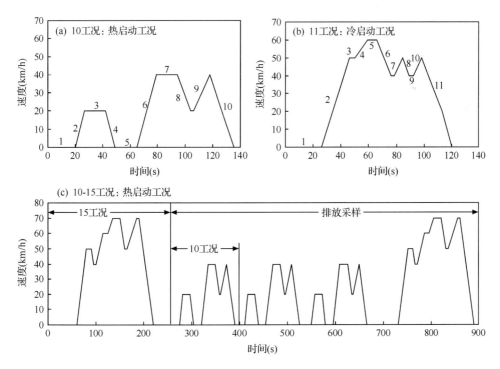

图 4-9　日本 10 工况、11 工况及 10-15 工况示意图

15 min 后,将 10 工况连续重复 6 次,对后 5 个循环进行排放采样。10 工况单次时长为 135 秒,行驶距离为 0.664 km,平均速度为 17.7 km/h,最高速度为 40 km/h。排放取样部分行驶距离为 3.32 km,时间为 675 s。日本 10 工况是一个热启动城市工况。

1975 年,日本开始采用 11 工况法,如图 4-9(b)所示(Degobert,1995;Mahlia et al.,2012)。11 工况一个冷启动工况,用于模拟车辆由郊外驶入城区或在郊外的行驶状况。车辆在实际测试之前,需要在 20~30 ℃的环境下放置至少 6 h。冷启动无负荷运转 25 s,然后重复运行 4 次 11 工况。对全过程进行采样,得到的排放物总质量为一次试验的结果。11 工况的行驶距离为 4.08 km,平均速度为 30.6 km/h,最高速度为 60 km/h。

1991 年,日本对测试工况进行了修正,在 10 工况的基础上增加了一个 15 工况,称为日本 10-15 工况,如图 4-9(c)所示(Degobert,1995;Mahlia et al.,2012)。1993 年之后日本轻型车排放和燃料消耗率的认证均采用 10-15 工况。试验时车辆以 60 km/h 的定速运行 15 min,然后是怠速测试,接下来进行一个 5 min 的 60 km/h 定速预热过程,然后依次是 1 个 15 工况,3 个 10 工况和 1 个 15 工况。排放采样从第 1 个 10 工况开始,整个排放采样的工况为 3 个 10 工况和 1 个 15 工况,行驶距离为 4.16 km,时长为 660 s,平均速度为 22.7 km/h,最高速度为 70 km/h。

(2)JC08 工况

2005 年,日本排放法规推出了一个新的轻型车测试工况——JC08。JC08 工况用于汽油车和柴油车的排放测试和燃料经济性确定。不同于 10 工况和 15 工况等由简单的行驶状态构成,JC08 工况参考美国 FTP 工况,融入了更多的实际行驶情况,它考虑了城市交通拥堵状态,以及城市行驶过程中较高的加减速和怠速频率,更接近于日常驾驶情况,如图 4-10 所示。JC08 工况参数如下:时长 1204 s,行驶距离 8.171 km,平均速度 24.4 km/h,最高速度 81.6 km/h。

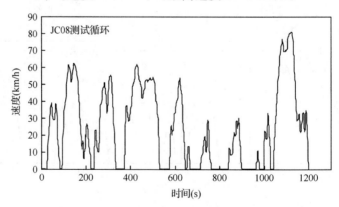

图 4-10　日本 JC08 测试规程

JC08 测试进行两次,一次冷启动测试和一次热启动测试。JC08 工况在 2008 年和 2011 年分别取代了 11 工况和 10-15 工况。在 2005～2011 年的过渡阶段,排放由多种测试循环的测量结果加权平均得到,如式(4-6)所示:

$$
\begin{cases}
2005\ \text{年}:\text{EF} = 0.12 \times \text{EF}_{11\text{冷启动}} + 0.88 \times \text{EF}_{10\text{-}15\text{热启动}} \\
2008\ \text{年}:\text{EF} = 0.25 \times \text{EF}_{\text{JC08冷启动}} + 0.75 \times \text{EF}_{10\text{-}15\text{热启动}} \\
2011\ \text{年}:\text{EF} = 0.25 \times \text{EF}_{\text{JC08冷启动}} + 0.75 \times \text{EF}_{\text{JC08热启动}}
\end{cases}
\tag{4-6}
$$

其中,EF 为机动车平均排放因子,g/km;$\text{EF}_{11\text{冷启动}}$,$\text{EF}_{10\text{-}15\text{热启动}}$,$\text{EF}_{\text{JC08冷启动}}$ 和 $\text{EF}_{\text{JC08热启动}}$ 分别为 11 工况,10-15 工况,JC08 冷启动以及 JC08 热启动下测得的排放因子,g/km;0.12,0.88,0.25 和 0.75 为不同工况下排放因子的权重系数。

2. 重型车测试工况

（1）6 工况和 13 工况

日本曾采用 6 工况法对重型车(总重＞2.5 吨或承载 10 人以上乘客)进行测试。在试验中,重型车发动机在 6 种不同的速度和发动机负荷下运行,每个行驶模式持续 3 分钟。对每个行驶模式进行取样,对结果进行加权平均,得到的结果为体积浓度(μL/L)。6 工况法有两种测试循环,一种针对柴油车,一种针对汽油和 LPG 车(Degobert,1995)。

1996 年,日本用 13 工况法取代了 6 工况法。试验由 13 个稳态运行模式构成,排放结果由 13 个模式测试结果加权平均得到,单位为 g/kWh。13 工况法更注重低速运行状态。

（2）JE05 工况

2005 年,日本排放法规推出了一个新的重型车测试规程——JE05(又名 ED12),它的测试对象为车重大于 3500 kg 的重型车,适用于柴油车和汽油车。JE05 测试的时长为 1800 s,平均速度为 26.94 km/h,最高时速为 88 km/h,如图 4-11 所示。

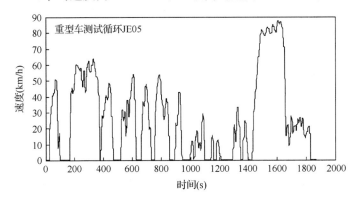

图 4-11　新日本重型车测试规程 JE05

表 4-1 汇总了欧洲、美国和日本主要轻型车测试工况的关键参数。

表 4-1　各国轻型车标准测试工况主要参数对比表

国家	工况	距离 (km)	平均速度 (km/h)	最大速度 (km/h)	最大加速度 (m/s²)
欧洲	城市 ECE	1.01(一个循环)	18.7	50	1.04
	高速 EUDC	6.95	62.6	120	0.833
	综合 NEDC	11.0	33.6	120	1.04
美国	城市工况 FTP75	17.8	34.2	91.2	1.48
	急速工况 US06	12.2	77.9	129	3.78
	空调工况 SC03	5.80	34.8	88.2	2.27
	高速工况 HWFET	16.4	77.7	97.0	1.43
日本	10 工况	0.664(一个循环)	17.7	40	0.794
	11 工况	4.08	30.6	60	0.731
	10-15 工况	4.16	22.7	70	0.794
	综合 JC08	8.17	24.4	81.6	1.69

4.2　城市综合行驶工况

研究者发现,标准测试工况与机动车实际在路行驶工况存在差异(André et al.,1995;Esteves-Booth et al.,2002)。因此,计算一个地区的机动车排放时,需要对模拟域车辆的实际行驶特征进行综合分析,目前广泛采用的方法为建立一段 900~1200 秒的速度-时间(v-t)曲线作为城市综合行驶工况,用于代表城市车队的综合行驶特征。

建立城市综合行驶工况的基本步骤包括车辆行驶数据采集、行驶特征参数的确定及工况的拟合。20 世纪 70 年代以来,全球多个城市开展了城市综合行驶工况研究,其中特征参数法应用最为广泛(Kent et al.,1978;Lyons et al.,1986;Esteves-Booth et al.,2001)。近年来,随着亚洲城市陆续步入机动车快速发展阶段,城市行驶工况研究在亚洲地区非常活跃,研究者运用特征参数法建立了香港、澳门、珠海、曼谷和河内等城市的综合行驶工况(Tong et al.,1999;Hung et al.,2005,2006,2007;Tamsanya et al.,2009;Tong et al.,2011)。

中国排放测试规程采用欧洲 NEDC 工况。由于中国城市的道路特征、自然环境及交通流特征等跟欧洲城市存在较大差异,因此欧洲工况不能真实反映中国城市的车辆行驶特征。在估算中国城市机动车污染物排放时若采用基于 NEDC 工况的排放因子,会带来一定的误差。自 20 世纪 90 年代起,为了更好地掌握中国机动车行驶特征规律,中国研究者在北京、天津、上海、广州、大连、宁波、长春、重庆和成都等多个城市开展了机动车行驶工况测试研究,为这些城市开发了城市综合行驶工况(刘希玲和丁焰,2000;杨延相等,2002;李孟良等,2003,2006;姚志良等,2004;杜爱民等,2006;王岐东等,2007)。

本节选取中国 11 个具有代表性的城市为案例,介绍城市机动车行驶工况数据的获取方法,分析不同城市机动车行驶工况的特点和差异,为 11 个城市建立各自的城市综合行驶工况。

图 4-12 为 11 个城市的地理位置。所选的城市覆盖各种城市规模,分布在全国东部和西部,包含南方城市和北方城市,非常具有代表性。这些城市包括四个直辖市(北京、上海、重庆和天津)、两个省会城市(成都和长春)、三个地级城市(宁波、绵阳和吉林市)和两个县级城市(梓潼和九台)。2004 年,四个直辖市的人口仅为全国人口的 5%,但其 GDP 之和占全国 GDP 的 11.5%,并拥有全国 13.3%的机动车保有量。北京市是中国的首都,上海市是中国经济发展最为迅速的一个城市,这两个城市均面临严峻的城市空气污染问题,而且它们在机动车控制方面均超前于全国控制水平。天津市是中国北方一个具有悠久历史的工业城市。重庆市为典型的中国西部城市,其特殊的山地地貌造就了独特的车辆行驶特征。成都市自古便是中华东西部交流的重要通道。长春市是中国重要的汽车工业基地,著名的中国第一汽车集团公司就坐落在长春市。宁波、绵阳和吉林市是中国典型的中等城市,其中宁波市是一个经济发展迅猛的沿海城市,它是中国改革开放初期第一批被

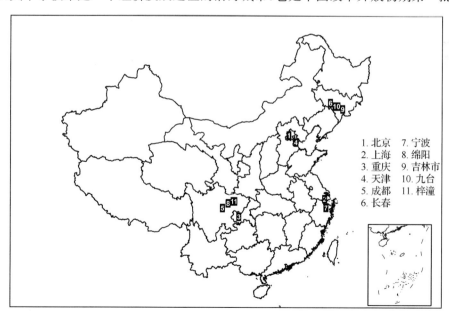

1. 北京	7. 宁波
2. 上海	8. 绵阳
3. 重庆	9. 吉林市
4. 天津	10. 九台
5. 成都	11. 梓潼
6. 长春	

图 4-12 测试城市的地理位置分布

指定的 14 个开放城市之一。绵阳和吉林市分别是中国的压缩天然气车和燃料乙醇车的示范城市。表 4-2 为 11 个城市的社会经济基础信息。

表 4-2　11 城市 2004 年的社会经济数据

城市		人口 (百万)	城市人口 (百万)	人均 GDP (2004 年,元/人)	机动车保有量 (千辆)	人均道路面积 (m²/人)
直辖市	1. 北京	14.9	11.9	28 689	1 824	10
	2. 上海	17.4	15.4	42 768	835	15
	3. 重庆	31.2	7.9	8 537	348	5
	4. 天津	10.2	6.1	28 632	583	8
省会城市	5. 成都	10.6	4.5	20 626	546	10
	6. 长春	7.2	3.2	21 199	221	7
地级城市	7. 宁波	5.5	1.8	39 046	266	7
	8. 绵阳	5.3	1.2	8 598	63	5
	9. 吉林市	4.3	2.1	16 401	135	7
县级城市	10. 九台	0.83	0.20	9 585	28	5
	11. 梓潼	0.38	0.05	5 448	0.31(2001 年数据)	无数据

4.2.1　行驶数据的收集和处理

一段代表性行驶工况应该建立在大量实测数据的基础上。各个地区交通状况存在差异,若想用一段长度为 900~1200 秒的 v-t 曲线代表该地区的行驶状况,必须在前期进行长期的工况测试工作。利用车载 GPS、采用固定路线紧跟车流的方式对 11 个典型城市进行了工况测试。

测试时间和路线应该尽可能覆盖城市车队主要的行驶状态。早期研究倾向于重点收集某种单一工况的数据,例如交通高峰。然而,如果在交通高峰时段收集行驶数据的时间比非高峰数据收集的时间长,那么所收集的数据无法代表城市机动车的平均行驶水平(Morey et al.,2000)。而且,即使两个时段的数据都收集了,如果这两个时段的数据没有按照合适的权重进行组合,那么由这组数据产生的行驶工况也会不准确。

研究表明,"道路属性"和"时间属性"是影响行驶特征最重要的因子(Ericsson,2000;Brundell-Freij and Ericsson,2005;Lin and Niemeier,2003)。按照中国城市道路的特点,将"道路属性"划分为三类:快速路、主干路和居民路,将"时间属性"划分为两类:高峰时段(7:00~9:30,17:00~19:00)和非高峰时段(其他时间)。于是,行驶状态可分为六种:①快速路+非交通高峰;②快速路+交通高峰;③主干路+非交通高峰;④主干路+交通高峰;⑤居民路+非交通高峰;⑥居民路

＋交通高峰。在同一种行驶状态下，交通流特征相似，因此认为机动车的行为表现也相似。

当地人员对本地城市的交通流特征更熟悉，11 个城市的测试路线在当地研究机构的协助下确定。以北京市为例，北京市的道路交通网是由城市快速路、主要干道、次要干道和居民路所构成。其中城市快速路系统由二环、三环、四环和五环以及八条从城中心通往城外的放射状高速公路构成。二环内为商业中心，周围为居民区，每天早上有大量的交通流涌向城中心，晚上又涌到城外。选取的测试路线覆盖了商业区和居民区，包括主要的快速路、主干路和居民路。省会城市和地级市的城市结构和道路系统相对简单，这些城市内通常没有快速路系统，因此在这些城市内，车辆行驶状态的数目为 4。县级城市通常只有数量不多而且长度很短的道路，测试路线选择了穿过城中心的主要道路，在县级城市里，行驶状态的数目降为 2。图 4-13 为北京等 8 个城市的车辆行驶特征测试路线。

工况数据收集工作在 2003～2006 年间开展。除了两个县级城市外，每个城市的数据收集时间至少为一周。人和车的出行存在季节差异，因此工况的采集应该覆盖一年中的不同季节，这组测试工作主要集中在春、夏和秋三个季节。从每天不同时段车流量变化状况来看，各时段的车辆平均行驶速度存在很大差异，因此数据采集也应覆盖一天中不同的车流量高峰时段。测试时间主要选定在三个时段，分别为早高峰时段 7:30～9:00，晚高峰时段 17:00～18:30，以及中午非高峰时段 11:00～13:00。表 4-3 为数据收集时间。

表 4-3　测试数据收集时间

城市		测试年份	路线长度（km）	测试天数	测试时段	测试时间（h）
直辖市	1. 北京	2003	30	16	7:30～9:30；11:30～13:00；17:00～19:00	70
	2. 上海	2004	69	7	8:00～12:00；14:00～18:00	40
	3. 重庆	2003	44	14	7:30～9:30；11:00～13:00；17:00～19:00	69
	4. 天津	2006	29	7	7:30～9:00；11:30～13:00；17:00～19:00	25
省会城市	5. 成都	2003	27	6	7:30～9:00；11:30～13:00；17:00-18:30	19
	6. 长春	2003	23	9	7:30～9:00；11:30～13:00；17:00～18:30	24
地级城市	7. 宁波	2005	26	7	7:30～9:00；11:30～13:00；17:00～18:30	24
	8. 绵阳	2003	36	4	7:30～9:00；11:30～13:00；17:00～18:30	13
	9. 吉林市	2003	16	5	7:30～8:30；11:30～12:30；17:00～18:00	13
县级城市	10. 九台	2003	7	2	7:30～8:30；11:30～12:30；17:00～18:00	7
	11. 梓潼	2003	5	2	7:30～8:30；11:30～12:30；17:00～18:00	6

采用固定路线车辆追踪技术，聘请有经验的当地司机来驾驶车辆。为保证数

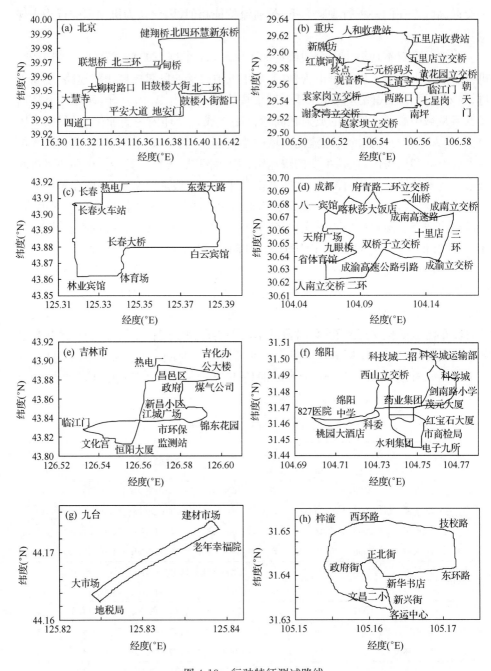

图 4-13　行驶特征测试路线

据质量,车上配有 GPS 接收器和速度感应器两种仪器同时记录数据。

　　通过合理设计测试路线和时间,获得的数据集合里应该不会遗漏任何一种重要的车辆行驶状态。然而,这个数据集合里各种行驶状态的分布比例可能和交通流中的实际情况不一致。以往研究常用的做法是把收集到的所有数据放在一起来进行工况特征研究,没有很好地解决行驶状态比例分配这个问题。这里提出一个新的概念——交通流调整因子(traffic adjustment factor,TAF),定义为交通流中每种行驶状态的比例,由式(4-7)计算得到:

$$\text{TAF}_{i,j} = \frac{\sum\limits_{k}\left(\dfrac{T_{i,j,k} \times L_{i,k}}{V_{i,j,k}}\right)}{\sum\limits_{i}\sum\limits_{j}\sum\limits_{k}\left(\dfrac{T_{i,j,k} \times L_{i,k}}{V_{i,j,k}}\right)} \tag{4-7}$$

其中,i 代表道路类型,为快速路、主干路或居民路;j 代表时间,为高峰时段或非高峰时段;k 代表城市内 i 道路类型的个数;$T_{i,j,k}$ 为时段 j,道路类型为 i 的第 k 条道路上的交通流量,辆/h;$L_{i,k}$ 为道路类型为 i 的第 k 条道路的长度,km;$V_{i,j,k}$ 为 j 时段内道路类型为 i 的第 k 条道路上的车辆平均速度,km/h。

　　由式(4-7)可见,计算 TAF 需要城市每条道路上不同时段的交通流和速度信息。2005 年,清华大学基于实地调查和地理信息系统(Geographic Information System,GIS)技术,模拟了 2004 年北京市 144 个快速路路段、1649 个主干路路段和 137 个城市功能团内居民路逐时的交通流和平均速度(霍红,2005),该信息可用于计算 TAF。其他城市没有如此详细的交通流信息,因此通过一些假设来简化 TAF 的计算,譬如采用总道路长度和平均速度来替代每条道路的信息,假设不同城市各类道路的交通流分布比例相同等。表 4-4 为 11 个城市的 TAF 值。如表所示,北京 TAF 的意义可看做,平均而言,2004 年一辆北京轻型客车的总行驶时间中,16.8% 发生在非高峰时段的快速路,36.2% 发生在非高峰时段主干路,12.4% 发生在非高峰时段的居民路,15.4% 发生在高峰时段的快速路,14.0% 发生在高峰时段的主干路,5.2% 发生在高峰时段的居民路。每个城市的路网结构不同,因此 TAF 值不同,快速路长度比例较高的城市,快速路的 TAF 值也会较高。

表 4-4　2004 年每个城市的交通流调整因子 TAF(%)

城市	非高峰时段			高峰时段		
	快速路	主干路	居民路	快速路	主干路	居民路
1. 北京	16.8	36.2	12.4	15.4	14.0	5.2
2. 上海	4.7	50.5	17.7	2.0	13.5	11.6
3. 重庆	13.7	17.1	14.5	18.5	19.2	17.0
4. 天津	10.7	37.4	14.7	6.3	22.2	8.7
5. 成都	13.5	18.3	15.7	14.2	20.0	18.3
6. 长春		56.0	14.0		24.0	6.0
7. 宁波		46.7	23.3		20.0	10.0

城市	非高峰时段			高峰时段		
	快速路	主干路	居民路	快速路	主干路	居民路
8. 绵阳		52.5	17.5		22.5	7.5
9. 吉林市		60.0	10.0		25.7	4.3
10. 九台		77.2			22.8	
11. 梓潼		77.2			22.8	

按照 TAF 将测试收集到的各种行驶状态进行重组,采用组合得到的数据集拟合城市综合行驶工况。

4.2.2 行驶特征曲线的拟合

特征参数法是目前最常用的研究机动车行驶特征的方法,其定义为选择若干可表征机动车实际行驶状态且对排放影响最为显著的行驶特征参数,以实际测量数据为基础,设定一定准则,通过数学方法获取各特征参数的参数值。根据上述定义,应用特征参数法需要具备三个条件:

(1)大量具有代表性的行驶数据

行驶数据的代表性取决于测试路线的设计以及测试时间的选择,表现为城市典型道路和交通时段的覆盖比例。

(2)行驶特征参数的代表性

行驶特征参数不但可表征机动车实际行驶状态,而且与排放的关系也最为密切。通常选用的行驶特征参数为平均速度、加速度、减速度、匀速比例和加减速比例等。这里选定了 11 个特征参数,其定义如表 4-5 所示。

表 4-5 行驶特征参数

	符号或缩写	单位
1. 平均速度(包括怠速过程)	V_1	km/h
2. 平均运行速度(不包含怠速过程)	V_2	km/h
3. 平均加速度	A	m/s²
4. 平均减速度	D	m/s²
行驶过程中各行驶模式的时间比例		
5. 怠速比例	P_i	%
6. 加速比例(秒加速度 > 0.1 m/s²)	P_a	%
7. 匀速比例(秒加速度在 ±0.1 m/s² 以内)	P_c	%
8. 减速比例(秒加速度 < −0.1 m/s²)	P_d	%

续表

	符号或缩写	单位
9. 相对正加速度	RPA	m/s²
10. 正加速度动能	PKE	m/s²
11. 每 100 m 速度振荡次数	FDA	

（3）拟合准则的合理性和有效性

拟合准则用于命令行驶特征参数组合满足一定条件，使所得到的行驶特征参数取值尽可能地接近机动车实际行驶特征。

此外，这里还引入了一个新概念，畅通系数（r_c），它的定义为高峰时段与非高峰时段的平均速度（V_1）比值。通过这个系数，可以了解一个城市在高峰时段的交通拥堵状况，r_c 值越低，表明城市高峰时段的拥堵状况越严重。

行驶特征曲线拟合过程如图 4-14 所示。在拟合过程中，首先将在 11 个测试城市采集到的逐秒速度数据进行预处理和调整，包括利用多普勒测速仪的数据补充 GPS 遇到屏蔽时的缺失数据等，并进行存储。然后，将各城市的逐秒测试数据分别进行汇总，从每个城市的总体数据中随机抽取不同的行驶周期组成 900～1200 秒的数据段作为备选工况，以表 4-5 中的平均速度（V_1）、平均运行速度（V_2）、平均加速度（A）、平均减速度（D）、怠速比例（P_i）、加/减速比例（P_a/P_d）、匀速比例（P_c）、相对正加速度（RPA）、正加速度动能（PKE）和每 100 m 速度振荡次数（FDA）等 11 个特征参数为判定准则数，运用 Matlab 编程分别计算出总体工况集合和备选数据段的特征参数值；如果备选工况与总体工况集合的 11 个准则数数值吻合度不够，那么重新选取备选工况，直到两者达到设定的吻合度。此时认为该备选工况能够代表所测试城市的实际道路行驶工况，备选工况即为合成的城市行驶工况。

4.2.3　行驶特征分析

1. 快速路

4 个直辖市和成都市均建有城市快速路，测试时其他省会城市和地级城市还没有建成快速路。表 4-6 为 5 个城市快速路在非高峰时段和高峰时段的行驶特征参数值。其中天津市的快速路上有少量的交通信号灯分布，不是严格意义的快速路，所以天津快速路车辆速度平均值低于其他城市。因此，下述关于快速路车辆行驶特征的比较主要针对北京市、上海市、重庆市和成都市。

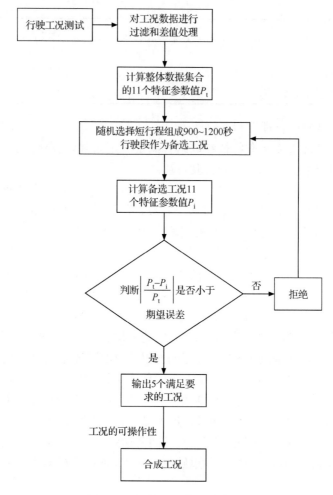

图 4-14　行驶工况合成技术路线

表 4-6　中国城市快速路行驶特征参数值

	V_1 (km/h)	V_2 (km/h)	A (m/s²)	D (m/s²)	P_i (%)	P_a (%)	P_d (%)	P_c (%)	RPA (m/s²)	PKE (m/s²)	FDA	r_c
非高峰时段												
1. 北京	51	51	0.38	−0.39	0	39	38	22	0.15	0.31	0.92	0.50
2. 上海	53	53	0.52	−0.57	1	43	40	16	0.23	0.47	1.19	0.73
3. 重庆	52	52	0.43	−0.50	0	44	38	18	0.18	0.36	0.77	0.69
4. 天津	35	39	0.34	−0.42	10	35	29	26	0.12	0.23	0.68	0.83
5. 成都	55	56	0.49	−0.54	2	44	40	14	0.22	0.44	0.79	0.92

	V_1 (km/h)	V_2 (km/h)	A (m/s²)	D (m/s²)	P_i (%)	P_a (%)	P_d (%)	P_c (%)	RPA (m/s²)	PKE (m/s²)	FDA	r_c
高峰时段												
1. 北京	25	27	0.43	−0.42	6	37	38	19	0.17	0.33	1.73	
2. 上海	38	41	0.48	−0.51	5	40	37	17	0.18	0.36	1.15	
3. 重庆	36	37	0.44	−0.48	4	42	38	17	0.18	0.37	1.16	
4. 天津	29	35	0.34	−0.45	16	35	27	21	0.12	0.25	0.69	
5. 成都	50	51	0.39	−0.43	1	40	37	22	0.15	0.31	0.92	

　　虽然每个城市的行驶特征参数值相差很大,但是也表现出明显的相似性。这些城市(除天津外)在非高峰时段内的平均速度(V_1)基本相同,均为 $51\sim55$ km/h,与城市快速路的限速值非常接近($60\sim80$ km/h)。同时,平均运行速度(V_2)基本上与总平均速度(V_1)相等,这表明非交通高峰时段在快速路上行驶的车辆很少会遇到停顿的情况。由于城市间快速路的路面质量等物理性质没有明显差异,道路对车辆行驶的影响基本可以忽略。因此,从某种程度上而言,非交通高峰时段车辆在快速路上的行驶特征可折射出各地区驾驶员的驾驶习惯。例如,加速度(A)和减速度(D)可反映出一个地区的驾驶员开车是否急进。上海和成都表现出很高的加速度(A)和减速度(D)值,比北京高 $30\%\sim45\%$。而且,上海和成都车辆具有很高的加速度比例(P_a)和减速度比例(P_d),两者之和高达 83%,这说明即使在自由流里面行驶,上海和成都的驾驶员在驾驶过程中频繁变换速度而且急加速急减速。

　　在高峰时段,城市快速路平均速度(V_1)为 $25\sim50$ km/h。北京的交通拥挤状况最为严重,体现在其畅通系数(r_c)仅为 0.50,这意味着高峰时段车辆的平均速度降低了 50%,其原因是机动车保有量的增长速度远高于道路设施的建设速度,特别是近几年来北京市每年的机动车增长速度都在 15%以上。FDA 也可以从侧面反映北京市高峰时段的车辆行驶状况。FDA 的定义为 100 m 行驶距离内加减速次数,北京市高峰时段的 FDA 值比非高峰时段高 88%,说明在交通高峰时段北京车辆频繁地出现加速-减速运行状况。上海和重庆的畅通系数(r_c)分别为 0.73 和 0.69,而成都的畅通系数(r_c)为 0.92,这说明高峰时段额外的交通负担并没有对成都快速交通体系产生太大的影响。需要指出的是,成都市是省会城市,其机动车保有量和道路车辆密度比北京和上海低很多。

　　高峰时加速度(A)和减速度(D)的城市差异被明显弱化。其原因可能是拥堵情况下原本驾驶风格急进的驾驶员无法像在自由流内一样随意加速和减速,而另一方面,原本驾驶习惯平和的驾驶员在拥堵流内被迫频繁加减速以跟住车流。

2. 主干路

城市主干路承担的交通流比例高于快速路和居民路,因此城市主干路对于一个城市的交通系统非常重要。表 4-7 给出了 11 个城市主干道在非高峰时段和高峰时段的行驶特征参数值。

表 4-7　中国城市主干路行驶特征参数值

	V_1 (km/h)	V_2 (km/h)	A (m/s²)	D (m/s²)	P_i (%)	P_a (%)	P_d (%)	P_c (%)	RPA (m/s²)	PKE (m/s²)	FDA	r_c
非高峰时段												
1. 北京	23	28	0.52	−0.55	16	36	34	14	0.21	0.43	1.68	0.70
2. 上海	34	42	0.54	−0.68	19	39	31	11	0.23	0.46	1.10	0.71
3. 重庆	38	38	0.49	−0.56	1	43	38	17	0.22	0.42	1.19	0.65
4. 天津	24	27	0.37	−0.47	12	38	30	20	0.15	0.29	1.00	0.84
5. 成都	29	33	0.55	−0.58	14	37	36	13	0.23	0.48	1.64	0.88
6. 长春	31	38	0.59	−0.72	17	40	33	11	0.25	0.51	1.21	0.76
7. 宁波	26	33	0.57	−0.63	20	37	33	11	0.23	0.45	1.25	0.73
8. 绵阳	41	43	0.39	−0.52	4	43	32	20	0.16	0.32	0.54	0.77
9. 吉林市	40	44	0.47	−0.57	11	41	33	15	0.20	0.39	0.88	0.80
10. 九台	26	27	0.39	−0.42	4	41	36	19	0.16	0.31	1.21	0.85
11. 梓潼	33	36	0.34	−0.42	7	38	31	24	0.14	0.27	0.48	0.89
高峰时段												
1. 北京	16	23	0.51	−0.49	29	30	31	10	0.20	0.39	1.80	
2. 上海	24	39	0.71	−0.75	38	29	28	6	0.31	0.61	1.33	
3. 重庆	24	27	0.47	−0.52	10	39	36	15	0.21	0.41	2.01	
4. 天津	20	24	0.36	−0.44	19	33	27	21	0.14	0.27	1.12	
5. 成都	25	32	0.61	−0.62	20	35	34	11	0.25	0.51	1.64	
6. 长春	24	32	0.59	−0.67	26	34	30	10	0.21	0.50	1.51	
7. 宁波	19	26	0.53	−0.61	25	34	30	11	0.21	0.44	1.67	
8. 绵阳	31	33	0.38	−0.49	5	42	33	20	0.15	0.30	0.69	
9. 吉林市	32	37	0.50	−0.58	16	38	33	13	0.21	0.42	1.20	
10. 九台[a]	22	23	0.33	−0.36	5	38	34	24	0.13	0.26	1.39	
11. 梓潼[a]	30	31	0.29	−0.36	4	45	32	20	0.13	0.26	0.65	

a. 县级城市只有一种道路类型,其结果与其他城市主干路结果列在一起

由于交通信号灯的干扰,主干道车辆行驶状况不如快速路通畅。城市信号灯

的分布和控制方式直接影响车辆行驶方式。在非高峰时段内,大城市的平均速度(V_1)通常很低,其原因是大城市拥有更多的车辆,一方面限制了车辆行驶速度,另一方面导致交通路口等待的车辆队伍过长,影响了车辆行驶速度。重庆是个例外,重庆市的红绿灯很少,连接河两岸的长距离桥梁和隧道较多,而且重庆市拥有许多单行主干路,减少了信号灯对车辆速度的干扰,这也解释了为什么重庆会有非常低的怠速比例(P_i)。由于地级城市的道路质量高,而且车辆拥有率远远低于直辖市和省会城市,因此无论是交通高峰时段还是非高峰时段,绵阳和吉林市等地级城市均表现出很高的主干路平均速度(高于 40 km/h)。

11 个城市中,4 个直辖市主干路的拥堵情况最为严重,表现在畅通系数(r_c)较低,为 0.65~0.84。在高峰时段,北京市主干路上的平均速度仅为 16 km/h,怠速比例高达 29%。省会城市中,由于成都市的快速路在高峰时段为主干路分担了一定的交通流,因此成都的畅通系数(r_c)高于其他省会城市。中小城市的畅通系数较高,而其中经济发展最为迅速的宁波表现出了较低的畅通系数,这暗示着随着经济的发展,中等城市也将会面对目前大城市正遭受的交通拥堵问题。由于交通信号灯引发了更多的加速和减速行为,因此主干路上的加速度(A)和减速度(D)要高于快速路。根据表 4-7 的数据,上海和成都的驾驶员在主干路上依然表现出很急进的驾驶方式,而小城市的司机驾驶风格比较平和。

3. 居民路

居民路在交通系统中占据重要地位。虽然居民路上的交通流量非常小,但是在一次驾车出行中,人们花在居民路上的时间比例并不低,这由表 4-4 中可以看出。以北京市为例,司机每小时的驾驶过程中约 10 分钟花费在居民路上,这个比例在中小城市更高。此外,机动车的冷启动排放基本都发生在居民路上,这说明居民路承担的机动车污染排放量可能会高于其他道路类型。

表 4-8 给出了 9 个城市居民路的行驶特征参数值。中国城市居民路大多道路狭窄,非机动车和行人多,因此平均速度很低。不同城市居民路的行驶特征对比趋势基本和主干路行驶特征相似,大城市平均速度(V_1)低,高峰时段的速度为 14~17 km/h,非高峰时段的速度为 15~24 km/h,而小城市居民路的平均速度(V_1)高,在吉林市和绵阳等城市可达 30 km/h 左右。和主干路相比,除重庆和吉林市外,各城市居民路的加速度(A)和减速度(D)值很低。居民路上行驶的车辆有较频繁的停顿,因此其 FDA 值较高。

居民路高峰时段的畅通系数大多低于 0.9,高峰时段车辆较多造成行驶缓慢是原因之一,另一个可能的原因是高峰时段居民路上的行人也较多,对车辆行驶速度产生一定程度的影响。

表 4-8 中国城市居民路行驶特征参数值

	V_1 (km/h)	V_2 (km/h)	A (m/s²)	D (m/s²)	P_i (%)	P_a (%)	P_d (%)	P_c (%)	RPA (m/s²)	PKE (m/s²)	FDA	r_c
非高峰时段												
1. 北京	21	24	0.51	−0.52	13	37	37	13	0.20	0.41	1.75	0.70
2. 上海	15	25	0.59	−0.59	38	28	27	7	0.23	0.45	1.95	0.89
3. 重庆	24	27	0.56	−0.63	10	41	36	13	0.24	0.48	1.62	0.69
4. 天津	16	18	0.32	−0.40	8	36	29	28	0.12	0.24	1.96	0.95
5. 成都	21	25	0.57	−0.57	14	36	36	14	0.24	0.47	2.09	0.82
6. 长春	24	25	0.54	−0.56	7	40	39	14	0.22	0.43	2.16	0.67
7. 宁波	24	29	0.53	−0.57	19	36	33	12	0.21	0.41	1.51	0.79
8. 绵阳	31	34	0.37	−0.45	7	39	32	22	0.24	0.28	0.82	0.84
9. 吉林市	29	30	0.44	−0.42	4	39	40	18	0.17	0.33	1.38	0.78
高峰时段												
1. 北京	15	19	0.49	−0.47	21	33	35	12	0.19	0.37	2.26	
2. 上海	14	22	0.71	−0.66	39	28	30	4	0.29	0.58	2.25	
3. 重庆	17	22	0.51	−0.53	22	34	33	11	0.22	0.45	2.37	
4. 天津	16	17	0.30	−0.37	6	35	28	30	0.11	0.22	2.01	
5. 成都	17	21	0.49	−0.48	19	32	33	16	0.20	0.39	2.57	
6. 长春	16	20	0.52	−0.55	21	34	32	12	0.23	0.45	2.91	
7. 宁波	19	23	0.51	−0.54	19	36	35	10	0.21	0.42	1.83	
8. 绵阳	26	30	0.37	−0.45	12	36	30	21	0.14	0.27	0.91	
9. 吉林市	23	25	0.54	−0.55	8	38	38	16	0.25	0.50	2.06	

图 4-15 为合成的 11 个城市的行驶工况。综合而言,大城市的车辆可以达到很高的速度,但是会经常发生堵车现象,省会城市车辆的行驶特征基本上是由典型的加速-匀速-减速-停车过程而构成。地级城市和县级城市的车辆速度并不高,但是行驶平稳,很少发生停车怠速的情况。因此,从行驶工况上看,大城市多处于高排放的行驶模式。

4. 与欧美标准工况的对比

美国 FTP 工况和欧洲 NEDC 工况是目前我国机动车排放研究中应用最多的工况,表 4-9 对比了中国 11 城市和这两个工况的特征参数值。从人口密度、交通模式和城市功能区分布来看,中国城市与欧洲城市更为接近,因此中国机动车相关法规的制定大多基于欧洲的 NEDC 工况。然而,中国城市和欧洲城市的行驶工况

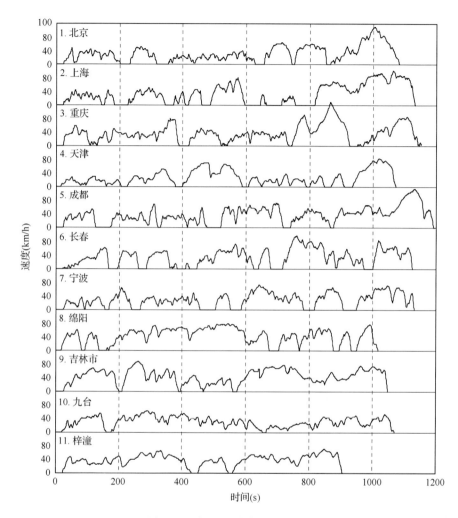

图 4-15　中国 11 城市的行驶工况

具有一定差别。中国四个直辖市的平均速度(V_1)比 NEDC 工况低 6.4%～48%。重庆和成都的平均速度(V_1)和 FTP 工况接近,而吉林市和绵阳的平均速度(V_1)高于 FTP 和 NEDC 工况。FTP 工况的加速度(A)和减速度(D)高于中国城市,意味着美国的驾驶方式更急进。一个可能的原因是美国车辆普遍比中国车辆排量大,因此加速减速更快。此外,中国城市行驶工况的加速和减速时间比例高于欧美工况。由于中国城市机动车行驶工况和欧美工况之间存在一定差异,采用欧美工况模拟中国城市机动车排放会产生误差。因此,建立和发展中国城市工况对准确获取中国城市机动车排放因子具有重要意义。

表 4-9　中国城市工况和欧美工况对比

	V_1 (km/h)	V_2 (km/h)	A (m/s^2)	D (m/s^2)	P_i (%)	P_a (%)	P_d (%)	P_c (%)	RPA (m/s^2)	PKE (m/s^2)	FDA	V_{max} (km/h)
1. 北京	26.1	29.9	0.51	−0.51	13	36	37	15	0.19	0.39	1.52	92.1
2. 上海	27.6	37.1	0.55	−0.60	26	34	31	9	0.21	0.43	1.29	85.0
3. 重庆	31.3	33.9	0.49	−0.56	8	41	35	16	0.21	0.42	1.44	107.7
4. 天津	22.5	25.6	0.36	−0.43	12	36	30	21	0.13	0.26	1.31	70.2
5. 成都	31.3	35.8	0.55	−0.60	12	38	35	15	0.22	0.42	1.52	95.6
6. 长春	27.8	34.3	0.56	−0.62	19	36	33	12	0.22	0.45	1.39	80.8
7. 宁波	23.7	29.5	0.51	−0.58	20	37	33	11	0.21	0.42	1.30	60.2
8. 绵阳	35.3	40.2	0.48	−0.57	12	40	33	15	0.18	0.36	1.00	66.1
9. 吉林市	36.8	39.1	0.35	−0.50	6	44	31	20	0.15	0.29	0.63	72.7
10. 九台	25.5	26.7	0.37	−0.41	5	39	36	20	0.15	0.29	1.28	52.8
11. 梓潼	32.3	34.5	0.29	−0.39	6	40	30	24	0.12	0.24	0.57	59.9
NEDC	33.6	44.4	0.48	−0.68	25	27	19	29	0.12	0.22	0.17	120.0
FTP75	34.2	38.8	0.56	−0.67	19	36	30	16	0.18	0.35	0.59	91.2

4.3　特殊行驶工况

　　城市车队中有几类特殊车型,例如频繁停车的公交车、行驶区域受限的卡车和摩托车等。这类车有自己的行驶模式,它们与城市其他普通车型的行驶特征有明显差异。用城市综合工况模拟它们的排放因子会引入较大误差。为了研究这部分特殊车型的排放规律和排放特征,需要对它们的行驶特征进行研究,为它们开发专门的行驶工况。例如 Tsai 等(2005)为台北高雄市的摩托车建立了行驶工况,王矗等(2010)构建了北京公交车的行驶工况,Nesamani 和 Subramanian(2011)研究了印度金奈市公交车特殊的运行特征。

　　本节以北京市公共汽车、卡车及农用运输车为实例,描述特殊工况的数据收集方法,并对这些车辆的行驶特征进行分析。

4.3.1　行驶数据采集

　　北京市公共汽车、卡车和农用运输车属于运行受限的机动车,它们与未受限机动车的运行工况极为不同。在测试中,对公交车选择 23 条典型公交运营路线,如表 4-10 和图 4-16 所示。测试路线覆盖城八区,即包含一般道路又适当涵盖环线道路,能够反映出北京市公交车运营的整体状况。测试人员携带 GPS 乘坐不同路线公交车并记录各线路行驶状况,测试分 7:00～14:00 和 14:00～21:00 共两个时段,每条路线测试一个时段。

表 4-10　北京市公交车行驶工况测试线路汇总

公交线路	起止地点	公交线路	起止地点
1 路	四惠—马官营	334 路	动物园—永定路口北
2 路	木樨园桥北—宽街路口南	352 路	劲松—旧宫
7 路	五间楼—友谊医院	358 路	天通北苑—安定门总站
12 路	五间楼—五间楼	360 路	香山—西直门
27 路	西钓鱼台—安定门外	360 路快	动物园—香山
37 路	八里河—航天桥东	362 路	西直门—西二旗城铁站
40 路(二环线)	五一路—木樨园桥北	397 路	四惠—双桥农场
42 路	东四十条桥西—广外甘石桥	405 路	王爷坟—四惠
57 路	四惠—公主坟	505 路	北京植物园—航天桥西
运通 102 路	天坛南门—田村	728 路	石景山古城—通州东关
运通 106 路	田村北路—中央党校北门	973 路	大瓦窑—黑桥
300 路(三环线)	十里河桥北—十里河桥南		

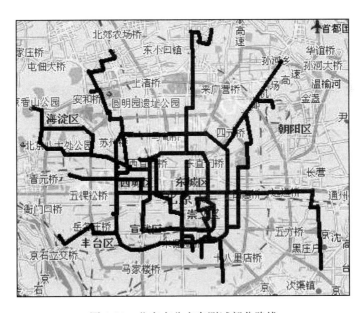

图 4-16　北京市公交车测试部分路线

对于柴油卡车,首先随机选择轻型和中重型两种车型车辆各 1 辆,分别安装 GPS 记录其日常行驶状况,周期为 7 天。测试车辆要求具有代表性,轻型卡车为在城区和城郊运营的短途货运车辆,中重型卡车为在城郊运营的中长途货运车辆。此外,为提高工况样本的多样性和代表性,采用车辆跟踪技术进行测试,用于对工况数据的补充。将 GPS 安装在一辆轿车上,在卡车经常出现的区域随机跟踪卡车的实际运行情况,这项测试共进行了 4 天。

农用运输车分三轮农用车和四轮农用车两种,每种车型选择 1 辆安装 GPS 进行测试,周期为 7 天。柴油卡车和农用运输车的测试车辆信息如表 4-11 所示。

表 4-11　北京市柴油卡车和农用运输车行驶工况测试的车辆信息

	车型	型号	年份	技术类型	行驶里程(km)	总质量(t)
柴油卡车	轻卡	福田	2003	国 I	110 750	3.9
	中卡	解放	2005	国 II	51 000	9.0
	车型	型号	年份	发动机缸数	发动机功率(kW)	总质量(t)
农用运输车	三轮	时风	2004	1	11.3	1.7
	四轮	福田	2003	4	58.8	2.4

4.3.2　行驶特征分析

采用 4.2.2 小节的工况合成方法,对卡车、公交车和农用运输车的工况数据进行分析。表 4-12 为各种车辆类型的特殊工况行驶特征参数。轻型和中重型卡车工况的平均速度最高,分别为 31.4 km/h 和 33.8 km/h;公交车和三轮农用运输车工况的平均速度最低,分别为 15.4 km/h 和 14.3 km/h。各车型平均速度与自身

表 4-12　北京市不同柴油机动车行驶工况特征参数值

特征参数	轻型卡车	中重型卡车	公交车	三轮农用运输车	四轮农用运输车
平均速度 V_1(km/h)	31.4	33.8	15.4	14.3	22.7
平均运行速度 V_2(km/h)	35.0	37.0	23.1	15.5	27.3
平均加速度 A(m/s²)	0.38	0.35	0.50	0.31	0.36
平均减速度 D(m/s²)	−0.43	−0.43	−0.57	−0.35	−0.42
怠速时间比例 P_i(%)	10.1	8.7	33.1	7.5	10.7
加速时间比例 P_a(%)	30.1	29.5	29.5	28.7	29.4
匀速时间比例 P_c(%)	33.0	37.7	11.2	38.9	34.7
减速时间比例 P_d(%)	26.7	24.1	26.1	25.0	25.2
相对正加速度 RPA(m/s²)	0.41	0.32	0.71	0.37	0.39
正加速动能 PKE(m/s²)	0.22	0.17	0.36	0.11	0.21
每100m速度振荡次数 FDA	0.21	0.07	0.67	0.27	0.07
V_{max}(km/h)	80.8	67.4	48.9	37.2	65.0

行驶的道路类型和功能密切相关。从平均加减速度上看，公交车的值最高，其他四种车型则比较接近，这与城市道路加减速比较频繁以及公交车驾驶习惯有关。从行驶模式的时间比例来看，公交车的怠速比例是其他 4 种车型的 3～4 倍，一方面是因为城区道路红绿灯较多，另一方面是由公交车频繁进站上下客所致。从最高速度来看，由于受自身功能所限，三轮农用运输车的最高速度最低，低于 40 km/h，轻型卡车的最高速度可达到 80 km/h 以上，这与其行驶路线一部分分布在快速路上有关。各类车工况的合成结果如图 4-17 所示。

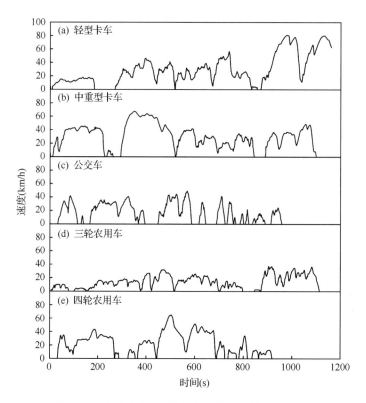

图 4-17　北京市卡车、公交车和农用运输车的工况

4.4　路段行驶特征

　　城市综合行驶工况反映一个城市车队的平均行驶状态，无法分析机动车在某时段某段道路上的微观排放特征。随着机动车排放研究的不断细化，研究者越来越关注汽车在微观交通环境下的排放特征，为此需要对机动车微观行驶特征进行参数化模拟。解析城市路段行驶特征是研究微观行驶特征的一种重要方法。

　　路段行驶特征以路段为单元,着眼于机动车在具有特定属性路段上的行驶特点。路段是道路上的一部分,根据车辆在道路上行驶状态的变化规律而划分。与城市综合行驶特征曲线相比,路段行驶特征曲线在描述机动车微观行驶状态方面更为细致和准确。由于路段的属性相对复杂,而且较微观,很难通过 v-t 这种行驶特征曲线模式来表现,因此通常由行驶特征参数的矩阵组来表达。

　　本节以北京市轻型车为例,介绍城市路段行驶特征的数据采集及分析方法。这里介绍的方法引入速度时间分布和加速度时间分布两个概念,以时间比例的形式定量反映车辆在各时段以及各种道路类型上的行驶状态和特征。

4.4.1　路段行驶特征数据收集

　　车辆在道路上行驶状态的变化来自于交通设施的干扰,因此研究中通常以交通设施作为路段的分割点:①对于快速路,车辆通常利用立体交叉口及出入口改变方向或完成主干路和快速路之间的转换,之后快速路交通流量发生变化,交通流内车辆的行驶特征也随之发生变化。因此对快速路路段的定义为:快速路上两个相邻的立体交叉口或出入口之间的道路。②主干路车辆行驶受制于交叉路口信号灯,车辆速度以两个相邻信号灯间的路段为单位呈规律性变化,由此将主干路上两个交叉路口停止线之间的道路定义为主干路路段。③居民路细致密集,相邻交叉口之间的距离很短。研究通常把居民路流动源排放视为面源,因此这里不作路段分析。依据以上原则,将 2004 年北京市五环内的快速路划分为 144 个路段,主干路划分为 1649 个路段。路段的划分和表现需依托地理信息系统(Geographic Information System,GIS)技术,本书第 10 章 10.2.2 小节根据上述路段划分定义绘制了北京市路段电子地图,并用于本节的路段特征分析。

　　1. 测试路线

　　城市不同功能组团的道路特征不同,交通流量也存在较大差异,因此机动车在交通流中所体现的行为特征会有所不同。为了全面体现北京市道路交通流的特征,将北京市划分为三个区,分别为城北居住区、中心商业区和城南居住区(以下简称为北区、中心区和南区)。在各区选择快速路、主干路和居民路各一条。确定测试路线时,很难选择一条完全由居民路构成的测试路线,需用一段或几段主干路来连接,数据处理时将这种连接道路去除。图 4-18 为测试路线,表 4-13 为测试路线的长度和路段数。

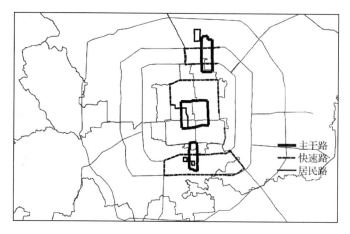

图 4-18　北京市路段行驶特征测试路线

表 4-13　测试路线长度(km)以及路段数

	北区		中心区		南区		总计	
	总长度	路段数	总长度	路段数	总长度	路段数	总长度	路段数
快速路	12.5	11	13.2	13	26.7	19	52.4	43
主干路	13.7	23	14.6	32	9.8	23	38.1	78
居民路	3.1	—	8.1	—	4.8	—	16.0	—

　　具体路线如下(括号内为连接道路):

　　北区快速路:北四环东路惠新东桥东 1000m 处向西起—北四环中路至健翔桥南转—八达岭高速至马甸桥东转—北三环中路—北三环东路至太阳宫桥;

　　北区主干路:和平里北街—安定路外大街—安定路—大屯路—北苑路—小营北路—小营路—惠新东街—花园东街—和平里东街—和平里北街;

　　北区居民路:亚运村小区居民路;

　　中心区快速路:阜成门大街月坛北桥向北起—西直门南大街—德胜门西大街—德胜门东大街—安定门西大街—安定门东大街—东直门大街—朝阳门大街至建国门桥北约 500m 处;

　　中心区主干路:西安门大街—文津街—景山前街—五四大街—东四西大街—东四南大街—东单北大街—崇文门外大街—珠市口东大街—珠市口西大街—骡马市大街—宣武门外大街—宣武门内大街—西单北大街—西四南大街—西安门大街;

　　中心区居民路:丰盛胡同—(太平桥大街)—辟才胡同—灵境胡同—府右街—北新华街—南新华街;

　　南区快速路:南三环西路玉泉营桥向东起—南三环中路—南三环东路至分钟

寺桥—京津塘高速至十八里店桥—南四环东路—南四环中路至马家楼桥—京开高速公路至玉泉营桥;

南区主干路:永定门西街—永定门外大街—南苑路—大红门西路—马家堡东路;

南区居民路:建欣苑小区居民路。

2. 测试程序

研究采用可逐秒记录车辆位置和速度的车载 GPS,对所选定的 3 个区域 9 条路线采用跟车技术进行测试。为了消除单一司机和车辆对交通流测试结果造成的不确定影响,测试选择了 3 个司机和车辆,同时在 9 条道路上交替行驶。测试车辆车型分别为赛欧(A 车)、奇瑞(B 车)和富康(C 车),均为北京市轻型车队中的普通车型,动力性能可代表车队平均水平。测试全部选择在工作日,历时 2 周,每周 3 天,获取 7:00~21:00 之间每小时三个区 9 种道路上的行驶特征,具体测试程序如表 4-14 所示。

表 4-14　交通流内行驶特征测试

时段		A 车			B 车			C 车		
		D1	D2	D3	D1	D2	D3	D1	D2	D3
第一周	07:00~08:00	北-快	中-主	南-居	南-快	北-主	中-居	中-快	南-主	北-居
	08:00~09:00	北-主	中-居	南-快	南-主	北-居	中-快	中-主	南-居	北-快
	09:00~10:00	北-居	中-快	南-主	南-居	北-快	中-主	中-居	南-快	北-主
	10:00~11:00	北-快	中-主	南-居	南-快	北-主	中-居	中-快	南-主	北-居
	11:00~12:00	北-主	中-居	南-快	南-主	北-居	中-快	中-主	南-居	北-快
	12:00~13:00	北-居	中-快	南-主	南-居	北-快	中-主	中-居	南-快	北-主
	13:00~14:00	北-快	中-主	南-居	南-快	北-主	中-居	中-快	南-主	北-居
第二周	14:00~15:00	北-快	中-主	南-居	南-快	北-主	中-居	中-快	南-主	北-居
	15:00~16:00	北-主	中-居	南-快	南-主	北-居	中-快	中-主	南-居	北-快
	16:00~17:00	北-居	中-快	南-主	南-居	北-快	中-主	中-居	南-快	北-主
	17:00~18:00	北-快	中-主	南-居	南-快	北-主	中-居	中-快	南-主	北-居
	18:00~19:00	北-主	中-居	南-快	南-主	北-居	中-快	中-主	南-居	北-快
	19:00~20:00	北-居	中-快	南-主	南-居	北-快	中-主	中-居	南-快	北-主
	20:00~21:00	北-快	中-主	南-居	南-快	北-主	中-居	中-快	南-主	北-居

注:北、中和南分别代表北区、中心区和南区;快、主和居分别代表快速路、主干路和居民路

车辆在每个小时的第 1 分钟进入设定道路,平稳行驶以后打开 GPS 仪器开始记录行驶信息。在行驶过程中,车辆按照规定路线,以车流的平均前进速度行驶,

既不超越大多数车辆,也不被大多数车辆所超过。如果到达固定路线的一端,则掉头继续在固定路线上行驶。当测试进行到该小时的第 40 分钟时,关闭 GPS 仪器,转移到下一个小时的目标测试路线。到达下一个测试路线后,停车等待下一个整点时刻,按照以上步骤继续测试。

4.4.2　行驶特征综合分析

图 4-19 为一些时段轻型车在三种道路上的行驶状态曲线。轻型车在快速路上的行驶特征随时间呈现较大幅度的变化。在 12:00～13:00 及 19:00～20:00 两个交通平峰时段,轻型车可保持较高的速度连续行驶。而在 18:00～19:00 交通高峰时段,由于快速路交通流处于拥堵状态,轻型车的速度较低,而且怠速频繁,加减速频率增加。

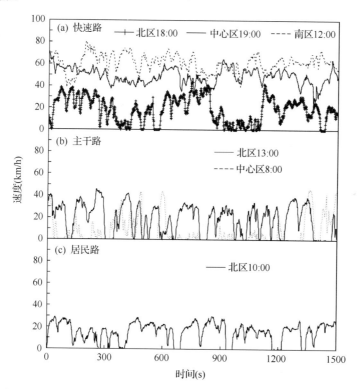

图 4-19　北京市轻型车在各种道路类型的行驶速度曲线

与快速路的连续交通流相比,城市主干路上的间断交通流具有独特性。由于主干路上交叉路口和信号灯等强干扰因素的存在,轻型车在主干路上的行驶特征与在快速路上截然不同,这主要表现在两个方面:①加减速频率高,而且加减速过程的平均持续时间长;②怠速比例增加,这导致机动车在主干路的平均速度要远低于在快速路的平均速度。

由于居民路密集而且较短,相比主干路和快速路,车辆在居民路上的行驶状况比较简单,主要行驶特征为:①平均速度较低;②行驶平稳,高加速和高减速比例低;③路过交叉路口时,无论路口有无信号灯或信号灯如何指示,车辆均适当减速。

1. 加速度时间分布

速度和加速度不仅是影响机动车排放的最重要参数,也是表征机动车行驶特征的主要参数。

速度和加速度等"代用参数"的区间划分是机动车排放模型中处理行驶特征参数的一种重要手段。这里也采用对速度和加速度进行分区的处理方式,根据各种行驶状态下的加速度出现频率将机动车变速状态划分为 11 种,如表 4-15 所示。其中,O 为匀速状态,速度的逐秒变化在－0.1～0.1 m/s 之间。P1 和 N1 分别为缓加速和缓减速状态,多发生在车辆稳定行驶时。P2、P3、N2 和 N3 分别为中加速和中减速状态,在城市道路上行驶过程中较为常见,譬如车辆在主干路交叉路口遇禁行信号灯前后的减速度和加速度经常在此范围内。P4 和 N4 分别为高加速和高减速状态,车辆在道路交通密度较小可自由加速的情况下,加速度可达到此范围。P5 和 N5 分别为急加速和急减速状态,发生概率比其他状态要小很多。对于驾驶风格较急进的司机,高加减速和急加减速的发生概率会高一些。

表 4-15 加速度 a 的区间划分　　　　单位:m/s²

减速		匀速		加速	
区间编号	区间划分	区间编号	区间划分	区间编号	区间划分
N1	$-0.3{\leqslant}a<-0.1$	O	$-0.1{\leqslant}a{\leqslant}0.1$	P1	$0.1{\leqslant}a{\leqslant}0.3$
N2	$-0.6{\leqslant}a<-0.3$			P2	$0.3<a{\leqslant}0.6$
N3	$-1.0{\leqslant}a<-0.6$			P3	$0.6<a{\leqslant}1.0$
N4	$-1.5{\leqslant}a<-1.0$			P4	$1.0<a{\leqslant}1.5$
N5	$a<-1.5$			P5	$a>1.5$

对速度采用小间隔等分划分模式,以 1 m/s 为划分单元,将速度均匀划分为 31 个连续区间,即[0,1 m/s),[1 m/s,2 m/s),…,[29 m/s,30 m/s)和[30 m/s,+∞)。

这里引入加速度时间分布的概念,其定义为:某一时间段内,轻型车行驶状态处于各加速度区间的时间比例,简称为加速度分布。图 4-20 为轻型车在各时段以及各种类型道路上的加速度分布。图中每个时段内的条形柱由左向右依次代表 N5、N4、N3、N2、N1、O、P1、P2、P3、P4 和 P5 区间。

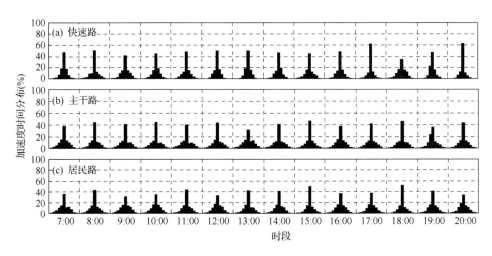

图 4-20　三种道路上各加速度区间所占的时间比例

　　轻型车在不同路型上行驶的加速度时间分布表现出如下差异:①匀速区(O)、缓加减速区(P1 和 N1)的时间分布特征:由于快速路行驶畅通连续,车辆在快速路上匀速行驶的时间比例达到 40%～60%,高于主干路(30%～45%)和居民路(30%～50%)。而且,快速路上处在 P1 和 N1 的时间比例为 10%～20%,也高于其他路型。②中加减速区(P2、P3、N2 和 N3)的时间分布特征:车辆在主干路和居民路道路平面交叉路口前的减速和加速多处于中加减速区。结果显示,主干路和居民路上中加减速状态的时间比例为 15%左右,且时间变化规律类似。在快速路上,由于在 7:00～9:00 和 17:00～19:00 高峰时段交通流量较大,快速路上处于拥堵状态,车辆的加减速频繁,因此中加减速状态的时间比例与主干路以及居民路上的时间比例相当。在其他时段,主干路和居民路上中加减速状态的时间比例是快速路上的 1.7 倍。③高加减速区(P4 和 N4)以及急加减速区(P5 和 N5)的时间分布特征:主干路和居民路上高加减速和急加减速区的时间比例在 2%～3%,快速路上在大多数时段低于 1%。

　　以上分析表明,由于快速路交通流连续不间断的特点,轻型车在快速路上行驶的平均加速度要远低于在主干路和居民路上行驶的状况。主干路和居民路的加速度分布基本相似。

2. 速度时间分布

　　速度时间分布的定义为:某一时间段内,轻型车行驶状态处于各速度区间(以 1 m/s 为划分单元的 31 个速度区间)的时间比例,简称为速度分布。图 4-21 为轻型车在快速路、主干路和居民路上行驶时各时段内匀速状态下的速度分布,图中每个时段内的条形柱由左向右依次代表[0,1 m/s),[1 m/s,2 m/s),…,[29 m/s,

30 m/s)，[30 m/s，+∞)。

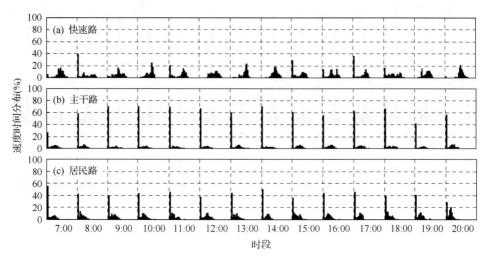

图 4-21　车辆在各路段上匀速行驶状态下的速度时间分布

　　三个地区快速路的匀速行驶速度分布差异较大。在北区快速路，8：00～9：00、11：00～12：00、15：00～16：00 和 18：00～19：00 这四个时段内的车辆怠速比例较高，占匀速行驶时间的 30% 以上。其中 8：00～9：00 时段的怠速时间比例高达86%。在 12：00～14：00，车辆的平均速度可达到 50～70 km/h。在其他时段，车辆的匀速行驶状态以 30～45 km/h 为主；在中心区，8：00～9：00 和 17：00～18：00 两个时段怠速比例较高，其中后者达到 97%，表明中心区快速路上的轻型车队在此时段主要以怠速、加速和减速三种状态行驶。车辆在其他时段的匀速行驶过程中基本保持在 45～70 km/h 的速度。南区快速路上的行驶状况优于其他两个地区，怠速比例很小，车辆在大多数时段的匀速速度可保持在 45～70 km/h。

　　由于主干路和居民路存在交叉路口，车辆的怠速时间比例要高于快速路。另外，车辆在主干路交叉路口等待时间长于居民路，因此主干路上的怠速时间比例比居民路高。车辆在主干路上的怠速时间比例在大多数时段均超过 50%，最高可达70%，怠速以外的匀速行驶状态以 20～35 km/h 为主。车辆在居民路上的怠速时间比例为 30%～50%，怠速以外的匀速行驶状态以 15～25 km/h 为主。

4.4.3　路段行驶特征分析

1. 快速路

　　测试结果显示，轻型车在快速路上的行驶过程中，速度变化非常剧烈且具有一定规律性。车辆速度围绕平均速度呈现振幅和周期一定的波状变化；而且在某一交通流状态内，速度波的波峰速度、波谷速度、加速段的平均加速度和持续时间、减速段的平均加速度和持续时间等均在较小范围内浮动,说明轻型车的速度变化与交通流状态具有较强相关性。因此,把握车辆行驶速度的宏观变化规律,便可获取轻型车在实际道路交通流中行驶时的速度和加速度分布特征。为此,引入下列定义用于描述车辆在快速路行驶时的速度变化规律:

1)振荡周期:车辆在行驶过程中,从某一加速段的起点开始,经历该加速段结束后的第一个减速段之后,至该减速段结束后的第一个加速段起始点之间的全部行驶过程称为一个速度振荡周期。其中,振荡周期中速度最高点称为波峰速度,速度最低点称为波谷速度,波峰速度和波谷速度相对于平均速度的差值称为振幅。

2)振荡周期内的加速过程、波峰匀速过程、减速过程和波谷匀速过程:根据振荡周期的定义,一个振荡周期可能包含一个或几个加速段、匀速段以及减速段。一个振荡周期的所有加速段,包括中间的匀速段统称为加速过程。一个振荡周期内所有的减速段,包括中间的匀速段统称为减速过程。加速过程和减速过程之间的匀速过程,称为波峰匀速过程。减速过程与下一个振荡周期中间的匀速过程称为波谷匀速过程。在某些情况下,波峰匀速过程和波谷匀速过程可能不存在。图 4-22 为一段快速路行驶曲线的速度振荡周期划分示意图。

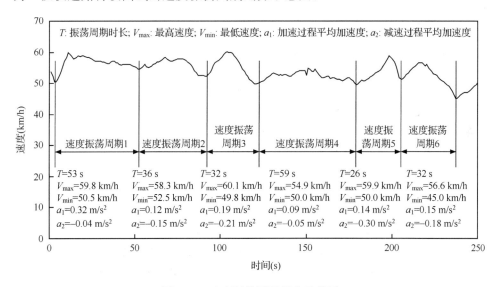

图 4-22　速度振荡周期划分示意图

3)梯形速度曲线:为了使一个振荡周期的速度和加速度变化与分布更适用于机动车排放模拟,将一个振荡周期拟合成梯形速度曲线。梯形速度曲线的特点为,加速过程和减速过程的加速度恒定。

4)行驶特征参数:选定平均速度、振荡周期长度等 11 个表现速度振荡形态的参数,如表 4-16 所示。

表 4-16　快速路路段行驶特征参数

序号	参数及参数意义	参数符号	单位
1	平均速度	V	km/h
2	振荡周期长度	T	s
3	加速过程加速度	A_1	m/s²
4	加速过程时间	T_1	s
5	波峰速度	V_1	km/h
6	波峰匀速状态持续时间	T_{01}	s
7	减速过程加速度	A_2	m/s²
8	减速过程时间	T_2	s
9	波谷速度	V_2	km/h
10	波谷匀速状态持续时间	T_{02}	s
11	振荡周期起始点速度	V_0	km/h

基于以上定义,对快速路路段行驶特征的速度分布和加速度分布的模拟和分析分为以下四个步骤:

(1) 划分振荡周期

按照图 4-23 所示程序,逐秒判定机动车运行状态,根据速度变化将行驶数据段划分为若干个速度振荡周期。图 4-23 中,机动车瞬态加速定义为 $a>0.1\,\mathrm{m/s^2}$,瞬态减速定义为 $a<-0.1\,\mathrm{m/s^2}$,瞬态匀速定义为 $|a|\leqslant0.1\,\mathrm{m/s^2}$。

(2) 行驶特征参数统计

在进行步骤(1)时,同时记录每个周期内各过程的速度、加速度以及持续时间等特征参数值,计算两个变速过程中的平均加速度,以及两个匀速过程中的平均速度,进而得到各周期的梯形速度曲线。一个行驶过程包含多个速度振荡周期,每个振荡周期拟合出的梯形速度曲线形状不会完全相同,但是同时段的梯形速度曲线集合各自表现出一定的相似性。

时段是影响车辆行驶特征的最重要因素。交通平峰时段内,车辆速度振荡频率最低,而且振幅最小。随着道路拥堵程度的增加,机动车开始频繁变速,速度变化幅度也在增大。而当交通流的拥堵程度达到某一水平时,变速频率将会降低。另外,统计结果显示,由于快速路交通流连续的特点,相邻路段的行驶特征基本相似,这说明车辆在快速路交通流内行驶状态的路段特征并不明显。

(3) 梯形速度曲线拟合

根据最小二乘原理的定义,确定与实际参数集 X_n 误差平方和 σ 最小的最佳拟合参数 Y_{opt},如式(4-8)所示。

$$Y_{\mathrm{opt}} = \min\left[\sum_{i=1}^{n}\left(\frac{X_i-Y}{X_i}\right)^2\right] \tag{4-8}$$

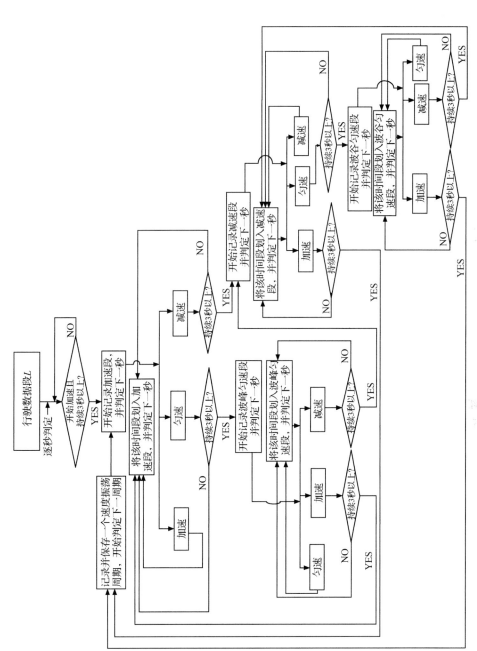

图 4-23　振荡周期划分程序

选择 V,A_1,V_1,A_2,V_2 和 T 六个特征参数为计算统一梯形速度曲线的目标参数,这六个特征参数彼此独立,可确定完整且唯一的振荡周期。考虑参数对排放影响的相关程度,将参数优先顺序排为 V,V_1,V_2,A_1,A_2,T。将路段行驶数据中第 n 个振荡周期中六个特征参数的实际值按照上述优先顺序定义为 $X_{n,i}(i=1,2,\cdots,6)$,定义最佳拟合参数为 $Y_i(i=1,2,\cdots,6)$。

图 4-24 为各特征参数的最佳拟合结果 Y_i。综合而言,由于城市不同区域的经济活动水平以及城市功能组团布局的差异,轻型车在不同地区快速路的行驶特征明显不同。其中,车辆在南区快速路上行驶最为畅通,各时段的平均速度基本在 40 km/h 以上,速度的逐时变化比较平稳,交通高峰对平均车速的影响并不明显。然而,车辆在两个交通高峰时段的变速过程加速度明显高于其他时段,如图 4-24(c)所示。这说明,在交通高峰时段内,南区快速路车辆虽然可保持与其他平峰时段相同的平均速度,但速度的变化频率和幅度高于其他时段水平,由此可看出交通高峰对车辆的行驶特征仍然存在显著影响。

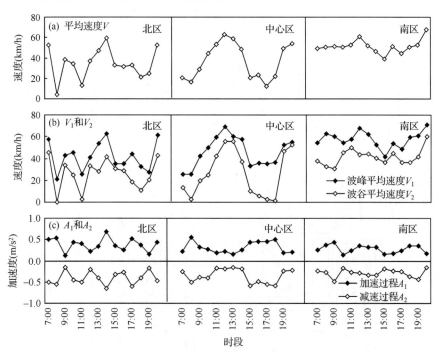

图 4-24　快速路行驶特征参数的拟合结果

在中心区快速路上,车辆平均速度受两个交通高峰影响,呈现典型的双谷曲线。在高峰时段,车辆的平均速度较低,仅为 10 km/h 左右。在 11:00~14:00 和 19:00~21:00 等交通平峰时段,车辆可保持较高平均速度,波峰波谷速度差较小,如图 4-24(b)和(c)所示,这表明车辆在平峰时段内的行驶过程中速度波动幅度较小。在交通高峰和平峰之间的时段,车辆处在饱和交通流中,车辆需要频繁变速以保持连续行驶,这个时段的速度变化特征为,变速过程的平均加速度较低,但一次变速过程持续时间较长。

北区快速路上,上午交通高峰的拥堵情况较为严重,8:00～9:00 时段的平均速度仅为 4.4 km/h,下午高峰持续时间较长,17:00～20:00 时段的平均速度为 26 km/h 左右。此外,在 11:00～12:00 中午时段出现第三个交通高峰。整体而言,除了极少的几个时段(如 7:00～8:00 和 20:00～21:00 等),车辆在北区快速路基本处于饱和流或者拥堵流中。

图 4-25 为部分时段的梯形速度曲线与实际行驶曲线的对比。可以看出,拟合得到的梯形速度曲线能够表现轻型车实际行驶状态下的速度和加速度变化特征,可用于定量表征速度和加速度值以及持续时间。

(4) 计算速度分布和加速度分布

基于拟合得到的梯形速度曲线,根据平均速度、波峰速度及持续时间、波谷速度及持续时间,以及加速段的加速度及持续时间等特征参数,计算得到 144 个快速路路段在 7:00～21:00 间每个小时处于各速度区间的时间分布及各加速度区间的时间分布。

2. 主干路

主干路上车辆行驶受制于交叉路口信号灯,因此车辆速度以路段为单位呈现规律性变化。如前所述,主干路路段的定义为主干路上两个交叉路口停止线的道路,如图 4-26 所示。定义起始交叉路口为 A 交叉口,终到交叉路口为 B 交叉口。

为简化问题,将车辆在交叉路口的加速和减速过程均看成匀加速和匀减速过程,将车辆在路段中间的行驶过程看成匀速过程。

根据主干路上车辆行驶方向以及在两个交叉路口所遇信号灯的不同,车辆在 A 交叉口处的行驶情况可分为四种,分别为:①A 交叉口遇红灯,此时车辆在 A 交叉口速度从零开始加速行驶,达到最大速度然后以匀速行驶,如图 4-26 中的 A-I 速度曲线。②A 交叉口遇绿灯,车辆直接以原来速度通过 A 交叉口,如图 4-26 中的 A-II 速度曲线。③A 交叉口遇绿灯,车辆在 A 交叉口前适当减速,匀速通过 A 交叉口,然后,加速到达最大速度后匀速行驶,如图 4-26 中的 A-III 速度曲线。④A 交叉口遇红灯,车辆在 A 交叉口速度从零开始以较低加速度行驶,达到最大速度然后以匀速行驶,如图 4-26 中的 A-IV 速度曲线。A-IV 与 A-I 不同的是,A-IV 的起步加速度较低。

车辆在 B 交叉口处的行驶情况也可分为四种,分别为:①B 交叉口遇红灯,此时车辆开始减速至停止,等待绿色信号灯亮起,如图 4-26 的 B-I 速度曲线。②B 交

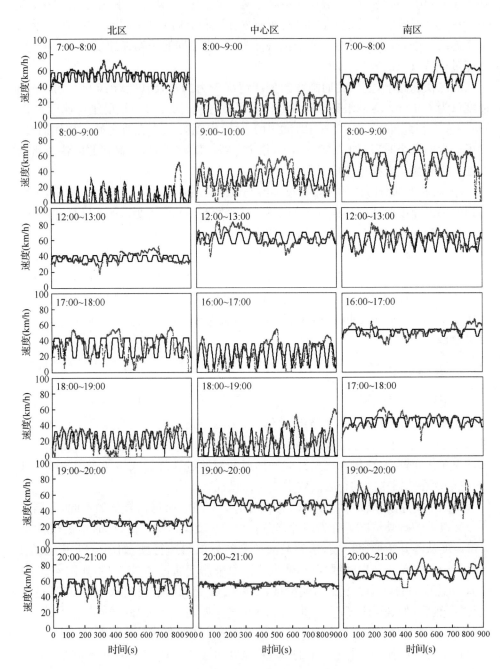

图 4-25　梯形速度曲线和实际行驶曲线对比

----测试结果　——模拟结果

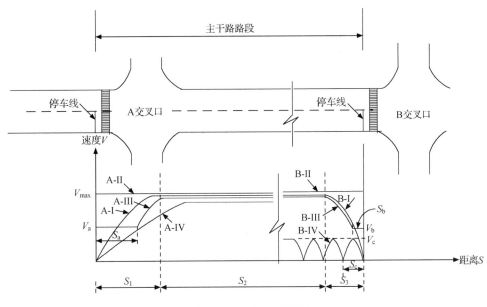

图 4-26　主干路路段以及路段行驶情况示意图

叉口遇绿灯,车辆以原来速度直接通过 B 交叉口,如图 4-26 的 B-II 曲线。③B 交叉口遇绿灯,车辆在 B 交叉口前适当减速,并匀速通过 B 交叉口,如图 4-26 的 B-III 曲线。④当主干路交通流发生拥堵时,交叉口待行车辆在信号灯一次闪烁周期中无法全部通过,此时车辆在 B 交叉口前的行驶特征表现为:车辆到达 B 交叉口时,减速并停车等待,随着信号灯的交替变化,车队缓慢向前移动,机动车在车队里重复加速—减速—怠速的行驶模式,直到到达交叉路口,如图 4-26 的 B-IV 曲线。交叉路口待行车辆的队伍随交通流的拥堵程度加大而变长,当极端拥堵状况发生时,交叉路口前等待车辆占据全部路段,此时交通流中整个车队呈现高频率的加速—减速—怠速行驶模式。

　　根据上述分析,定义了 23 个主干路路段行驶特征参数,如表 4-17 所示。

表 4-17　主干路路段行驶特征参数

	参数符号	单位	参数定义
1	V_{max}	km/h	车辆在路段匀速行驶时的最大速度
2	V_a	km/h	A-III 情况中车辆以较低匀速度通过 A 交叉口时的速度
3	V_b	km/h	B-III 情况中车辆以较低匀速度通过 B 交叉口时的速度
4	V_c	km/h	B-IV 情况中车辆在临近 B 交叉口时的行驶速度
5	S_1	m	车辆从 A 交叉口至达到匀速 V_{max} 之间行驶的距离
6	S_3	m	车辆从匀速 V_{max} 开始减速至到达 B 交叉口之间行驶的距离

	参数符号	单位	参数定义
7	S_2	m	车辆以最大匀速 V_{max} 行驶时的距离
8	S_a	m	A-III 情况中车辆通过 A 交叉口时低匀速行驶的距离
9	S_b	m	B-III 情况中车辆在 B 交叉口前低匀速行驶的距离
10	S_c	m	B-IV 情况中车辆在 B 交叉口前完成一个加速—减速—怠速周期中行驶的距离
11	N	个	B 交叉口前车辆完成加速—减速—怠速的周期数
12	a_1	m/s²	情况 A-I、A-IV 和 A-III 的 S1 段中加速段的平均加速度
13	a_2	m/s²	情况 B-I 和 B-III 的 S3 段中减速段的平均加速度
14	a_{2-1}	m/s²	情况 B-IV 加速段的平均加速度
15	a_{2-2}	m/s²	情况 B-IV 减速段的平均加速度
16	P_{A-I}	%	情况 A-I 的概率
17	P_{A-II}	%	情况 A-II 的概率
18	P_{A-III}	%	情况 A-III 的概率
19	P_{A-IV}	%	情况 A-IV 的概率
20	P_{B-I}	%	情况 B-I 的概率
21	P_{B-II}	%	情况 B-II 的概率
22	P_{B-III}	%	情况 B-III 的概率
23	P_{B-IV}	%	情况 B-IV 的概率

主干路路段行驶特征速度分布和加速度分布的模拟分为如下两个步骤：

（1）统计每个时段主干路路段行驶情况的发生频率及其特征参数取值

对各时段主干路上的每种行驶情况进行辨别，对每种行驶情况发生的频率，以及 V_{max}，V_a，V_b，V_c，S_1，S_2，S_a，S_b，S_c 等参数进行计算和统计分析。根据测试数据表现的特征，设定以下假设与判别标准对行驶情况种类进行辨别：①车辆在 S2 段为匀速行驶，V_{max} 为 S2 段的平均速度；②若车辆以大于 $0.8 \times V_{max}$ 的速度驶入 S1 段，可判别为 A-II 情况，反之为 A-III 情况，若以大于 $0.8 \times V_{max}$ 的速度驶出 S3 段，可判别为 B-II 情况，反之为 B-III 情况；③若车辆以小于 0.25 m/s² 的加速度驶入 S1 段，判别为 A-IV 情况，反之判别为 A-I 情况。图 4-27 为路段行驶情况的辨别程序。

图 4-28 为部分行驶特征参数的统计结果。与快速路不同的是，各地区主干路道路质量和管理水平存在较大差异，这使车辆在不同地区主干路上表现出截然不同的行驶特征。

V_{max} 代表车辆在 S2 段的行驶状况。与北区和南区相比，中心区主干路的道路状况最佳，交通管理最完善，在交通平峰时段，车辆在主干路上可达到较高速度（>50 km）。由于南区主干路的道路相对狭窄，交通管理相对薄弱，机动车和非机

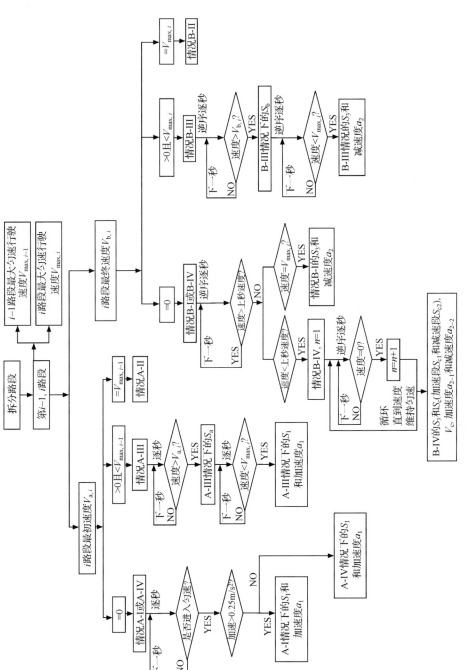

图 4-27　主干路路段行驶状态辨别程序

动车混行严重,因此车辆在道路上 V_{max} 处于较低水平,如图 4-28(a)所示。

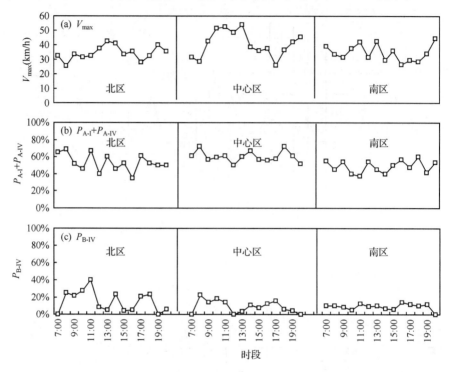

图 4-28　主干路路段部分行驶特征参数的统计结果

　　A-I 和 A-IV 情况代表车辆在行驶至交叉路口遇到红灯禁行信号的状况。在自由流情况下,车辆遇到红灯的概率平均为 50%。交通流趋于饱和或发生拥堵的情况下,即使车辆在交叉路口遇到绿灯时,由于车辆前方已有较长的等待车辆队伍尚未通过,车辆也要停车等待,因此车辆在交叉路口遇到禁行信号的概率将增大。$P_{A-I}+P_{A-IV}$ 可在一定程度上表征交通流的拥堵状况。如图 4-28(b)所示,中心区主干路虽然具有较好的道路状况和交通管理水平,但由于其承担的交通流量很大,因此道路发生拥堵的概率较高,在大多数时段内,$P_{A-I}+P_{A-IV}$ 在 60% 以上。仅在 12:00~13:00 和 20:00~21:00 两个平峰时段内降低到 50% 左右。北区主干路上,P_{A-I} 和 P_{A-IV} 的高值时段与交通高峰发生时段相吻合,即早、中、晚三个交通高峰时段大于 60%,平峰时段处于较低水平。南区主干路上的 P_{A-I} 和 P_{A-IV} 之和基本在 40%~60% 之间浮动。此外,P_{B-IV} 也可直观地体现车辆到达交叉路口时遇到的拥堵情况,P_{B-IV} 表现出与 $P_{A-I}+P_{A-IV}$ 相似的变化趋势,如图 4-28(c)所示。

　　(2) 计算主干路路段行驶状态的速度分布和加速度分布

　　主干路路段的速度分布和加速度分布与路段长度 L 有关,每条道路具有不同的路段行驶特征。在北京市道路电子地图道路信息的基础上,用程序计算得到北京市 1649 个主干路路段逐时的速度分布和加速度分布,程序流程以及计算公式如图 4-29 所示。

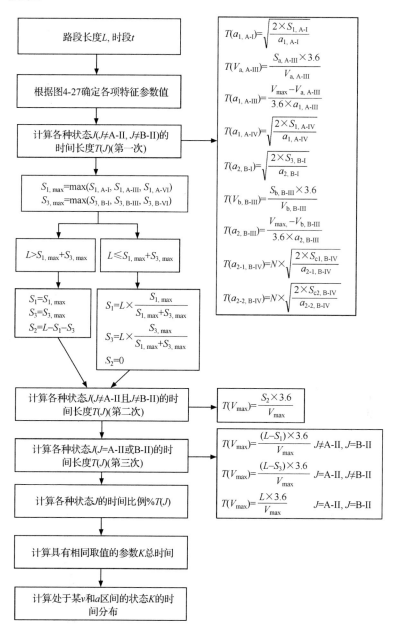

图 4-29　主干路路段速度分布和加速度分布模拟流程

参 考 文 献

杜爱民，步曦，陈礼璠，等. 2006. 上海市公交车行驶工况的调查和研究. 同济大学学报（自然科学版），34
　　(7)：943-959

霍红. 2005. 基于交通流特征的轻型车路段排放研究：[博士学位论文]. 北京：清华大学

李孟良，李洧，方茂东，等. 2003. 道路车辆实际行驶工况解析方法研究. 武汉理工大学学报（交通科学与
　　工程版），27(1)：69-72

李孟良，张建伟，张富兴，等. 2006. 中国城市乘用车实际行驶工况的研究. 汽车工程，28(6)：554-557

刘希玲，丁焰. 2000. 我国城市汽车行驶工况调查研究. 环境科学研究，13(1)：23-27

王矗，韩秀坤，葛蕴珊，等. 2010. 北京市公交车典型行驶工况的构建. 汽车工程，32(8)：703-706

王岐东，贺克斌，姚志良，等. 2007. 中国城市机动车行驶工况研究. 环境污染与防治，29(10)：745-748

杨延相，蔡晓林，杜青，等. 2002. 天津市道路汽车行驶工况的研究. 汽车工程，24(3)：200-204

姚志良，王岐东，胡燕霞. 2004. 成都市实际道路汽车行驶工况的研究. 北京工商大学学报（自然科学版），
　　22(1)：18-20

André M, Hickman A J, Hassel D, et al. 1995. Driving cycles for emission measurements under European
　　conditions. SAE Technical Paper Series 950926

Brundell-Freij K, Ericsson E. 2005. Influence of street characteristics, driver category and car performance
　　on urban driving patterns. Transpn. Res. -D, 10：213-229

Degobert P. 1995. Automobiles and Pollution. Paris：Éditions Technip

Ericsson E. 2000. Variability in urban driving patterns. Transpn. Res. -D, 5：337-354

Esteves-Booth A, Muneer T, Kirby H, et al. 2001. The measurement of vehicular driving cycle within the
　　city of Edinburgh. Transpn. Res. -D, 6：209-220

Esteves-Booth A, Muneer T, Kubie J, et al. 2002. A review of vehicular emission models and driving cycles.
　　Proc. Inst. Mech. Eng. -C, 216：777-797

Hung W T, Tam K M, Lee C P, et al. 2005. Comparison of driving characteristics in cities of Pearl River
　　Delta, China. Atmos. Environ. , 39：615-625

Hung W T, Tam K M, Lee C P, et al. 2006. Characterizing driving patterns for Zhuhai for traffic emissions
　　estimation. J. Air & Waste Manage. Assoc. , 56：1420-1430

Hung W T, Tong H Y, Lee C P, et al. 2007. Development of a practical driving cycle construction method-
　　ology：A case study in Hong Kong. Transpn. Res. -D, 12：115-128

Huo H, Yao Z L, He K B, et al. 2011. Fuel consumption rates of passenger cars in China：Labels versus re-
　　al-world. Energy Policy，39：7130-7135

Joumard R, André M, Vidon R, et al. 2000. Influence of driving cycles on unit emissions from passenger
　　cars. Atmos. Environ. , 34：4621-4628

Kent J H, Allen G H, Rule G. 1978. A driving cycle for Sydney. Transportation Research, 12(3)：147-152

Lin J, Niemeier D A. 2003. Regional driving characteristics, regional driving cycles. Transpn. Res. -D, 8：
　　361-381

Lyons T J, Kenworthy J R, Austin P I, et al. 1986. The development of a driving cycle for fuel consumption
　　and emissions evaluation. Transpn. Res. -A, 20：447-462

Mahlia T M I, Tohno S, Tezuka T. 2012. A review on fuel economy test procedure for automobiles：Imple-
　　mentation possibilities in Malaysia and lessons for other countries. J. Renew. Sustain. Energy, 16：4029-4046

Morey J E, Limanond T, Niemeier D A. 2000. Validity of chase car data used in developing emissions cycles. Journal of Transportation and Statistics, 3: 15-28

Nesamani K S, Subramanian K P. 2011. Development of a driving cycle for intra-city buses in Chennai, India. Atmos. Environ., 45: 5469-5476

Niemeier D A. 2002. Spatial applicability of emission factors for modeling mobile emissions. Environ. Sci. Technol., 36: 736-741

Plotkin S E. 2007. Examining fuel economy and carbon standards for light vehicles. The International Transport Forum, Discussion Paper No. 2007-1

Tamsanya S, Chungpaibulpatana S, Limmeechokchai B. 2009. Development of a driving cycle for the measurement of fuel consumption and exhaust emissions of automobiles in Bangkok during peak periods. Int. J. Automot. Technol., 10(2): 251-264

Tong H Y, Hung W T, Cheung C S. 1999. Development of a driving cycle for Hong Kong. Atmos. Environ., 33: 2323-2335

Tong H Y, Tung H D, Hung W T, et al. 2011. Development of driving cycles for motorcycles and light-duty vehicles in Vietnam. Atmos. Environ., 45: 5191-5199

Tsai J H, Chiang H L, Hsu Y C, et al. 2005. Development of a local real world driving cycle for motorcycles for emission factor measurements. Atmos. Environ., 39: 6631-6641

USEPA. 1993. Federal test procedure review project: Preliminary technical report. EPA 420-R-93-007

USEPA. 2006. Final technical support document: fuel economy labeling of motor vehicle revisions to improve calculation of fuel economy estimates. EPA420-R-06-017

USEPA. 2012. Dynamometer drive schedules. http://www.epa.gov/nvfel/testing/dynamometer.htm#vehcycles

第 5 章　宏观排放因子模型

　　宏观排放因子模型主要包括基于平均速度的统计回归模型与基于燃料消耗的排放因子模型。这两类排放因子模型在方法学上有较大差别。前者基于大量测试结果得到机动车在标准工况下的基准排放因子,然后根据实际条件与标准测试条件的差别对基准排放因子进行修正,得到实际运行状况下的排放因子。美国 EPA 开发的 MOBILE(Mobile Source Emission Factor Model)和 PART(Particulate Emission Factor Model)模型、加利福尼亚州空气资源局(California Air Resources Board,CARB)开发的 EMFAC(Emission Factors)模型以及欧洲开发的 COPERT (Computer Programme to Calculate Emissions from Road Transport)模型是这类模型的典型代表。基于燃油消耗的排放因子通常由隧道实验或道路遥感测试的测试结果模拟得到,单位为 g/L 燃料,其优势为与燃油消耗直接相关,在一定程度上可消除道路坡度和加速度等因素对机动车排放的影响。基于燃油消耗排放因子的另一个重要用途是检验 MOBILE 等模型的准确性。这两类模型方法对车辆行驶特征采用平均化的处理方式,因此它们更适用于宏观尺度的机动车排放研究。

　　本章主要介绍 MOBILE 模型、PART 模型、EMFAC 模型、COPERT 模型,以及基于燃料消耗排放因子的计算方法,探讨和评述宏观排放因子模型的不确定性、准确性以及在中国的适用性,并选取宁波和广州为典型城市,对 MOBILE 模型在中国城市的应用进行案例分析。

5.1　MOBILE 系列模型及 PART 模型

　　MOBILE 系列模型和 PART 模型由美国 EPA 开发,用于计算实际运行条件下机动车气态污染物 CO、VOC 和 NO_x 以及颗粒物平均排放因子的数学模型,其中 MOBILE 模型模拟气态污染物,PART 模型模拟颗粒物排放,两个模型均采用 Fortran 语言编写。美国 EPA 于 20 世纪 60 年代末开始研究 MOBILE 模型,并于 1978 年、1981 年和 1984 年分别推出了 MOBILE1、MOBILE2 和 MOBILE3。随后,美国 EPA 在 1989 年推出了 MOBILE4,1993 年推出了 MOBILE5,1996 年推出了 MOBILE5b。20 世纪 90 年代,MOBILE5 开始在中国推广,并迅速得到广泛应用。2002 年美国 EPA 推出了升级的 MOBILE6 模型。与 MOBILE5 相比,MOBILE6 在模拟机动车在不同时段及不同类型道路上行驶时的排放特征方面有较大改进,而且 MOBILE6 纳入了 PART 模型模拟颗粒物排放的功能,使机动车气态污染物和颗粒物排放的模拟和计算在一个模型中完成。MOBILE 系列模型的主要功能为计算车队的平均排放因子,它不涉及污染物排放的物理和化学特性,也不模拟机动车在动态交通流中的排放。

5.1.1 MOBILE5 模型

中国的机动车排放研究从应用 MOBILE5 模型开始,这决定了 MOBILE5 模型在中国机动车排放研究史上的重要地位。MOBILE5 模型以 Fortran 语言为开发平台,可模拟 1990~2020 年间机动车 CO、VOC 和 NO_x 气态污染物的排放量(USEPA,1994)。模型按照排放发生原理,将排放分为尾气排放和蒸发排放。MOBILE5 将车型分为 8 类,如表 5-1 所示。由于测试方法不同,MOBILE 模型对轻型车(≤8500 磅)和重型车(>8500 磅)排放的模拟方法略有差异。

表 5-1 MOBILE5 模型分类

序号	车型代号	车型描述	重量(磅)
1	LDGV	轻型汽油车(light-duty gasoline vehicle)	
2	LDGT1	轻型汽油卡车 I(light-duty gasoline truck,I)	0~6000
3	LDGT2	轻型汽油卡车 II (light-duty gasoline truck,II)	6001~8500
4	HDGV	重型汽油车(heavy-duty gasoline vehicle)	>8500
5	LDDV	轻型柴油车(light-duty diesel vehicle)	0~6000
6	LDDT	轻型柴油卡车(light-duty diesel truck)	0~6000
7	HDDV	重型柴油车 (heavy duty diesel vehicle)	>8500
8	MC	摩托车 (motorcycles)	

注:1 磅=0.453 592 千克

1. 轻型车尾气排放

MOBILE 模型中轻型车尾气排放的计算方法基于对大量排放测试数据的统计和回归分析,这些测试数据来自于美国 EPA 长期积累的机动车测试,测试方式为 FTP 工况下的台架测试。MOBILE 模型中尾气排放的计算方法由三个重要概念构成——基准排放因子、修正因子、技术分布和累积行驶里程分布。

(1)基准排放因子

基准排放因子代表一种技术类型的车辆在特定的行驶状态和环境条件下的排放水平。美国 EPA 对大量车辆开展台架测试,获取冷启动排放、热启动排放及热稳定运行排放的测试数据,然后将三者进行加权平均,得到车辆的基准排放因子。FTP 工况分为三个阶段,每个阶段获取一个排放取样袋。在测试开始之前,被测车辆在 68~86 °F(20~30℃)室温条件下静置 12 小时。第一阶段,车辆启动后运行 505 秒,这个阶段收集的排放代表冷启动排放。第二阶段,车辆继续运行 867 秒,收集到的排放代表热稳定运行排放。然后关闭被测车辆的发动机,等待 10 分钟。第三阶段,车辆启动,运行 505 秒,这阶段收集的排放代表热启动排放,详细计算方法请参阅本书第 4 章 4.1.2 小节。

基准排放因子概念的提出至关重要,利用这一概念和两个关键假设,MOBILE 模型将部分车辆的排放因子测试结果推衍到整个同类型车队,这两个假设分别为:①同一年代或者采用相同控制技术车辆的排放水平相似;②基准排放因子随行驶里程的增加线性劣化。由基准排放因子引申出两个重要参数:零公里排放(zero mile level,ZML)和劣化率(deterioration rate,DR),其计算公式如式(5-1)所示。

$$\text{BEF} = \text{ZML} + \sum_i (\text{DR}_i \times M_i) \tag{5-1}$$

其中,BEF 为基准排放因子,g/mile;ZML 为零公里排放水平,g/mile;DR_i 为 i 阶段内的劣化率,(g/mile)/1000 mile,代表车辆每行驶 1000 mile 时,排放因子的劣化程度;M_i 为 i 阶段的累积行驶里程,1000 mile。

根据大量的测试结果,MOBILE 模型回归出各年代各车型不同种类污染物的零公里排放和劣化率。被测车辆技术分布广泛,因此测试结果具有很强的代表性。掌握了零公里排放和劣化率,即可获得标准条件下某技术类型车辆在服役期某阶段(以累积行驶里程表征)的排放因子。

(2)修正因子

排放测试在条件可控的实验室进行,为了模拟机动车在实际道路上的排放,MOBILE 根据大量试验结果回归得出可模拟各种影响因素(如速度、温度、燃料品质等)的经验公式。根据用户提供的当地信息,模型计算出各种影响因素的修正因子,然后得到修正后的排放因子,如式(5-2)所示。修正因子反映了车队实际在路与在实验室标准测试条件下的排放差别。

$$Q_j = (B_j + B_{j,\text{M}}) \times \prod_i K_{i,j} \tag{5-2}$$

其中,i 为各种需要修正的影响因素;j 为车辆类型;Q_j 为 j 类车型的修正排放因子,g/km;B_j 为 j 类车型的基准排放因子,g/km;$B_{j,\text{M}}$ 为 j 类车型的维护状况对排放水平的影响,g/km;$K_{i,j}$ 为 j 类车型第 i 种修正参数,量纲一。

a. 速度修正

排放因子对速度非常敏感。速度低于 19.6 mile/h (FTP-72 平均速度)时,排放因子通常会增加。MOBILE 模型对 FTP 工况下的排放进行速度修正,得到其他行驶状况下的排放因子。图 5-1 为 MOBILE 模型对非 FTP 工况速度修正程序的示意图。

如图 5-1 所示,为了确定速度修正因子,美国 EPA 对车辆在其他测试工况下的排放进行了测试,这些工况包括速度分别为 2.5 mile/h、3.6 mile/h 和 4.0 mile/h

的低速循环,平均速度为 7.1 mile/h 的纽约城市工况(New York City Cycle,
NYCC),速度为 12.1 mile/h 和 35.9 mile/h 的恒速测试循环,以及平均速度为
48.6 mile/h 的高速公路燃料经济性测试循环(Highway Fuel Economy Test,
HWFET),此外美国 EPA 还从加利福尼亚州空气资源局(CARB)获取了高速工
况下(>48 mile/h)的测试数据。测试结果显示,车辆速度和排放的关系是非线性
的,美国 EPA 先后提出几套速度修正数学模式,如式(5-3)所示。

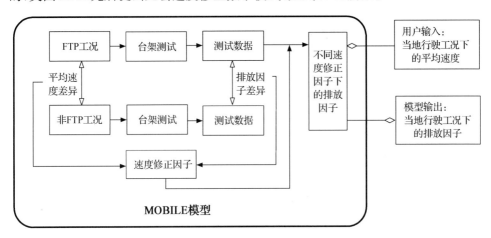

图 5-1　MOBILE 系列模型的速度修正程序

$$\text{SCF}_j = e^{A+B\times S+C\times S^2+D\times S^3+E\times S^4+F\times S^5} \qquad\qquad (\text{I})$$

$$\text{SCF}_j = A+B\times S+C\times S^2+D\times S^3+E\times S^4+F\times S^5 \quad (\text{II})$$

$$\text{SCF}_j = \frac{\dfrac{A}{S}+B}{\dfrac{A}{\text{FTPS}}+B} \qquad\qquad\qquad\qquad (\text{III}) \quad (5\text{-}3)$$

$$\text{SCF}_j = \frac{e^{A+B\times S+C\times S^2}}{e^{A+B\times \text{FTPS}+C\times \text{FTPS}^2}} \qquad\qquad (\text{IV})$$

其中,SCF 为速度修正因子,量纲一;FTPS 为 FTP 工况的速度,mile/h;S 为车辆
实际速度,mile/h;A,B,C,D,E,F 为系数,不同污染物及不同机动车类型具有不
同的系数。

　　MOBILE2 采用模式(I)计算 HC 和 CO 排放的速度修正因子,采用模式(II)
计算 NO$_x$ 排放的速度修正因子,这些修正模式对老旧车辆仍然适用。MOBILE4
模型引入模式(III)和(IV)计算出厂年份为 1979 年及之后车辆的速度修正因子,
其中模式(III)用于 HC 和 CO,模式(IV)用于 NO$_x$。图 5-2 为 1990 年轿车的速度
修正因子。如图所示,速度修正因子的变化可划分为三个区段:低速区
(<19.6 mile/h)、中速区(19.6~48 mile/h)和高速区(48~65 mile/h)。车辆在低

速时的排放因子最高,譬如速度为 2.5 mile/h 时,HC 和 CO 排放的速度修正因子均为 4,NO_x 排放的速度修正因子为 1.5。在中速区域(19.6～48 mile/h),HC 和 CO 的速度修正因子逐渐降低,而 NO_x 的速度修正因子逐渐升高。车辆高速行驶时,排放因子将升高,其中 NO_x 升高的幅度最大。

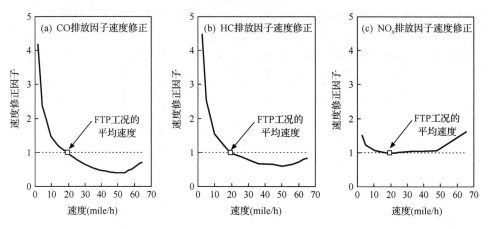

图 5-2　MOBILE5 中不同污染物的速度修正因子

b. 温度修正

FTP 工况测试的温度为 68～86 ℉(20～30 ℃),当车辆实际运行中的环境温度不在这个范围时,车辆污染物控制系统的表现会发生变化。例如,在某些低温地区,催化剂达到工作温度的时间远长于在实验室标准温度下需要的时间,另一方面,温度高于 86 ℉(30 ℃)时,蒸发排放控制系统的脱附时间变长,使 HC 排放增高。在确定温度修正参数时,MOBILE 模型将车辆分成无催化剂和有催化剂两组。不同排放过程对温度的响应不同,因此温度修正又分为冷启动温度修正、热运行温度修正和热启动温度修正。MOBILE5 模型中,温度对冷启动排放的影响最为明显,例如在 20 ℉(约−6.7 ℃)的低温时,HC 的冷启动排放因子增加 3 倍,热运行和热启动排放因子增加幅度较小,仅为 50%。在较高温度下,机动车的 HC 和 CO 排放随温度升高而升高,其升高幅度随里德蒸气压(RVP)不同而变化,NO_x 的排放也随环境温度升高而升高,但升高幅度相对较小。

c. 其他修正

除了速度和温度修正外,MOBILE 模型对空调使用和负载增加等情况引起的排放变化进行了修正,但是这些修正的数据基础较薄弱。MOBILE 模型还考虑了维护不当造成高排放车的情况,模型根据高排放车的调研和测试数据,设置了高排放车的发生频率以及排放因子。

(3) 技术分布和累积行驶里程分布

基准排放因子和修正因子的研究工作可以得到指定行驶状态和温度条件下,

某一技术类型车辆达到一定累积行驶里程时的排放因子。而车队是由不同类型、不同车龄以及不同累积行驶里程的车辆构成的,若想获得计算整个车队的平均排放因子,需要掌握目标年车队的技术分布以及各种技术车辆的累积行驶里程分布信息。

技术分布信息非常重要,特别是当车队技术正在经历较大变化的时候,技术分布信息的准确性直接影响排放因子模拟结果的准确性。例如,中国 2000 年对轻型汽油车实施国 I 标准,2005 年和 2008 年分别实施国 II 和国 III 标准,这意味着中国 2010 年的轻型车队包含 4 种排放控制技术:国 0(无控制)、国 I、国 II 和国 III。每种技术的排放因子差别很大,国 0 车辆的排放因子是国 III 车辆的几十甚至上百倍,如果用户提供的技术分布信息不准确,将给模拟得到的车队平均排放因子带来较大误差。此外,如式(5-1)所示,排放因子是累积行驶里程的函数,因此累积行驶里程分布的信息同样关键。MOBILE 模型中,技术分布和累积行驶里程分布信息通常由用户提供。用户需要采用部门宏观调查、问卷调研法、车队模型法等手段和方法获取技术分布和累积行驶里程分布信息,具体方法在本书第 3 章“机动车技术分布和活动水平确定方法”中已详细论述。

尾气排放中还有一类为急速排放。由于急速排放比例较小,机动车排放清单研究很少专门分析急速排放。急速排放只对一些特定的排放研究(例如交通路口的排放)很重要。MOBILE4 模型提供了专门计算车辆急速排放的模块,方法为首先根据测试得到以 g/h 为单位的急速排放因子,然后结合车队里程分布计算得到车队平均急速排放水平。MOBILE5 模型移除了单独计算急速排放的模块,并建议需要获取急速排放的用户把 MOBILE5 模型低速(2.5 mile/h)下的排放因子假设为急速排放因子,或者使用 MOBILE4 模型。

2. 重型车尾气排放

重型车为车重大于 8500 磅的车辆。重型车的排放测试为发动机台架测试。为了模拟重型汽油车和柴油车在城市运行时产生的排放,美国 EPA 专门开发了重型车瞬态测试循环。这个测试循环规定了每秒的转速和扭矩,持续 20 分钟,包括四个部分,分别为“纽约城市工况”、“洛杉矶城市工况”、“洛杉矶高速工况”,再一次重复“纽约城市工况”,平均速度为 19 mile/h。这个测试循环还包括冷启动测试和热启动测试(参见本书第 4 章 4.1.2 小节)。重型车发动机基准排放因子的测试成本很高,所以测试样本数量比轻型车要少得多,MOBILE5 模型用于建立重型车发动机基准排放因子数据库的测试样本数不超过 100 个。测试结果为以 g/bhp-hr 为单位的制动比排放因子,根据预设的转换因子,可以转化为以 g/mile 为单位的排放因子。转换因子由燃料密度、制动比燃料消耗和车辆燃料经济性计算而来,如式(5-4)所示。其中燃料经济性数据来自于美国统计局(U.S. Census Bureau)每五年对全国卡车使用状况开展的 VIUS 调查（Vehicle Inventory and Use Survey，参见第 3 章 3.1 节），制动比燃料消耗来自于美国 EEA 公司（Energy and Environmental Analysis, Inc.）提供的重型卡车数据以及美国 EPA 开展的客车发动机测试。

$$转化因子(bhp\text{-}hr/mile) = \frac{燃料密度(lb/gal)}{制动比燃料消耗(lb/bhp\text{-}hr) \times 燃料经济性(mile/gal)}$$

(5-4)

与轻型车相同，重型车的基准排放因子也需要速度和温度修正。速度修正因子的计算方法如式(5-5)所示。其中 a、b 和 c 为系数，速度单位为 mile/h。温度修正只适用于重型汽油车，其修正因子计算方法如式(5-6)所示，其中 a 为系数，温度单位为℉。图 5-3 为重型车 CO、HC 和 NO_x 的速度修正因子以及温度修正因子。由图所示，低温对 HC 排放的影响最显著。

$$速度修正因子 = e^{a+b\times速度+c\times速度^2} \qquad (5\text{-}5)$$
$$温度修正因子 = e^{a\times(温度-75)} \qquad (5\text{-}6)$$

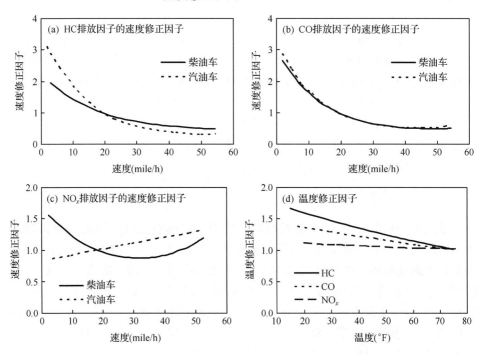

图 5-3　MOBILE 模型中重型车排放的速度修正因子和温度修正因子

3. 蒸发排放

MOBILE 模型对普通车和维护不当的高排放车辆分别计算蒸发排放。

MOBILE5模型根据蒸发测试结果,建立了热浸排放和昼夜换气排放与温度、RVP和油箱油位高度等参数的函数关系。其中,昼夜换气排放模拟引入了无控昼夜换气指数(uncontrolled diurnal index,UDI)的概念,作为模拟昼夜换气排放的参数。MOBILE5 模型根据环境大气压强、燃料 RVP、油箱内燃料空间和油箱温度采用韦德方程估算了机动车的无控昼夜换气蒸发排放,UDI 的定义为指定条件与标准条件下(燃料 RVP 为 9.0 psi,温变范围为 60~84 ℉,油箱为 40% 满)的排放估算值之比。MOBILE 模型考虑了完整温变(完整的一次温升过程)、部分温变(两次出行之间经历部分温升,譬如早 8:00 到 11:00)和多次温变(车辆经历多次环境温升,中间没有出行任务)三种情况的概率及蒸发排放速率。MOBILE 模型中,热浸排放是 RVP 的函数,然后对排放结果进行温度修正,得到以 g/次出行为单位的热浸排放。不出行的机动车不产生热浸排放,为此 MOBILE 根据车龄模拟了车辆日出行次数函数,得到以 g/天的热浸排放。

　　运行损失主要与温度和燃料 RVP 相关。MOBILE 模型中,运行损失以 g/mile 为单位。某特定温度下的运行损失根据 80 ℉、87 ℉、95 ℉ 和 105 ℉ 这四种温度(分别约为 27 ℃、31 ℃、35 ℃ 和 41 ℃)下四种不同 RVP 值的燃料的蒸发测试结果进行内插而确定。

　　静置损失以 g/h 为单位,是温度和蒸发控制系统碳罐类型(封闭底部或者开放底部)的函数。根据 MOBILE5 的估算,100 ℉(约 38 ℃)下,使用开放底部碳罐的车辆静置损失为 0.29 g/h,而封闭底部碳罐为 0.13 g/h。利用每日行驶里程(单位为 mile/d)可将静置损失转化为以 g/mile 为单位。

　　加油损失考虑燃料置换(即新进燃料将油箱原有的燃料蒸气排挤到空气中形成的蒸气排放)和滴漏(加油过程中滴洒或溢出产生的燃料损失)两种排放。燃料置换排放是油箱温度以及燃料温度和 RVP 的函数,单位为 g/gal。滴漏排放为设定的常数,0.31 g/gal。根据车辆的燃料经济性(mile/gal),可将这两种排放转化为以 g/mile 为单位。

　　曲轴箱排放通常由曲轴箱强制通风(positive crankcase ventilation,PCV)系统控制。如果车辆维护不当导致 PCV 失效,将造成曲轴箱排放。MOBILE 模型的算法是假设车队中 PCV 失效的比例,然后乘以无 PCV 装置的车辆的曲轴箱排放。

5.1.2　PART 模型

　　MOBILE5 模型只模拟气态污染物的排放。1995 年,美国 EPA 发布了用于模拟颗粒物排放的 PART5 模型。PART5 模型基于 Fortran 语言开发平台,模型构建方法基本与 MOBILE 模型一致,即对车辆测试数据进行分析和统计回归,得到机动车颗粒物排放因子并对其进行修正。PART5 模型在 MOBILE5 车型分类基础上对重型柴油车进行了扩展,根据发动机类型以及车辆重量将机动车分为 12 类(USEPA,1995),如表 5-2 所示。

表 5-2　PART5 模型的车型分类

序号	车型代号	车型描述	重量(磅)	对应美国联邦公路管理局的车型分类
1	LDGV	轻型汽油车(light-duty gasoline vehicle)		
2	LDGT1	轻型汽油卡车 I(light-duty gasoline truck,I)	0～6 000	1
3	LDGT2	轻型汽油卡车 II(light-duty gasoline truck,II)	6 001～8 500	2A
4	HDGV	重型汽油车(heavy-duty gasoline vehicle)	＞8 500	2B-8B
5	MC	摩托车(motorcycle)		
6	LDDV	轻型柴油车(light-duty diesel vehicle)	0～6 000	1
7	LDDT	轻型柴油卡车(light-duty diesel truck)	6 001～8 500	2A
8	2BHDDV	重型柴油车 2B(class 2B heavy-duty diesel vehicle)	8 501～10 000	2B
9	LHDDV	轻重型柴油车(light heavy-duty diesel vehicle)	10 001～19 500	3,4,5
10	MHDDV	中重型柴油车(medium heavy-duty diesel vehicle)	19 501～33 000	6,7,8A
11	HHDDV	重重型柴油车(heavy heavy-duty diesel vehicle)	＞33 000	8B
12	BUSES	客车(buses)		

　　PART5 可模拟机动车尾气颗粒物排放、硫酸盐颗粒物排放、刹车磨损颗粒物排放、轮胎磨损颗粒物排放以及铺装道路和未铺装道路的扬尘。其中机动车尾气颗粒物排放又被细分为铅、可溶性有机组分(soluble organic fraction)、残余碳(remaining carbon portion)以及硫酸盐(SO_4^{2-})排放。模型考虑了油品质量、车速、维修保养状况等各种因素对排放的影响,从测试数据中回归得到各车型不同车龄的颗粒物排放水平。

　　PART5 模型的排放因子数据库基于美国 EPA 组织的各类在用车排放水平测试结果。然而,由于颗粒物排放的测试样本远少于气态污染物测试样本,PART5 模型在方法学上做了许多简化,譬如认为机动车的颗粒物排放不随里程劣化,没有把冷启动排放单独计算,不考虑高排放车辆等(Sawyer et al.,2000)。有研究者指出,机动车颗粒物控制系统存在劣化问题,因此 PART5 模型低估了机动车的颗粒物排放量,实际的颗粒物排放会比 PART5 模拟结果高 3～11 倍(Delucchi,2000;Ubanwa et al.,2003)。

5.1.3　MOBILE6 模型

　　2002 年,美国 EPA 将 MOBILE5 升级至 MOBILE6,同时将 PART5 模型的功能纳入到 MOBILE6 模型中,使模型可以同时计算机动车气态污染物和颗粒物的排放。此外,MOBILE6 模型还吸收了美国 EPA 开发的用于模拟有毒物质排放的 MOBTOX 模型功能(包含 Benzene、Methyl Tertiary Butyl Ether、1,3-Butadiene、Formaldehyde、Acetaldehyde 和 Acrolein 污染物),增加了车队 CO_2、SO_2、NH_3 等污染物排放的模拟计算。MOBILE6 模型可模拟 1952~2050 年的机动车排放因子。表 5-3 为 MOBILE6 模型可模拟的污染物排放类型。

表 5-3 MOBILE6 模型可模拟的机动车排放类型

排放分类	序号	缩写	排放类型描述	污染物种类	机动车类型
尾气排放	1	Running	运行尾气排放	所有	所有车型
	2	Start	启动尾气排放	HC,CO,NO_x 和有毒气体	轻型车和摩托车
蒸发排放	3	Hot Soak	热浸蒸发排放	HC,BENZ,MTBE	汽油车(含摩托车)
	4	Diurnal	昼夜换气蒸发排放	HC,BENZ,MTBE	汽油车(含摩托车)
	5	Resting	静置蒸发损失	HC,BENZ,MTBE	汽油车(含摩托车)
	6	Run loss	运行蒸发损失	HC,BENZ,MTBE	汽油车(含部分摩托车)
	7	Crankcase	曲轴箱蒸发排放	HC	汽油车(含摩托车)
	8	Refueling	加油损失	HC,BENZ,MTBE	汽油车(含部分摩托车)
磨损排放	9	Brake Wear	刹车部件磨损排放	刹车磨损 PM	所有车型
	10	Tire Wear	轮胎磨损排放	轮胎磨损 PM	所有车型

MOBILE6 模型仍然采用 Fortran 语言为开发平台,继续延用 MOBILE5 模型的采用零公里排放和劣化率计算基准排放速率,并对基准排放速率进行修正的方法体系。MOBILE6 根据最新的测试结果将数据库进行了更新,纳入了最新的排放标准等信息。CO_2 的排放计算基于机动车的燃料经济性(mile/gal),与速度和温度等参数无关。

由于内在方法学的宏观性,MOBILE 系列模型在模拟微观尺度时会引起较大误差。为了尽量减小误差,在原有方法学的基础上,MOBILE6 模型将道路类型分为快速路、主干路、居民路和匝道,将时间以小时为单位分为 24 个时段,对每种道路类型和每个时段的行驶特征分别模拟和计算。此外,MOBILE6 还将速度分为 14 个区间。因此,MOBILE6 要求用户提供各时段里程分布、各时段内各种道路类型里程分布以及各时段内各种道路类型上在各速度区间的里程分布。MOBILE6 模型根据机动车的重量和用途,将机动车分类进一步细化,譬如将 MOBILE5 中的 HDDV 细分为 8 类。MOBILE6 共有 28 种车型(USEPA,2003),如表 5-4 所示。

可以认为,MOBILE6 是个更为细化的 MOBILE5,方法学本质上并没有大的改动。理论上讲,把影响排放最为关键的参数(例如速度、车型等)分成尽可能多的区间分别计算,然后加和,无疑可以提高排放模拟结果的准确性,但这种方法对数

表 5-4　MOBILE6 的车型分类

序号	车型代号	车型描述	GVWR (磅)
1	LDGV	轻型汽油车(light-duty gasoline vehicles)	
2	LDGT1	轻型汽油卡车 1 (light-duty gasoline trucks, 1)	0～6 000
3	LDGT2	轻型汽油卡车 2 (light-duty gasoline trucks, 2)	0～6 000
4	LDGT3	轻型汽油卡车 3 (light-duty gasoline trucks, 3)	6 001～8 500
5	LDGT4	轻型汽油卡车 4 (light-duty gasoline trucks, 4)	6 001～8 500
6	HDGV2b	重型汽油车 2b (class 2B heavy duty gasoline vehicles)	8 501～10 000
7	HDGV3	重型汽油车 3 (class 3 heavy duty gasoline vehicles)	10 001～14 000
8	HDGV4	重型汽油车 4 (class 4 heavy duty gasoline vehicles)	14 001～16 000
9	HDGV5	重型汽油车 5 (class 5 heavy duty gasoline vehicles)	16 001～19 500
10	HDGV6	重型汽油车 6 (class 6 heavy duty gasoline vehicles)	19 501～26 000
11	HDGV7	重型汽油车 7 (class 7 heavy duty gasoline vehicles)	26 001～33 000
12	HDGV8a	重型汽油车 8a (class 8a heavy duty gasoline vehicles)	33 001～60 000
13	HDGV8b	重型汽油车 8b (class 8b heavy duty gasoline vehicles)	＞60 000
14	LDDV	轻型柴油车(light-duty diesel vehicles)	
15	LDDT12	轻型柴油卡车 1 和 2 (light-duty diesel trucks 1 and 2)	0～6 000
16	HDDV2b	重型柴油车 2b (class 2b heavy-duty diesel vehicles)	8 501～10 000
17	HDDV3	重型柴油车 3 (class 3 heavy-duty diesel vehicles)	10 001～14 000
18	HDDV4	重型柴油车 4 (class 4 heavy-duty diesel vehicles)	14 001～16 000
19	HDDV5	重型柴油车 5 (class 5 heavy-duty diesel vehicles)	16 001～19 500
20	HDDV6	重型柴油车 6 (class 6 heavy-duty diesel vehicles)	19 501～26 000
21	HDDV7	重型柴油车 7 (class 7 heavy-duty diesel vehicles)	26 001～33 000
22	HDDV8a	重型柴油车 8a (class 8a heavy-duty diesel vehicles)	33 001～60 000
23	HDDV8b	重型柴油车 8b (class 8b heavy-duty diesel vehicles)	＞60 000
24	MC	汽油摩托车 (gasoline motorcycles)	
25	HDGB	重型汽油客车 (gasoline school buses, transit, and urban buses)	
26	HDDBT	重型柴油城际客车和城市客车 (diesel transit and urban buses)	
27	HDDBS	重型柴油校园车(diesel school buses)	
28	LDDT34	轻型柴油卡车 3 和 4 (light-duty diesel trucks 3 and 4)	6 001～8 500

据的要求也成倍增加。当基础数据无法支持 MOBILE6 模型的应用时,用户不得不引入大量的假设构造一套输入数据,这样同样会引入误差,而这种误差会比

MOBILE5 模型产生的计算误差更不可预测。因此,美国 EPA 发布了 MOBILE6
模型之后,一些基础数据缺乏的中国城市仍然选用 MOBILE5 模型计算本城市的
机动车排放。

5.1.4　在中国的应用

　　MOBILE 系列模型为美国服务,在程序设计中主要考虑美国当地的情况。因
此,在中国应用 MOBILE 模型时要进行多种修正。20 世纪 90 年代清华大学首次
引入 MOBILE5 模型计算中国机动车排放因子,根据在用车台架测试的结果和中
美排放控制水平的差异,改进计算模式,修正关键参数,建立了适合中国城市的机
动车排放因子计算模式(Hao et al. ,2000)。中国环境科学研究院、北京市汽车研
究所和广州环境监测中心站对 170 余辆轻型车、重型发动机和摩托车等进行了排
放测试,测试结果用于 MOBILE 排放因子的修正(郝吉明等,2000)。十多年来,修
正的 MOBILE 模型被用来模拟和计算北京、上海、武汉、澳门、宁波、西安等多个城
市的机动车排放因子和排放清单,是目前中国机动车排放研究领域中应用最广泛
的模型。表 5-5 总结了中国研究者应用 MOBILE 系列模型及 PART5 模型在中国
城市开展的机动车排放研究工作。

表 5-5　应用 MOBILE 系列模型及 PART5 模型在中国开展的机动车排放研究

研究	研究单位	应用地区	应用模型	模拟年	研究内容
何东全等(1998)	清华大学	澳门	MOBILE5	1996	HC,CO,NO$_x$
Hao 等(2000)	清华大学	北京	MOBILE5	1995	HC,CO,NO$_x$
Fu 等(2001)	清华大学	北京广州	MOBILE5	1988~1995	CO,NO$_x$
刘恩栋(2000)	武汉交通科技大学	武汉	MOBILE5	1998,2005	HC,CO,NO$_x$
吴烨等(2002a)	清华大学等	澳门	MOBILE5+PART5	1999	HC,CO,NO$_x$,PM$_{2.5}$
吴烨等(2002b)	清华大学等	北京	PART5	1995,1998	PM$_{10}$,PM$_{2.5}$
李伟等(2003)	清华大学等	全国	MOBILE5a	1995	CO,NO$_x$ 等十种[a]
Li 等(2003)	同济大学等	南京	MOBILE5	1999	HC,CO,NO$_x$
胡京南等(2004)	清华大学等	澳门	MOBILE5	2000	HC,CO,NO$_x$
李莉(2004)	华东师范大学	上海	MOBILE6	2000~2020	HC,CO,NO$_x$
张国强(2004)	吉林大学	长春	MOBILE5	2004	HC,CO,NO$_x$
胡京南等(2006)	清华大学	北京	MOBILE5+PART5	2003	HC,CO,NO$_x$,PM[b]
郭慧等(2007)	浙江大学	杭州	MOBILE6.2	2003	非常规污染物[c]
毕晔等(2007)	北京理工大学	北京	MOBILE6.2	2000,2005,2008	HC,CO,NO$_x$
刘媛(2007)	河南大学	开封	MOBILE6.2	2006	HC,CO,NO$_x$,PM

研究	研究单位	应用地区	应用模型	模拟年	研究内容
余慧(2007)	武汉理工大学	武汉	MOBILE6.2	2000~2015	HC,CO,NO$_x$,PM 等
胡迪峰(2008)	浙江大学	宁波	MOBILE5+PART5	2006	HC,CO,NO$_x$,PM$_{10}$
郭平等(2009)	重庆环境监察中心	重庆	MOBILE5	1985~2000,2004	HC,CO,NO$_x$
Zhang 等(2009)	清华大学等	全国	MOBILE5	2006	HC,CO,NO$_x$
Zheng 等(2009)	华南理工大学	珠三角	MOBILE5b	2006	HC,CO,NO$_x$
Zhou 等(2010)	清华大学等	北京	MOBILE5b+PART5	2008	HC,CO,NO$_x$,PM
车汶蔚(2010)	华南理工大学	珠三角	MOBILE6.2	2006,2015	HC,CO,NO$_x$,PM
李丹(2011)	长安大学	西安	MOBILE6.2	2011~2020	HC,CO,NO$_x$,PM

　　a. 李伟等(2003)模拟了十种机动车污染物,其中应用 MOBILE 模型模拟了总碳氢(THC)、非甲烷挥发性气体(NMVOC),甲烷(CH$_4$),CO 和 NO$_x$五种,另外五种污染物(Pb、SO$_2$、PM$_{10}$、CO$_2$ 和 N$_2$O)的排放采用其他方法

　　b. 胡京南等(2006)模拟的为燃气车

　　c. 郭慧等(2007)应用了修正的 MOBILE6.2 模型模拟了机动车的苯、1,3-丁二烯、甲醛、乙醛和丙烯醛的排放因子

5.2　EMFAC 模型

　　EMFAC(Emission Factors)模型由美国加利福尼亚州空气资源局(CARB)开发,用于计算各种车辆在加州地区高速路、快速路以及主干路和居民路等道路上行驶时的污染物排放因子和排放量。美国的清洁空气法允许加州执行比美国联邦更为严格的机动车排放和燃效标准,加州开发的 EMFAC 模型也独立于美国 EPA 开发的 MOBILE 机动车排放模型,更能确切地反映加州的机动车排放控制情况。

　　从 1988 年开始,EMFAC 先后经历了 EMFAC7D、EMFAC7E、EMFAC7F、MVEI7G1.0、MVEI7G1.0c、EMFAC2000、EMFAC2002 几个模型版本。EMFAC2007 是目前最新的模型版本。EMFAC 模型为 Fortran 语言编写,经过 20 多年的发展,排放数据库不断更新,模型日趋完善,EMFAC2007 实现了图形界面可视化操作。EMFAC2007 可以模拟 1970~2040 年间各种机动车 HC、CO、NO$_x$、CO$_2$、颗粒物(TSP、PM$_{10}$ 和 PM$_{2.5}$)、SO$_x$ 和铅(Pb)的排放因子,并可以通过燃料碳含量以及 HC、CO 和 CO$_2$ 的排放因子计算燃料消耗量。模拟的排放类型包括运行、怠速和启动过程的尾气排放,昼夜换气、静置损失、热浸和运行损失等 HC 蒸发排放,以及轮胎和刹车磨损引起的颗粒物排放。

　　EMFAC 模型不仅可模拟机动车排放因子,还能模拟加州任何一个区域逐日甚至逐时的污染物排放量,因此更确切地说,EMFAC 模型是个排放清单模型。

EMFAC 模型中,排放量是由排放因子和机动车活动水平相乘得出,属于基于行程(trip-based)的宏观排放清单模型。在排放因子的确定上,EMFAC 模型与 MOBILE模型一样采用基于平均速度的统计回归方法。加州每年从车辆登记数据库中随机抽取部分车辆进行 FTP 排放测试,这些测试成为 EMFAC 模型排放数据库的主要数据来源。EMFAC2000 采用了新的测试工况——加州标准测试工况(California Unified Cycle,参见本书 4.1.2 小节),为此加州进行了一次涵盖上千辆机动车的大规模测试。活动水平包括机动车保有量及行驶里程,其中机动车保有量数据来自于机动车管理部门的车辆注册数据,机动车行驶里程由机动车保有量和年行驶里程增量估算而来。基于交通管理部门提供的交通流信息,模型可进一步模拟机动车行驶里程的逐时分布。另外,EMFAC 模型可以单独输出冷启动、热启动和热运行过程中的排放因子,MOBILE 模型则将三者平均起来。EMFAC 模型根据交通管理部门提供的信息估算车辆的日出行次数信息,用以计算车辆启动排放。

目前,EMFAC2007 模拟的机动车燃料种类包括汽油、柴油和电。EMFAC 2007 将机动车分为 13 个车型(CARB,2007),如表 5-6 所示。

表 5-6　EMFAC2007 模型的机动车分类

序号	燃料类型	代码	车型描述	重量(磅)	缩写
1	所有	PC	乘用轿车(passenger cars)	所有	LDA
2	所有	T1	轻型卡车(light-duty trucks)	0~3 750	LDT1
3	汽油、柴油	T2	轻型卡车(light-duty trucks)	3 751~5 750	LDT2
4	汽油、柴油	T3	中型卡车(medium-duty trucks)	5 751~8 500	MDV
5	汽油、柴油	T4	轻重型卡车(light-heavy-duty)	8 501~10 000	LHDT1
6	汽油、柴油	T5	轻重型卡车(light-heavy-duty)	100 001~14 000	LHDT2
7	汽油、柴油	T6	中重型卡车(medium-heavy-duty)	14 001~33 000	MHDT
8	汽油、柴油	T7	重重型卡车(heavy-heavy-duty)	33 001~60 000	HHDT
9	汽油、柴油	OB	其他载客车(other buses)	所有	OB
10	柴油	UB	城市载客车(urban buses)	所有	UB
11	汽油	MC	摩托车(motorcycles)	所有	MCY
12	汽油、柴油	SB	校园载客车(school buses)	所有	SBUS
13	汽油、柴油	MH	房车(motor homes)	所有	MH

EMFAC 模型为模拟加州地区机动车的污染物排放而开发,地域性针对性较强,因此在中国应用得不多。香港环境保护署使用修正的 EMFAC 模型估算当地交通污染状况,修正后的模型称为 EMFAC-HK(Hong Kong Environmental Protection Department,2012)。根据香港当地情况,EMFAC-HK 对机动车种类、排放标准、I/M 和排放控制技术等几个方面进行了修正。EMFAC-HK 共有 16 个车型。除此之外,EMFAC-HK 还有两个子模型:EMFAC-HK_MC_V1.2 和 EMFAC-HK_Taxi_V1.2,用来模拟香港地区的摩托车和出租车的排放量。模型的方法和使用基本和 EMFAC 保持一致。EMFAC-HK 作为香港官方模型,每年不断更新。

5.3　COPERT 模型

5.3.1　概述

　　COPERT 模型以 MS Windows 为开发平台,是欧洲编制官方排放清单最常用的排放因子模型,为欧洲国家大气污染物排放清单(National Atmospheric Emissions Inventory,NAEI)提供机动车排放数据(Gkatzoflias et al.,2007)。模型的第一个版本为 1989 年发布的 COPERT 85,随后 COPERT 不断升级,1993 年发布了 COPERT 90,1997 年发布了 COPERT II,1999 年发布了 COPERT III,目前最新的模型为 COPERT 4 模型。COPERT 的技术研发由欧洲环保署(European Environment Agency,EEA)协调,在欧洲航空和气候变化研究中心活动框架下进行,由欧盟联合研究中心(European Commission's Joint Research Centre)开发。

　　COPERT 模型基于大量的测试数据,可以兼容不同国家标准和参数变量,为欧洲国家广泛应用。目前欧盟 27 国中有 22 个国家使用 COPERT 模型(Ntziachristos et al.,2009)。COPERT 4 涉及的主要空气污染物为 CO、NO_x、VOC、PM、NH_3、SO_2、PAHs(多环芳烃)和重金属等,以及 CO_2、N_2O、CH_4 等温室气体。模型还可以计算各种物种成分的量,包括颗粒物中元素碳和有机成分、NMVOC 组分等(Ntziachristos and Samaras,2000)。

　　COPERT 模型包括多种机动车类型和代表性机动车技术。机动车类型包括:乘用车、轻型车、重型车、公共汽车、电动两轮车。每一类机动车会进一步分成多个子类,例如乘用车分成汽油车(按排量再分成三类)、柴油车(分成两类)及其他(液化石油气车和混合动力车等)。COPERT 模型考虑了道路交通常用的燃料类型,包括含铅汽油、无铅汽油、柴油、液化石油气、压缩天然气、生物柴油等。机动车的排放水平依赖于技术水平,COPERT 模型涵盖了欧盟每种机动车类型的技术水平,包括从 20 世纪 70 年代(Pre ECE)到即将采用的新技术(欧 VI),如表 5-7 所示(Ntziachristos et al.,2009)。

表 5-7　COPERT 模型包含的车辆技术类型

轿车(PC)	轻型汽车(LD)	重型卡车/客车(HD)	摩托车
Pre ECE	传统	传统	传统
ECE 15/00-01	LD Euro I 93/59/EEC	HD Euro I 91/542/EEC I 阶段	Euro I 97/24/EC
ECE 15/02	LD Euro II 96/69/EEC	HD Euro II 91/542/EEC II 阶段	Euro II 97/24/EC
ECE 15/03	LD Euro III 98/69/EC,2000	HD Euro III 2000 标准	Euro III 2002/51/EC
ECE 15/04	LD Euro IV 98/69/EC,2005	HD Euro IV 2005/55/EC	
改进的传统车辆	LD Euro V EC 715/2007	HD Euro V 2005/55/EC	
开环	LD Euro VI EC 715/2007	HD Euro VI COM(2007)851	
PC Euro I 91/441/EEC			
PC Euro II 94/12/EEC			
PC Euro III 98/69/EC,2000			
PC Euro IV 98/69/EC,2005			
PC Euro V EC 715/2007			
PC Euro VI EC 715/2007			

5.3.2　计算方法

COPERT 4 模型考虑的排放类型包括：发动机在热稳定状态下的尾气排放过程(即运行排放)、启动过程(冷启动和预热阶段)的尾气排放,燃料蒸发排放,以及轮胎和刹车磨损造成的非尾气颗粒物排放。

1. 热运行排放

COPERT 模型中,热运行排放由给定的活动水平和机动车平均排放因子相乘得到(单位为 g/km)。排放因子的计算是 COPERT 模型方法的核心,COPERT 根据机动车的行驶速度、加速度、温度和海拔等行驶状况和环境因素计算机动车的排放水平。与 MOBILE 和 EMFAC 模型类似,COPERT 模型也采用了基于平均速度的方法,将排放因子表示为一个完整循环工况平均速度的函数。为了建立排放因子和平均速度的关系,对车辆进行若干设定工况的实验室台架测试,然后将车辆的排放测试结果(单位为 g/km)与测试工况的平均速度关联起来,建立排放因子(g/km)与平均速度(km/h)的函数关系。COPERT 模型对大量机动车进行测试,以获得有代表性的车队排放水平。

为了体现不同速度对排放的影响,COPERT 模型将排放计算分为城市、乡村和高速三种行驶条件。城市、乡村和高速的平均速度范围分别为 10~50 km/h、40~80 km/h 和 70~130 km/h。COPERT 模型为欧盟各国设置了三种不同行驶条件的平均速度和行驶比例。例如,COPERT 模型中,1990 年德国排量 1.4 L 以下的轿车在三种行驶条件的平均速度被设为 37 km/h、75 km/h 和 106 km/h,三种条件下的行驶里程比例分别为 37.2%、38.4% 和 24.4%;在法国,三种平均速度分别为 30 km/h、70 km/h 和 95 km/h,行驶里程比例分别为 40%、50% 和 10%(Ntzi-achristos and Samaras,2000)。用户也可以自己输入三种行驶条件下的平均速度,但 COPERT 模型建议,用户设定的速度应该在每种行驶条件的速度范围内,不建议采用排放因子外推法计算速度范围外的排放因子,因为尚无实验室测试结果支持这种方法的准确性。

虽然 COPERT 模型与 MOBILE 模型相同,均基于平均速度,但两者处理方式不同。MOBILE 模型基于固定的 FTP 测试工况确定基准排放因子,然后采用固定的函数计算速度修正因子,而 COPERT 模型直接选择测试结果回归效果最好的函数类型,可以是包括指数函数、幂函数和对数函数等在内的任何函数形式,按照用户输入的平均速度计算排放因子,不需要对排放因子进行速度修正。表 5-8 以 ECE 15-03 车型为例,给出了 COPERT 模型基于速度模拟排放的公式(Ntzi-achristos and Samaras,2000)。

表 5-8　COPERT 模型热运行排放计算公式:以 ECE15-03 为例

	排量(L)	速度 V(km/h)	排放计算公式(g/km)	R^2	函数类型
CO	所有	10~19.3	$161.36 - 45.62 \times \ln V$	0.790	对数函数
	所有	19.3~130	$37.92 - 0.680 \times V + 0.00377 \times V^2$	0.247	多项式函数
HC	所有	10~60	$25.75 \times V^{-0.714}$	0.895	幂函数
	所有	60~130	$1.95 - 0.019 \times V + 0.00009 \times V^2$	0.198	多项式函数
NO$_x$	<1.4	10~130	$1.616 - 0.0084 \times V + 0.00025 \times V^2$	0.844	多项式函数
	1.4~2.0	10~130	$1.29 \times e^{0.0099 \times V}$	0.798	指数函数
	>2.0	10~130	$2.784 - 0.0112 \times V + 0.000294 \times V^2$	0.577	多项式函数

2. 冷启动排放

COPERT 模型将冷启动排放看作是比热运行状态多出的部分,并引入了两个重要参数计算冷启动排放。这两个参数为:冷启动运行在活动水平中的比例(β)及冷启动与热运行排放因子比($E^{\mathrm{COLD}}/E^{\mathrm{HOT}}$)。式(5-7)为 COPERT 模型汽油轿车冷启动排放的计算公式。

$$冷启动排放(g) = \beta \times 活动水平(km) \times 热运行排放因子(g/km) \times \left(\frac{E^{\mathrm{COLD}}}{E^{\mathrm{HOT}}} - 1 \right)$$

$$(5-7)$$

其中,β 为机动车活动水平中冷启动过程所占的比重,它与环境温度(t_a,单位为℃)

和车辆一次出行距离(l_{trip}，单位为 km）相关，如式（5-8）所示（Ntziachristos and Samaras，2000）：

$$\beta = 0.6474 - 0.02545 \times l_{\text{trip}} - (0.00974 - 0.000385 \times l_{\text{trip}}) \times t_a \quad (5\text{-}8)$$

欧洲各国的 t_a 和 l_{trip} 值不同，例如，1990 年德国车辆一次出行距离为 14 km，法国为 12 km，英国为 10 km（Ntziachristos and Samaras，2000）。COPERT 模型认为，欧 I 以后车辆（欧 II 至欧 IV）可以缩短催化剂达到工作温度的时间，因此对 β 值进行了修正，表 5-9 为欧 II 至欧 IV 车辆各种污染物 β 值的修正因子。

表 5-9　欧 II 至欧 IV 车辆冷启动排放 β 值的修正因子

车辆技术	CO	NO$_x$	HC
欧 II	0.72	0.72	0.56
欧 III	0.62	0.32	0.32
欧 IV	0.18	0.18	0.18

式（5-7）中，（$E^{\text{COLD}}/E^{\text{HOT}} - 1$）代表冷启动高出热运行排放的部分，跟车辆技术、环境温度和平均速度有关。对于装有催化器（即欧 I 及之后）的车辆，由于冷启动过程中催化剂没有达到工作温度，所以该比值非常高。例如，COPERT 模型中，排量为 1.4 L 的欧 I 车辆在 $-10\ ℃$ 的环境中冷启动并以 20 km/h 的平均速度行驶，造成的冷启动排放是相同环境温度和速度下热运行 CO 排放的 8.2 倍，而对于欧 0 车辆，该倍数为 4.6 倍。基于实测数据，COPERT 模型为各种技术车辆的不同污染物设置了冷热启动排放因子比与速度和环境温度的函数，如式（5-9）所示（Ntziachristos and Samaras，2000）：

$$\frac{E^{\text{COLD}}}{E^{\text{HOT}}} = A \times V + B \times t + C \quad (5\text{-}9)$$

其中，V 和 t 分别为车辆速度（km/h）和环境温度（℃）；A,B,C 为常数。COPERT 分了三个速度-温度区间（速度为 5~25 km/h 及温度为 -25~$15\ ℃$、速度为 26~45 km/h 及温度为 -25~$15\ ℃$；速度为 5~45 km/h 及温度为 $>15\ ℃$），每个区间具有不同的 A,B,C 值。

由于缺乏汽油卡车的测试数据，COPERT 模型中汽油卡车冷启动排放计算基本上采用大型汽油轿车（排量 >2.0 L）冷启动的模拟函数和参数。

与汽油车冷启动的模拟方法类似，COPERT 模型采用式（5-7）计算柴油车的冷启动排放，并为柴油轿车和卡车建立了一套计算冷热排放因子比的函数。柴油车冷启动排放增加不如汽油车显著。例如，$-10\ ℃$ 的环境温度下，柴油车辆的冷热排放因子比值为 2.2。COPERT 模型还考虑了欧 I 以后柴油车冷启动排放减少的因素，采用修正因子的方法对式（5-9）得到的结果进行修正，如表 5-10 所示（Boulter and Latham，2009）。

表 5-10　COPERT 模型柴油车冷启动排放的修正因子

车辆技术	CO	NO_x	HC	PM
欧 II	1	1	1	1
欧 III	1	0.77	0.85	0.72
欧 IV	1	0.53	0.69	0.45

3. 非尾气排放

非尾气排放包括蒸发排放和磨损排放。蒸发排放是通过燃料系统产生的蒸发损失。汽油的蒸气压相对较高,因此蒸发排放主要来自汽油车。由于数据缺乏,COPERT 模型蒸发排放计算只纳入汽油轿车,轻型汽油车和摩托车,不考虑重型汽油车。近年来,由于尾气排放的水平逐渐下降,蒸发排放的比重越来越高。温度对蒸发排放有重要影响,因此 COPERT 按月份计算机动车的蒸发排放。COPERT 模型考虑三类蒸发排放类型:昼夜换气、热浸及运行损失,为三类蒸发排放建立了基于环境温度和汽油蒸气压的模拟函数(Ntziachristos and Samaras,2000)。

轮胎和刹车磨损产生颗粒物排放,COPERT 模型只计算机动车的一次颗粒物排放,不计算沉降到道路表面、被行驶的车辆卷起后悬浮在空气中的颗粒物。

4. 排放因子的修正

COPERT 对排放因子进行劣化修正、燃料修正、道路坡度修正和负载修正等(Ntziachristos and Samaras,2000)。

COPERT 根据补充城市工况(EUDC,平均速度为 63 km/h)和城市工况(UDC,平均速度为 19 km/h)测试结果确定了两种工况下劣化修正因子的计算方法(关于两种工况,请参见本书 4.1.1 小节)。该修正因子是车队平均累积里程的线性函数,系数由测试数据回归而来。对于欧 I 汽油车,速度小于 19 km/h 时,采用 UDC 工况下的修正公式,速度大于 63 km/h 时,采用 EUDC 工况下的修正公式,速度为 19~63 km/h 时,对两种工况的修正因子进行线性内插求得指定速度下的劣化修正因子。同时,COPERT 模型也考虑了 I/M 项目对排放劣化的消减作用,设定 I/M 项目可减少车辆 15%~16% 的气态污染物排放,以及欧 I 和欧 II 柴油车 10% 的颗粒物排放。

COPERT 模型分别为汽油车、柴油轿车和重型柴油车的排放因子各设置了一组公式计算燃料修正因子。其中汽油车排放因子的燃料修正因子是燃料氧含量、硫含量、芳香烃含量、T10 和 T90 等参数的函数,柴油车燃料修正因子是燃料密度、硫含量、PAHs 含量和十六烷值等参数的函数。

坡度对排放因子有较为明显的影响。欧洲有坡度的路段较多,而且坡度较大。

COPERT 模型认为坡度修正因子是速度的函数,并建立了以速度为唯一变量的六阶多项式。多项式中的七个系数根据车辆技术、坡度区间、行驶速度和污染物种类不同而不同。

　　COPERT 模型中,重型机动车的排放因子考虑了 50% 车重的负载,对不同负载,采用式(5-10)计算负载修正因子。

$$LC = 1 + 2 \times L \times (LP - 50\%) \tag{5-10}$$

其中,LC 为负载修正因子;LP 为实际负载比例,LP=0 代表没有负载,LP=100% 代表满载;L 为污染物系数,CO、NO_x、HC 和 PM 的污染物系数分别为 0.21、0.18、0 和 0.08。

5.3.3　在中国的应用

　　由于中国采用欧洲的车辆排放测试规程和法规体系,因此有研究者认为欧洲的 COPERT 模型比美国的 MOBILE 模型更适用于中国的机动车排放研究(谢绍东等,2006;Wang et al.,2010;程颖等,2011)。谢绍东等(2006)应用 COPERT模型计算中国 2002 年机动车排放因子,并将结果与 MOBILE 模型模拟结果和台架测试结果作了比较。对比结果显示,COPERT 模型结果与台架测试表现出较好的一致性,而且比 MOBILE 模型结果更接近台架测试结果。程颖等(2011)基于车载排放测试结果对 COPERT 模型和 MOBILE 模型进行了评价,认为 COPERT模型的 NO_x、HC 和 CO 排放因子模拟值比 MOBILE 模型的模拟结果更接近实测值。牛国华(2011)对车辆冷启动过程进行了台架排放测试,并对比了实测值与COPERT 模型中 β 及 E^{COLD}/E^{HOT} 等参数的默认值,认为 COPERT 冷启动模型基本能反映中国汽车的 HC 冷启动排放,但 CO 和 NO_x 模拟结果与测试值存在较大误差。

　　COPERT 模型在中国得到了较广泛的应用,用于建立城市和全国机动车排放清单,以及评价城市各类交通措施的机动车排放控制效果等,例如评价北京市推广压缩天然气公交车的减排效果(周昱等,2010),模拟佛山市交通限行措施的机动车污染物减排潜力(刘永红等,2010)。表 5-11 总结了中国应用 COPERT 模型的机动车排放研究。

表 5-11　应用 COPERT 模型在中国开展的机动车排放研究

研究	研究单位	应用地区	应用模型	模拟年	研究内容
谢绍东等(2006)	北京大学	全国	COPERT III	2002	CO,NO_x,NMVOC,PM
Cai 和 Xie(2007)	北京大学	全国	COPERT III	1980~2005	CH_4,CO,NO_x,PM_{10} 等
Bo 等(2008)	北京大学	全国	COPERT III	1980~2005	NMVOC
Cai 和 Xie(2009)	北京大学	全国	COPERT III	1980~2005	NMVOC

研究	研究单位	应用地区	应用模型	模拟年	研究内容
吴晓璐(2009)	复旦大学	长三角	COPERT III	2004	NO_x,CO,TSP,NMVOC
Wang 等(2010)	清华大学	北京,上海,广州	COPERT 4	1995~2005	HC,CO,CO_2,PM_{10},NO_x
周昱等(2010)	清华大学	北京	COPERT 4	2007	HC,NO_x,$PM_{2.5}$等(公交车)
刘永红等(2010)	中山大学等	佛山	COPERT 4	2008	HC,CO,PM_{10},NO_x
蔡皓和谢绍东(2010)	北京大学	全国	COPERT 4	2008	CO,NO_x,PM_{10}等9种污染物
Cai 和 Xie(2011)	北京大学	北京	COPERT	2008	HC,CO,NO_x
Wang 等(2011)	南京大学等	全国	COPERT 4	2000~2020	CO,HC,NO_x,PM_{10}等(轿车)
廖翰博等(2012)	中山大学等	广州	COPERT 4	2008	HC,CO,NO_x,PM
Lang 等(2012)	北京工业大学	京津冀地区	COPERT 4	1999~2010	HC,CO,NO_x,PM_{10}

5.4　基于燃料消耗的宏观排放因子

5.4.1　方法及应用

　　流动源宏观排放因子有两类,基于行驶里程(g/km)和基于燃料消耗(g/L 燃料或者 g/kg 燃料)(以下简称里程排放因子和燃耗排放因子)。MOBILE、EM-FAC 和 COPERT 等模型输出的排放因子是基于行驶里程的,由这些排放因子计算机动车排放清单需要行驶里程的数据,由基于燃料消耗排放因子计算排放清单则需要燃料消耗的数据,如式(5-11)所示。

$$E_j = \sum_i (EF_{基于燃料,i,j} \times F_i) \tag{5-11}$$

其中,j 为污染物种类;i 为机动车类型;E_j 为机动车的污染物 j 总排放量,g;$EF_{基于燃料,i,j}$代表 i 类车的基于燃料消耗的 j 排放因子,g/kg 燃料;F_i代表 i 类车消耗的燃料,kg。

　　通过隧道测试和遥感测试可直接获得燃耗排放因子(详请见本书第 2 章 2.1.3 小节)。有研究者认为,采用燃耗排放因子计算排放量比采用里程排放因子更为可靠,其原因为行驶里程数据的不确定性高,因此由里程排放因子计算得到的排放清单的准确性会受到影响。此外,车辆行驶里程具有较强的地域差别,数据收集的成本很高,而与之相比,燃料消耗可以由燃料财税报告及燃料销售报告等公开资料获得,较易收集和获取(Singer and Harley,1996;Pokharel et al.,2002)。

　　目前,采用燃耗排放因子估算机动车排放清单在欧美等国家应用非常广泛(Singer and Harley,2000;Harley et al.,2001;Schifter et al.,2005;Kuhns et al.,2004;Dallmann and Harley,2010;Nurrohim and Sakugawa,2005)。在中国,城市层面的油耗数据较难获取,因此燃耗排放因子的应用有限,仅在杭州和北京等

少数城市有所应用(Guo et al.,2007；Lai et al.,2011)。

除了模拟城市及区域机动车排放之外,燃耗排放因子还具有其他的应用优势。Dreher 和 Harley(1998)指出,MOBILE 模型中模拟重型车排放最大的误差来自于将以 g/bhp-hr 为单位的制动比排放因子转化为以 g/km 为单位的排放因子,采用燃耗排放因子估算重型车排放可避免这种影响。鉴于冷启动排放台架测试程序繁琐且耗时长,Singer 等(1999)提出了一种基于燃料消耗的方法估算车辆的冷启动排放。此外,与里程排放因子相比,燃耗排放因子用于模拟机动车 CO_2 排放以及非道路流动源排放更具有优势(Kean et al.,2000；Dallmann and Harley,2010)。而且,以国为单位的全球机动车排放清单也更多地采用基于燃料消耗的排放因子(Bradley,1999；Bond et al.,2004；Yan et al.,2011)。

5.4.2　优点及局限性

燃耗排放因子使用燃油消耗量计算机动车排放量,优点是燃油销售量数据通常比行驶里程数据更准确、更容易获取。而且,与里程排放因子相比,燃耗排放因子在一定程度上可消除机动车速度、坡度等行驶状况对排放的影响,因此受地区行驶特征的影响较小。此外,里程排放因子的获取建立在实验室单车台架测试上,而可获取燃耗排放因子的隧道测试和道路遥感数据能在短时间内得到上千甚至上万辆车的排放因子。

然而,燃耗排放因子存在以下局限性:

(1)隧道测试和道路遥感测试均为定点测试,涉及的工况有限,无法覆盖车辆实际行驶过程中遇到的各种工况,得到的结果仅代表车辆在测试点行驶工况下的排放水平。得到的排放因子不容易推广到其他城市和地区。

(2)隧道测试和道路遥感测试可得到车辆分车龄分技术的燃耗排放因子,但是很难将油耗按不同技术和车龄分解,如果要进行这样的分解,最终还是要借助平均燃料经济性、累积行驶里程或年均行驶里程等参数进行自上而下的油耗分配。中国城市的车队正处于技术快速更新的阶段,这种自上而下的分配可能会引入较大误差。

(3)对于包括中国在内的发展中国家,城市级别的燃油消耗数据可能比年均行驶里程数据更难获取,导致一些研究不得不采用燃料经济性(单位为 L 油/100 km)将基于燃耗的排放因子转化为基于行驶里程的排放因子,完成排放清单的计算。

(4)由于很难将燃油消耗划分到更细致的空间单元(例如街区),燃耗排放因子仅适用于城市以上的大尺度研究。

表 5-12 从排放因子及活动水平两个方面对比了两种宏观排放因子的优点及局限性。

表 5-12　两种宏观排放因子的对比

	基于里程的排放因子	基于燃耗的排放因子
单位	g/km	g/L 燃料、g/kg 燃料
测试手段	台架、车载等	隧道、遥感等
优点	可获取多种工况下的排放	短时间内可获取大量排放数据
局限性	每次测试只获取一辆车的排放数据 行驶工况对排放因子影响很大	定点测试,工况单一,无法覆盖车辆实际行驶过程中遇到的各种工况,测试点选取不当会给结果带来偏差
计算清单所需活动水平数据	行驶里程	燃油消耗
优点	可与交通流建立联系,完成时空分辨率更高的机动车排放研究	相对容易获取
局限性	数据获取较难,需要组织高成本调查	很难对燃耗进行车辆技术、时间和空间分解,因此研究范围有限

　　两种排放因子采用不同的测试手段和计算方法,因此可以互相验证准确性。在欧美等国家,燃耗排放因子除了用来估算排放清单外,另一个重要的应用是评价 MOBILE、EMFAC 和 COPERT 等排放因子模型的准确性,这将在下一节重点介绍。

5.5　宏观排放因子模型评价

5.5.1　不确定性

　　所有排放因子模型最主要的不确定性来自于测试样本的选取。通过扩充样本种类,增加每种车辆类型的测试样本,可以降低这种不确定性。

　　在方法学上,基于平均速度宏观排放因子模型的特点是选取速度作为车辆行驶特征的"代用参数"。然而,速度不能代表行驶特征的全部,加速度和减速度等其他行驶特征参数也对排放因子产生重要影响,但并没有被考虑,这是此类排放因子模型不确定性的来源之一,不确定性的大小取决于实际工况加速度及加速度比例等参数与标准工况的差异。降低这种不确定性的方法是尽量选用可代表车辆实际行驶状态的标准测试工况,为此,决策者和研究者正不断地改进和完善标准工况,使之尽可能地贴近实际情况。美国用于轻型车测试的标准工况 FTP 工况是于 20 世纪 70 年代开发和确定的,之后加入了反映高速运行状态和空调使用的辅助工况,欧洲轻型车标准测试工况 NEDC 工况在过去 20 年里也历经若干次改变和调整。

　　此外,对非标准工况下排放因子的修正也会引入不确定性。各种宏观模型计算非标准工况排放因子的方法略有不同。例如,MOBILE5 以标准工况下测试得到的排放因子作为基准排放因子,根据由一组非标准工况测试建立的排放因子-速度曲线对基准排放因子进行修正,这组非标准工况的代表性直接决定了修正因子的准确性,有研究者认为 MOBILE5 模型为确定修正因子采用的非 FTP 工况无法代表实际行驶特征,可能会引入较大不确定性(Fomunung et al. ,1999;Barth et al. ,2000)。MOBILE6 将速度划分为 14 个区间,这种处理方法缩小了修正因子与速度的对应区间,提高了在速度与修正因子固定对应关系下选取修正因子的精度,但没有从本质上消除这种不确定性。COPERT 模型没有采用修正因子的方法,而是根据排放测试结果拟合了不同速度区间的排放-速度函数,然而建立的排放-速度函数也有一定的不确定性,譬如这些曲线的 R^2 大多数小于 0.85。

　　尽管 FTP 等标准工况是否具有足够的代表性仍充满争议,但是标准工况的建立基于大量实际在路行驶特征数据,容纳了多种行驶状态,能一定程度上反映一个地区的平均行驶特征。因此,宏观排放因子模型在研究国家、区域和城市等大尺度问题时,实际工况和测试工况之间的差异不会对结果造成较大的偏差,而且可以通过不断修正标准工况和采用修正因子的方法降低这种不确定性。但是,当研究尺度缩小时,例如计算某高速公路的日排放,或者某街区在交通高峰时段的排放,某路段在某时段表现出的行驶特征特殊性则会放大这种不确定性。因此,宏观排放因子模型更适用于时空尺度较大的机动车排放研究,不适合用于研究特定时间特定路段的小尺度机动车排放问题。

5.5.2　准确性验证

　　采用实验测试结果验证模型的准确性非常重要。虽然模型的建立基于实测值,但是由于融入了较多的归纳统计方法和假设,因此方法学上不可避免地存在漏洞。模型准确性验证的目的为,发现漏洞,考察漏洞的原因并对其进行补救,从而提高模型方法的准确性和科学性。

1. 机动车排放测试验证

　　道路遥感测试和隧道测试的结果代表车队在某一行驶条件下的实际排放水平,常被用来验证排放因子模型的准确性。Pollack 等(2004)对 MOBILE 模型结果和美国 Fort McHenry(1992 年)、Tuscarora(1992 年和 1999 年)、Callahan(1995年)、Cassiar(1993 年)以及 Caldecott(1997 年)隧道测试结果及在 Denver(1999~2001 年)和 Chicago(1997~2000 年)的道路遥感测试结果进行对比研究,发现 MOBILE 模型对较早年份(1995 年以前)车队排放的模拟结果与测试结果吻合较好,而对于较近年份(1995 年及以后),模型结果则高于测试结果,特别是 CO/NO排放因子比值高于测试值。图 5-4 显示了 MOBILE 模型模拟结果与隧道测试结果的对比。可以看出,MOBILE 模型的结果与 Fort McHenry 及 Tuscarora 隧道测试(1992 年)结果的吻合性很好,但是高于 Callahan 隧道(1995 年)的测试结果。与 1997 年以后开展的道路遥感测试结果对比发现,MOBILE6 的 CO/NO 比值高于遥感测试结果,对 16～20 年的旧车高 10%～70%,对新车则高了 3 倍。

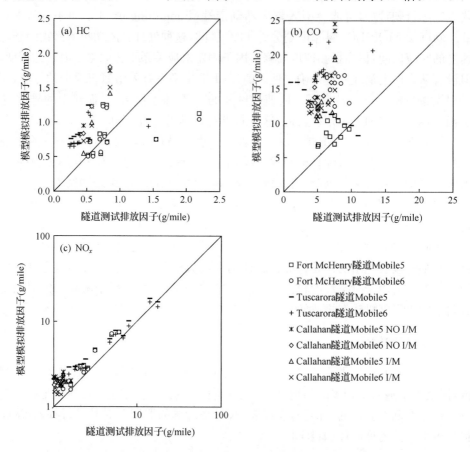

图 5-4　MOBILE 模型模拟结果与隧道测试结果对比

采用遥感测试和隧道测试结果对模型进行验证存在局限性,例如工况单一,行驶速度为恒速,特别是隧道一般有坡度,会影响结果,而且隧道内的车队通常较新等(Gertler and Pierson,1996)。

重型柴油卡车是 NO_x 的主要排放源。1998 年,美国 EPA 发现,几家主要的重型柴油发动机生产商为了提高发动机的燃料效率对发动机技术进行了调整,调整后的车辆能够在认证时实现低排放,但在非标准工况下 NO_x 的排放会增高。美国 EPA 将这种做法定义为非法的"排放失效装置(defeat device)",并在 MOBILE5 和 MOBILE6 模型中加入了模拟 defeat device 的模块(USEPA,1999)。Jiménez 等(2000)汇总了重型车 NO_x 排放台架测试、隧道和道路遥感测试结果,认为基于

MOBILE 模型结果得到的排放清单低估了柴油车 NO_x 排放,即使考虑了 defeat device 的影响,模型结果仍然存在低估,而且随着年份的推移,低估程度变大,如图 5-5 所示。Yanowitz 等(2000)分析了 250 辆在用重型柴油卡车的台架测试结果,发现重型车排放因子随年代推移而下降的趋势明显慢于模型模拟结果,指出重型发动机随使用增加会出现燃料喷射故障、发动机机械故障、燃油增加等可导致排放增加的现象,并提出 MOBILE 模型在处理重型车排放劣化问题上存在缺陷,在 EPA 后续的 MOVES 模型中,这个问题得到了解决。由此可见,利用机动车测试结果对模型进行验证可有效捕捉模型忽略的信息,这对模型的改善和更新非常重要。

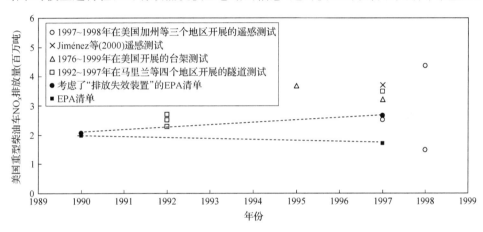

图 5-5　MOBILE 模拟的重型车 NO_x 排放与由测试结果计算的 NO_x
排放对比(Jiménez et al.,2000)

2. 大气浓度观测值验证

大气浓度也可以用来验证机动车模型的准确性。Parrish 等(2002)认为,在城市某些特定地点,大气中 CO 浓度和 NO_x 浓度的比值可反映机动车 CO/NO_x 的排放比例。与 CO 相比,城市的 NO_x 排放源更为广泛,因此浓度观测点需要选在工业、电厂和非道路流动源等污染源尽可能少的地方,观测时间最好选在交通早高峰时段,因为早上交通流量大,可以降低其他排放源的干扰,而且早上的气象条件有利于工业和电厂排放向上抬升,同时早上光化学活动较弱,机动车排放的污染物还未马上转化为其他物质。但这种验证方法存在一些不足,譬如,交通早高峰车队里轻型客车比平时多,而 NO_x 排放因子较高的柴油卡车比平时少,因此在交通早高峰时段观测到的 CO/NO_x 值会高估平均车队的 CO/NO_x 排放比。

Parrish(2006)将几组 CO/NO_x 大气浓度比值与基于 MOBILE 模型建立的美国机动车清单中的 CO/NO_x 排放量比值进行了对比,如图 5-6(a)所示。各种观测得到的 CO/NO_x 呈现了较一致的斜率,证明了这些观测选择的时间和地点较为合理,然而模型得到的 CO/NO$_x$ 值高于观测值,而且下降趋势缓于观测值,这与上述模型和遥感测试结果的对比结论一致。这个差距很大,例如 2003 年模型的 CO/NO$_x$ 值是观测值的 2 倍。模型较高的 CO/NO$_x$ 值及较慢的下降趋势意味着模型要么高估了 CO 排放量且对其下降趋势估算过缓,要么低估了 NO$_x$ 排放量而且对其下降趋势估算过快,要么两者兼而有之。

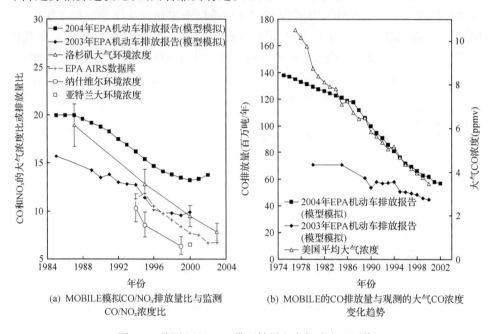

图 5-6　美国 MOBILE 模型结果和大气浓度观测值

　　Parrish(2006)发现,CO 排放量模拟值与城市 CO 大气浓度观测值的下降趋势吻合度较好,如图 5-6(b)所示。因为城市 CO 主要来自机动车,而且大气中 CO 较稳定,因此城市 CO 浓度下降趋势可反映机动车排放的下降趋势,由此 Parrish(2006)认为 MOBILE 模型得到的 CO 排放量下降趋势较准,而得到的 NO$_x$ 排放量下降趋势过快。由于机动车 NO$_x$ 排放主要来自于重型柴油卡车,因此该结论与上述 Jiménez 等(2000)等研究得到的 MOBILE 模型低估了重型卡车 NO$_x$ 排放且低估程度逐年变大的结论相吻合。

5.5.3　在中国的适用性

　　宏观排放因子模型的优点之一是数据需求相对较低,因此对中国大多数基础数据较薄弱的城市而言,宏观排放因子模型是开展城市机动车排放研究的首选模型。另一方面,中国城市的机动车污染控制工作尚处于起步阶段,机动车排放测试数据积累少,无法支持中国研究者建立一个类似于 MOBILE 这种基于大量排放测试数据的统计回归模型。因此,中国的机动车排放研究暂时还不能摆脱对欧美模型的依赖。目前,在中国应用 MOBILE 和 COPERT 等模型的核心问题是关键参数的调整和修正。

排放因子模型有很多关键参数,应用 MOBILE 和 COPERT 等模型研究中国城市机动车排放时,需要考虑中国与欧洲美国在某些模型参数上的差异,分析差异的特点,对模型进行适当的调整,使其适用于中国情况。另一方面还需要对中国数据进行调整,使其符合模型的数据定义和要求。

欧美机动车排放模型的车型分类与中国车型分类定义不同,需要进行严格的车型匹配,譬如中国轻型卡车定义为小于 6 吨,而在 MOBILE 模型中为小于 8500磅(约合 3.9 吨),两者差异较大。使用 MOBILE 模型时,需要建立一个车型映射表,表 5-13 为 2009 年中国车型分类对 MOBILE 模型的车型映射表。如果忽视中美车型分类定义的差异,直接将中国分车型数据输入 MOBILE 模型,那么结果将会产生 10% 的偏差。COPERT 模型的车型分类较细,中国研究者采用的做法是将其合并成几个大类,例如 Cai 和 Xie(2007)应用 COPERT 时将中国机动车的分类方法与欧洲分类方法相对应,将机动车分为大型客车、中型客车、小型客车、微型客车、重型货车、中型货车、轻型货车、微型货车和摩托车九类,Wang 等(2010)则将机动车类别简化为私家车、轻型客车、重型卡车、客运车和摩托车五类。

表 5-13　中国车型分类对 MOBILE 模型的车型映射

		MOBILE 车型分类					
		LDGV	LDDV	LDGT1	LDGT2	LDDT	HDGV	HDDV
中国车型分类	重型卡车-汽油	0.0%	0.0%	0.0%	0.0%	0.0%	100.0%	0.0%
	重型卡车-柴油	0.0%	0.0%	0.0%	0.0%	0.0%	0.0%	100.0%
	中型卡车-汽油	0.0%	0.0%	0.0%	0.0%	0.0%	100.0%	0.0%
	中型卡车-柴油	0.0%	0.0%	0.0%	0.0%	0.0%	0.0%	100.0%
	轻型卡车-汽油	0.0%	0.0%	65.3%	30.6%	0.0%	4.1%	0.0%
	轻型卡车-柴油	0.0%	0.0%	0.0%	0.0%	55.5%	0.0%	44.5%
	微型卡车-汽油	0.0%	0.0%	100.0%	0.0%	0.0%	0.0%	0.0%
	微型卡车-柴油	0.0%	0.0%	0.0%	0.0%	100.0%	0.0%	0.0%
	大型客车-汽油	0.0%	0.0%	0.0%	0.0%	0.0%	100.0%	0.0%
	大型客车-柴油	0.0%	0.0%	0.0%	0.0%	0.0%	0.0%	100.0%
	中型客车-汽油	0.0%	0.0%	0.0%	0.0%	0.0%	100.0%	0.0%
	中型客车-柴油	0.0%	0.0%	0.0%	0.0%	0.0%	0.0%	100.0%
	轻型客车-汽油	88.3%	0.0%	11.3%	0.1%	0.0%	0.2%	0.0%
	轻型客车-柴油	0.0%	26.8%	0.0%	0.0%	39.6%	0.0%	33.7%
	微型客车-汽油	100.0%	0.0%	0.0%	0.0%	0.0%	0.0%	0.0%
	微型客车-柴油	0.0%	0.0%	0.0%	0.0%	100.0%	0.0%	0.0%

在中国使用 MOBILE 和 COPERT 模型时需要审视关键参数的定义和范围是否适用于中国。譬如,COPERT 模型针对欧洲道路行驶条件定义了城市、乡村和高速三种道路,并将其平均速度范围分别设定为 $10\sim50$ km/h、$40\sim80$ km/h 和 $70\sim130$ km/h。值得注意的是,欧洲和中国乡村道路的性质截然不同,前者质量高,而后者质量较低,因此车辆在中国乡村道路的速度很难达到 $40\sim80$ km/h。COPERT 为乡村道路行驶车辆设计的排放-速度函数仅表达了排放在这个速度区间的变化趋势,如果输入的乡村道路速度低于这个区间,则无法保证函数返回正确的结果。

使用欧美排放因子模型研究中国问题时,需要对模型基准排放因子的测试条件进行分析和判断。研究显示,中国多个城市的车辆行驶特征与欧洲 NEDC 工况和美国 FTP 工况存在差异(参见本书第 4 章 4.2 节),因此采用基于 NEDC 或 FTP 工况排放测试的排放因子模型计算中国机动车排放时会产生误差。目前,中国工作者对各种技术的车辆开展了台架测试和实际道路测试,并根据测试结果对 MOBILE 模型的基准排放因子进行修正,力图使其能反映中国机动车排放情况。另一方面,在中国应用欧美排放因子模型的一个重要假设是,不同国家同等技术车辆的排放特性相同,考察该假设的准确性需要开展大量的对比测试研究。

欧美模型中还有许多参数需进行调整以反映中国情况,譬如 I/M 制度及燃料硫含量等对排放的影响,解决这些问题依赖于大规模调研和测试项目。目前中国研究者已经开展定期测试,并在北京、广州等城市收集 I/M 项目测试数据,当测试数据积累到一定程度时,中国将有能力开发一个完全适用于中国的宏观排放因子模型。

5.6　MOBILE 模型在中国的应用案例分析

MOBILE 模型是中国应用最早且应用最广泛的排放因子模型。目前,MOBILE 模型已经在北京、上海、澳门和宁波等多个城市得到应用。本节选取宁波和广州,对 MOBILE 模型在中国城市的应用进行案例分析。

如前所述,MOBILE6 模型对主要影响参数的分类比 MOBILE5 模型更为细致,虽然可提高排放模拟结果的准确性,但对数据的要求也是成倍增加。因此,MOBILE6 更适用于基础数据条件较好的城市和地区,而对于大多数机动车数据不完备的中国城市而言,MOBILE5 模型仍然是最好的选择。本节采用 MOBILE5 模型计算 2006 年宁波市及 2009 年广州市的机动车 CO、HC 和 NO_x 排放量和分车型贡献。

5.6.1　宁波和广州机动车保有量

宁波和广州是中国 1984 年第一批对外开放的沿海港口城市,经济较为发达,在中国经济改革和社会发展中具有一定的代表性。2010,宁波市人均 GDP 为 69 368元,广州市人均 GDP 为 87 458 元。两个城市近年来机动车保有量迅猛增长,图 5-7 为最近十几年宁波和广州机动车保有量的逐年变化情况。截止到 2010 年年底,宁波市民用汽车(不含摩托车)保有量达 87.7 万辆,是 2005 年保有量水平的近 3 倍,广州民用汽车(不含摩托车)保有量达 155 万辆,是 2005 年保有量水平的 2 倍。2010 年,宁波和广州的千人汽车保有量水平分别达到 115 辆/千人和 126 辆/千人。摩托车增长趋势受城市限摩措施的影响,近年来出现下降趋势。

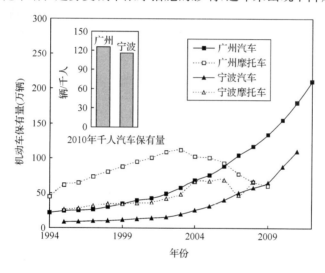

图 5-7　宁波和广州机动车保有量增长趋势

根据从城市交通管理部门获得的车辆信息,将中国城市车型分类与 MOBILE 模型车型分类进行匹配(见表 5-13),推算出两个城市按 MOBILE 模型车型分类定义的分车型保有量,如表 5-14 所示。可以看出,宁波和广州摩托车所占比例较高,分别为 63% 和 33%,但随着其他车型保有量的增加及摩托车保有量的减少,其比例将越来越低。民用汽车中,轿车比例最高。值得注意的是,宁波市柴油轿车占一定比例,这与中国其他城市不同,且这一比例可能进一步提高。

表 5-14　2006 年宁波市及 2009 年广州市机动车保有量构成　　　单位:万辆

	LDGV	LDGT1	LDGT2	HDGV	LDDV	LDDT	HDDV	MC
宁波,2006 年	17.0	9.2	1.2	1.9	1.0	5.1	5.2	68.7
广州,2009 年	89.2	13.6	1.1	5.4	0.3	4.9	9.5	60.4

5.6.2 MOBILE5 模型关键输入参数的确定

1. 平均速度

平均速度代表了一个城市的机动车行驶特征,是机动车排放因子最重要的影响因素之一。本书第 4 章探讨了获取平均速度等城市机动车行驶特征参数的研究方法。本案例根据宁波和广州的数据资源情况,采用不同的方法得到两城市的车辆平均速度。

(1) 从交通数据解析宁波市车辆平均速度

本案例研究中,从 2005 年"宁波市经济社会发展环境承载力与环境保护对策研究"项目中获取宁波市 2005 年的主干路及次干路在工作日和非工作日的车辆平均速度,然后以各路型逐时交通流量为权重,计算得到宁波市车辆平均速度,如式 (5-12)所示:

$$V = \frac{\sum_{i=1}^{24} \left[\left(V_{\mathrm{da},i} \times \frac{5}{7} + V_{\mathrm{ea},i} \times \frac{2}{7} \right) \times \gamma_{\mathrm{a}} + \left(V_{\mathrm{ds},i} \times \frac{5}{7} + V_{\mathrm{es},i} \times \frac{2}{7} \right) \times \gamma_{\mathrm{s}} \right]}{24}$$

$$(5\text{-}12)$$

其中,i 为时段;V 为平均速度,km/h;$V_{\mathrm{da},i}$ 和 $V_{\mathrm{ea},i}$ 分别为主干路工作日和非工作日 i 时段的平均速度,km/h;$V_{\mathrm{ds},i}$ 和 $V_{\mathrm{es},i}$ 分别为次干路工作日和非工作日 i 时段的平均速度,km/h;γ_{a} 和 γ_{s} 分别为主干路和次干路权重系数,由各自的交通流量确定,图 5-8 为宁波市主干路和次干路在工作日和非工作日逐时交通流量变化情况。

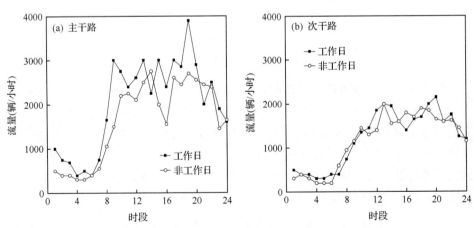

图 5-8 宁波市主干路和次干路在工作日和非工作日的逐时交通流量

由式(5-12)计算得到宁波市机动车平均速度为 24.0 km/h。姚志良等(2006) 2005 年在宁波进行了为期一周的工况测试,拟合了宁波市的轻型车行驶工况,其中平均速度为 22.8 km/h,与采用式(5-12)得到的结果很接近。

(2) 开展工况测试获取广州市车辆平均速度

采用本书第 4 章 4.2.1 节描述的城市综合行驶工况测试方法对广州市机动车行驶特征进行测试。测试于 2009 年进行。将 GPS 安装在测试车辆上,在设定的测试路线往复行驶,逐秒记录测试车辆的行驶工况数据。测试路线覆盖了越秀区、海珠区和天河区,包括广园快速路、华南快速、内环路、东风路、广州大道、中山大道、黄埔大道、解放路、科韵路、新港路在内的十条快速路及主干路,以及农林下路和盘福路两条次干路,如图 5-9 所示。测试路线总长 43 km,其中快速路 13 km,主干路 28 km,次干路 2 km。测试时间为 7:00~22:00,测试里程累计达到 2700 km,获得有效数据约 30 万组。

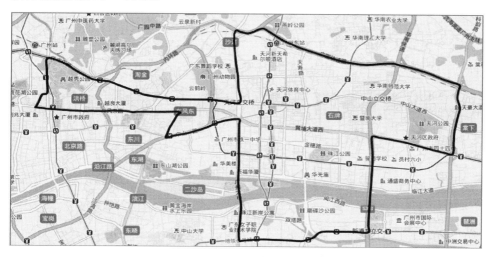

图 5-9　广州市工况测试路线

采用本书第 4 章 4.2.2 小节介绍的特征参数法,基于测试数据合成得到广州市的城市综合行驶工况,如图 5-10 所示,其中平均车速为 28.5 km/h。根据刘希玲和丁焰(2000)的研究,20 世纪 90 年代末期广州市车辆的平均速度仅为14.1 km/h。李孟良等(2006)于 2003 年前后在广州开展了行驶工况研究,结果显示广州车辆的平均速度约为 23 km/h。由此可知,广州市车辆的平均速度在增加,表明交通的畅通状况正逐年改善。2010 年的广州亚运会期间,在交通管制措施的作用下,广州交通的平均车速达到了 43 km/h(Liu et al.,2012)。

2. 车龄分布

车龄分布表现了车队技术组成,是 MOBILE5 模型的重要输入数据。车龄分布信息的获取方法包括宏观部门调查、问卷调查法和车队模型法等,本书第 3 章对

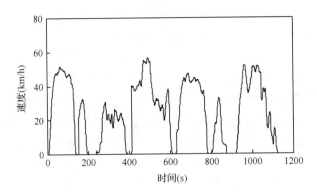

图 5-10　广州市合成工况

每种方法进行了详细介绍。这里采用了宏观部门调查的方法,从市政交管部门获取新车和淘汰车辆登记信息,据此模拟计算得到宁波市和广州市机动车车龄分布,如图 5-11 所示。

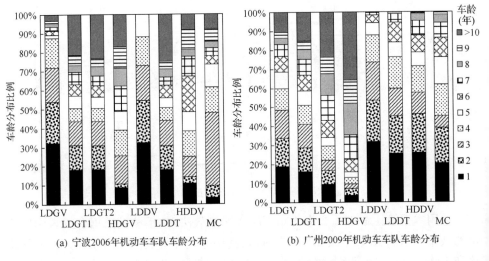

(a) 宁波2006年机动车车队车龄分布　　　　　(b) 广州2009年机动车车队车龄分布

图 5-11　宁波和广州机动车车队车龄分布

　　可以看出,两个城市表现出较一致的车龄分布规律:①由于这两个城市私家车数量增长迅速,轻型汽油轿车(LDGV)的较新车辆在车队中占很高比例,宁波市车龄小于 3 的新车比例达到 70%以上;②重型汽油车(HDGV)的旧车比例较高,新车比例较低,这是因为随着重型车柴油化的不断推进,重型汽油车逐渐退出市场;③对于轻型卡车(LDGT1、LDGT2 和 LDDT),不同车龄的分布比例较均匀,说明这种车型的市场较稳定。两个城市的重型柴油车(HDDV)和摩托车(MC)车龄分布有较大差异。

3. 累积行驶里程

在 MOBILE5 模型中,排放因子劣化与累积行驶里程线性相关,因此累积行驶里程是计算排放因子的重要参数,也是表征机动车活动水平的主要参数之一。本书第 3 章探讨了获取累积行驶里程的方法。对于宁波,由于缺乏调研数据,采用清华大学燃油经济性研究中确定的不同车型年行驶里程来估算宁波市机动车累积行驶里程(He et al.,2005)。对于广州,基于清华大学联合广州市交管所由 11 家机动车检测机构得到的 20 683 条不同类型机动车的有效行驶里程数据,确定了广州市机动车逐年累积行驶里程。图 5-12 为宁波和广州两城市机动车累积行驶里程。

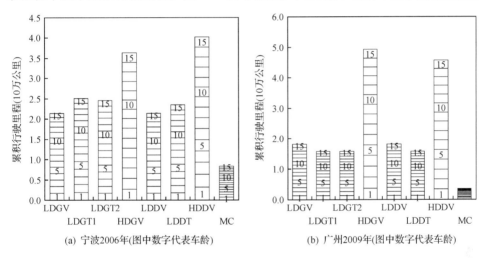

图 5-12　宁波和广州机动车累积行驶里程

两个城市的机动车累积行驶里程均表现出随车龄增加年行驶里程略微减少的趋势。宁波市轻型汽油轿车(LDGV)的年行驶里程在车龄为 1 时为 17 000 公里,车龄为 10 时降至 14 000 公里,广州市轻型汽油轿车在服役期最初十年内的年行驶里程从 13 400 公里降至 10 000 公里。广州市摩托车的年行驶里程随车龄增加而下降的趋势最为明显,十年内年行驶里程下降 50%。

整体而言,宁波车辆的年行驶里程普遍高于广州车辆,例如宁波轻型卡车新车的年行驶里程为 1.8～2.0 万公里,而广州轻型卡车新车的年行驶里程仅为 1.2～1.3 万公里。宁波摩托车年行驶里程在 5000～8000 公里,而广州摩托车年行驶里程低于 4000 公里。

5.6.3　模拟结果分析

将上述输入信息输入到 MOBILE5 模型进行模拟,得到 2006 年宁波市及

2009 年广州市机动车分车型气态污染物排放因子,如图 5-13 所示。

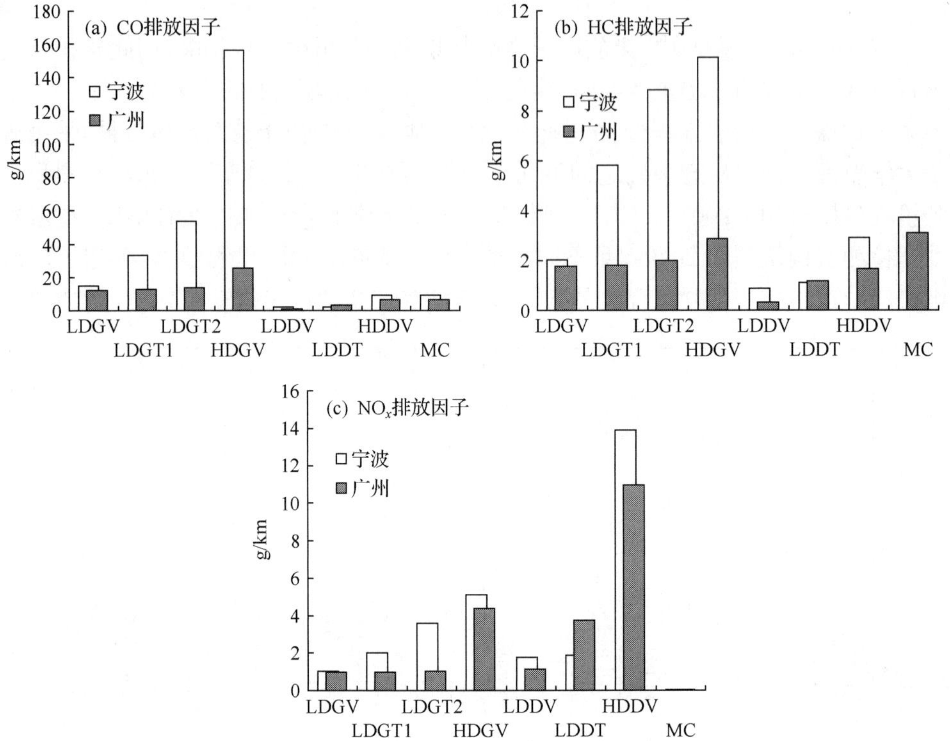

图 5-13　宁波和广州机动车污染物排放因子

　　宁波市车队的排放因子普遍高于广州市车队,主要原因有两个:①宁波市的模拟年为 2006,广州市为 2009 年,由于两个城市均在 2000 年和 2004 年分别实施了国 I 和国 II 标准,且两个城市均处于快速的车辆技术更新时期,这使得宁波市车队在 2006 年的老旧技术车辆比例会高于广州车队在 2009 年的老旧技术车辆,导致宁波车队的平均排放水平高于广州车队。值得指出的是,因为中国城市多处于机动车快速发展阶段,中国城市车辆的排放水平会发生明显的逐年变化,因此正确掌握这一时期城市车辆技术分布信息对提高城市机动车排放模拟准确度至关重要。②宁波车辆的累积行驶里程普遍高于广州车辆,因此宁波车辆与广州车辆相比,排放劣化程度会更严重。MOBILE 模型对 LGDT1、LGDT2 以及 HDGV 等车型设置了较高的 CO 和 HC 排放劣化系数,所以两个城市在这些车型排放水平上的差别极为明显。

　　图 5-14 显示了宁波和广州两个城市的机动车总排放量、分车型排放量和分担率。

　　2006 年,宁波市机动车 CO、HC 和 NO_x 排放量分别为 26.8 万吨、4.9 万吨和

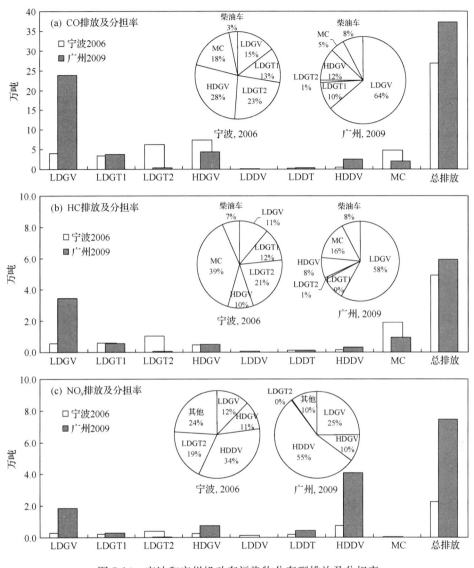

图 5-14　宁波和广州机动车污染物分车型排放及分担率

2.3 万吨。2009 年,广州市机动车 CO、HC 和 NO$_x$ 排放量分别为 37.3 万吨、6.2
的万吨和 7.4 万吨。Wang 等(2010)的研究对广州 2005 年机动车的排放量估算
约为 5.1 万吨 VOC、36 万吨 CO 和 4.5 万吨 NO$_x$,比本案例估算结果分别低
18%、3% 和 40%,其中 HC 和 CO 排放量的差别较小,考虑到研究年份不同等因
素,该差别较为合理,NO$_x$ 排放量差别较大,部分原因是 Wang 等(2010)可能低估
了重型柴油车的 NO$_x$ 排放因子(Huo et al. ,2012)。

由图 5-14 可以看出,两个城市的车型排放分担率特征差异很大。广州市的轻型汽油轿车 LDGV 是车队 CO 和 HC 排放的最大贡献者(64％和 58％),而对宁波而言,重型汽油车 HDGV(28％和 10％)、中型汽油卡车 LDGT2(23％和 21％)及摩托车 MC(18％和 39％)是 CO 和 HC 排放最大的贡献者,这个结果体现了城市在不同发展阶段的车型比例变化特征。2006 年,宁波城市还存有一定数量的中重型汽油车辆,随着中国中重型车辆柴油化的推进,中重型汽油车比例会越来越低,其 CO 及 HC 排放贡献率也将逐渐减小,同时城市摩托车比例也会越来越低。在这种演变趋势下,轻型汽油轿车将成为城市 CO 及 HC 排放最主要的来源。

重型柴油车 HDDV 是城市机动车 NO_x 的主要排放源,对 2006 年宁波和 2009 年广州的机动车 NO_x 排放贡献分别为 34％和 55％。轻型汽油车 LDGV 由于数量大,即使 NO_x 排放因子很低,它对 NO_x 的贡献也不容忽视。在广州市,LDGV 的 NO_x 排放量占机动车排放总量的 25％,成为机动车 NO_x 排放的第二大贡献者。

参 考 文 献

毕晔,葛蕴珊,韩秀坤. 2007. 基于 MOBILE6.2 的北京市出租车排放污染物分析. 安全与环境学报,7(2):
    61-64

蔡皓,谢绍东. 2010. 中国不同排放标准机动车排放因子的确定. 北京大学学报(自然科学版),46(3):
    319-326

车汶薇. 2010. 珠江三角洲高时空分辨率机动车污染排放清单开发及控制对策研究:[硕士学位论文]. 广
    州:华南理工大学

程颖,于雷,王宏图,等. 2011. 基于 PEMS 的 MOBILE 与 COPERT 排放模型对比研究. 交通运输系统工程
    与信息,11(3):176-181

郭慧,张清宇,施耀,等. 2007. 杭州市区机动车危险气态污染物排放的模型计算. 浙江大学学报(工学版),
    41(7):1223-1228

郭平,马宁,陈刚才,等. 2009. 重庆市机动车排放因子研究. 西南大学学报(自然科学版),31(11):108-113

郝吉明,傅立新,贺克斌,等. 2000. 城市机动车排放污染控制:国际经验分析与中国的研究成果. 北京:中国
    环境科学出版社

何东全,郝吉明,贺克斌,等. 1998. 应用模式计算机动车排放因子. 环境科学,19(3):7-10

胡迪峰. 2008. 宁波市机动车尾气排放特征及污染防治对策研究:[硕士学位论文]. 杭州:浙江大学

胡京南,郝吉明,傅立新. 2006. 应用燃气汽车对北京市机动车排放的影响. 清华大学学报(自然科学版),
    46(3):350-354

胡京南,郝吉明,傅立新,等. 2004. 机动车排放车载实验及模型模拟研究. 环境科学,25(3):19-25

李丹. 2011. 西安市机动车排放因子研究:[硕士学位论文]. 西安:长安大学

李莉. 2004. GIS 环境下上海市机动车尾气污染研究:[硕士学位论文]. 上海:华东师范大学

李孟良,张建伟,张富兴,等. 2006. 中国城市乘用车实际行驶工况的研究. 汽车工程,28(6):554-557

李伟,傅立新,郝吉明,等. 2003. 中国道路机动车 10 种污染物的排放量. 城市环境与城市生态,16(2):
    36-38

廖瀚博,余志,周兵,等. 2012. 广州市机动车尾气排放特征研究. 环境科学与技术,35(1):134-138

刘恩栋. 2000. 武汉市机动车排放因子的确定. 环境与开发,15(3):36-37

刘希玲,丁焰. 2000. 我国城市汽车行驶工况调查研究. 环境科学研究,13(1):23-27

刘永红,毕索阳,周兵,等. 2010. 佛山市中心城区机动车限行对污染物削减效果的分析. 中国环境科学,
　　30(11): 1563-1567

刘媛. 2007. 基于 GIS 的开封老城区机动车尾气排放扩散模拟:[硕士学位论文]. 开封:河南大学

牛国华. 2011. COPERT 汽车发动机冷启动排放模型. 汽车工程师,2011(11):25-27

吴晓璐. 2009. 长三角地区大气污染物排放清单研究:[硕士学位论文]. 上海:复旦大学

吴烨,郝吉明,傅立新,等. 2002a. 澳门机动车排放清单. 清华大学学报(自然科学版),42(12):1601-1604

吴烨,郝吉明,李伟,等. 2002b. 应用 PART5 模式计算机动车尾气管的颗粒物排放. 环境科学,23(1):6-10

谢绍东,宋翔宇,申新华. 2006. 应用 COPERT III 模型计算中国机动车排放因子. 环境科学,27(3):
　　415-419

姚志良,马永亮,贺克斌,等. 2006. 宁波市实际道路下汽车排放特征的研究. 环境科学学报,26(8):
　　1229-1234

余慧. 2007. 武汉市机动车排放清单研究:[硕士学位论文]. 武汉:武汉理工大学

张国强. 2005. 长春市机动车污染状况与分担率研究:[硕士学位论文]. 长春:吉林大学

周昱,吴烨,林博鸿,等. 2010. 北京市压缩天然气公交车的环境效果分析. 环境科学学报,30(10):
　　1921-1925

Barth M,An F,Scora G,et al. 2000. Development of a comprehensive modal emissions model. Report pre-
　　pared for National Research Council, NCHRP Project 25-11. http://onlinepubs. trb. org/onlinepubs/
　　nchrp/nchrp_w122. pdf

Bo Y,Cai H,Xie S D. 2008. Spatial and temporal variation of historical anthropogenic NMVOCs emission
　　inventories in China. Atmos. Chem. Phys. ,8: 7297-7316

Bond T C,Streets D G,Yarber K F,et al. 2004. A technology-based global inventory of black and organic
　　carbon emissions from combustion. J. Geophys. Res. ,109(D14):203

Boulter P G,Latham S. 2009. Emission Factors 2009: Report 4-a review of methodologies for modelling cold-
　　start emissions. UK TRL Limited (Transport Research Laboratory) report PPR357, prepared for the
　　Department for Transport of U. K.

Bradley K S,Stedman D H,Bishop G A. 1999. A global inventory of carbon monoxide emissions from motor
　　vehicles. Chemosphere: Global Change Science,1: 65-72

Cai H,Xie S D. 2007. Estimation of vehicular emission inventories in China from 1980 to 2005. Atmos.
　　Environ. ,41: 8963-8979

Cai H,Xie S D. 2009. Tempo-Spatial variation of emission inventories of speciated volatile organic compounds
　　from on-road vehicles in China. Atmos. Chem. Phys. ,9: 6983-7002

Cai H,Xie S D. 2011. Traffic-Related air pollution modeling during the 2008 Beijing Olympic Games: The
　　effects of an odd-even day traffic restriction scheme. Sci. Total Environ. ,409: 1935-1948

CARB (California Air Resources Board). 2007. EMFAC 2007 version 2. 30: Calculating emission inventories
　　for vehicles in California. http://www. arb. ca. gov/msei/onroad/downloads/docs/user_guide_emfac2007. pdf

Dallmann T R,Harley R A. 2010. Evaluation of mobile source emission trends in the United States. J. Geo-
　　phys. Res. ,115:D14305

Delucchi M A. 2000. Analysis of particulate matter emission factors in the PART5 model. University of Cal-
　　ifornia at Davis,USA. www. epa. gov/otaq/regs/toxics/part5. pdf

Dreher D B,Harley R A. 1998. A fuel-based inventory for heavy-duty diesel truck emissions. J. Air &
　　Waste Manage. Assoc. ,48: 352-358

Fomunung I,Washington S,Guensler R. 1999. A statistical model for estimating oxides of nitrogen emissions from light duty motor vehicles. Transpn. Res. – D,4: 333-352

Fu L X,Hao J M,He D Q,et al. 2001. Assessment of vehicular pollution in China. J. Air & Waste Manage. Assoc. ,51: 658-668

Gertler A W,Pierson W R. 1996. Recent measurements of mobile source emission factors in North American tunnels. Sci. Total Environ. ,189/190: 107-113

Gkatzoflias D,Kouridis C,Ntziachristos L,et al. 2007. Computer programme to calculate emissions from road transport: User manual(version 5. 0). European Environment Agency

Guo H,Zhang Q Y,Shi Y. 2007. On-Road remote sensing measurements and fuel-based motor vehicle emission inventory in Hangzhou,China. Atmos. Environ. ,41: 3095-3107

Hao J M,He D Q,Wu Y,et al. 2000. A study of the emission and concentration distribution of vehicular pollutants in the urban area of Beijing. Atmos. Environ. ,34: 453-465

Harley R A,McKeen S A,Pearson J,et al. 2001. Analysis of motor vehicle emissions during the Nashville/ Middle Tennessee Ozone Study. J. Geophys. Res. ,106(D4): 3559-3567

He K,Huo H,Zhang Q,et al. 2005. Oil consumption and CO_2 emissions in China's road transport: Current status,future trends,and policy implications. Energy Policy,33: 1499-1507

Hong Kong Environmental Protection Department. 2012. Guideline on modelling vehicle emissions. http:// www. epd. gov. hk/epd/english/environmentinhk/air/guide_ref/files/EMFAC_HK_Guidelines_on_Modelling_Vehicle_Emissions_3_Apr_12. pdf

Huo H,Yao Z L,Zhang Y Z,et al. 2012. On-board measurements of emissions from diesel trucks in five cities in China. Atmos. Environ. ,54: 159-167

Jiménez J L,Mcrae G J,Nelson D D,et al. 2000. Remote sensing of NO and NO_2 emissions from heavy-duty diesel trucks using tunable diode lasers. Environ. Sci. Technol. ,34: 2380-2387

Kean A J,Sawyer R F,Harley R A. 2000. A fuel-based assessment of off-road diesel engine emissions. J. Air Waste Manage. Assoc. ,50: 1929-1939

Kuhns H D,Mazzoleni C,Moosmüller H,et al. 2004. Remote sensing of PM,NO,CO and HC emission factors for on-road gasoline and diesel engine vehicles in Las Vegas,NV. Sci. Total Environ. ,322: 123-137

Lai J X,Song G H,Yu L,et al. 2011. Comparative analysis of three approaches for development inventory of carbon dioxide emissions: Case study for Beijing. Transp. Res. Record,2252: 144-151

Lang J L,Cheng S Y,Wei W,et al. 2012. A study on the trends of vehicular emissions in the Beijing-Tianjin-Hebei (BTH) region,China. Atmos. Environ. ,62: 605-614

Li X G,Yu L,Wang W. 2003. Derivation of emission factors for Nanjing,China using MOBILE5. 82nd Transportation Research Board Annual Meeting CD-ROM, TRB 03-2913. Washington, D. C. , January 2003.

Liu H,Wang X,Zhang J. 2012. Emission controls and changes in air quality in Guangzhou during the Asian Games. Atmos. Environ. ,in press. http://dx. doi. org/10. 1016/j. atmosenv. 2012. 08. 004

Ntziachristos L,Gkatzoflias D,Kouridis C,et al. 2009. COPERT: A European road transport emission inventory model. Environmental Science and Engineering,2009: 491-504

Ntziachristos L,Samaras Z. 2000. COPERT III computer program to calculate emissions from road transport: Methodology and emission factors (Version 2. 1). European Environment Agency,Technical report No 49

Nurrohim A,Sakugawa H. 2005. Fuel-based inventory of NO_x and SO_2 emissions from motor vehicles in the Hiroshima Prefecture,Japan. Applied Energy,80: 291-305

Parrish D D,Trainer M,Hereid D,et al. 2002. Decadal change in carbon monoxide to nitrogen oxide ratio in

U. S. vehicular emissions. J. Geophys. Res. ,107(D12): 4140

Parrish D D. 2006. Critical evaluation of US on-road vehicle emission inventories. Atmos. Environ. ,40: 2288-2300

Pokharel S S,Bishop G A,Stedman D H. 2002. An on-road motor vehicle emissions inventory for Denver: An efficient alternative to modeling. Atmos. Environ. ,36: 5177-5184

Pollack A K,Lindhjem C,Stoeckenius T E,et al. 2004. Evaluation of the USEPA MOBILE6 highway vehicle emission factor model. CRC Project E-64. http://www. epa. gov/otaq/models/mobile6/crce64. pdf

Sawyer R F,Harley R A,Cadle S H,et al. 2000. Mobile sources critical review: 1998 NARSTO assessment. Atmos. Environ. ,34: 2161-2181

Schifter I,L Diaz,Múgica V,et al. 2005. Fuel-Based motor vehicle emission inventory for the metropolitan area of Mexico city. Atmos. Environ. ,39: 931-940

Singer B C,Harley R A. 1996. A fuel-based motor vehicle emission inventory. J. Air & Waste Manage. Assoc. ,46: 581-593

Singer B C,Harley R A. 2000. A fuel-based inventory of motor vehicle exhaust emissions in the Los Angeles area during summer 1997. Atmos. Environ. ,34: 1783-1795

Singer B C,Kirchstetter T W, Harley R A,et al. 1999. A fuel-based approach to estimating motor vehicle cold-start emissions. J. Air Waste Manage. Assoc. ,49: 125-135

Ubanwa B,Burnette A,Kishan S,et al. 2003. Exhaust particulate matter emission factors and deterioration rate for in-use motor vehicles. Journal of Engineering for Gas Turbines and Power,125: 513-523

USEPA. 1994. User's Guide to MOBILE5: Mobile source emission factor model. EPA-A A-TEB-94-01

USEPA. 1995. Draft user's guide to PART5: A program for calculating particle emissions from motor vehicles. EPA-AA-AQAB-94-2

USEPA. 1999. Development and use of heavy-duty NO_x defeat device emission effects For MOBILE5 and MOBILE6. EPA420-P-99-030

USEPA. 2003. User's guide to MOBILE6. 1 and MOBILE6. 2: Mobile source emission factor model. EPA420-R-03-010

Wang H K,Fu L X,Bi J. 2011. CO_2 and pollutant emissions from passenger cars in China. Energy Policy, 39: 3005-3011

Wang H K,Fu L X,Zhou Y,et al. 2010. Trends in vehicular emissions in China's mega cities from 1995 to 2005. Environ. Pollut. ,158: 394-400

Yan F,Winijkul E,Jung S,et al. 2011. Global emission projections of particulate matter (PM): I. Exhaust emissions from on-road vehicles. Atmos. Environ. ,45: 4830-4844

Yanowitz J,Mccormick R L,Graboski M S. 2000. In-Use emissions from heavy-duty diesel vehicles. Environ. Sci. Technol. ,34: 729-740

Zhang Q,Streets D G,Carmichael G R,et al. 2009. Asian emissions in 2006 for the NASA INTEX-B mission. Atmos. Chem. Phys. ,9: 5131-5153

Zheng J Y,Zhang L J,Che W W,et al. 2009. A highly resolved temporal and spatial air pollutant emission inventory for the Pearl River Delta region,China and its uncertainty assessment. Atmos. Environ. ,43: 5112-5122

Zhou Y,Wu Y,Yang L,et al. 2010. The impact of transportation control measures on emission reductions during the 2008 Olympic Games in Beijing,China. Atmos. Environ. ,44: 285-293

第6章　基于工况的排放因子模型

在建模方法上,工况排放因子模型与基于平均速度的宏观模型类似,也是以实测排放数据与所选的"代用参数"之间的数学规律为核心,采用统计回归等数学手段拟合出最接近该规律的数学函数。不同的是,工况模型选择的行驶特征"代用参数"包括了平均速度、瞬时速度、加速度等多种工况行驶特征参数,因此比宏观模型采用的"平均速度"能更全面地表征机动车的实际运行情况。

国际上开发的工况模型有很多种,但大多数模型很难应用到其他地区,移植性较差。目前国际上应用最广泛的是美国的 IVE 模型(International Vehicle Emission model)。在中国,清华大学针对中国城市的行驶特征,根据全国五个城市共 126 辆车的测试结果,建立了基于工况的中国城市排放因子模型 DCMEM(Driving-Cycle Based Mobile Emission Factors Model)。本章主要探讨 IVE 模型的方法学及其在中国城市的应用,阐述 DCMEM 模型的方法学、开发过程和应用,并评价工况排放因子模型的准确性和适用性。

6.1　方法学概述

随着机动车排放研究的不断发展,20 世纪 80 年代初,研究者开发了工况排放模型。与宏观模型相比,工况模型着眼于机动车的行驶状态(即加速、匀速、减速、怠速等状态),将行驶特征对排放的影响考虑地更为全面,选用的"代用参数"更具代表性。工况模型的特点是,以实测排放数据与"代用参数"之间所体现的数学规律为核心,采用统计回归等数学手段拟合出最接近该规律的数学函数。为了更准确地表达两者的关系,一些工况模型在建立数学函数时,会借助机动车排放和"代用参数"之间的物理关系。根据"代用参数"的选取和处理方法,工况模型可分为多维矩阵和图形、统计回归数学工况模型和基于发动机负载的数学工况模型。

1. 多维矩阵和图形

数学工况模型出现很早,但是由于测试手段的限制,发展缓慢。最早的工况模型采用多维矩阵的方式,比较常见的是速度-加速度二维矩阵。矩阵的列和行分别代表速度和加速度(或者速度×加速度)的连续区间,矩阵的值是对应速度和加速度的排放水平。这种矩阵模型的建立以大量实验数据为基础。当输入机动车的一段行驶特征时,模型会逐一查找各行驶状态所对应的排放值,然后加和得到车辆的排放水平。研究者还开发了与上述矩阵算法颇为类似的发动机功率-速度图形,直接建立排放与发动机功率和速度之间的关系,加速度、坡度和空调等影响因素均被考虑在内。由于涉及发动机功率,这种矩阵的建立过程非常繁琐(Post et al.,1984;Joumard et al.,1995;Sturm et al.,1998)。矩阵和图形方法基于机动车的稳态行为,忽略了机动车某一时刻的行为对下一时刻排放的影响(Scora and Barth,2006)。多维矩阵和图形方法在 20 世纪 80 年代和 90 年代的欧洲应用较为广泛。

2. 统计回归数学工况模型

统计回归数学工况模型方法以测试数据为基础,运用统计回归数学方法建模。Cernuschi 等(1995)以速度 v 为"代用参数",回归得到排放速率与速度 v 的多项式函数 $\Sigma_i K_i v^i$。佐治亚理工大学(Georgia Institute of Technology,GIT)开发的整合工况排放模型 MEASURE(Mobile Emission Assessment System for Urban and Regional Evaluation)基于 USEPA 和 CARB 测试的 13000 多套台架测试数据,运用分层二叉树回归分析法(hierarchical tree-based regression analysis,HTBR)与普通最小二乘回归法(ordinary least squares regression,OLSR)对主要的排放影响因素进行回归分析并建模(Bachman,1997;Fomunung,2000;Fomunumg et al.,1999)。

统计回归数学工况模型只考察排放和各影响因素之间所表现的数学规律,并不关心这种规律的物理意义。与多维矩阵和图形方法相比,这类模型在使用上更为灵活,对各影响因素的处理方法更为细致,模拟的结果也较准确。但这类模型用于其他国家和地区时需要较多的修正,因此移植性较差。

3. 基于发动机负载的数学工况模型

为了提高模拟准确程度,一些数学工况模型借助发动机负载和排放的物理联系,通过实测数据建立排放与纳入发动机负载的"代用参数"之间的数学函数关系,这类模型被称为基于发动机负载的数学工况模型,以加州大学河滨分校(University of California at Riverside,UCR)的 IVE 模型[1](Davis,2005)和清华大学开发的 DCMEM 模型为主要代表(王岐东,2005;王岐东等,2008)。IVE 和 DCMEM 模型采用机动车比功率(vehicle specific power,VSP)作为表征行驶特征的"代用参数"。由于考虑了排放的物理原理,基于发动机负载的数学工况模型比纯数学方法建立的工况模型能更好地描述行驶特征对排放的影响机理和过程,因此具有更高的准确性。

目前,多维矩阵和图形的模型方法已经不再使用,第二种纯数学工况方法也朝

---

[1] IVE model users manual:Version 2.0. www.issrc.org/ive/downloads/manuals/UsersManual.pdf

着挖掘排放物理意义的方向发展。国际上应用最多的为第三种模型，即基于发动机负载的工况模型。本章以 IVE 模型为例重点介绍纳入发动机负载物理意义的工况模型方法学，并描述中国工况排放因子模型 DCMEM 模型的建模方法和过程（包括车辆排放测试、测试数据分析和处理、排放速率数据库建立和输入输出模块构建等），以及模型的应用和结果分析。

6.2　IVE 模型方法学及应用

IVE 模型由美国 EPA 资助，美国加州大学河滨分校开发，用于模拟发展中国家城市的机动车污染物排放并支持控制决策。目前 IVE 模型已经在中国、智利、摩洛哥、印度、秘鲁等多个发展中国家得到推广和应用。IVE 模型可以计算机动车排放因子，也可以计算机动车排放量，从这个意义上讲，IVE 模型也是一个排放清单模型。

6.2.1　方法学

与 MOBILE 和 EMFAC 模型类似，IVE 模型采用对基准排放因子进行修正的方式计算车辆在特定运行条件下的排放因子，即利用模型内嵌的基准排放因子 B_j 乘以一系列修正参数 $K_{i,j}$ 得到当地城市每种机动车技术 j 的排放因子水平 Q_j，如第 5 章式（5-2）所示。其中，基准排放因子的确定基于大量实验室测试结果的数学统计和回归。

而与 MOBILE 和 EMFAC 等基于平均速度的宏观模型不同，IVE 模型考虑了速度、加速度和道路坡度等多种参数的影响，因此 IVE 模型能较准确地模拟与 FTP 工况截然不同的工况下的排放，从这个意义而言，IVE 模型对本地行驶特征与 FTP 工况差别较大的国家和地区具有更好的适用性。此外，IVE 模型还采用了多种技术分类方法，这令 IVE 模型具有非常好的可移植性。

1. 模型结构

图 6-1 为 IVE 模型的结构示意图，IVE 模型由三个数据输入界面和一个结果输出界面构成：

1）当地城市信息界面（Local Page），用户在此界面输入当地温度、道路平均坡度、车队冷启动频率、行驶工况、行驶里程等信息，当输入的行驶里程为 1 km 时，模型输出机动车排放因子，当输入车队年均行驶里程时，模型输入机动车排放量。

2）车队技术界面（Fleet Page），此界面要求用户提供城市机动车的技术分布信息。排放因子的影响因素包括车型、发动机技术、污染控制技术、累积行驶里程、车重和燃料等因素，IVE 根据上述影响因素对机动车进行技术分类。由于 IVE 的

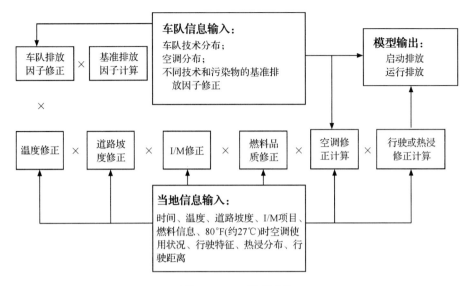

图 6-1　IVE 模型结构

资料来源：www. issrc. org/ive/downloads/manuals/UsersManual. pdf

服务对象为发展中国家,考虑到不同地区技术分类的原则有所不同,IVE 模型采取多种技术分类方法,将机动车详细划分为 1372 种技术,每种技术对应一个排放水平。用户可根据当地机动车的分类习惯,选择合适的分类方法,填写 Fleet Page 输入界面。用户还可根据当地情况增加某些技术分类。与 MOBILE 和 EMFAC 模型等宏观模型相比,IVE 模型的车型分类方法更灵活。

3）基准因子修正界面(Base Adjustment),IVE 模型根据美国大量基于 FTP 的台架测试结果设定了模型的基准排放因子,用户在输入界面提供的修正信息可对模型默认的排放因子进行修正。IVE 模型对温度、湿度和海拔高度等修正因子的确定采用 MOBILE6.2 模型中的方法[1],但采用不同的行驶特征修正方法。

4）结果输出界面(Main Calculation Page),计算出机动车每时或者每日的 CO、VOC、NO_x、SO_2 和 PM 五种常规污染物,铅、醛类化合物等六种有毒物质,以及 CO_2 等三种温室气体的排放总量。

2. 行驶特征的修正方法

IVE 模型与 MOBILE 模型的主要不同之处在于两者采用不同方法处理行驶状态。IVE 模型引入了 VSP 和发动机负荷(engine stress,ES)两个参数,用于描

─────────────

① Attachment B：Development of the correction factors for use in the IVE model. www. issrc. org/ive/downloads/manuals/AttachB_CF. pdf

述机动车瞬态工作状态和排放的关系。VSP 的物理意义为瞬态机动车输出功率与机动车质量的比值,这个概念由 MIT 的 Jiménez(1999)提出,随后被后续研究广泛应用(Frey et al.,2010),美国 EPA 开发的新一代综合排放因子模型 MOVES 模型也采用了 VSP 作为"代用参数"(参见本书第 8 章)。

VSP 概念综合了速度、加速度、坡度及风阻等参数,单位为 kW/t 或者 m^2/s^3,又称机动车比功率,如式(6-1)所示。

$$\begin{aligned}
\text{VSP} &= \frac{\dfrac{d(\text{KE}+\text{PE})}{dt}+F_r v+F_A v}{m} \\
&= \frac{\dfrac{d}{dt}[0.5\times m(1+\varepsilon_i)v^2+mgh]+C_R mgv+0.5\times \rho_a C_D A\,(v+v_m)^2 v}{m} \\
&= v[a(1+\varepsilon_i)+g\times\theta+g\times C_R]+0.5\times\rho_a\frac{C_D A}{m}\,(v+v_m)^2 v
\end{aligned} \qquad (6\text{-}1)$$

其中,KE 为车辆动能,N·m;PE 为车辆势能,N·m;F_r 为摩擦阻力,N;F_A 为风阻力,N;v 为车辆行驶速度,m/s;m 为车辆质量,kg;a 为车辆行驶瞬态加速度,m/s^2;ε_i 为质量因子,量纲一;h 为车辆行驶时所处位置的海拔高度,m;θ 为道路坡度;g 为重力加速度,取为 9.81 m/s^2;C_R 为滚动阻尼系数,量纲一,与路面材料和轮胎类型有关,一般在 0.0085~0.016 之间;C_D 为风阻系数,量纲一;A 为车辆挡风面积,m^2;ρ_a 为环境空气密度,在 20 ℃时为 1.207 kg/m^3;v_m 为风速,m/s。

经过进一步整理和简化,VSP 最终的计算公式为式(6-2)。

$$\text{VSP} = v[1.1a+9.81[a\tan(\sin\theta)]+0.132]+0.000302v^3 \qquad (6\text{-}2)$$

为了更准确地模拟发动机历史工作状态和污染物排放的关系,IVE 模型引入了量纲为一的参数 ES。ES 与机动车瞬时速度和发动机前 20 秒的历史 VSP 有关,如式(6-3):

$$\text{ES} = 0.08\times\text{Preaverage}+\text{RPMindex} \qquad (6\text{-}3)$$

式中,Preaverage 为发动机前 25 秒到前 5 秒的 VSP 平均值,kW/t;0.08 为经验系数,t/kW;RPMindex 为发动机转速指数,为瞬态速度与速度分割常数的商,速度分割常数的取值由速度和 VSP 决定,见表 6-1,发动机转速指数最小值为 0.9。

表 6-1　用于计算发动机转速指数的速度分割常数

速度(m/s)	VSP<16 kW/t	VSP≥16 kW/t
$v<5.4$	3	3
$5.4\leqslant v<8.5$	5	3
$8.5\leqslant v<12.5$	7	5
$v\geqslant12.5$	13	5

　　IVE 模型利用 VSP 和 ES 将发动机瞬时工作状态分成 60 个 VSP 区间(bin)，见表 6-2，每个 VSP 区间对应一个排放水平，据此建立发动机瞬时工作状态与排放的分段对应关系①。根据 VSP 区间的时间分布以及各区间和排放的对应关系，IVE 可模拟机动车在非 FTP 工况下的排放因子。图 6-2 显示了 IVE 模型建立各区间瞬态排放数据库，以及处理非 FTP 工况行驶状态参数的流程。

表 6-2　60 个 VSP 区间与 VSP 和 ES 的对应关系

VSP 区间编号 / VSP(kW/t)	低负荷 $-1.6 < ES \leqslant 3.1$	中负荷 $3.1 < ES \leqslant 7.8$	高负荷 $7.8 < ES \leqslant 12.6$
$-80.0 \leqslant VSP < 44.0$	0	20	40
$-44.0 \leqslant VSP < -39.9$	1	21	41
$-39.9 \leqslant VSP < -35.8$	2	22	42
$-35.8 \leqslant VSP < -31.7$	3	23	43
$-31.7 \leqslant VSP < -27.6$	4	24	44
$-27.6 \leqslant VSP < -23.4$	5	25	45
$-23.4 \leqslant VSP < -19.3$	6	26	46
$-19.3 \leqslant VSP < -15.2$	7	27	47
$-15.2 \leqslant VSP < -11.1$	8	28	48
$-11.1 \leqslant VSP < -7.0$	9	29	49
$-7.0 \leqslant VSP < -2.9$	10	30	50
$-2.9 \leqslant VSP < 1.2$	11	31	51
$1.2 \leqslant VSP < 5.3$	12	32	52
$5.3 \leqslant VSP < 9.4$	13	33	53
$9.4 \leqslant VSP < 13.6$	14	34	54
$13.6 \leqslant VSP < 17.7$	15	35	55
$17.7 \leqslant VSP < 21.8$	16	36	56
$21.8 \leqslant VSP < 25.9$	17	37	57
$25.9 \leqslant VSP < 30$	18	38	58
$30 \leqslant VSP < 1000$	19	39	59

---

①　Attachment C：Characterizing emission variations due to driving behavior from on-road vehicles. www. issrc. org/ive/downloads/manuals/AttachC_DA. pdf

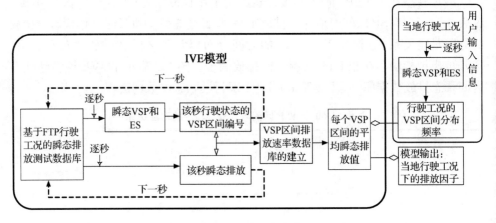

图 6-2　IVE 模型行驶状态参数处理程序

6.2.2　数据获取方法

IVE 模型的特点之一为面向发展中国家城市。为了更好地掌握发展中国家的车辆技术和排放水平,IVE 开发者与发展中国家当地研究者合作,在多个城市开展实地调研和排放测试,获取各城市的车队技术分布、行驶特征和排放信息,丰富 IVE 模型的数据库。IVE 开发者已经在墨西哥的墨西哥城、肯尼亚的内罗毕、智利的圣地亚哥、印度的浦那、土耳其的伊斯坦布尔等城市开展了调研和测试研究(Lents et al.,2004;Davis et al.,2005;Liu et al.,2009a)。

2004 年起,IVE 模型的数据研究拓展到中国。2004 年,IVE 模型开发者与清华大学进行合作,在北京开展了为期两周的调研和测试,获取了 IVE 模型所需的车辆技术分布和活动水平,研究内容包括行驶特征测试、交通流量视频数据采集、停车场车辆技术调研和车启动分布调查(Liu et al.,2005)。2006 年,清华大学在天津组织调研,应用 IVE 模型数据收集方法获得了天津市轻型车技术分布数据(Oliver et al.,2008)。2007 年,IVE 模型开发团队与清华大学在西安和北京组织了针对轻型柴油车的大型测试研究,这次测试采用了车载排放测试系统(portable emissions measurement system,PEMS),共测试了 77 辆轻型柴油车的排放(Liu et al.,2009b)。此外,IVE 模型开发者还与上海市环境科学研究院合作在上海开展了数据调研工作(Huang et al.,2005)。这些调研和测试工作收集到的数据均纳入了 IVE 模型的数据库。

在长期的探索和实践中,IVE 模型已经形成一套准确高效的数据获取方法,为各国机动车排放研究者广泛采用和借鉴(Guo et al.,2008;Oanh et al.,2012),这成为了 IVE 模型方法学的特色之一。本节以 2004 年 IVE 模型开发团队与清华大学合作在北京开展的 IVE 模型数据收集工作为例,着重介绍 IVE 模型获取车辆行驶特征、交通流量特征和技术分布特征的方法。

1. 行驶特征测试和分析

对轻型乘用车、摩托车、出租车、公交车和轻型卡车五类车的行驶特征进行测试。实验仪器为车载 GPS，在车辆行驶的过程中记录车辆的经纬度、速度和加速度等信息，测试历时两周，每周三天，均为工作日。不同类型车采用不同的方法。

对轻型乘用车采用固定路线车辆追踪技术，在北京市北居住区、中心商业区和南居住区各划定一段快速路、主干路和居民路。选择三辆轿车，分别在三个区行驶。每小时换一种路型。测试第一周从 7:00 到 14:00，第二周从 14:00 到 21:00。三辆车每天轮换区域和起始的道路类型。六天测试收集到三个区域每种道路类型 7:00～21:00 之间每个小时的行驶特征数据。本书第 4 章 4.4.1 小节描述了本次测试的路线设计与行驶程序。

对摩托车也采用固定路线车辆追踪技术，让两辆装有 GPS 的摩托车在上述北区和中心区划定路线上行驶，交替程序与轻型车相同。

在两辆不同的出租车上架设 GPS，用于记录出租车正常营运时的行驶特征规律。测试工作共进行 6 天，每天从早 6:30 开始，晚 20:30 结束，共收集了 12 辆出租车全天的行驶数据。

两名研究者各自携带 GPS 在全北京市范围内随机乘坐公交车，中间随机换乘其他公交车，换乘等待时，关闭 GPS，车辆启动时，开启 GPS。测试时间第一周为 7:00～14:00，第二周为 14:00～21:00。

选取两辆轻型卡车，在车上架设 GPS 记录轻型卡车正常营运的行驶特征数据。北京白天禁止卡车在城内行驶，仅搬家公司、邮政卡车等特殊运输服务车辆不受该限制。此次测试研究选取的车辆均为搬家公司车辆，测试历时六天，均为工作日，每天从早上 7:00 开启 GPS，晚上 21:00 关闭 GPS。

根据 GPS 记录的数据，计算各类车型每小时的平均速度以及 VSP 的 bin 分布，作为 IVE 模型中模拟北京市机动车排放的行驶输入数据。图 6-3 为各类车辆每小时的平均速度变化曲线及不同时段的 VSP bin 分布。

2. 交通流量视频数据采集和结果分析

为了获取 IVE 模型计算排放量所需的交通流量信息和车队各类车型的分布比例，采用视频数据采集技术对北京市快速路、主干路和居民路的交通流量进行采集和分析。以行驶特征研究中划定的 3 个区 9 条道路为基础，在每条道路上选择一个安全且视野开阔的地点架设摄像设备。拍摄点选择道路边或者人行过街天桥。如果双向交通流量有明显不同，则选择交通流较大的一面作为拍摄方向。图 6-4 为交通流量视频数据采集的拍摄地点和示意图。

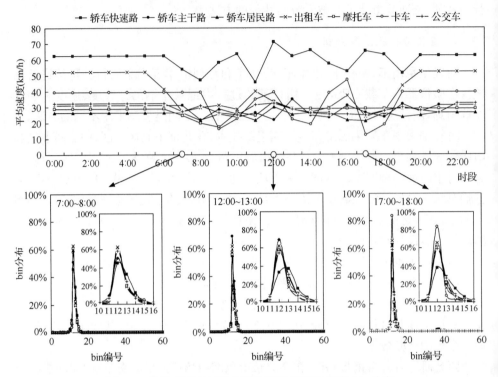

图 6-3　各类车辆各时段的平均行驶速度及 VSP bin 分布

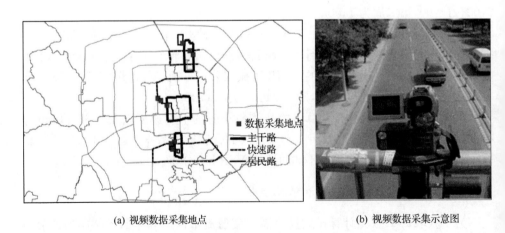

(a) 视频数据采集地点　　　　　　　(b) 视频数据采集示意图

图 6-4　北京市交通流量视频数据采集地点及示意图

　　数据采集共进行 6 天,均在工作日进行,第一周的数据采集从早上 6:00 开始到下午 14:00 结束(第一天从早上 7:00 开始),第二周的数据采集从下午 14:00 开始到晚上 21:00 结束,每天的数据采集工作集中在一个区,在三种道路上交替采集。每个小时拍摄前 20 分钟,用以代表整个小时内的交通流水平,其余 40 分钟用于拍摄地点的转移以及下一时段拍摄工作的准备。数据采集工作共获取 9 条道路上共 44 个小时的交通流数据。具体流程如表 6-3 所示。

表 6-3　视频数据采集程序

| | | 第一天(北区) | | | 第二天(南区) | | | 第三天(中心区) | | |
		快速路	主干路	居民路	快速路	主干路	居民路	快速路	主干路	居民路
第一周	6:00~7:00					√				√
	7:00~8:00	√				√				√
	8:00~9:00		√				√	√		
	9:00~10:00			√	√				√	
	10:00~11:00	√				√				√
	11:00~12:00		√				√	√		
	12:00~13:00			√	√				√	
	13:00~14:00	√				√				√
第二周	14:00~15:00	√				√				√
	15:00~16:00		√				√	√		
	16:00~17:00			√	√				√	
	17:00~18:00	√				√				√
	18:00~19:00		√				√	√		
	19:00~20:00			√	√				√	
	20:00~21:00	√				√				√

表 6-4 为从拍摄的视频中读取的交通流量结果。南区快速路流量明显小于北

表 6-4　交通流量视频数据采集点和流量

		单向车道数	地点	流量(辆/h)
北区	快速路	4	北四环惠新东桥西过街天桥	5201
	主干路	2	惠新东街	1119
	居民路	2	亚运村居民小区	490
中心区	快速路	4	二环阜成门桥	4898
	主干路	2	西单北大街过街天桥	956
	居民路	2	丰盛胡同	729
南区	快速路	3	南三环洋桥西过街天桥	2813
	主干路	2	马家堡东路过街天桥(洋桥北)	973
	居民路	1	建欣苑居民小区	385

区和中心区,单车道流量仅为北区和中心区快速路流量的75%左右。北区快速路流量比中心区略高一些。三个区的主干路流量相似。中心区居民路的流量较高,是其他地区的1.5～1.9倍。

　　研究为不连续采样,每条路上的数据结果存在一定的时间间隔,无法完全反映全日内交通流量的时变化。由于城市居民日出行具有内在规律,因此各年份的交通流量全日时变化具有相似特征。根据实测数据,并参考北京市交通流量相关的以往研究[①],采用式(6-4)计算得到各个时段的道路交通流量。

$$Q_{i,j}^{M} = \alpha_{i,j} \times \frac{K_i}{\sum\limits_{k} \left(\dfrac{\alpha_{i,k}}{Q_{i,k}^{T}} \right)} \qquad (6\text{-}4)$$

其中,i为道路类型;j为时段;k为本次测试的数据采集时段;$Q_{i,j}^{M}$为i类型道路在j时段的交通流量模拟值,辆/h;$Q_{i,j}^{T}$为i类型道路在j时段的交通流量实测值,辆/h;K_i为数据采集时段的个数;$\alpha_{i,j}$为i类型道路在j时段的时变化系数,意义为i类型道路在j时段的交通流量在全日交通流量的分担比例,取值如表6-5所示。

表 6-5　不同道路交通流量时变化系数

时段	快速路	主干路	居民路	时段	快速路	主干路	居民路
0:00～1:00	0.024	0.024	0.018	12:00～13:00	0.054	0.054	0.052
1:00～2:00	0.016	0.016	0.008	13:00～14:00	0.051	0.051	0.045
2:00～3:00	0.012	0.012	0.006	14:00～15:00	0.059	0.059	0.040
3:00～4:00	0.010	0.010	0.005	15:00～16:00	0.062	0.062	0.045
4:00～5:00	0.009	0.009	0.005	16:00～17:00	0.061	0.061	0.049
5:00～6:00	0.009	0.009	0.005	17:00～18:00	0.058	0.058	0.054
6:00～7:00	0.015	0.015	0.010	18:00～19:00	0.057	0.057	0.063
7:00～8:00	0.034	0.034	0.081	19:00～20:00	0.053	0.053	0.073
8:00～9:00	0.060	0.060	0.076	20:00～21:00	0.048	0.048	0.049
9:00～10:00	0.062	0.062	0.070	21:00～22:00	0.046	0.046	0.046
10:00～11:00	0.062	0.062	0.065	22:00～23:00	0.043	0.043	0.043
11:00～12:00	0.060	0.060	0.058	23:00～0:00	0.035	0.035	0.035

　　图6-5为各种道路交通流量的模拟结果,并与实测值进行了对比,在实际采样时段内,快速路、主干路和居民路交通流量的模拟结果和实测结果的平均几何偏差分别为4.9%、0.2%和3.3%。

---

① 国家科技专项"北京市大气污染控制对策研究"子课题"北京市大气污染的成因和来源分析",2001年

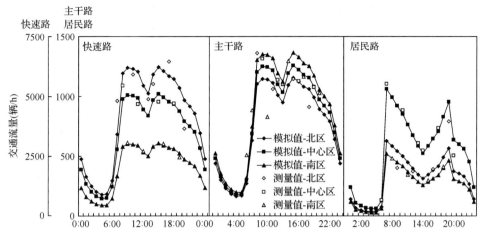

图 6-5　各区快速路、主干路和居民路交通流量

表 6-6 为各种道路上的交通流结构。交通流中普通轻型车(指私家车和商务用车)的平均比例为 67.3%,出租车为 23.5%,其他车型为 9.2%。由普通轻型车和出租车构成的轻型车队是交通流中的主要组成部分,在各种道路的交通流中占 85%～96%。

表 6-6　各种道路上的交通流结构

		普通轻型车	出租车	其他
北区	快速路	84.8%	10.0%	5.2%
	主干路	65.1%	22.7%	12.2%
	居民路	59.5%	25.0%	15.5%
	平均	69.8%	19.2%	11.0%
中主区	快速路	76.3%	19.4%	4.3%
	主干路	40.6%	49.1%	10.3%
	居民路	71.3%	24.2%	4.5%
	平均	62.7%	30.9%	6.4%
南区	快速路	81.9%	10.5%	7.6%
	主干路	57.1%	28.7%	14.2%
	居民路	68.9%	21.7%	9.4%
	平均	69.3%	20.3%	10.4%
	快速路平均	81.0%	13.3%	5.7%
	主干路平均	54.3%	33.5%	12.2%
	居民路平均	66.6%	23.6%	9.8%
	总平均	67.3%	23.5%	9.2%

在快速路上,普通轻型车的比例达到 80％以上。根据 1997～1998 年清华大学对北京市交通流结构数据采集的结果,1998 年,普通轻型车在城市交通流内的比例仅为 47％,出租车比例为 35％,轻型乘用车总计为 82％(郑毅,1998)。由此可见,6 年内北京市交通流结构发生了巨大的变化,普通轻型车迅速成为交通流主体,主要原因来自于近年来私家车保有量的快速增长,这无疑给城市交通系统带来了极大的负担。

不同城市功能区的交通流结构具有明显差异。其中居民区的普通轻型车比例较高,南北居民区的普通轻型车比例平均约为 70％,出租车比例平均为 20％左右;中心商业区的经济活动频繁,出租车的比例相对较高,达到 31％,在中心区主干路上,出租车的比例接近 50％。

不同时段的交通流结构表现出规律性变化。在 6:00～7:00 居民尚未大量出行时,普通轻型车的比例偏低,出租车为车流中主要组成部分,比例达到 40％～65％。在早晚两个交通高峰时段内,普通轻型车比例升至最高,在南北居民区的道路交通流内可达到 80％以上。在中午和晚上的交通平峰时段内,普通轻型车的比例下降,出租车比例逐渐增长,但是普通轻型车仍为车流中的主体。

3. 停车场车辆技术调研

在北京市南北居民区和中心商业区的停车场开展为期两周的车辆技术调研,共获得 1274 辆轻型车的出厂年份、里程表读数、发动机技术和排量等技术信息,这部分调研工作已在本书第 3 章 3.2.1 小节详细阐述。在 IVE 模型中的 1372 个车型分类中选定一套适合北京的分类方法,计算每种技术类别的比例,生成 IVE 模型的车辆技术分布输入文件。

4. 车启动分布调查

应用 IVE 模型开发者研制的车辆使用特征记录仪 VOCE 收集车辆启动信息[①]。随机挑选 75 个职业多样化的轿车司机。在 75 个车上安装 VOCE。司机按照各自的日常安排正常使用车辆,第 10 天将 VOCE 仪器返还。每个 VOCE 仪器完整地记录了 9 天的车辆启动信息,共获取了 630 天的有效启动信息,然后将启动信息整理成 IVE 模型所需的热浸时间分布。本书第 3 章 3.2.1 小节对这部分工作进行了描述。

IVE 模型具有较好的移植性。为了方便各国研究者使用,IVE 模型设计了"城市档案"功能,并将已开展调研城市的地理信息、车队信息和行驶特征信息储存

---

① Attachment D: Field data collection activities. http://www.issrc.org/ive/downloads/manuals/AttachD_DC.pdf

在档案中。这样,用户在使用 IVE 模型时,既可以自己制作输入文件,也可以调出某一城市的档案然后进行调整。目前 IVE 模型中已建立了多个城市的城市档案,包括美国洛杉矶,智利圣地亚哥,肯尼亚内罗毕,印度浦那,哈萨克斯坦阿拉木图,墨西哥墨西哥城,秘鲁利马,巴西圣保罗,中国的北京、上海和天津,哥伦比亚波哥大和土耳其伊斯坦布尔,遍布亚洲、非洲、北美洲和南美洲。IVE 模型的数据库还在继续扩充。

6.2.3　在全球及中国的应用

由于 IVE 模型较好的灵活性和移植性,IVE 模型在多个发展中国家得到应用。在印度,IVE 模型用来模拟金奈、德里,阿姆利则和马苏里等城市的机动车排放(Nesamani and Subramanian,2006;Nesamani,2010;Nagpure et al.,2011)。Nagpure 和 Gurjar(2012)开发了印度机动车排放清单模型(Vehicular Air Pollution Inventory,VAPI),其中排放因子以及温度和海拔修正因子等采用了 IVE 模型的数据。Oanh 等(2012)应用 IVE 模型模拟了河内摩托车队的排放,分析了技术进步的减排潜力。各国研究者还对 IVE 模型研究本地机动车排放的准确性开展评价。Gallardo 等(2012)利用波哥大(哥伦比亚)、布宜诺斯艾利斯(阿根廷)、圣地亚哥(智利)和圣保罗(巴西)的十年观测数据对 IVE 模型模拟上述城市机动车的排放结果做了验证,认为 IVE 模型严重高估了这些城市的机动车 CO 排放,并将原因归为 IVE 模型默认的排放因子较高。

自从 2004 年 IVE 模型纳入北京和上海的数据以来,IVE 模型在中国得到广泛应用。应用中,研究者在本地开展行驶特征调研,然后输入到 IVE 模型中。姚志良等(2006)应用 IVE 模型和 MOBILE6.2 模拟了北京机动车的热运行排放,结果表明两个模型得到的 HC 和 NO_x 排放结果一致性较好(相差 $-7\%\sim6\%$),但 CO 结果差异很大,IVE 模型比 MOBILE 模型低 63%,在特殊时段(例如交通早晚高峰),两个模型的模拟结果会差两倍以上。最初 IVE 模型主要用于研究单个城市的机动车排放因子和排放清单。由于 IVE 模型能够更好地体现城市工况差别对排放的影响,IVE 模型越来越多地应用于挖掘不同发展阶段、不同规模和行政级别以及不同行驶特征的城市的机动车排放变化规律(Huo et al.,2011;姚志良等,2012),也用来评价各种排放控制措施的减排效果和潜力(李新兴等,2012)。表 6-7 总结了中国研究者应用 IVE 模型在中国开展的机动车排放研究。

中国研究者对 IVE 模型开展了许多对比和验证工作。Guo 等(2007a)基于遥感测试结果估算了杭州市机动车排放量,并与 IVE 模型模拟结果进行了对比,结果发现,基于遥感测试估算的 CO 和 HC 排放比 IVE 模型模拟结果分别高 45.5% 和 6.6%,NO_x 排放低 53.7%。王景楠等(2009)基于重型柴油客车的车载测试数据对 IVE 模型进行了验证,发现高速和中速下,IVE 模型高估了 CO 和 HC 排放,

表 6-7　应用 IVE 模型在中国开展的机动车排放研究

研究	研究单位	应用区域/城市	模拟年	研究内容
姚志良等(2006)	清华大学等	北京	2004	HC, CO, NO_x, PM_{10}
王海鲲等(2006)	上海市环境科学研究院等	上海	2004	HC, CO, NO_x, PM_{10}
竟峰和张旭(2006)	同济大学	上海	未知	HC, CO, NO_x, PM_{10}
Guo 等(2007a,2007b)	浙江大学	杭州	2005	HC, CO, NO_x
刘欢等(2008)	清华大学	天津	2006	HC, CO, NO_x, PM_{10}
Wang 等(2008)	清华大学等	上海	2004	HC, CO, NO_x, PM
薛佳平等(2010)	浙江大学等	杭州	2004	NO_x
Huang 等(2011)	上海市环境科学研究院等	长三角	2007	$SO_2, NO_x, CO, PM_{2.5},$ NH_3 等
Huo 等(2011)	清华大学等	北京等 22 城市	2007	$HC, CO, CO_2, NO_x, PM_{10}$
董红召等(2011)	浙江工业大学等	杭州	未知	CO 和 NO_x
姚志良等(2011)	北京工商大学等	北京,上海,深圳	2007	1,3-丁二烯、苯等 8 种非常规污染物
Liu 等(2011)	江苏大学	南京	2010	NO_x
王孝文等(2012)	浙江大学	杭州	2010	HC, CO, NO_x, PM
姚志良等(2012)	北京工商大学等	北京等 12 城市	1990～2009	HC, CO, NO_x, PM
李新兴等(2012)	浙江大学等	杭州	2010	NO_x

低估了 NO_x 和 PM 排放,且误差较大;在低速下,高估及低估的程度降低,但 CO 和 HC 的排放模拟仍存在较大误差。由此可见,IVE 模型用于模拟中国机动车排放时,会引入一定的误差,主要原因为 IVE 内嵌的美国排放因子数据与中国车辆实际排放水平之间存在差异。

6.3　中国工况排放因子模型 DCMEM 的开发与应用

尽管 IVE 模型具有比较好的移植性和适用性,但是其内嵌的排放因子数据库基于美国车辆的排放测试数据,因此在中国应用 IVE 模型会产生一定的不确定性。

2004 年,清华大学基于 VSP 和 ES 两个核心参数,以中国实测的机动车排放数据为基础,建立了适用于中国的机动车工况排放因子模型 DCMEM(王岐东,2005;王岐东等,2008)。模型的开发分为两个部分:排放速率数据库的建立,输入数据的处理及排放因子的计算。每个部分的开发程序及方法如下:

1. 排放速率数据库的建立

1) 在北京、重庆、成都、长春和吉林市等城市开展机动车排放测试,收集逐秒的行驶特征参数及排放数据。

2) 将测试车辆进行分类。根据每个测试车辆的行驶数据计算逐秒的 VSP 和 ES,并按照表 6-2 的 VSP 和 ES 的划分原则,确定每秒行驶状态的 VSP 区间(bin)编号。其中 VSP 与 ES 的定义和计算方法与 IVE 模型中的相同(请参见本章 6.2.1 小节)。

3) 对同一类车归属于同一 bin 编号的行驶状态下的排放结果进行分析,解析 bin 编号与排放之间的关系曲线,建立以 g/s 为单位的 bin 排放速率数据库。

2. 输入数据的处理及排放因子的计算

1) 对用户输入的工况进行分析,根据逐秒的速度信息获取加速度等信息,计算逐秒的 VSP 和 ES。根据 VSP 和 ES 划分原则,确定每秒行驶状态的 bin 编号,然后计算这段工况 60 个 bin 的分布频率。

2) 向 bin 排放速率数据库查找每个 bin 编号的排放速率,结合 bin 分布频率,计算这段工况的排放因子,如式(6-5)所示。

$$EF_j = \frac{\sum_{i=0}^{59} (E_{i,j} \times f_i)}{v/3600} \tag{6-5}$$

其中,EF_j 为污染物 j 的排放因子,g/km;$E_{i,j}$ 为车辆在 bin 编号为 i 的行驶状态下的污染物 j 排放速率,g/s;f_i 代表输入工况在 bin 编号为 i 的分布频率;v 为输入工况的平均速度,km/h。

DCMEM 的模型框架见图 6-6。

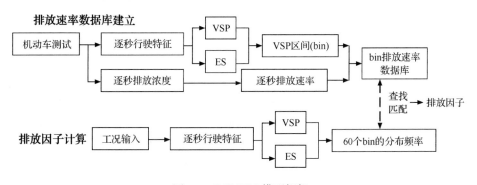

图 6-6　DCMEM 模型框架

DCMEM 模型开发工作已进行了三批测试。第一批测试采用清华大学开发的第一代多功能排放车载测试系统,于 2003~2004 年间在北京、重庆、成都、长春和吉林市五个城市开展,共测试了 38 辆轻型车的排放(王岐东,2005)。DCMEM 初期的建模工作建立在第一批测试的基础上,随后测试工作扩展到上海、深圳和广州等地,纳入 DCMEM 模型的测试样本逐渐丰富,数据库不断更新。目前 DC-MEM 已拥有 126 辆车的测试结果。本节重点介绍 DCMEM 最初的建模方法及相关测试、分析和模拟工作。

6.3.1　机动车排放测试

1. 测试系统

清华大学第一代多功能车载排放测试系统包括三个子系统,分别为工况测试子系统、设定工况在路排放测试子系统和实际在路排放测试子系统。DCMEM 模型的开发主要应用实际在路测试子系统。该子系统由 GPS、DFL 油耗仪和 Microstar测速仪、Microgas 五气分析仪及用于数据存储的笔记本构成,如图 6-7 所示(王岐东,2005)。

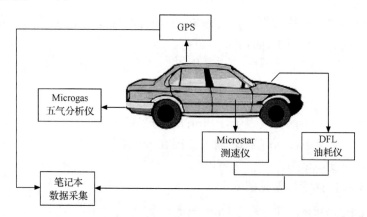

图 6-7　机动车实际在路排放测试系统

各部分的功能分别为:

1) GPS:可逐秒获取机动车在行驶中的经纬度变化、速度和海拔高度等信息。

2) DFL 油耗仪和 Microstar 测速仪:由 CORRSYS DATRON 研制。油耗仪与车辆油料管路串联,通过其传感器逐秒测得机动车在行驶中的油耗,测量范围 0.5~60 L/h,测量准确度在±0.5% 以内。Microstar 测速仪对测量表面发射波束,根据多普勒效应计算测量表面与测速仪之间的相对速度,将其安装在车门边,发射端面向地面。测量范围为 0.5~400 km/h。测试精度为小于车速的 1%。

3) Microgas 五气分析仪:由美国 SPX OTC 公司生产。该仪器的测量探头直接插入排气管内,可实时测量尾气中 O_2、CO_2、CO、HC 和 NO_x 瞬时浓度,其测量范围分别为 0～25%、0～20%、0～15%、0～3% 和 0～0.5%。HC、CO 和 CO_2 采用不分光红外分析法(non-dispersive infrared measuring method，NDIR)，NO_x 和 O_2 采用电化学方法。

　　4) 数据采集部分：包括笔记本和仪器的数据采集软件。

2. 测试车辆和测试内容

　　五城市的测试车辆信息如表 6-8 所示，其中北京和重庆各 11 辆车、吉林市 4 辆车、长春 7 辆车、成都 5 辆车，共测试了 38 辆车。在吉林市测试的车辆使用掺混 10% 乙醇的汽油。每辆车测试 2～4 天。车载测试采用固定路线车辆跟踪技术，测

表 6-8　五城市车载排放测试车辆技术参数

城市	测试车辆	车型	型号	排量(L)	技术类型	行驶里程(km)	燃料类型
北京	1#	微型车	奥拓	0.9	多点电喷+三元催化	79 500	汽油
	2#	微型车	佳宝	1.0	多点电喷+三元催化	21 000	汽油
	3#	轿车	桑塔纳	1.8	化油器	98 500	汽油
	4#	轿车	桑塔纳	1.8	化油器改造	94 000	汽油
	5#	轿车	桑塔纳	1.8	多点电喷+三元催化	81 000	汽油
	6#	出租车	富康	1.36	多点电喷+三元催化	207 000	汽油
	7#	其他车	吉普	3.0	多点电喷+三元催化	50 600	汽油
	8#	其他车	金杯	2.2	多点电喷+三元催化	14 800	汽油
	9#	轿车	捷达	1.6	多点电喷+三元催化	48 600	汽油
	10#	轿车	捷达	1.6	化油器改造	209 900	汽油
	11#	出租车	夏利	1.0	多点电喷+三元催化	80 500	汽油
重庆	12#	微型车	奥拓	0.9	多点电喷+三元催化	17 400	汽油
	13#	轿车	羚羊	1.3	多点电喷+三元催化	40 955	汽油
	14#	出租车	羚羊	1.3	多点电喷+三元催化	112 000	汽油
	15#	出租车	羚羊	1.3	多点电喷+三元催化	142 450	汽油
	16#	轿车	桑塔纳	1.8	化油器	105 500	汽油
	17#	轿车	桑塔纳	1.8	化油器	218 270	汽油
	18#	轿车	桑塔纳 2000	1.8	多点电喷+三元催化	89 322	汽油
	19#	轿车	桑塔纳 2000	1.8	多点电喷+三元催化	39 400	汽油
	20#	轿车	富康 988	1.36	多点电喷+三元催化	31 015	汽油
	21#	轿车	捷达	1.6	多点电喷+三元催化	26 400	汽油
	22#	其他车	金杯	2.2	多点电喷+三元催化	39 400	汽油

续表

城市	测试车辆	车型	型号	排量(L)	技术类型	行驶里程(km)	燃料类型
吉林市	23#	出租车	捷达	1.6	多点电喷+三元催化	259 490	汽油
	24#	出租车	捷达	1.6	化油器	370 000	汽油
	25#	出租车	捷达	1.6	多点电喷+三元催化	280 000	乙醇汽油
	26#	出租车	捷达	1.6	化油器	390 000	乙醇汽油
长春	27#	微型车	佳宝	1.0	多点电喷+三元催化	21 000	汽油
	28#	出租车	捷达	1.6	多点电喷+三元催化	279 240	汽油
	29#	出租车	捷达	1.6	化油器	452 400	汽油
	30#	出租车	捷达	1.6	化油器	455 000	汽油
	31#	出租车	捷达	1.6	化油器	240 300	汽油
	32#	轿车	捷达王	1.6	多点电喷+三元催化	71 460	汽油
	33#	其他车	金杯	2.2	多点电喷+三元催化	73 400	汽油
成都	34#	轿车	桑塔纳2000	1.8	多点电喷+三元催化	39 400	汽油
	35#	轿车	富康	1.36	多点电喷+三元催化	31 015	汽油
	36#	其他车	金杯	2.2	多点电喷+三元催化	39 400	汽油
	37#	微型车	奥拓	0.9	多点电喷+三元催化	26 715	汽油
	38#	轿车	捷达	1.6	多点电喷+三元催化	26 400	汽油

试路线制定原则如下：①测试路线涵盖的交通设施包括快速路、城市干路和居民路，以及各种道路的平面交叉路口和立体交叉路口；②尽量覆盖城市大部分道路，并增加城市交通流量较大的环路和主干路等路线的测试比例。

车载测试的测试时间选取基于如下考虑：由于五气分析仪测试方法和仪器程序的限制，只能连续工作30分钟左右。工作时间过长，不但会影响数据准确性，还会对仪器造成严重伤害。因此测试在进行30分钟后，需关闭五气分析仪，10分钟后再打开继续工作，将这称为一个测试周期。一个测试周期大约为40分钟。此外，仪器连续工作的周期次数也有限制。一次出行测试任务，只能完成2~3个测试周期，获取1~1.5小时的有效数据。测试研究中，一天出行测试2~3次。为了全面采集车辆在各种交通流状态的排放数据，测试时间以8:00~10:00和17:00~19:00两个居民出行高峰，及正午12:00~14:00为主，也适当兼顾其他时间段。

车载排放测试的主要内容为：轻型车在实际行驶过程中的瞬时速度、油耗以及CO、HC和NO_x排放浓度。

6.3.2　测试数据处理

1. 体积浓度转化为质量浓度

测试系统测得的数据无法直接分析和使用,需要经过若干步数据处理。首先须将 Microgas 五气分析仪测得的污染物排放浓度值处理为以 g/s 为单位的排放速率。

CO_2、CO、NO_x 和 HC 排放速率(g/s)的计算公式为:

$$E_i = \frac{\text{Fuel} \times (1 + \text{A/F}) \times M_i \times C_{i,w}}{M_E} \tag{6-6}$$

其中,i 为污染物种类,$i = CO_2$,CO,NO_x,HC;E_i 为污染物 i 的排放速率,g/s;Fuel 为燃料消耗速率,g/s,数据来自 DFL 油耗仪;A/F 为空燃比,数据来自 Microgas 五气分析仪,也可根据尾气中 CO、CO_2、NO_x 和 O_2 浓度进行计算;M_i 为污染气体的摩尔质量,$M_{CO_2} = 44$,$M_{CO} = 28$,$M_{NO_x} = M_{NO_2} = 46$(在本测试研究中,NO_x 的质量以 NO_2 计),$M_{HC} = 13.85$(尾气中的碳氢化合物基于单个碳原子,近似为 $CH_{1.85}$);$C_{i,w}$ 为污染物 i 的湿尾气浓度。Microgas 五气分析仪实际测得的浓度为干基浓度,在计算时还需先将其转化为湿基浓度,计算公式如式(6-7)所示:

$$C_{i,w} = C_{i,d} \times K \tag{6-7}$$

其中,$C_{i,d}$ 为污染物 i 的干尾气浓度,是 Microgas 五气分析仪直接测得的结果,$i =$ HC 时,测试结果需乘以两个系数,其一为 NDIR 方法和 FID 方法对 HC 检测结果的倍数,取为 2.2(Singer et al.,1998)。另外一个系数为 6,由于五气分析仪的 HC 体积浓度结果以正己烷当量表示,因此将其乘 6 以转化为单碳当量的 HC 体积浓度;K 为干湿基转换系数,计算公式如式(6-8)所示:

$$K = \frac{1}{1 + 0.5 \times (C_{CO,d} + C_{CO_2,d}) \times y - C_{H_2,d}} \tag{6-8}$$

其中,y 为燃料中的氢与碳的原子比,取为 1.85;$C_{H_2,d}$ 的计算公式如式(6-9)所示:

$$C_{H_2,d} = \frac{0.5 \times y \times C_{CO,d} \times (C_{CO,d} + C_{CO_2,d})}{C_{CO,d} + 3 \times C_{CO_2,d}} \tag{6-9}$$

式(6-6)中,M_E 代表尾气平均摩尔质量,采用式(6-10)计算:

$$M_E = \sum_i (M_i \times C_{i,w}) + M_{O_2} \times C_{O_2,w} + M_{H_2} \times C_{H_2,w} + M_{H_2O} \times (1 - K)$$
$$+ M_{N_2} \times \left[1 - \sum_i C_{i,w} - C_{O_2,w} - C_{H_2,w} - (1 - K) \right] \tag{6-10}$$

经过对测试数据进行如上处理后,最终获得机动车在行驶过程中五种气体以 g/s 为单位的逐秒排放速率。

2. 数据同步处理

系统的 GPS、DFL 油耗仪和 Microstar 测速仪以及 Microgas 五气分析仪彼此独立工作,因此需要对几个仪器测得的数据进行同步处理。发动机在怠速时工作稳定,油耗和排放基本保持不变,而加速前进时油耗和排放会明显升高,因此以怠速段为基准,车辆加速前进时,油耗与排放发生变化的时间差即为油耗与排放之间的延迟时间,据此对各仪器测得的数据进行调整,使每秒的数据保持同步。图 6-8为油耗和排放相对速度变化的延时示意图。

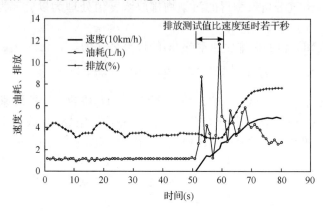

图 6-8　速度、油耗与排放的延时关系

如图所示,当车辆开始加速时,油耗仪记录的结果与速度变化保持一致,但是排放测试结果在 10 秒之后才发生变化,可能原因是污染物达到尾气分析仪需要一段时间,而且排放仪器的响应时间较慢。需要注意的是,不同车辆尾气管的构造和长度不同,其延迟时间也会有所不同。

3. 数据的过滤和分段

仪器在工作时,偶尔会发生异常现象,使测量结果中出现单点数据异常或者一组数据失真的情况。这部分数据需要被过滤掉。数据过滤原则和程序如下:

1）污染物排放速率计算结果为负值和 0 的数据。

2）采用如下程序和判据过滤测试单点异常情况:①根据每秒的速度、加速度和海拔高度计算车辆逐秒的机动车比功率(VSP);②将 VSP 值以 1 m^2/s^3 为单位分区,计算各 VSP 区间每种污染物的平均排放速率;③将超过本 VSP 区平均污染物排放速率 50 倍的点过滤。为防止有效数据被过滤,该步骤所选取的 50 倍较为保守,并不能保证所有单点异常数据被过滤掉。

测试时,仪器并非连续工作,中间时有停歇。此外,仪器读数时偶尔发生丢秒现象。为避免引起重大偏差,一段数据需严格连续。因此,研究对不连续的测试结果进行分段处理。分段原则如下:①测试时间不连续;②数据过滤造成测试时间不连续;③根据数据分析经验,测试结果中速度秒变化>5.0 m/s 的情况多为仪器丢秒所致,为简化处理程序,假设速度秒变化>5.0 m/s 的情况均属仪器丢秒,采取分段处理。

6.3.3　测试结果分析

1. VSP 区间(bin)分布

机动车运行工况的每个工作点归属于 60 个 VSP 区间(bin)中的某一个,统计各 bin 的出现次数,即可得到 bin 的频率分布 f_{bin}。以一段随机选择的、由 320 秒构成的行驶工况为例,如图 6-9(a)所示,由式(6-2)和式(6-3)计算各工作点的 VSP和 ES,然后根据表 6-2,将 320 个工作点对应到相应的 bin 中,统计各 bin 的出现次数,得到排放单元的频率分布 f_{bin},如图 6-9(b)所示。利用这一方法,可以计算任一给定工况的 bin 分布。

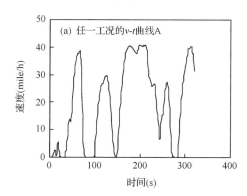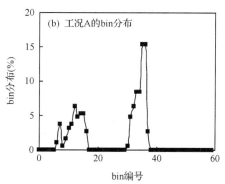

图 6-9　随机挑选的实际行驶工况 bin 分布

2. bin 排放速率特征

根据式(6-6)计算得到不同 VSP 区间(bin)的污染排放速率,图 6-10 给出了 4辆测试车辆的 bin 分布和污染物排放速率。可以看出,由于行驶工况相似,测试车辆的 f_{bin} 非常相似,但排放速率差别很大。4 辆车的 bin 分布和排放速率表现出如下特征:①编号为 11 的 bin 具有最高的分布频率;②中负荷 bin 的排放速率通常比低负荷对应 bin 的排放速率高(如中负荷的 bin20 对应低负荷的 bin0),在一个负荷区间下,排放速率随 bin 号增加而升高。

图 6-11 以北京 1♯测试车辆为例,总结了各个 bin 及不同负荷区域的污染物排放总量。某一编号 bin 的总排放量不但与该 bin 的排放速率有关,还与其 f_{bin} 有关。高排放速率的 bin 由于出现频率低,因此总排放量可能并不高,同理,即使某一编号的 bin 出现频率较高,但是由于排放速率较低,因此总排放量也可能较低。如图 6-11(a)所示,北京 1♯测试车辆的在 bin11 的 f_{bin} 最大,但最大排放量却出现

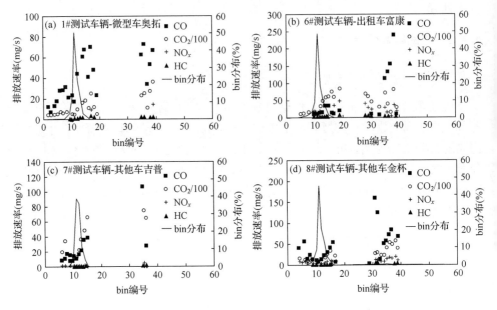

图 6-10　北京测试车辆的 bin 分布和 bin 排放速率

在 bin12。

　　对于负荷区域，高排放量区域未必出现在高排放速率区。由图 6-11(b)可见，虽然中负荷(bin20～39)具有较高的排放速率，但是污染物排放量非常小，只占总排放量的 0.93%～2.28%，主要原因是中负荷(bin20～39)的频率分布 f_{bin} 仅为 1%，而 1#车的低负荷(bin0～19)的 f_{bin} 约为 99%。与此对比，美国加州的行驶工况数据分析结果显示，高速行驶条件下，低、中和高负荷的排放分布分别为 15%、75% 和 10%；普通城市工况下，低、中和高负荷的排放分布则为 20%、80% 和 0%。这说明北京机动车的行驶状况较差，运行速度低，发动机转速较低，导致污染物排放水平高。

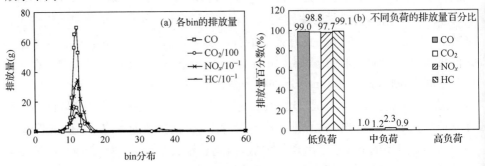

图 6-11　北京 1# 微型车奥拓在低负荷、中负荷和高负荷的排放

3. 发动机技术对排放的影响

图 6-12 对比了北京市 3 辆行驶里程相近,工况相似,但发动机技术类型不同的桑塔纳轿车(3♯、4♯和 5♯)的油耗和排放水平。其中 3♯ 车为化油器发动机,4♯ 车为化油器改造发动机,5♯ 车为多点电喷发动机+三元催化。可以看出,经过改造的化油器车与未改造机动车相比,NO_x 排放降低了 36.9%,但 CO 和 HC 只分别减少了 4.4% 和 10.0%,改造效果不明显,油耗水平反而有所增加,这主要是由于加装三元催化器后,动力性能受到影响。而多点电喷+三元催化的 5♯ 测试车与 3♯ 化油器车相比,CO、NO_x、HC 排放水平明显降低,分别降低了 82.5%、45.3%、90.0%。

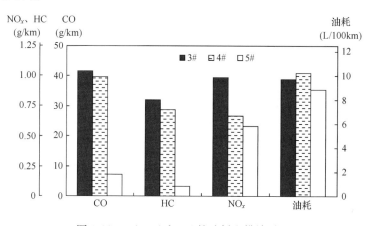

图 6-12　3♯、4♯和 5♯的油耗和排放对比

对 3♯、4♯ 和 5♯ 车的发动机运行状况进行分析,发现由于三辆车的运行工况相似,因此其排放单元分布也相似,三辆车的 f_{bin} 均在 bin11 处最大,分别为53%、47% 和 45%,但它们 bin11 所对应的污染物排放速率差别很大,以 CO 为例,分别为 204 mg/s、252 mg/s 和 7.3 mg/s(图 6-13),说明这三类车在相同工况下的排放水平相差很大。

4. 累积行驶里程对排放的影响

对比发动机技术类型相同(多点电喷+三元催化)但累积行驶里程不同的车辆的排放水平(13♯、14♯、15♯)。13♯、14♯、15♯ 车行驶里程分别为 40 955 km、112 000 km、142 450 km。图 6-14 对比了三辆车的 bin 分布频率及不同 bin 的污染物排放速率。可以看出,在 bin 分布相似的情况下,14♯ 和 15♯ 测试车辆的 bin 排放速率明显高于 13♯ 车。对三辆车的排放因子进行计算,14♯ 车的 CO、NO_x 和 HC 排放因子比 13♯ 车高 6.5%、54.6% 和 28.6%,15♯ 车的 CO、NO_x 和 HC 排

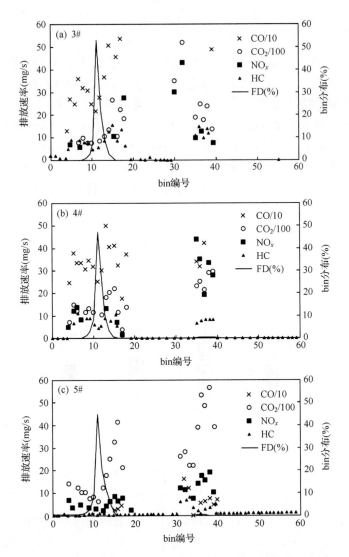

图 6-13　3♯、4♯和 5♯的 bin 分布和排放速率对比

放因子比 13♯车高 15.4％、445.5％和 171.4％,说明在行驶工况、发动机技术类型相似的情况下,机动车的排放速率将随行驶里程增加而有不同程度的升高。

5. 道路高度变化对排放的影响

以重庆和成都为例,分析道路高度变化对机动车排放水平的影响。测试车辆(12♯、13♯和 14♯)在重庆和成都均进行了车载排放测试,这三辆车在两地的排放因子和油耗水平对比见表 6-9。可以看出,车辆在重庆的污染物排放水平和油

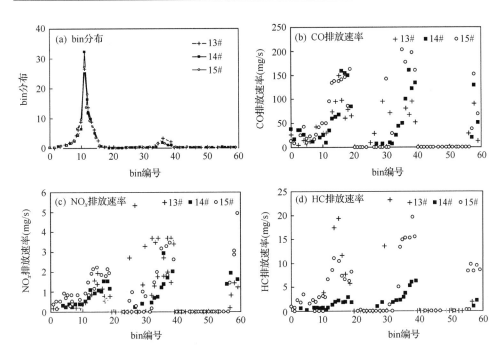

图 6-14　13#、14# 和 15# 车运行工况的 f_{bin} 和排放速率对比

耗水平比在成都行驶时有不同程度的提高。

表 6-9　重庆、成都相同测试车辆的排放因子和油耗水平对比

排放和油耗	12#		13#		14#	
	成都	重庆	成都	重庆	成都	重庆
CO(g/km)	2.54	2.71	2.49	4.97	4.29	5.37
NO$_x$(g/km)	0.66	0.73	0.75	0.82	0.13	0.19
HC(g/km)	0.010	0.013	0.042	0.079	0.04	0.07
油耗(L/100km)	9.25	10.41	10.24	10.96	12.9	14.7

　　对重庆和成都机动车运行的城市工况进行分析,如图 6-15(a)所示,重庆与成都的车辆平均速度相当,均为 31.3 km/h。对排放影响的因素还有加速度和减速度,成都为 0.55 m/s² 和 -0.60 m/s²,均高于重庆(0.49 m/s² 和 -0.56 m/s²)。成都市怠速比例为 12%,高于重庆的 8%,综合来看,成都的机动车运行工况比重庆差,因此同一辆车在成都行驶的污染物排放水平应比在重庆行驶时高,但实验结果恰恰相反。造成这一现象的原因是重庆市的海拔变化比成都大。

　　图 6-15(b)显示了成都市和重庆市机动车运行道路的高度变化状况。成都市道路海拔变化很小,而重庆市是山城,市区道路海拔变化很大,导致排放增加。以

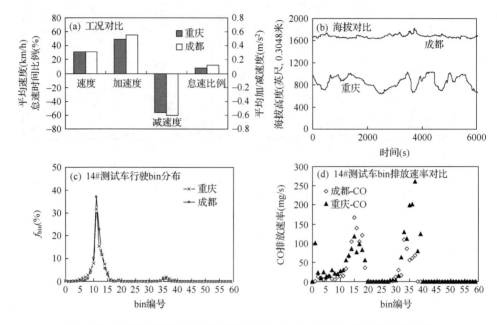

图 6-15　重庆和成都城市工况、海拔变化、bin 分布及 bin 排放速率的对比

14♯车的 CO 排放速率为例,如图 6-15(c)所示,重庆市 bin11 的分布频率为 31.6%,略低于成都市的 37.1%,但由图 6-15(d)可见,重庆市在 bin11 的 CO 排放 速率(29.3 mg/s)却是成都市(15.3 mg/s)的近 2 倍。在其他 f_{bin} 不为零的 bin 中, 重庆市的排放速率普遍高于成都市的排放速率,这导致相同车辆在重庆的排放因 子和油耗水平均高于成都。

6.3.4　DCMEM 排放速率库的建立

DCMEM 模型构建方法的第一个核心内容是建立 DCMEM 排放数据库,其方 法为:根据车型、发动机类型和行驶里程对轻型车进行分类,对每类机动车实际在 路测试数据进行计算,得到各类型轻型车在 60 个 bin 对应的各污染物平均排放速 率。实际测试中,某些 bin 的分布频率很小或甚至为零,导致 bin 的排放速率测试 值可能存在较大误差,针对这种情况,基于测试数据和排放理论,对污染物(CO、 HC 和 NO_x)在各 bin 的排放速率进行拟合,利用拟合得到的排放速率建立模型的 排放速率数据库。

1. 车型分类

依据车型、发动机技术类型、累积行驶里程和燃料类型对轻型车进行分类。按 车型,轻型车分为微型车、轿车、出租车和其他车四类;发动机技术类型包括化油器车、化油器改造车和电喷车三种类型;按里程,轻型车分为累积行驶里程小于 8 万公里、大于 8 万公里小于 12 万公里和大于 12 万公里三种;机动车燃料类型包括汽油和乙醇汽油。由此一共有 72 类机动车,如表 6-10 所示。表 6-11 为每个城市测试车辆在 DCMEM 模型机动车分类定义下的归属情况。

表 6-10　DCMEM 模型的机动车分类

轻型车分类依据	细分类别及代码
车型分类	微型车(M);轿车(C);出租车(T);其他车(O)
发动机技术类型	化油器车(C);化油器改造车(R);电喷车(M)
行驶里程分类	小于 8 万公里(N);大于 8 万公里小于 12 万公里(M);大于 12 万公里(O)
燃料类型	汽油(P);乙醇汽油(E)

表 6-11　五个城市测试车辆基本情况

测试城市	车型分类(辆)				发动机技术类型(类)	行驶里程分类(类)	燃油类型(类)
	微型车	轿车	出租车	其他车			
北京	2	5	2	2	3	3	1
重庆	1	7	2	1	2	3	1
长春	1	1	4	1	2	3	1
吉林市	0	0	4	1	2	1	2
成都	1	3	0	1	1	2	1
合计	5	16	12	5	—	—	—

数据库中,每个样本的编码有 7 位,包括 5 个字母和 2 个数字,其中 5 个字母代表车型,2 个数字代表该类车型的样本编号。5 个字母按照机动车大类(轻型 L、中型 M 和重型 H),细分车型(轻型车的四种细分车型,微型车 M、轿车 C、出租车 T、其他 O),三种发动机类型(化油器 C、化油器改造 R 和多点电喷＋三元催化 M),三类行驶里程(小于 8 万公里 N,大于 8 万公里小于 12 万公里 M 和大于 12 万公里 O)和两种燃料类型(汽油 P 和乙醇汽油 E)的顺序表达。每个样本的数据以文件的形式保存在模型中,文件名即为样本的编码号,如表 6-12 所示。在五城市开展的测试涉及 LCCMP、LCCOP、LCMMP、LCMNP、LCRMP、LCROP、LMMNP、LOMNP、LTCOE、LTCOP、LTMMP、LTMOE 和 LTMOP 共 13 类轻型车。

2. bin 污染物排放速率的拟合

对 13 类机动车的测试结果进行分析,计算 bin 平均排放速率。以 LMMNP1-5

表 6-12   测试车辆与数据库文件

北京测试车辆		重庆测试车辆		吉林市测试车辆		长春测试车辆	
编号	文件名	编号	文件名	编号	文件名	编号	文件名
1#	LMMNP01	12#	LMMNP03	23#	LTMOP04	27#	LMMNP04
2#	LMMNP02	13#	LCMNP02	24#	LTCOP01	28#	LTMOP03
3#	LCCMP01	14#	LTMMP02	25#	LTMOE01	29#	LTCOP02
4#	LCRMP01	15#	LTMOP02	26#	LTCOE01	30#	LTCOP03
5#	LCMMP01	16#	LCCMP02			31#	LTCOP04
6#	LTMOP01	17#	LCCOP01	成都测试车辆		32#	LCMNP06
7#	LOMNP01	18#	LCMMP02	编号	文件名	33#	LOMNP04
8#	LOMNP02	19#	LCMNP03	34#	LCMNP07		
9#	LCMNP01	20#	LCMNP04	35#	LCMNP08		
10#	LCROP01	21#	LCMNP05	36#	LOMNP05		
11#	LTMMP01	22#	LOMNP03	37#	LMMNP05		
				38#	LCMNP09		

(1-5 表示这类车总共有 5 辆)的计算结果为例,如图 6-16(a)、(c)和(e)所示,可以看出,高中低三个负荷区均存在一些 bin 的污染物排放速率为零的现象,这表明虽然在不同城市对 LMMNP 这类车型进行了大量的在路测试,涉及的实际工况仍无法涵盖机动车所有可能工况。从排放理论而言,同一发动机负荷(ES)区间内,机动车比功率(VSP)越高,排放水平越高。从测试结果来看,基本符合这一规律,但仍然存在一些反常数据点,可能原因是该排放单元的 f_{bin} 分布值过低,数据点不足而引起误差,因此,需要对测试车辆 bin 的污染物排放速率变化曲线进行拟合,以更准确地模拟车辆瞬态排放水平。拟合的结果如图 6-16(b)、(d)和(f)所示。

对 13 类轻型车的测试车辆 bin 污染物排放速率进行拟合,建立 13 种车型的排放速率库。

6.3.5 DCMEM 模型的构建与应用

1. 模型的构建

DCMEM 模型构建的第二个核心内容是:将机动车的行驶工况数据转化为 bin 分布,对用户输入的城市机动车行驶工况进行处理,通过过滤无效数据点、插值平滑物理运动参数、计算 ES 和 VSP 等步骤,获得 bin 分布,结合 bin 排放数据库,模拟得到该工况下的机动车排放因子。

图 6-17 显示了 DCMEM 模型的功能界面。除了默认的排放速率数据库,

DCMEM还在模型中设定了北京、重庆、成都、长春和吉林市等城市的默认工况。

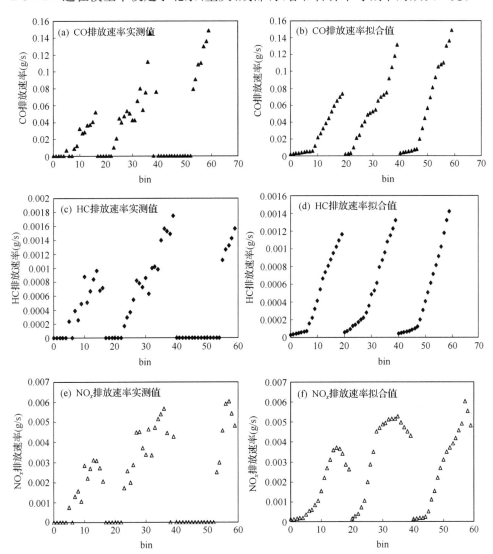

图 6-16　LMMNP1-5 测试车辆 bin 排放速率的实测值和拟合值

DCMEM 模型可以实现三种计算功能：①用户可以选择模型的默认工况，或者输入任一工况，DCMEM 模型计算该工况下各种车型的排放因子。以图 6-17（a）为例，选定北京市的城市工况"Beijing"，即可计算出北京市不同单车类型的 CO、NO_x 和 HC 的排放因子。②用户可以输入任意一段上路测试数据，模型可以输出工况的 bin 0～59 的分布频率 f_{bin}，并计算该工况下各种类型车辆的污染物排放速率分布，以图形方式输出。以图 6-17（b）为例，图中列出了 LCMMP1 所对应

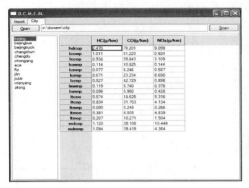

(a) 计算选定工况下的单车污染物排放因子

(b) 计算选定单车类型的bin分布和排放速率

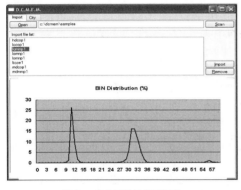

(c) 输出bin分布无数据点平滑线

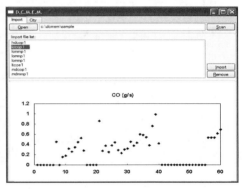

(d) 输出污染物排放速率分布散点图

图 6-17　DCMEM 模型输入输出界面

的 bin 分布和污染物 CO、NO_x 和 HC 的排放速率值,图 6-17(c)和图 6-17(d)分别为该段测试数据的 bin 分布和 CO 排放速率的示意图。③输入目标地区各种车型的保有量分布,计算该地区车队平均排放因子。

2. 模型应用和结果分析

(1) 不同城市工况下的排放因子对比

DCMEM 模型可以计算任一给定工况各种单车类型的排放因子,工况文件的输入格式为 Excel 文件。利用 DCMEM 模型,输入本书第 4 章 4.2 节拟合的北京、重庆、长春、成都、吉林市、绵阳、九台和梓潼等八城市的综合行驶工况,模拟得到八城市各类轻型车的污染物排放因子,其模型的运行结果见表 6-13。为了对比分析,表中还包括了 ECE15+EUDC(NEDC)和 FTP-75 两种工况的模型运行结果。

表 6-13　DCMEM 模型模拟的不同工况下各车型污染物排放因子　　　单位：g/km

车型	北京	重庆	长春	成都	吉林市	绵阳	九台	梓潼	NEDC	FTP
CO 排放因子										
LMMNP	6.74	5.99	5.99	5.77	5.22	5.12	5.93	5.28	5.04	6.92
LCCMP	51.2	42.9	43.3	40.4	36.0	36.0	43.9	36.9	35.6	47.7
LCCOP	59.8	50.5	50.7	48.2	43.4	44.0	53.1	46.3	41.0	55.0
LCRMP	23.2	19.0	19.9	18.4	15.8	15.1	18.4	15.4	16.2	19.9
LCROP	42.7	33.5	34.2	31.6	27.6	27.8	36.4	30.4	26.4	35.1
LCMMP	7.25	6.89	6.87	6.77	6.38	6.34	6.68	6.31	6.46	6.9
LCMNP	5.25	4.84	4.79	4.55	4.22	4.35	4.69	4.33	4.65	4.67
LTMMP	8.93	9.27	8.99	9.07	8.83	9.12	8.79	8.54	8.40	9.56
LTMOP	11.3	10.9	10.5	10.1	10.8	10.9	11.8	11.3	10.0	10.9
LTCOP	31.7	27.9	27.5	25.9	23.9	25.1	29.5	26.3	22.8	29.0
LTCOE	18.6	16.7	16.6	15.7	14.4	14.6	16.8	14.9	13.6	16.2
LTMOE	8.50	7.60	7.37	7.06	6.65	6.93	8.25	7.59	6.25	7.53
LOMNP	5.96	5.21	5.35	5.21	4.61	4.36	4.91	4.35	4.70	4.84
HC 排放因子										
LMMNP	0.12	0.10	0.10	0.10	0.09	0.09	0.10	0.09	0.08	0.11
LCCMP	0.94	0.76	0.77	0.72	0.63	0.62	0.78	0.66	0.62	0.86
LCCOP	1.01	0.90	0.90	0.85	0.78	0.78	0.90	0.78	0.74	0.83
LCRMP	0.67	0.62	0.62	0.59	0.53	0.52	0.57	0.52	0.52	0.60
LCROP	0.53	0.44	0.46	0.42	0.37	0.37	0.45	0.39	0.35	0.48
LCMMP	0.11	0.10	0.10	0.10	0.09	0.09	0.10	0.08	0.09	0.09
LCMNP	0.08	0.07	0.07	0.06	0.06	0.06	0.07	0.06	0.06	0.07
LTMMP	0.19	0.18	0.18	0.18	0.17	0.17	0.18	0.18	0.17	0.16
LTMOP	0.31	0.29	0.29	0.28	0.26	0.26	0.29	0.27	0.26	0.31
LTCOP	0.83	0.78	0.75	0.71	0.65	0.66	0.75	0.67	0.61	0.78
LTCOE	0.57	0.53	0.53	0.50	0.45	0.44	0.49	0.43	0.44	0.51
LTMOE	0.38	0.34	0.34	0.33	0.30	0.32	0.36	0.33	0.31	0.35
LOMNP	0.10	0.08	0.09	0.08	0.07	0.07	0.08	0.07	0.07	0.08
NO$_x$ 排放因子										
LMMNP	0.38	0.36	0.37	0.38	0.33	0.31	0.32	0.29	0.32	0.38
LCCMP	2.62	2.60	2.63	2.57	2.51	2.20	2.13	2.17	2.28	2.40
LCCOP	3.11	3.09	3.30	3.23	2.92	2.62	2.52	2.44	2.82	2.99

车型	北京	重庆	长春	成都	吉林市	绵阳	九台	梓潼	NEDC	FTP
LCRMP	1.87	1.83	1.82	1.79	1.73	1.71	1.76	1.71	1.72	1.83
LCROP	0.90	0.86	0.94	0.85	0.74	0.72	0.76	0.70	0.79	0.81
LCMMP	0.27	0.27	0.27	0.26	0.25	0.25	0.26	0.25	0.25	0.21
LCMNP	0.44	0.53	0.44	0.44	0.42	0.41	0.41	0.40	0.43	0.43
LTMMP	0.59	0.56	0.56	0.55	0.50	0.48	0.50	0.46	0.51	0.53
LTMOP	1.00	1.04	1.08	1.02	1.01	0.95	0.90	0.87	0.91	1.03
LTCOP	4.13	4.21	4.23	4.16	3.84	3.79	3.77	3.70	3.88	4.03
LTCOE	5.32	5.48	5.47	5.39	5.08	4.99	5.02	4.84	4.75	5.31
LTMOE	2.84	2.84	2.04	2.07	2.66	2.48	2.27	2.20	2.78	2.88
LOMNP	0.43	0.36	0.38	0.37	0.32	0.30	0.34	0.30	0.34	0.39

由表 6-13 所示,相同车型在不同工况下的排放差别比较大。目前中国将欧洲工况 NEDC 作为国家标准工况,与国家标准工况下的污染物排放因子相比,中国城市工况下的各车型排放因子均较高,CO、HC 和 NO_x 排放因子的最大差异分别达到 62%、52% 和 26%。由此可见,如果基于国家标准工况计算城市机动车排放因子和排放量,将引入较大的误差。因此,在确定城市机动车排放因子时,不能简单地用标准工况下的排放因子替代,而应该首先合成目标城市的城市工况,然后应用基于工况的排放因子模型(例如 DCMEM 模型)或实验测试确定该城市的排放因子。

(2) 污染物排放因子与平均速度的相关性

以 LTMOE(轻型出租车,电喷车、大于 12 万公里、乙醇汽油)为例,将北京、重庆、长春、成都、吉林市、绵阳、九台、梓潼、NEDC 和 FTP75 工况的平均速度与 LTMOE污染物 CO 和 NO_x 排放因子的相关性进行了分析,见图 6-18。可以看出,污染物排放与平均速度呈现出一定的负相关关系,但相关性不佳,机动车 CO 和 NO_x 排放因子与各中国城市和欧美工况的平均速度相关性 R^2 值很低,仅为 0.164 和 0.033。依据同样的方法,对不同类型的机动车进行了城市平均速度与污染物排放因子的相关性分析,结果见表 6-14。污染物 CO 和 HC 与各工况平均速度的相关性 R^2 平均值分别为 0.51 和 0.50,而 NO_x 只有 0.29。这一结果表明,平均速度并不是确定污染物排放因子的唯一关键参数。污染物的排放因子不但与速度有关,还与加速度、高度变化等因素有关。MOBILE 等基于平均速度的统计排放因子模型,对输入数据要求较少,适用于宏观尺度分析,但用于城市及更小尺度时,由于不能完整表征各城市工况的差别,将引入很大的误差。

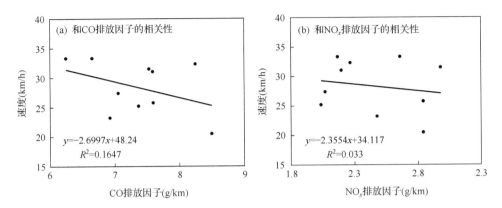

图 6-18　各工况下平均速度与 LTMOE 污染物排放因子相关性分析

表 6-14　各车型污染物排放因子与对应工况平均速度的相关性(R^2)

车型	CO	NO_x	HC	车型	CO	NO_x	HC
LMMNP	0.34	0.21	0.34	LTMMP	0.57	0.37	0.59
LCCMP	0.64	0.45	0.54	LTMOP	0.26	0.09	0.38
LCCOP	0.60	0.12	0.55	LTCOP	0.63	0.24	0.58
LCRMP	0.61	0.50	0.62	LTCOE	0.78	0.29	0.60
LCROP	0.73	0.38	0.60	LTMOE	0.17	0.03	0.21
LCMMP	0.07	0.24	0.52	LOMNP	0.62	0.45	0.52
LCMNP	0.58	0.45	0.64	平均值	0.51	0.29	0.51

（3）出租车和轿车排放因子的对比

对同样发动机技术、行驶里程和燃料的轿车（LCMMP）和出租车（LTMMP）的污染物排放因子进行分析，如图 6-19 所示。可以看出，出租车比一般社会车辆的 CO、NO_x 和 HC 排放因子分别高 23.2%～44.1%、67.3%～101.9% 和 87.2%～120.3%。出租车比同样发动机技术、行驶里程和燃料的轿车排放水平几乎高出 1 倍，这与出租车长期处于高负荷运行状态、行驶工况差以及对车（特别是三元催化装置）检修保养不及时等因素有关。因此，为了有效降低城市机动车污染物排放，出租车应成为重点控制对象。

（4）燃料类型对排放因子的影响分析

对使用 100% 汽油和掺混 10% 乙醇汽油的汽车的排放进行分析，同时为了考察化油器车和电喷车在使用乙醇汽油之后的排放因子变化规律，选择化油器技术的 LTCOP 和 LTCOE，以及电喷技术的 LTMOP 和 LTMOE 两组对照车型。图 6-20 给出了这四类车型的污染物排放因子。可以看出，使用乙醇汽油后，机动车的 CO 和 HC 排放因子有了不同程度的降低；NO_x 排放因子不但未减少，反而增

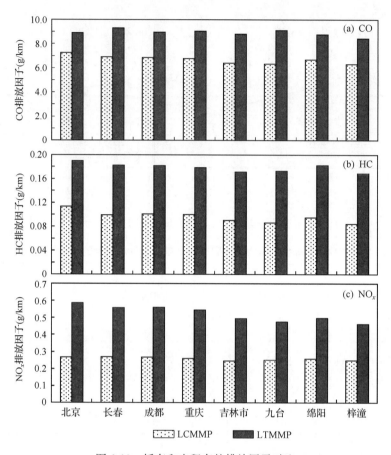

图 6-19　轿车和出租车的排放因子对比

加;与汽油车相比,化油器车辆使用乙醇汽油的 CO 排放因子减少 65.1％~
76.8％,HC 排放因子减少 28.6％~35.6％,NO$_x$ 排放因子增加 22.2％~24.9％;
电喷车使用乙醇汽油的 CO 排放因子减少 16.0％~31.5％,HC 排放因子减少
1.4％~6.0％,NO$_x$ 排放因子增加 22.1％~47.0％。

　　上述分析表明,化油器车、电喷车的 CO 和 HC 排放因子都有减少,但化油器
车的减少幅度大,可能原因是化油器车在换用乙醇汽油时,化油器本身和油路都需
严格清洗,这相当于对车辆进行了一次检查和维修;化油器车和电喷车的 NO$_x$ 排
放因子增加,主要原因是使用乙醇汽油使发动机内燃料燃烧更加充分,致使 NO$_x$
排放增加。

　　3. 模型验证

　　采用上路实测数据与模型模拟结果进行对比,验证模型的可靠性。表 6-15 为

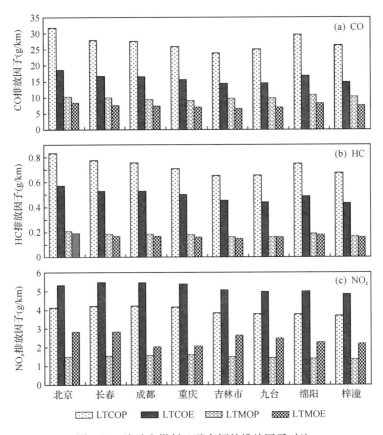

图 6-20　汽油和燃料乙醇车辆的排放因子对比

13 种不同单车类型的模型计算结果和上路测试结果的比较情况。验证显示,模型结果与实测结果吻合很好,污染物 CO、HC 和 NO_x 的相对误差分别为 $-5\%\sim$ 19%、$-22\%\sim24\%$ 和 $-7\%\sim11\%$。HC 的误差相对较高,主要原因为 HC 排放因子的数值较小,波动较大。模型计算值与上路测试值之间具有很好的相关性,CO、HC 和 NO_x 排放因子模拟值和实测值的相关系数 R^2 分别为 0.95、0.91 和 0.98。此外,对单车测试累计数据与其相对误差进行分析发现,累计测试数据较多,相对误差较小。例如,测试数据为 12 600 秒的 LTCOE 车型,CO、HC 和 NO_x 排放因子模拟值和实测值的误差分别为 8%、18% 和 7%,而测试数据为 187 200 秒的 LCMNP 车型三种污染物排放因子模拟值和实测值的误差仅为 6%、6% 和 -2%,这说明丰富单车数据库的基础数据,有利于提高模型模拟的准确度。

综合上述分析,DCMEM 模型计算值与上路测试结果相比,CO、HC 和 NO_x 的平均偏差分别为 8.3%、13.2% 和 5.4%,与美国的同类研究相比,建立的 DCMEM模型具有相当的可靠性,可用于计算中国城市机动车排放因子。

表 6-15　13 种单车类型污染物排放因子验证结果

类型	累计数据(s)	CO 排放因子(g/km)			HC 排放因子(g/km)			NO$_x$ 排放因子(g/km)		
		模拟值	实测值	误差(%)	模拟值	实测值	误差(%)	模拟值	实测值	误差(%)
LMMNP	86 400	6.12	5.80	5	0.11	0.10	9	0.37	0.36	4
LCCMP	32 400	47.26	49.77	−5	0.85	1.00	−18	2.63	2.48	6
LCCOP	18 000	48.20	40.17	19	0.72	0.64	12	3.23	3.16	2
LCRMP	21 600	23.23	21.34	8	0.67	0.56	17	1.87	1.98	−6
LCROP	19 800	42.73	38.37	10	0.53	0.43	24	0.90	0.84	6
LCMMP	20 880	7.07	6.53	8	0.11	0.12	−13	0.27	0.24	9
LCMNP	187 200	4.92	4.64	6	0.06	0.06	6	0.46	0.46	−2
LTMMP	39 600	9.10	8.37	8	0.19	0.16	12	0.57	0.53	−7
LTMOP	93 600	10.69	9.91	7	0.29	0.26	9	1.04	1.09	−5
LTCOP	28 800	29.78	27.07	9	0.81	0.63	−22	4.17	4.08	2
LTCOE	12 600	14.44	13.32	8	0.45	0.37	18	5.08	4.71	7
LTMOE	24 848	6.65	5.83	12	0.16	0.14	12	2.66	2.36	11
LOMNP	100 800	5.43	5.28	3	0.09	0.08	6	0.38	0.37	3
相关性 R^2		0.95			0.91			0.98		

6.4　工况排放因子模型评价

　　工况排放因子模型和宏观排放因子模型的整体方法学比较类似,即对标准状态的排放进行各种影响因素的修正,以得到车辆在实际运行状态中的排放,这些影响因素包括行驶特征、燃料、温度、I/M 项目等。工况模型和宏观模型最核心的不同是它们采用了不同的行驶特征修正方法。宏观排放因子模型使用平均速度代表行驶特征,而工况排放因子模型使用速度＋加速度,或者综合了速度、加速度以及海拔高度的机动车比功率 VSP 作为行驶特征的代表。这使得两种模型在准确性和适用范围上具有本质不同。

　　宏观排放因子模型中一部分不确定性源自模型使用平均速度表征行驶特征,以及修正标准工况以代表实际工况这两部分引入的误差。工况模型使用速度和加速度等多种参数表征车辆行驶特征,一定程度上削弱了这种不确定性,但是还存在一定误差。尽管速度和加速度等参数比平均速度能更好地表达车辆的行驶状态,但仍无法全面的表征行驶特征。IVE 等新工况排放因子模型使用基于发动机负载的 VSP 和 ES 代表行驶特征,理论上比速度和加速度等参数更接近于对行驶特征的完整诠释。

　　行驶特征代用参数和排放的纯数学解析关系很难建立,因此数学模型一般采用类似于数值方法的数学手段,即对代用参数分区,根据排放测试结果建立每个区代用参数和排放的关系。宏观模型将平均速度分区,基于实测值对每个区建立速度和排放的数学函数,工况数学模型也将代用参数(例如 VSP)分成若干区间(bin)。这种分区的数值方法不可避免地引入误差,其误差大小取决于分区方式,在排放对代用参数变化最敏感的区域尽量细化,可最大限度地避免这种误差,理论上,分区越细致,误差越小。但在实际操作中,分区过于细致会增加模型的运行负担,因此,如何在一定的误差允许范围内对代用参数进行合理分区是工况模型需要重点考虑的问题。

　　由于工况模型考虑的行驶特征更为全面,其一大优势为适用于时空尺度较小、特别是具有特殊工况的排放模拟研究,例如车辆在特殊路段或者特殊时段的排放。由于这些特殊路段和特殊时段的行驶特征与标准工况相差很大,基于标准工况和平均速度的宏观排放因子模型很难给出准确的模拟结果。但在相对宏观的研究区域内,譬如一个地区的月或年排放,工况模型与宏观模型相比并无明显优势,除非该地区的综合工况与宏观模型的标准工况差异较大,正如中国一些城市,这种情况下,工况模型优于宏观模型。

　　由于中国不同城市的交通发展模式具有较大差异,车辆行驶工况也有明显差别,因此工况排放因子模型是开展中国城市机动车排放研究更好的选择。需要注意的是,使用美国 IVE 模型模拟中国机动车排放时,中美车辆技术差异及维护状况差异等会引入一定的误差,通过开展实地测试研究,对 IVE 模型排放因子数据库进行修正可以减小这部分误差。从这个意义而言,建立中国自己的工况排放因子模型(例如 DCMEM 模型)能够更准确地研究中国城市的机动车排放特征。但是应该明确,与所有排放因子模型一样,工况排放因子模型的准确性受测试仪器的系统误差和测试样本的代表性影响,对于基于大量测试样本的成熟模型,这些影响要远小于样本数量较小的排放因子模型,因此,国外的成熟模型在测试样本方面具有明显优势,应该对其充分利用。此外,由于中国城市交通发展迅速,行驶工况变化快,无论使用哪种模型,定期更新中国城市工况对提高模型的准确性均具有重要意义。

参 考 文 献

董红召,徐勇斌,陈宁. 2011. 基于 IVE 模型的杭州市机动车实际行驶工况下排放因子的研究. 汽车工程,33(12):1034-1038
竞峰,张旭. 2006. 利用 IVE 模型进行公交车尾气排放分析. 环境科学与技术,29(9):46-48
李新兴,孙国金,田伟利,等. 2012. 杭州市"十二五"机动车 NO$_x$ 减排对策研究. 中国环境科学,32(8):1416-1421
刘欢,贺克斌,王岐东. 2008. 天津市机动车排放清单及影响要素研究. 清华大学学报(自然科学版),48(3):371-374

王海鲲,陈长虹,黄成,等. 2006. 应用 IVE 模型计算上海市机动车污染物排放. 环境科学学报,26(1):1-9

王景楠,宋国华,王宏图,等. 2009. 基于 PEMS 技术的重型柴油客车排放实测与 IVE 模型预测对比分析. 公路,2009(12):90-95

王岐东,霍红,姚志良,等. 2008. 基于工况的城市机动车排放模型 DCMEM 的开发. 环境科学,29(11):3285-3290

王岐东. 2005. 基于工况的城市机动车排放因子研究:[博士学位论文]. 北京:清华大学

王孝文,田伟利,张清宇. 2012. 杭州市机动车污染物排放清单的建立. 中国环境科学,32(8):1368-1374

薛佳平,田伟利,张清宇. 2010. 杭州市机动车 NO_x 排放清单的建立及其对空气质量的影响. 环境科学研究,23(5):613-618

姚志良,贺克斌,王岐东,等. 2006. IVE 机动车排放模型应用研究. 环境科学,27(10):1928-1933

姚志良,王岐东,王新彤,等. 2011. 典型城市机动车非常规污染物排放清单. 环境污染与防治,33(3):96-101

姚志良,张明辉,王新彤,等. 2012. 中国典型城市机动车排放演变趋势. 中国环境科学,32(9):1565-1573

郑毅. 1998. 汽车燃料替代与城市汽车污染控制研究:[硕士学位论文]. 北京:清华大学

Bachman W H. 1997. Towards a GIS-based modal model of automobile exhaust emissions:[Ph. D. Dissertation]. USA:Georgia Institute of Technology

Cernuschi S,Giugliano M,Cemin A,et al. 1995. Modal analysis of vehicle emission factors. Sci. Total Environ. ,169:175-183

Davis N,Lents J,Osses M,et al. 2005. Development and application of an international vehicle emissions model. Transp. Res. Record,1939:157-165

Fomunung I W. 2000. Predicting emissions rates for the Atlanta on-road light duty vehicular fleet as a function of operating modes, control technologies, and engine characteristics:[Ph. D. Dissertation]. USA:Georgia Institute of Technology

Fomunung I,Washington S,Guensler R. 1999. A statistical model for estimating oxides of nitrogen emissions from light duty motor vehicles. Transpn. Res. – D,4:333-352

Frey H C,Zhang K S,Rouphail N M. 2010. Vehicle-specific emissions modeling based upon on-road measurements. Environ. Sci. Technol. ,44:3594-3600

Gallardo L,Escribano J,Dawidowski L,et al. 2012. Evaluation of vehicle emission inventories for carbon monoxide and nitrogen oxides for Bogotá,Buenos Aires,Santiago,and São Paulo. Atmos. Environ. ,47:12-19

Guo H,Sung H M,Dai W. 2008. Development of high-resolution motor vehicle emission inventories for city-wide air quality impact analysis in China. http://www. epa. gov/ttn/chief/conference/ei17/session3/guo. pdf

Guo H,Zhang Q,Y,Shi Y,et al. 2007a. On-road remote sensing measurements and fuel-based motor vehicle emission inventory in Hangzhou,China. Atmos. Environ. ,41:3095-3107

Guo H,Zhang Q Y,Shi Y,et al. 2007b. Evaluation of the International Vehicle Emission (IVE) model with on-road remote sensing measurements. Journal of Environmental Sciences,19:818-826

Huang C,Chen C H,Li L,et al. 2011. Emission inventory of anthropogenic air pollutants and VOC species in the Yangtze River Delta region,China. Atmos. Chem. Phys. ,11:4105-4120

Huang C,Pan H S,Lents J,et al. 2005. Shanghai vehicle activity study. Report prepared for International Sustainable Systems Research. http://www. issrc. org/ive/downloads/reports/ShanghaiChina. pdf

Huo H, Zhang Q, He K B, et al. 2011. Modeling vehicle emissions in different types of Chinese cities: Importance of vehicle fleet and local features. Environ. Pollut., 159: 2954-2960

Jiménez J L. 1999. Understanding and quantifying motor vehicle emissions with vehicle specific power and TILDAS remote sensing: [Ph. D. Dissertation]. USA: Massachusetts Institute of Technology

Joumard R, Jost P, Hickman J, et al. 1995. Hot passenger car emissions modelling as a function of instantaneous speed and acceleration. Sci. Total Environ., 169: 167-174

Lents J M, Osses M, Davis N C, et al. 2004. Comparison of on-road vehicle profiles collected in seven cities worldwide. Proceedings of 13th International Symposium "Transport and Air Pollution", Boulder, Colorado USA, September 2004. http://www. issrc. org/ive/downloads/presentations/IVE_TAP_2004. pdf

Liu H, Barth M, Davis N, et al. 2009a. Understanding vehicle activity in developing Asian cities. Asian Transportation Research Journal, 1(1): 1-9

Liu H, He C Y, Lents J. et al. 2005. Beijing vehicle activity study. Report prepared for International Sustainable Systems Research. http:// www. issrc. org/ive/downloads/reports/BeijingChina. pdf

Liu H, He K B, Lents J M, et al. 2009b. Characteristics of diesel truck emission in China based on portable emissions measurement systems. Environ. Sci. Technol., 43: 9507-9511

Liu J, Dong J J, Shi X P, et al. 2011. Research for NO$_x$ emission of Nanjing vehicle based on IVE model. Appiled Mechanics and Materials, 99-100: 1341-1345

Nagpure A S, Gurjar B R, Kumar P. 2011. Impact of altitude on emission rates of ozone precursors from gasoline-driven light-duty commercial vehicles. Atmos. Environ., 45: 1413-1417

Nagpure A S, Gurjar B R. 2012. Development and evaluation of Vehicular Air Pollution Inventory model. Atmos. Environ., 59: 160 - 169

Nesamani K S, Subramanian K P. 2006. Impact of real-world driving characteristics on vehicular emissions. JSME(American Society of Mechanical Engineers) International Journal - B, 49(1): 19-26

Nesamani K S. 2010. Estimation of automobile emissions and control strategies in India. Sci. Total Environ., 408: 1800-1811

Oanh N T K, Phuong M T T, Permadi D A. 2012. Analysis of motorcycle fleet in Hanoi for estimation of air pollution emission and climate mitigation co-benefit of technology implementation. Atmos. Environ., 59: 438-448

Oliver H H, Li M L, Qian G G, et al. 2008. In-use vehicle emissions in China - Tianjin study. Energy Technology Innovation Policy research group. http://belfercenter. ksg. harvard. edu/files/2008_Oliver_In-use_Vehicle_Emissions_Tianjin. pdf

Post K, Kent J H, Tomlin J, et al. 1984. Fuel consumption and emission modelling by power demand and a comparison with other models. Transpn. Res. -A, 18: 191-213

Scora G, Barth M. 2006. Comprehensive Modal Emissions Model version 3. 01: User's Guide. www. cert. ucr. edu/cmem/docs/CMEM_User_Guide_v3. 01d. pdf

Singer B C, Harley R A, Littlejohn D, et al. 1998. Scaling of infrared remote sensor hydrocarbon measurements for motor vehicle emission inventory calculations. Environ. Sci. Technol., 32: 3241-3248

Sturm P J, Kirchweger G, Hausberger S, et al. 1998. Instantaneous emission data and their use in estimating road traffic emissions. Int. J. Veh. Des., 20(1-4): 181-191

Wang H K, Chen C H, Huang C, et al. 2008. On-road vehicle emission inventor and its uncertainty analysis for Shanghai, China. Sci. Total Environ., 398: 60-67

第7章 瞬态排放因子模型

随着对机动车排放认识的不断深入,机动车排放研究不满足于仅获取机动车排放量,而向着更微观的层面发展,试图去理解机动车微观的排放规律及其与交通系统和交通流特征之间的内在联系,为此出现了瞬态排放因子模型。

瞬态排放因子模型又称微观排放因子模型,可模拟机动车在微观交通环境中逐秒的排放。广义地说,瞬态排放因子模型是一种分辨率更高的工况排放因子模型。瞬态排放因子模型很少直接用于研究机动车排放因子,而是研究车辆在各类交通流中的排放水平变化,分析特殊交通地点的污染物浓度分布特征与扩散规律(例如交叉路口、高速匝道、街区峡谷或某一路段等),目的是为区域空气质量模型提供高时空分辨率排放清单,支持交通管理和政策评价。

瞬态排放因子模型可分为数学模型和物理模型。数学瞬态模型通过建立速度、加速度等行驶特征与排放测试结果的关系,确定机动车逐秒的排放。根据各自的研究目的,国际研究者已经开发出多种数学瞬态模型,代表性模型为弗吉尼亚理工大学(Virginia Tech)的纯数学回归模型 VT-Micro(Virginia Tech Microscopic Energy and Emission model)、美国麻省理工大学开发的基于发动机负载的瞬态排放因子模型 EMIT(Emissions from Traffic)模型,清华大学为建立北京市路段排放清单开发的中国轻型车瞬态排放因子模型 ICEM 模型(Instantaneous Car Emission Model)。

物理模型与数学模型不同,前者分析排放产生的原理和过程,从发动机能量需求出发,站在物理学的角度对发动机转速、燃空当量比、燃料消耗、发动机污染物排放和催化剂效率等进行模拟和计算,从而得到机动车尾气排放。美国加州大学河滨分校开发的 CMEM(Comprehensive Modal Emission Model)模型是物理模型的代表。

本章分为四个部分。第一部分介绍 VT-Micro 和 EMIT 等国外具有代表性的数学模型方法;第二部分描述 CMEM 物理模型的方法学及其特点,并基于北京机动车排放测试数据,对 CMEM 模型在中国的应用进行评价;第三部分阐述中国瞬态排放因子模型 ICEM 的建立方法及模型验证;第四部分以北京市轻型车排放因子为研究对象,对比 MOBILE6 模型、IVE 模型和 ICEM 模型三类模型的方法学,并对三者的准确性和适用性进行评价。

7.1　数学瞬态排放因子模型

　　数学瞬态排放因子模型主要分为两类:第一类为纯数学模型,这类模型不探讨污染物排放的原理,根据排放测试结果拟合排放与速度和加速度的数学关系,建立瞬态排放因子模型,例如 Yu(1998)开发的 ONROAD 模型、美国纽约理工大学(Polytechnic University of New York)的 POLY 模型(Teng et al. , 2002)、加拿大多伦多的微观排放模型(Lee,2000)以及弗吉尼亚理工大学(Virginia Tech)开发的 VT-Micro 模型(Ahn,2002)。另一类模型方法为基于物理原理的数学方法,特点是借助排放产生的物理原理确定排放与速度和加速度的函数关系,然后根据实测结果回归出该函数关系的系数值,例如 20 世纪 80 年代的 ARRB(Australian Road Research Board)模型(Akcelik,1989)和 2000 年以后美国麻省理工大学开发的 EMIT 模型(Cappiello,2002;Cappiello et al. , 2002)。

　　本节以 VT-Micro 模型和 EMIT 模型作为两类模型的代表,对纯数学瞬态模型和基于物理原理的数学瞬态模型方法进行分析和论述。

7.1.1　VT-Micro 模型

　　为了提供一个可以和微观交通模型耦合,并可模拟多种智能交通系统(intelligent transportation systems,ITS)技术能耗和排放影响的微观模型,弗吉尼亚理工大学(Virginia Tech)于 2002 年开发了 VT-Micro 模型。模型以美国橡树岭国家实验室(Oak Ridge National Laboratory,ORNL)收集的八辆车的油耗和排放台架测试数据为基础,以速度 u 和加速度 a 为"代用参数",采用统计回归的方法,建立微观排放模拟模式(Ahn,2002)。

　　每辆测试车辆有 1300~1600 组排放测试数据。排放测试数据的速度区间为 0~33.5 m/s,模型将速度按 0.3 m/s 分区。加速度区间为 -1.5~3.7 m/s^2,模型按 0.3 m/s^2 分区。根据速度-加速度-排放的三维关系图,模型开发者认为排放与速度和加速度表现出明显的非线性关系,即随着速度和加速度的增加,排放呈现超线性增长。于是模型采用如式(7-1)所示的多项式(一次、两次和三次函数的组合)建立速度及加速度和排放的关系。其中系数 $K_{i,j}^e$ 根据测试结果回归得到。这个模式在高速和高加速区域的模拟结果与实测值吻合较好,但是对低速和低加速区域准确性较差。一个比较严重的问题是,某些时刻式(7-1)会产生负排放值,为解决这一问题,模型采用式(7-2)对结果进行变形。

$$\text{MOE}_e = \sum_{i=0}^{3} \sum_{j=0}^{3} (K_{i,j}^e \times u^i \times a^j) \tag{7-1}$$

$$\text{MOE}_e = e^{\sum_{i=0}^{3}\sum_{j=0}^{3}(K_{i,j}^e \times u^i \times a^j)} \tag{7-2}$$

其中,MOE_e 为瞬时排放速率,mg/s;$K_{i,j}^e$ 为模型系数;u 为速度,m/s;a 为加速度,m/s^2。

　　式(7-2)的油耗模拟与实测值吻合程度较好,R^2 为 0.996,NO_x 的 R^2 为 0.805,HC 和 CO 较差,R^2 分别为 0.72 和 0.75。模型开发者随即发现式(7-2)会高估高加速区域的 CO 和 HC 的排放值,原因是机动车在正加速区的排放特征与在负加速区(即减速区间)有较大差异,于是模型将正加速和负加速分别进行回归拟合,如式(7-3)所示。新模式模拟结果与实测值的 R^2 均大于 0.92。

$$MOE_e = \begin{cases} e^{\sum\limits_{i=0}^{3}\sum\limits_{j=0}^{3}(L_{i,j}^e \times u^i \times a^j)} & a \geqslant 0 \\ e^{\sum\limits_{i=0}^{3}\sum\limits_{j=0}^{3}(M_{i,j}^e \times u^i \times a^j)} & a < 0 \end{cases} \qquad (7-3)$$

其中,MOE_e 为瞬时排放速率,mg/s;$L_{i,j}^e$ 和 $M_{i,j}^e$ 分别为正加速和负加速时的模型系数;u 为速度,m/s;a 为加速度,m/s^2。

　　模型开发者利用美国 EPA 在 16 个不同测试循环上测试的数十辆车的排放结果对 VT-Micro 模型进行验证,发现 VT-Micro 模型模拟结果与实测结果呈现较好的一致性。与逐秒测试结果相比,VT-Micro 模型模拟的排放变化与测试结果吻合,但波峰波谷变化比测试结果提前 5~10 秒,模型开发者认为这是污染物从形成、经过尾气管排放至仪器探测头的时间。此外,VT-Micro 模型的模拟结果与MOBILE6 模型结果表现出较好的吻合程度(Ahn,2002;Rakha et al.,2003)。VT-Micro 模型被用来模拟轻型客车和轻型卡车热运行过程中的排放,车辆速度与加速度、车辆刹车停止及路线选择对排放的影响(Rakha et al.,2004;El-Shawarby et al.,2005;Rakha and Ding,2003;Ahn and Rakha,2008)。Ma 等(2011)在中国武汉开展了实际在路排放测试,并用实测值对 VT-Micro、EMIT、POLY 和 CMEM 微观排放模型进行了验证,发现四个模型模拟的燃料消耗和 CO_2 排放结果与实测值吻合较好,VT-Micro 和修正过的 CMEM 模拟值较接近,且均与三种污染物排放的实测值呈现很强的一致性,特别是 VT-Micro 模拟低速排放时表现出较好的准确性。POLY 对 CO、NO_x 和 HC 的模拟值偏高,EMIT 模型结果也偏高,但偏高幅度较 POLY 模型小。

7.1.2　EMIT 模型

　　2002 年,为了开发一个可与动态交通模型耦合的排放模型,美国麻省理工大学对瞬态排放因子模型进行了研究和探索,建立了基于发动机负载的 EMIT 模型(Cappiello,2002;Cappiello et al.,2002)。模型的开发、修正和验证采用了美国国家公路合作研究计划(National Cooperative Highway Research Program,NCHRP)中加州大学河滨分校开展的 344 辆车的台架测试数据,这部分数据也支持了加州大学河滨分校 CMEM 模型的开发。

EMIT 模型分为发动机排放和尾气排放两个模块。EMIT 模型在构建排放与速度和加速度的关系时,运用了从发动机负载计算发动机转速和燃耗等参数的物理概念。

1. 发动机排放

发动机排放根据油耗速率和排放系数计算得到,如式(7-4)所示。

$$EO_i = EI_i \times FR \tag{7-4}$$

其中,i 为污染物,$i = CO_2$,CO,HC,NO_x;EO_i 为污染物 i 的发动机排放,g/s;EI_i 为污染物 i 的排放系数,g/kg 燃料;FR 为燃料消耗速率,kg 燃料/s。

FR 的计算基于发动机负载原理,根据发动机功率,发动机转速和空燃比等参数计算得到,如式(7-5)所示。

$$FR = \begin{cases} \phi \times \left(K \times N \times V + \dfrac{P}{\eta} \right) & P > 0 \\ K_{怠速} \times N_{怠速} \times V & P = 0 \end{cases} \tag{7-5}$$

其中,ϕ 为燃空当量比,$\phi = 1$ 时为化学计量状态,$\phi > 1$ 时为富燃状态,$\phi < 1$ 时为贫燃状态;K 为发动机摩擦系数,表示为每排量每转克服摩擦力所做的功,kJ/(r·L);N 为发动机转速,r/s;V 为发动机排量,L;η 为发动机效率;$K_{怠速}$ 为发动机怠速摩擦系数常数,kJ/(r·L);$N_{怠速}$ 为发动机怠速转数,r/s;P 发动机功率输出,kW。

其中发动机转速、发动机摩擦系数、燃空当量比均可表示为发动机功率 P 的函数,而发动机功率 P 是速度和加速度的函数,如式(7-6)所示。

$$\begin{aligned} P &= \frac{P_{牵引}}{\varepsilon} + P_{附加} \\ &= \frac{A \times v + B \times v^2 + C \times v^3 + M \times a \times v + M \times g \times \sin\theta \times v}{\varepsilon} + P_{附加} \end{aligned} \tag{7-6}$$

其中,P 为发动机功率输出,kW;$P_{牵引}$ 为发动机输出的牵引功率,kW;ε 为发动机传动效率;$P_{附加}$ 为由空调等附件使用引起的发动机功率输出,kW;v 为机动车速度,m/s;a 为机动车加速度,m/s²;A 为滚动摩擦系数,kW/(m/s),B 为克服滚动摩擦系数的速度修正,kW/(m/s)²;C 为风阻系数,kW/(m/s)³;M 为机动车质量,t;g 为重力加速度,9.81 m/s²;θ 为道路坡度。

根据式(7-6),P 可表示为 v、v^2、v^3 和 $a \times v$ 的函数,模型假设,式(7-5)中的发动机转速、发动机摩擦系数和燃空比等可通过与 P 的关系表示为 v、v^2、v^3 和 $a \times v$ 组成的多项式函数,于是燃料消耗速率可表示为速度和加速度的函数,如式(7-7)所示。模型进一步假设,发动机污染物排放与燃料消耗为线性关系,于是污染物排放的计算公式为式(7-8)所示。

$$FR = \begin{cases} \alpha_{FR} + \beta_{FR} \times v + \gamma_{FR} \times v^2 + \delta_{FR} \times v^3 + \zeta_{FR} \times a \times v & P_{牵引} > 0 \\ \alpha'_{FR} & P_{牵引} = 0 \end{cases}$$

(7-7)

$$EO_i = \begin{cases} \alpha_i + \beta_i \times v + \gamma_i \times v^2 + \delta_i \times v^3 + \zeta_i \times a \times v & P_{牵引} > 0 \\ \alpha'_i & P_{牵引} = 0 \end{cases}$$ (7-8)

其中，α_{FR}，β_{FR}，γ_{FR}、δ_{FR}、ζ_{FR} 和 α'_{FR} 为计算燃料排放速率的系数；α_i，β_i，γ_i，δ_i，ζ_i 和 α'_i 为计算污染物 i 排放速率的系数；其他参数定义与式(7-4)至式(7-6)相同。

2. 尾气排放

尾气排放由发动机排放和污染物通过催化器的比率得到，如式(7-9)所示。

$$TP_i = EO_i \times CPF_i$$ (7-9)

其中，i 为污染物种类；TP_i 为污染物 i 的尾气管排放，g/s；CPF_i 为污染物 i 通过催化器的比率，与催化剂效率有关。

由于催化剂效率比较难预测，而且在不同运行阶段催化剂效率会发生变化。为简化计算，EMIT 模型仅考虑了车辆在热稳定运行状态下的排放。模型根据以往的研究结果，假设污染物通过催化器的比率与发动机排放量呈分段的线性关系。如式(7-10)所示。

$$CPF_i = \begin{cases} m'_i \times EO_i + q'_i & 0 \leqslant EO_i < z'_i \\ m''_i \times EO_i + q''_i & z'_i \leqslant EO_i < z''_i \\ m'''_i \times EO_i + q'''_i & EO_i \geqslant z''_i \end{cases}$$ (7-10)

其中，m'_i，m''_i，m'''_i，q'_i，q''_i，q'''_i 为系数；z'_i 和 z''_i 为不同线性关系的区域分界点。

对实测结果进行统计回归和拟合，得到式(7-8)和式(7-10)中的系数值。EMIT模型利用了发动机负载及催化剂效率等物理元素构建排放与速度和加速度的函数关系，然后采用统计回归的方法确定函数的关键系数值，属于半物理半数学瞬态排放因子模型，方法原理上依然属于数学模型的范畴。根据模型开发者自己开展的验证研究，EMIT 模型与实测的逐秒排放结果表现出较好的一致性(Cappiello et al.，2002)。

7.2　物理瞬态排放因子模型 CMEM

CMEM(Comprehensive Modal Emission Model)模型是一种物理瞬态模型。模型于 1995 年开始开发，受美国国家高速公路合作研究计划(NCHRP) 25-11 项目资助，由美国加州大学河滨分校和密歇根大学合作开发。最初，CMEM 模型仅针对轻型车，随后模型开发者将重型卡车纳入 CMEM 模型中。

CMEM 模型从发动机能量需求的物理角度出发,分析排放产生的原理和过程。它将排放过程分解为不同的过程,并用由各项参数构成的解析式表示出来。CMEM 模型中,尾气排放采用燃料消耗速率、发动机排放速率以及催化器通过率来表达,如式(7-11)所示。

$$尾气排放 = \text{FR} \times \left(\frac{排放质量}{燃料质量}\right) \times \text{CPF} \tag{7-11}$$

其中,FR 为燃料消耗速率,g/s;CPF 为催化器通过率,即尾气排放与发动机排放之比。

根据式(7-11),机动车排放由燃料消耗速率、发动机排放速率和催化剂效率等参数计算得出。CMEM 模型中,这些参数的计算又基于发动机功率需求和发动机转速等参数。对于轻型汽油车和重型柴油车,这些关键参数的计算方法略有不同,以下将分别阐述两种车型排放的模拟方法,主要参考 CMEM 模型开发组撰写的用户手册、研究报告和文章,其中轻型汽油车的参考文献为 Scora 和 Barth(2006)、Barth 等(1996,2000,2006)和 An 等(1997,1998,1999),重型柴油车的参考文献为 Scora 和 Barth(2006)、Barth 等(2004)、Cocker 等(2004a,2004b)。

7.2.1　轻型汽油车

CMEM 模型根据发动机类型、燃料系统、排放控制措施、催化器的使用状况、排放认证标准、功率/质量、汽车总行驶里程等将轻型车分为 26 类,其中正常排放的轻型客车占 12 类,正常排放的轻型卡车占 9 类,高排放车占 5 类。表 7-1 为 CMEM 模型的轻型车技术分类。

表 7-1　CMEM 模型轻型车技术分类

分类编号	机动车技术水平
	正常排放的客车
1	无催化器
2	二元催化器
3	三元催化器,化油器
4	三元催化器,电喷,总行驶里程>80 000 km,功率/质量<0.039 hp/lb
5	三元催化器,电喷,总行驶里程>80 000 km,功率/质量>0.039 hp/lb
6	三元催化器,电喷,总行驶里程<80 000 km,功率/质量<0.039 hp/lb
7	三元催化器,电喷,总行驶里程<80 000 km,功率/质量>0.039 hp/lb
8	Tier1 标准,总行驶里程>80 000 km,功率/质量<0.042 hp/lb
9	Tier1 标准,总行驶里程>80 000 km,功率/质量>0.042 hp/lb

续表

分类编号	机动车技术水平
10	Tier1 标准，总行驶里程<80 000 km,功率/质量<0.042 hp/lb
11	Tier1 标准，总行驶里程<80 000 km,功率/质量>0.042 hp/lb
24	Tier1 标准，总行驶里程>160 000 km
	正常排放的轻型卡车 LDT
12	1979 年以前,≤8500 GVW(GVW=gross vehicle weight,额定总车重,lb)
13	1979~1983,≤8500 GVW
14	1984~1987,≤8500 GVW
15	1988~1993,≤3750 LVW(LVW=loaded vehicle weight,负载重量,lb)
16	1988~1993,>3750 LVW
17	Tier1 标准,LDT2 和 LDT3(3751~5750 LVW 或者 Alt. LVW)
18	Tier1 标准,LDT4(6001~8500 GVW,>5750 Alt. LVW)
25	汽油车,LDT(>8500 GVW)
40	柴油车,LDT(>8500 GVW)
	高排放车
19	贫燃
20	富燃
21	失火
22	催化剂失效
23	极度富燃

CMEM 模型从微观的角度计算轻型车(轿车和轻型卡车)单车或综合车队在不同行驶模式(如怠速、加速、减速、匀速状况)时每一秒尾气管排放的 NO_x、CO、CO_2、HC 和燃油消耗,得到单车及综合车队的尾气排放因子。CMEM 模型的参数包括机动车类型、发动机技术和排放控制技术,这些参数为与车相关的参数,均为已知参数。CMEM 需要的其他参数为机动车的行驶情况及排放特征,需要对车辆进行测试获得。CMEM 模型开发初期,共测试了 350 多辆在用轻型车,测试范围包括早年的轻型卡车、较新年份的 SUV 以及一些中型柴油车。台架测试的规程采用了美国标准测试工况 FTP 和 US06 工况,以及一个为 CMEM 模型专门设计的模式排放工况 MEC01(Modal Emission Cycle 01)。FTP 工况和 US06 工况参见本书第 4 章 4.1.2 节,MEC01 工况如图 7-1 所示。

图 7-2 为 CMEM 模型中轻型车排放模拟部分的模型结构。模型需要两组输入参数:①机动车运行工况,包括机动车运行过程中逐秒速度、加速度、道路坡度、空调开启情况;②机动车技术参数变量,主要为测试车辆的发动机排量、气缸数、整

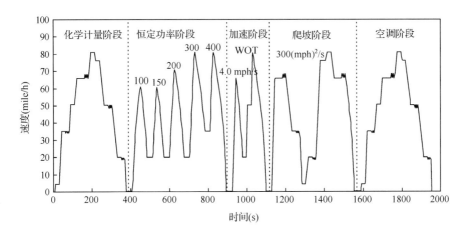

图 7-1   MEC01 工况示意图

MEC01 工况在 CMEM 模型开发中历经几次修改,本图为 MEC01 第七版示意图

mph=mile/h

车质量、机动车惯性滑行功率、发动机速率与机动车最大车速比、扭矩、最大扭矩时发动机的转速、机动车最大功率、最大功率时发动机的转速、发动机怠速转速、变速器类型、空调负载等。

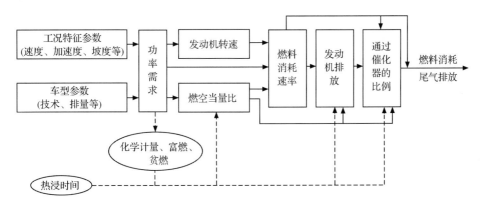

图 7-2   CMEM 模型模拟轻型车的模型结构

如图 7-2 所示,CMEM 模型设计了六个模块分别计算发动机所需功率、发动机转速、燃料/空气当量比 ϕ、燃料消耗速率、发动机排放和通过催化器的比例,然后输出污染物尾气排放量和燃料消耗。CMEM 模型考虑了多种热浸时间下的启动状态,对热稳定运行考虑了化学计量、富燃和贫燃三种燃烧模式。模型根据机动车所需功率判断机动车处于哪种运行条件。不同的运行条件对燃空比、发动机排放和通过催化器的比例产生不同影响。

功率需求等六个模块是 CMEM 模型的核心,以下将逐一介绍六个模块中各参数的计算方法。

1. 发动机功率需求模块

对发动机瞬时功率的求解是 CMEM 物理模型的出发点和基础。发动机牵引功率根据机动车速度、加速度和道路坡度计算得到,如式(7-12)所示,其中第一项代表发动机改变车辆势能输出的功率,第二项代表发动机改变车辆动能输出的功率。

$$P_{牵引} = \frac{M}{1000} \times v \times (a + g \times \sin\theta) + \left(M \times g \times C_r + \frac{\rho}{2} \times v^2 \times A \times C_a \right) \times \frac{v}{1000}$$
$$(7\text{-}12)$$

其中,$P_{牵引}$ 为牵引功率,kW;M 为机动车质量,kg;v 为机动车速率,m/s;a 为加速度,m/s²;g 为重力加速度常数,9.81 m/s²;θ 为道路坡度,单位为(°);C_r 为滚动摩阻系数;ρ 为空气密度,1.225 kg/m³,与温度和海拔高度有关;A 为车辆迎风面积,m²;C_a 为风阻系数。

由牵引功率、传动效率和使用附件计算发动机功率需求,如式(7-13)所示。

$$P = \frac{P_{牵引}}{\varepsilon} + P_{附加} \tag{7-13}$$

其中,P 为逐秒的发动机功率需求,kW;ε 为发动机传动效率;$P_{附加}$ 为机动车使用空调等附件引起的功率需求,kW。

传动效率 ε 是发动机转速和发动机扭矩的函数。发动机转速较低时,传动系统效率较低,一些老旧车辆,传动效率在发动机转速较高时仍很低。机动车传动效率可看作是速度 v 和比功率 SP 的函数。这里,比功率的定义为 $2 \times a \times v$(单位为 mph²/s),体现了机动车的动能变化。在机动车速度非常低的情况下,传动效率会很低,当车速达到 30 mile/h 时,传动效率接近最大值,当比功率增加到 100 mph²/s 时,传动效率略有降低。传动效率的计算模型如式(7-14)所示。

$$\begin{cases} \varepsilon = \varepsilon_1 \\ \varepsilon = \varepsilon_1 \times \left[1 - \varepsilon_2 \times \left(1 - \frac{v}{30} \right)^2 \right] & a > 0, v < 30 \text{ mph} \\ \varepsilon = \varepsilon_1 \times \left[1 - \varepsilon_3 \times \left(\frac{\text{SP}}{100} - 1 \right)^2 \right] & SP > 100 \text{ mph}^2/\text{s} \end{cases} \tag{7-14}$$

其中,ε_1 是最大传动效率值,为 70%～93%;$\varepsilon_2 \approx 1.0$,为低速运行系数;$\varepsilon_3 \approx 0.0$～0.2,为高功率运行系数。

2. 发动机转速模块

发动机转速跟车速相关,可由式(7-15)计算得到。

$$N(t) = S \times \frac{R(L)}{R(L_g)} \times v(t) \tag{7-15}$$

其中，$N(t)$ 为 t 时间的发动机转速，单位为每分钟转的圈数（revolutions per minute，rpm）；$v(t)$ 为 t 时间的机动车速度，mph；S 为发动机在高档位 L_g 时的发动机转速/机动车速度比，rpm/mph；$R(L)$ 为 L 挡的变速比。

在高功率情景下，需要降低档位，通常扭矩和发动机输出功率的关系可用式(7-16)表达。

$$Q(t) = \frac{P(t) \times 5252}{N(t)} \tag{7-16}$$

其中，$Q(t)$ 为 t 时间的发动机扭矩，ft$\times$lb；$P(t)$ 为发动机功率，hp。发动机扭矩在任何发动机转速下不能超过节气门全开（wide-open-throttle，WOT）时的扭矩，WOT 扭矩的计算如式(7-17)所示。

$$\begin{cases} Q_{\text{WOT}}(t) = Q_m \times \left[1 - 0.25 \times \dfrac{N_m - N(t)}{N_m - N_{\text{idle}}} \right] & N(t) \leqslant N_m \\[3mm] Q_{\text{WOT}}(t) = Q_m \times \left[1 - \left(1 - \dfrac{Q_p}{Q_m} \right) \times \dfrac{N(t) - N_m}{N_p - N_m} \right] & N(t) > N_m \end{cases} \tag{7-17}$$

其中，Q_{WOT} 为 WOT 扭矩；Q_m 为最大扭矩；N_m 为最大扭矩下的发动机转速；Q_p 为最大功率下的扭矩；N_p 为最大功率下的发动机转速；N_{idle} 为怠速下的发动机转速。

如果式(7-16)计算得到的发动机扭矩超过 WOT 扭矩，发动机就会降档，然后计算新的发动机转速、扭矩和 WOT 扭矩。

3. 燃空当量比模块

CMEM 模型按照贫燃、化学计量燃烧（燃空当量比 ϕ 在 $0.98 \sim 1.02$ 之间）和富燃三种区域计算燃空当量比 ϕ。发动机在高功率需求下通常处于富燃状态，对富燃状态的估算需要对发动机从化学计量燃烧转化为富燃燃烧的阈值以及富燃程度这两方面进行判断。富燃通常与功率需求和加速度有关，CMEM 模型开发组对300 余辆车进行测试，发现各测试车辆的富燃状态阈值存在差异，尽管如此，CMEM 模型开发组认为测试结果足够模拟富燃的功率或扭矩阈值，并定义了燃空当量比开始大于 1.02 时的功率需求（P_{th}）和扭矩值（Q_{th}）为富燃的阈值。

（1）富燃条件下

CMEM 模型里，扭矩大于 Q_{th} 时，便认为发动机处于富燃条件，燃空当量比 ϕ 的计算如式(7-18)所示。

$$\begin{cases} \phi = 1 & Q \leqslant Q_{\text{th}} \\[2mm] \phi = 1 + \dfrac{Q - Q_{\text{th}}}{Q_{\text{WOT}} - Q_{\text{th}}} \times (\phi_{\text{WOT}} - 1) & Q > Q_{\text{th}} \end{cases} \tag{7-18}$$

其中，Q_{WOT} 为 WOT 扭矩；ϕ_{WOT} 为 WOT 扭矩下的 ϕ 值。

冷启动过程通常为富燃状态,此时的燃空当量比采用式(7-19)计算。

$$\begin{cases} \phi(t) = \left[1 + (\phi_{\mathrm{cold}} - 1) \times \dfrac{T_{\mathrm{cl}} - T_{\mathrm{su}}(t)}{T_{\mathrm{cl}}} \right] \times \phi_{\mathrm{hot}}(t) & T_{\mathrm{su}}(t) < T_{\mathrm{cl}} \\ \phi(t) = \phi_{\mathrm{hot}}(t) & T_{\mathrm{su}}(t) \geqslant T_{\mathrm{cl}} \end{cases} \tag{7-19}$$

其中,ϕ_{hot} 为热稳定状态下的燃空当量比;ϕ_{cold} 为冷启动过程中燃空当量比的最大值;T_{cl} 为冷启动代用温度阈值;T_{su} 为代用温度,与温度升高时的累积燃料消耗直接相关,CMEM 模型采用累积燃料作为温度的代用参数,如式(7-20)所示。根据式(7-19),燃空当量比在发动机启动第一秒内最高,然后逐渐降低,直到代用温度达到温度阈值。

$$T_{\mathrm{su}}(t) = \sum_{j=1}^{t} \mathrm{FR}(j) \tag{7-20}$$

其中,$\mathrm{FR}(j)$ 为第 j 秒的燃料消耗速率。

(2) 贫燃条件下

CMEM 模型认为贫燃下 CO 排放可忽略不计。CMEM 对贫燃下的 HC 污染物排放计算没有使用燃空当量比,在后续"5. 发动机排放模块"有描述。贫燃下 NO_x 催化剂发挥作用的时间会推迟数秒,导致贫燃过程之后的一段时间内 NO_x 排放激增,这在后面"6. 通过催化剂的比例模块"中阐述。

4. 燃料消耗速率模块

燃料消耗速率由发动机功率、摩擦因子、发动机转速、燃空当量比、发动机排量及效率指数等计算,如式(7-21)所示。

$$\begin{cases} \mathrm{FR}(t) = \phi(t) \times \left[K(t) \times N(t) \times V + \dfrac{P(t)}{\eta} \right] \times \dfrac{1}{44} & P > 0 \\ \mathrm{FR}(t) = K_{\mathrm{idle}} \times N_{\mathrm{idle}} \times V & P = 0 \end{cases} \tag{7-21}$$

其中,$\mathrm{FR}(t)$ 为燃料消耗速率,g/s;$P(t)$ 为发动机功率输出,kW;$K(t)$ 为发动机摩擦系数,代表发动机每转每升排量克服摩擦所消耗的燃料,kJ/(r·L);K_{idle} 为发动机怠速时的摩擦系数,$K(t)$ 和 K_{idle} 的计算如式(7-22)所示;$N(t)$ 为发动机转速,r/s;N_{idle} 为发动机怠速时的转速,r/s;V 为发动机排量,L;$\eta \approx 0.4$,为效率指数;44 kJ/g 为汽油的低热值;$\phi(t)$ 为燃空当量比。

$$\begin{cases} K \approx K_0 \times \left[1 + (N(t) - 33)^2 \times 10^{-4} \right] \\ K_{\mathrm{idle}} = 1.5 \times K_0 \end{cases} \tag{7-22}$$

其中,K_0 为常数,例如,对于 20 世纪 90 年代的车,取值为 0.19~0.25 kJ/(r·L)。

5. 发动机排放模块

发动机排放与燃耗和空燃比有关(Heck et al.,2009;Kašpar et al.,2003)。

例如,富燃条件下,由于燃料不充分燃烧,发动机 CO 和 HC 排放较高,燃空当量比逐渐降低时,CO 和 HC 排放减少。发动机 NO_x 排放在化学计量状态下达到最高,因为此时温度最高,有利于 NO_x 的形成(见本书第 2 章图 2-1)。

(1) CO 排放

研究显示,发动机 CO 排放与燃料消耗具有很强的相关性,发动机的 CO 排放计算如式(7-23)所示。

$$E_{CO} = [C_0 \times (1 - \phi^{-1}) + a_{CO}] \times FR \tag{7-23}$$

其中,E_{CO} 为发动机 CO 排放速率,g/s;C_0 为常数,取值为 3.6;ϕ 为燃空当量比;a_{CO} 代表 CO 排放系数,含义为排放速率(g/s)除以燃料消耗(g/s);FR 为燃料消耗,g/s。

(2) HC 排放

在化学计量和富燃状态下,发动机 HC 排放与燃料消耗呈正比。CMEM 模型将贫燃状态下的发动机 HC 排放分为瞬时排放和长减速过程中的排放,其中瞬时发动机 HC 排放与比功率变化率成正比(比功率 $SP = 2 \times a \times v$,单位为 mph^2/s)。在长减速过程中,依然会有大量空气喷入燃烧室,但是没有燃料喷入,致使燃空当量比过低而导致没有发生燃烧过程,此时 HC 排放系数非常高。各种状态下的发动机 HC 排放计算如式(7-24)所示。

$$\begin{cases} E_{HC}^{comb} = a_{HC} \times FR + r_{HC} \\ E_{HC}^{lean\text{-}trans} = hc_{trans} \times [\,|\,\delta SP\,| - \delta SP_{th}\,] & a < 0 \text{ 且 } |\,\delta SP\,| > \delta SP_{th} \\ E_{HC}^{lean\text{-}release}(t) = r_R \times \left[b_{HC} - \sum_{i}^{t-1} E_{HC}^{lean\text{-}release}(i) \right] \end{cases} \tag{7-24}$$

其中,E_{HC}^{comb} 为化学计量燃烧和富燃燃烧下的发动机 HC 排放速率,g/s;a_{HC} 为 HC 排放系数,含义为排放速率(g/s)除以燃料消耗(g/s);$r_{HC} \approx 0$,为残余量。$E_{HC}^{lean\text{-}trans}$ 为贫燃状态下的发动机瞬时 HC 排放速率,g/s;hc_{trans} 为单位 δSP 的 HC 排放值,由测试得到;δSP_{th} 为比功率变化速率的阈值,当 $\delta SP = \delta SP_{th}$ 时,$E_{HC}^{lean\text{-}trans} = 0$,$\delta SP_{th}$ 通常为 50 mph^2/s^2 左右。$E_{HC}^{lean\text{-}release}$ 为贫燃状态下的发动机长减速过程 HC 排放速率,g/s,r_R 为未燃烧 HC 释放率,s^{-1};b_{HC} 为过程初始时进气管的燃料附积,g。

发动机 HC 排放为 E_{HC}^{comb}、$E_{HC}^{lean\text{-}trans}$ 和 $E_{HC}^{lean\text{-}release}$ 三者之和。

(3) NO_x 排放

发动机的 NO_x 排放对气缸温度特别敏感,当燃料消耗低于某阈值时,NO_x 排放非常低。此外,富燃对气缸温度有降低作用,因此富燃下的 NO_x 排放低于化学计量燃烧下的排放。发动机 NO_x 排放的计算公式如式(7-25)所示。

$$\begin{cases} E_{NO_x} = a_{1,NO_x} \times (FR + FR_{NO1}) & \phi < 1.05 \\ E_{NO_x} = a_{2,NO_x} \times (FR + FR_{NO2}) & \phi \geqslant 1.05 \\ E_{NO_x} = 0 & FR < FR_{NO1} \end{cases} \tag{7-25}$$

其中，a_{1,NO_x} 和 a_{2,NO_x} 分别为化学计量和富燃下的 NO_x 排放系数，含义为排放速率（g/s）除以燃料消耗（g/s）；FR_{NO1} 和 FR_{NO2} 为 NO_x 排放的燃耗阈值。

（4）冷启动排放

发动机在冷启动时排放会增加，特别是 CO 和 HC 排放。发动机冷启动排放的模拟需要如下参数：①冷启动燃空当量比，ϕ_{cold}；②达到闭环操作的冷启动代用温度，T_{cl}；③发动机冷启动 HC 排放系数，CS_{HC}；④发动机冷启动 NO_x 排放系数，CS_{NO_x}。其中，ϕ_{cold} 和 T_{cl} 如式（7-19）所定义。冷启动 CO 可由式（7-23）计算。冷启动 HC 和 NO_x 排放计算如式（7-26）所示。

$$
\begin{cases}
E_{\text{HC}}^{\text{cold}}(t) = \left[1 + (\text{CS}_{\text{HC}} - 1) \times \dfrac{T_{\text{cl}} - T_{\text{su}}(t)}{T_{\text{cl}}} \right] \times E_{\text{HC}}(t) & T_{\text{su}}(t) < T_{\text{cl}} \\[3mm]
E_{\text{NO}_x}^{\text{cold}}(t) = \left[1 + (\text{CS}_{\text{NO}_x} - 1) \times \dfrac{T_{\text{cl}} - T_{\text{su}}(t)}{T_{\text{cl}}} \right] \times E_{\text{NO}_x}(t) & T_{\text{su}}(t) < T_{\text{cl}} \\[3mm]
E_{\text{HC}}^{\text{cold}}(t) = E_{\text{HC}}(t) & T_{\text{su}}(t) \geqslant T_{\text{cl}} \\[2mm]
E_{\text{NO}_x}^{\text{cold}}(t) = E_{\text{NO}_x}(t) & T_{\text{su}}(t) \geqslant T_{\text{cl}}
\end{cases}
$$

$$(7\text{-}26)$$

其中，$T_{\text{su}}(t)$ 为温度代用参数，定义参见式（7-20）。

6. 通过催化剂的比例模块

通过催化剂的比例（catalyst pass fraction，CPF）定义为尾气排放与发动机排放之比，也可定义为 100% 减去催化剂效率。催化剂效率与空燃比、温度等多种因素有关。图 7-3 为不同空燃比条件和温度下的催化剂效率变化示意图。如图 7-3（a）所示，富燃条件下，CO 和 HC 的催化剂效率很低，但随着空燃比的增加而逐渐提高，在化学计量和贫燃条件时，CO 和 HC 催化剂效率达到 90% 以上。NO_x 催化剂效率变化趋势与此相反，富燃条件下最高，化学计量下略微降低，而贫燃条件下 NO_x 催化剂效率大幅度下降（Kaneko et al.，1978；Kašpar et al.，2003）。图 7-3（b）为化学计量下三种污染物的催化剂效率随温度变化示意图。温度较低时，催化剂效率非常低，此时污染物排放水平很高，随着温度提高，催化剂达到最佳工作状态，效率最高（Kašpar et al.，2003）。

（1）CO 和 HC 的 CPF

研究显示，MEC01 和 US06 等高负载工况与低负载 FTP 工况测试下的 CO 和 HC 的 CPF 系数存在明显差异，所以 CPF 与行驶工况有关，如式（7-27）所示。

$$\text{CPF}(i) = 1 - \Gamma_i \times \text{e}^{\left[-b_i - c_i \times \left(1 - \phi^{-1} \right) \right] \times \text{FR}} \tag{7-27}$$

其中，i 为 CO 或 HC；Γ_i 为 CO 或 HC 催化剂的最高效率；FR 为燃料消耗速率，g/s；b_i 为基于 FTP 工况第二段（Bag2）测试的化学计量 CPF 系数；c_i 为基于 MEC 工况测试的富燃 CPF 系数。

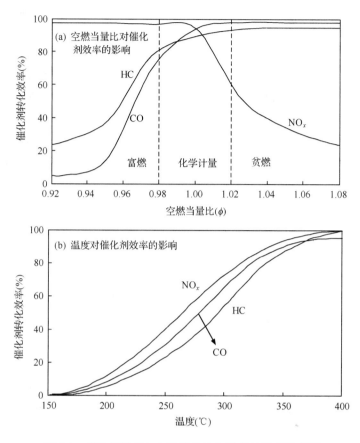

图 7-3 催化剂效率与空燃当量比和温度的关系示意图

（2）NO_x 的 CPF

NO_x 的催化剂效率是发动机 NO_x 排放和燃空当量比的函数。当发动机的化学计量 NO_x 排放增加，或者富燃燃烧过程燃空比增加时，NO_x 催化剂效率稍有降低，而在贫燃条件下，NO_x 催化剂效率大幅度下降。CMEM 为 NO_x 催化剂效率的模拟建立了如下模型：

$$\begin{cases} \text{CEF}_{NO_x} = \begin{cases} (1-b_{NO} \times E_{NO}) \times \Gamma_{NO} & \phi = 1.0 \\ [1-b_{NO} \times (1-c_{NO} \times (1-\phi^{-1})) \times E_{NO}] \times \Gamma_{NO} & \phi > 1.0 \\ \dfrac{\Gamma_{NO}-L_{NO}}{1-\phi_{min}} \times (\phi-\phi_{min}) + L_{NO} & \phi < 1.0 \end{cases} \\ \text{CPF}(NO_x) = 1 - \text{CEF}_{NO_x} \end{cases}$$

$$(7\text{-}28)$$

其中，CEF_{NO_x} 为 NO_x 催化剂效率；$\text{CPF}(NO_x)$ 为 NO_x 通过催化剂的比例；E_{NO} 为 NO_x 发动机排放；b_{NO} 和 c_{NO} 为催化剂效率系数；ϕ 为燃空当量比，ϕ_{min} 为测试得到的

最低燃空当量比;Γ_{NO}为热稳定操作下测量的催化剂最高效率;L_{NO}为量纲为一的常数,≈ -0.8。

(3) 冷启动的 CPF

CMEM 模型采用式(7-29)计算冷启动时催化剂的效率。式(7-29)得到的冷启动催化剂效率随累积燃料消耗增加呈"S"形增长,与测量结果吻合较好。

$$\text{CEF}_{\text{cold}}(t) = \frac{\Gamma_i}{1 + 20 \times e^{-\frac{T_{\text{su}}(t)}{\beta_i}}} \times \text{CEF}_{\text{hot}}(t) \tag{7-29}$$

其中,$\text{CEF}_{\text{cold}}(t)$为冷启动催化剂效率;$i$ 为 CO,HC 和 NO_x 污染物;Γ_i 为热稳定下的最高催化剂效率;T_{su}为时间的代理参数,定义参见式(7-20);β_i 为冷启动催化剂系数;$\text{CEF}_{\text{hot}}(t)$为热运行催化剂效率,由式(7-27)和式(7-28)计算。

7.2.2 重型柴油车

1. 重型车测试

加州大学河滨分校采用自行开发的流动源排放测试研究实验室(Mobile Emissions Research Laboratory,MERL)测试重型车的气态污染物和颗粒物排放,并根据测试结果在 CMEM 模型中加入重型车的模拟功能。这个实验室具备传统实验室的一切仪器,不同的是这些仪器安装在一个 53 英尺(约 16 米)长的卡车拖车里,如图 7-4 所示(Cocker et al.,2004a)。卡车排放通过卡车拖车内的稀释管道与稀释空气混合,然后进行测试,测试程序与固定实验室的一致,流动源实验室的气态污染物和颗粒物的测试精度与固定实验室结果相同。驾驶员在驾驶辅助系

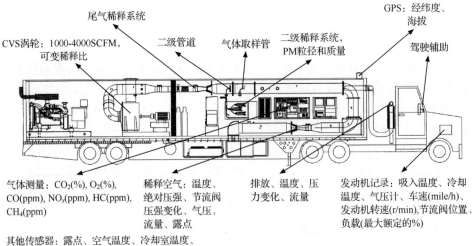

图 7-4　MERL 测试系统结构图(Cocker et al.,2004a)

统的帮助下,按照设定的工况驾驶车辆。为了保证测试不受其他车辆和道路因素干扰,测试地点选在车辆稀少的加州 Coachella Valley。与固定实验室相比,流动实验室的优点是可以测试车辆实际在路的排放水平。

表 7-2 给出了 CMEM 开发组最初计划的重型车分类以及每类车的测试样本数,但实际上比较难招募到年代较老的重型卡车,CMEM 开发组招募到了 11 辆在用重型车,均为出厂年份 1994 年以后的新车。模型开发组采用 MERL 测试系统对 11 辆招募的车辆进行测试,并从一个美国重型柴油车台架测试项目中获取了23 辆重型车的测试结果。样本选取时,充分考虑了出厂年、功率以及汽车制造商的覆盖率。

表 7-2　CMEM 重型卡车技术分类

分类编号	出厂年	发动机	燃油喷射	计划测试样本数	实际样本数
1	早于 1991	2 冲程	机械喷射	3	0
2	早于 1991	4 冲程	机械喷射	3	11
3	1991~1993	4 冲程	机械喷射	3	1
4	1991~1993	4 冲程	电子喷射	5	4
5	1994~1997	4 冲程	电子喷射	5	8
6	1998	4 冲程	电子喷射	5	4
7	1999~2002	4 冲程	电子喷射	5	6
总计				29	34

采用多种测试工况测试 11 辆招募车辆的排放,这些工况包括:①加利福尼亚州空气资源局 CARB-HDD(heavy-duty diesel)测试,包括频繁加减速的爬行模式、瞬态及高速模式;②城市道路工况 UDDS(即 FTP-72 工况);③高速交通流实际运行工况;④开发组设计的一组模式工况,如图 7-5 所示。

2. 重型车排放模型方法

图 7-6 为 CMEM 模型模拟重型车排放的模型结构。与轻型车模拟方法类似,重型车排放的模拟需要两组输入参数:①机动车运行工况;②机动车技术参数变量。模型包括六个模块,分别计算发动机所需功率、发动机转速、燃料消耗率、发动机控制单元、发动机排放和通过催化剂的比例,然后输出燃料消耗和尾气排放。

其中功率需求及发动机转速计算方法与轻型车方法相同,参见 7.2.1 小节。对于重型柴油车燃料消耗速率的计算,采用式(7-30)。

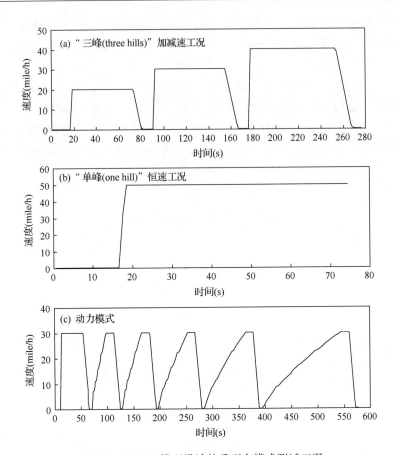

图 7-5　CMEM 模型设计的重型车模式测试工况

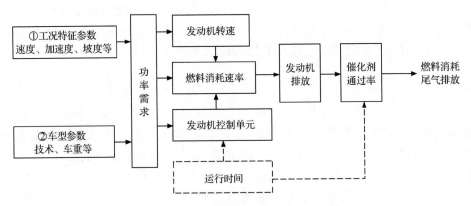

图 7-6　CMEM 模型模拟重型车排放的模型结构

$$
\begin{cases}
FR \approx \left(K \times N \times V + \dfrac{P}{\eta} \right) \times \dfrac{1}{43.2} \times \left[1 + b_1 \times (N - N_0)^2 \right] \\
K = K_0 \times \left[1 + C \times (N - N_0) \right] \\
N_0 \approx 30 \times \sqrt{\dfrac{3.0}{V}}
\end{cases}
\tag{7-30}
$$

其中，FR 为燃料消耗速率，g/s；P 为发动机输出功率，kW；K 为发动机摩擦系数，kJ/(r·L)；N 为发动机转速，r/s；V 为发动机排量，L；$\eta \approx 0.4$，为柴油发动机效率；K_0 和 N_0 为与车辆技术相关的常数；$b_1 \approx 10^{-4}$，$C \approx 0.00125$，均为系数；43.2 kJ/g 为普通柴油的低热值。

柴油车发动机会改变燃料喷射时间以获取更好的燃料经济性，但将导致较高的 NO_x 排放，为了模拟这种情形，CEME 模型引入了燃耗减少因子，如式（7-31）所示。

$$
FR_{off} = FR \times (1 - f_{减少})
\tag{7-31}
$$

其中，FR_{off} 为非标准测试工况的燃料消耗速率，g/s；$f_{减少}$ 代表与喷射时间改变相关的燃耗减少因子。

CO 为不充分燃烧的产物，富燃条件下会产生大量的 CO 排放。与点燃式的汽油发动机不同，柴油发动机通常在贫燃条件下工作，因此 CO 排放极低。研究显示，柴油发动机的 CO 排放与燃料消耗呈线性关系，如式（7-32）所示。

$$
E_{CO} = a_{CO} \times FR + r_{CO}
\tag{7-32}
$$

其中，E_{CO} 为发动机 CO 排放，g/s；a_{CO} 和 r_{CO} 为系数。

HC 为未完全燃烧的燃料，其产生量与燃料消耗量呈正相关，如式（7-33）所示。

$$
E_{HC} = a_{HC} \times FR + r_{HC}
\tag{7-33}
$$

其中，E_{HC} 为发动机 HC 排放，g/s；a_{HC} 和 r_{HC} 为系数。

NO_x 是柴油车的主要污染物，其形成与氧气和温度相关。NO_x 排放量与油耗呈现较强的相关性，可由式（7-34）表达。

$$
E_{NO_x} = a_{NO_x} \times FR + r_{NO_x}
\tag{7-34}
$$

其中，E_{NO_x} 为发动机 NO_x 排放，g/s；a_{NO_x} 为发动机 NO_x 排放与燃耗的关系系数，g 排放/g 燃耗；r_{NO_x} 为数值很小的余值。

柴油车的 NO_x 排放可通过降低气缸温度进行控制，由延迟燃料喷射时间来实现，但这样会增加颗粒物排放，而且会降低燃油效率。研究者发现，为了提高车辆的燃料经济性，汽车制造商调整了燃料喷射时间，导致发动机在认证测试和实际行驶过程中的燃料喷射时间不一致，发动机能通过认证测试，但在实际运行过程中 NO_x 排放增加。式（7-35）对式（7-34）进行了非测试工况的修正。

$$
E_{NO_x\text{-off}} = a_{NO_x,h} \times FR + r_{NO_x,h}
\tag{7-35}
$$

其中，$E_{NO_x\text{-off}}$为非测试工况下发动机的 NO_x 排放，g/s；$a_{NO_x,h}$为非测试工况下发动机 NO_x 排放与燃耗的关系系数，g 排放/g 燃耗；$r_{NO_x,h}$为数值很小的余值。将 NO_x 排放与燃耗的测试结果回归，根据两者表现出的强相关性确定 a_{NO_x} 和 $a_{NO_x,h}$。

7.2.3　CMEM 模型评价

1. 模型方法学特点

CMEM 模型是一个物理模型。物理模型不同于数学模型，数学模型从污染物排放的结果出发，而物理模型的特点是从污染物产生的原理出发。数学模型基于大量的排放测试，建立不同参数与测试结果的数学关系，为各行驶单元（例如速度区间、VSP 区间等）设定了排放结果。物理方法是解释不同技术和工况对排放的影响，而不是描述这种影响，这使用户能够探讨一些原理性的问题。

物理模型的方法学特性使得 CMEM 模型具有如下特点：①模型的模块单元可模拟机动车不同的排放过程，使 CMEM 模型能够模拟所有与机动车运行环境相关的、影响排放的因素，如行驶模式、维护状态、空调等附件的使用和道路坡度等。②模型适用于所有的机动车类型和技术类型，如果目标车队由多种机动车类型组成，模型则使用不同的参数组表征这些车辆和技术类型。③模型可与宏观和微观机动车活动特征结合。如果提供逐秒的速度，模型可输出高时间分辨率的排放结果，如果输入平均速度、怠速时间、最高速度等信息，模型根据活动水平参数计算平均能量需求，输出排放。④模型容易验证和修正，在排放测量的同时，模型可根据工况的速度曲线计算排放值，并与测试值进行比对，然后对模型进行修正。⑤模型内的功能关系定义清晰，没有使用内推或外推等数学分析方法。⑥模型基于物理学原理，因此构建模型时可以识别违背物理规律的测试数据和测试错误。⑦由于 CMEM 模型涉及了复杂的物理原理，因此建立 CMEM 模型时的数据强度较大，但模型的应用非常简单（Barth et al.，1996，2000）。

CMEM 模型是一种瞬态排放因子模型，可以模拟车辆行驶过程中逐秒的污染物排放。与其他瞬态排放因子模型相同，CMEM 模型可以与交通模型耦合，利用交通模型获取各区域各时段的车辆行驶工况特征，然后传递给 CMEM 模型，可模拟车辆在各种交通流中的排放特征。CEME 模型与交通模型的耦合有两种方式：一是直接将交通行驶工况数据输入 CMEM 模型，从而得到耦合结果；二是在软件平台上实现两种模型的耦合，实现对机动车尾气排放的实时监控，帮助有关部门监测交通排放高值的发生区域，从而对其实施管理。目前，许多研究将 CMEM 模型与 PARAMICS 或 VISSIM 模型等微观交通模型进行耦合，研究道路特性、提高道路通行效率、拥堵流、驾驶员行为、单车道的特征变化以及各种交通政策等对排放的影响（Stathopoulos and Noland，2003；Nam et al.，2003；Noland and Quddus，

2006；Boriboonsomsin and Barth，2008；Chen and Yu，2007)。

2. 模型验证

美国研究者对 CMEM 模型开展了大量的验证工作，CMEM 模型也在各种验证工作中不断完善和发展。根据 CMEM 开发组 2001 年开展的验证研究，与美国EPA 测试的 85 辆轻型车排放结果比较，CMEM 模型模拟值与测试值表现出较好的一致性；与 MOBILE 和 EMFAC 模型相比，CMEM 计算的 CO 排放结果与两模型结果基本一致，但其模拟的 HC 排放结果比 MOBILE 和 EMFAC 高。当车速大于 30 mile/h 时，CMEM 的 HC 排放因子比两模型高 50%；CMEM 模型得到的 NO_x 排放因子较低，比 EMFAC 低 20%～30%，比 MOBILE 模型低 50%～60% (Barth et al.，2001)。

在模拟瞬态排放速率方面，CMEM 开发组自己开展的验证研究表明，CMEM 模型可以较好地反映车辆在行驶过程中逐秒的排放变化(Barth et al.，2000)。Cappiello 等(2002)将车辆排放的实际测试值与他们开发的 EMIT 模型和 CMEM 模型结果进行了对比，发现 CMEM 模型结果与实测值的呈现较好的一致性。但也有研究者认为 CMEM 模型模拟的车辆瞬态排放与实测值存在一定的偏差。Rakha 等(2003)对比了美国橡树岭国家实验室测试值，他们开发的 VT-MICRO瞬态模型，以及 CMEM 模型的模拟值，发现 CMEM 模型模拟的 NO_x 瞬态排放曲线明显低于实测值。Silva 等(2006)将北卡罗来纳州州立大学(North Carolina State University，NCSU)测试的轻型车排放结果与 CMEM 模型模拟值做了对比，认为 CMEM 模型的油耗和 CO_2 排放速率与模拟值吻合较好，但是严重高估了CO、HC 和 NO_x 的排放速率。

7.2.4　CMEM 模型在中国城市的应用和验证

CMEM 模型在中国得到了一定的应用，由于微观模型的应用优势不在于模拟排放因子，而在于研究车辆的瞬态排放特征，因此在中国应用 CMEM 模拟城市机动车排放因子水平的研究相对有限，仅在北京、上海、武汉等为数不多的几个城市得到了应用(何春玉和王岐东，2006；黄成等，2008；徐成伟等，2008；戴璞等，2009；王晓宁等，2012)，目前更多的应用研究集中在与交通模型耦合模拟机动车在微观交通环境中的排放特征上(陈琨和于雷，2007；吴孟庭和李铁柱，2009；Lei et al.，2010；吴孟庭等，2010；李璐等，2011；王轶等，2012)。

本小节以北京、上海、成都、长春和吉林市为研究对象，采用 CMEM 模型的Access 2.02 版本模拟五城市的机动车排放因子，并根据车载实测排放数据对CMEM 模型进行验证，评价 CMEM 模型应用于中国机动车排放研究的准确性。表 7-3 为五城市 29 辆测试车辆的技术信息及在 CMEM 模型中所属的技术分类，

表 7-3　五城市 29 辆测试车辆技术信息及所属 CMEM 分类

城市	测试车辆编号	厂牌	出厂年份	技术水平	技术类别	行驶里程（km）	归属 CMEM 分类[a]
北京	1	桑塔纳	1998	化油器	国 0	98 500	1
	2	桑塔纳	1998	化油器改造	国 0	94 000	3
	3	捷达	1998	化油器改造	国 0	209 900	3
	4	富康	2002	电喷＋三元催化剂	国 I	207 000	4
	5	捷达	2002	电喷＋三元催化剂	国 II	48 600	6
	6	金杯	2002	电喷＋三元催化剂	国 II	14 800	6
	7	奥拓	2001	电喷＋三元催化剂	国 I	79 500	6
	8	夏利	2002	电喷＋三元催化剂	国 I	80 500	4
上海	9	红旗	1999	电喷＋三元催化剂	国 I	11 500	6
	10	普桑	1998	化油器	国 0	115 000	1
	11	桑塔纳 2000	2003	电喷＋三元催化剂	国 II	136 315	4
	12	富利卡	2002	电喷＋三元催化剂	国 II	336 060	6
	13	桑塔纳 GL	2004	电喷＋三元催化剂	国 II	36 002	4
吉林市	14	捷达	2000	电喷＋三元催化剂	国 I	259 490	4
	15	捷达	1999	化油器	国 0	370 000	1
	16	捷达	2001	电喷＋三元催化剂	国 I	259 490	4
	17	金杯	2001	电喷＋三元催化剂	国 I	73 400	6
长春	18	捷达	2000	电喷＋三元催化剂	国 I	279 240	4
	19	捷达	1999	化油器	国 0	452 400	1
	20	佳宝	2001	电喷＋三元催化剂	国 I	21 000	6
	21	捷达王	2000	电喷＋三元催化剂	国 I	71 460	6
	22	金杯	2001	电喷＋三元催化剂	国 I	73 400	6
	23	捷达	1999	化油器	国 0	455 000	1
	24	捷达	1999	化油器	国 0	240 300	1
成都	25	桑塔纳 2000	2001	电喷＋三元催化剂	国 I	39 400	6
	26	富康	2002	电喷＋三元催化剂	国 I	31 015	6
	27	金杯	2001	电喷＋三元催化剂	国 I	39 400	6
	28	奥拓	2002	电喷＋三元催化剂	国 I	26 715	6
	29	捷达	2002	电喷＋三元催化剂	国 I	26 400	6

a. CMEM 模型机动车分类标准见表 7-1

其中北京、吉林市、成都和长春的 23 个测试样本从本书第 6 章 6.3.1 小节的测试车辆(表 6-8)中选取。这些测试在 2003～2005 年开展,大多数测试车辆为国 0 和国 I 车辆,在北京和上海测试了 5 辆国 II 车辆。

1. CMEM 输入数据与运行

CMEM 模型 Access 2.02 版的模型界面如图 7-7 所示。图 7-7(a)为 CMEM模型的主界面。CMEM 需要机动车运行工况和机动车技术参数两组数据的输入,输入界面分别为图 7-7(b)和图 7-7(c)所示。对于机动车运行工况,从五城市车载测试(参见本书 6.3.1 小节)中车速测量系统 Speed Sensor 记录的逐秒速度信息获取机动车的瞬时速度、加速度和坡度等行驶信息。可以采用导入文件的方式向模型输入车辆的工况信息,如图 7-7(b)所示。五城市的测试车在实验中均未开启

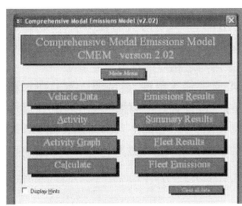

(a) 主界面

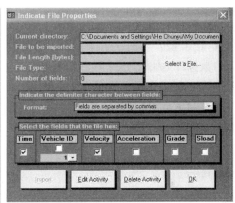

(b) 工况参数输入界面

(c) 技术参数输入界面

(d) 结果界面

图 7-7　CMEM 模型运行界面

空调,CMEM 模型中空调开启标志全部设置为 0,即未开启状态。

　　CMEM 模型需要的机动车技术参数为测试车辆的发动机排量、气缸数、整车质量、机动车惯性滑行功率、扭矩、最大扭矩时的发动机转速、机动车最大功率、最大功率时的发动机转速、发动机怠速转速、变速器类型、空调负载等,如图 7-7(c)所示。这些技术参数代表着每一类机动车的技术水平,从该类机动车的规格说明书中可直接得到。CMEM 模型默认数据库中有 26 类机动车的技术参数变量,当输入机动车分类编号时,CMEM 模型会自动调出该类机动车默认技术参数。这项功能使得模型具有较好的操作性,然而,通过对这 29 辆测试车辆的技术参数进行分析,发现同属一个分类编号的中国和美国车辆在各项参数值上具有很大差异。这些参数是影响排放的重要因素,因此对 CMEM 模型的默认车辆技术信息进行了数据更改,以反映中国实际车辆的技术特征。CMEM 模型所需的环境参数如空气湿度由测试当天实际情况确定。

　　需要说明的是,CMEM Access 2.02 针对的 26 类不同车型有 42 项排放修正参数,在模型开发时由台架测试直接获取或者回归获得。中国目前尚没有与之对应的数据库,因此对 29 辆测试机动车直接采用与之相应的排放修正参数。

　　将各测试车辆或车队的技术参数与工况文件输入模型,点击图 7-7(a)所示程序主界面上的“Calculate” 按钮,经过数秒的后台计算,模型便可输出测试车辆连续行驶过程中逐秒的 CO_2、CO、HC、NO_x 以及油耗值,如图 7-7(d)所示。图 7-8 显示了 CMEM 模型输出的一段工况下 4 号测试车(北京富康)CO 和 NO_x 排放的逐秒变化。

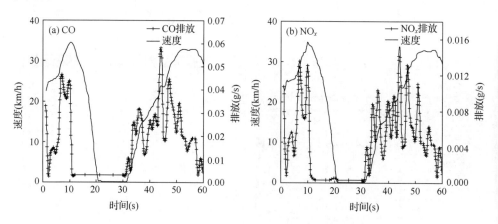

图 7-8　CMEM 模型模拟的车辆瞬时排放随车速的变化

2. CMEM 模拟结果与实测值对比分析

图 7-9 为五城市 29 辆测试车辆排放因子的 CMEM 模拟结果和实测结果的对比图。可见,化油器车辆(编号为 1、2、3、10、15、19、23 和 24 的车辆,见表 7-3)的 CO 和 HC 排放因子模拟值普遍高于车载测试值。特别是 HC 排放因子,CMEM 的模拟值比实测值高 10 倍。而 CMEM 模型对化油器车辆的 NOₓ 模拟值却普遍低于实测值,甚至仅为实测值的 1/10,这说明应用 CMEM 模型模拟中国化油器车辆的排放因子时,需要对 CMEM 模型进行仔细的参数修正。对于电喷＋三元催化器车辆,CMEM 模型的模拟值与实测值更吻合,表现出较为一致的高低趋势,但两者在数值上的对比关系没有明显规律,譬如,5♯测试车辆的 CO 和 HC 模拟值分别为实测值的 2.34 倍和 78％,而处于相同分类(CMEM 里第 6 类)的 6♯测试车辆,其 CO 和 HC 模拟值分别为实测值的 93％ 和 1.4 倍。对于所有的电喷＋三元催化器测试车辆,CO、HC 和 NOₓ 三种污染物排放因子模拟值和实测值之比的范围分别为 0.14～2.89、0.22～4.50 和 0.06～7.72。

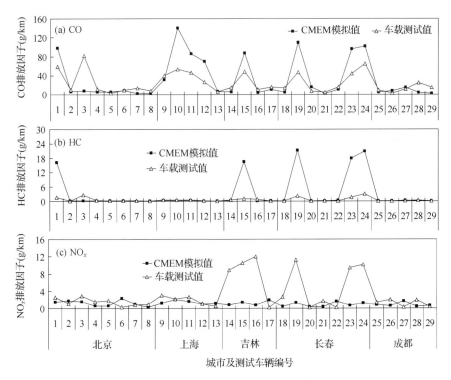

图 7-9　五城市测试车辆排放因子的 CMEM 模型模拟值与测试值对比

　　就单车而言,模拟值和实测值之间不可避免地会产生偏差,主要原因有以下几个方面:①CMEM 模型本身完全基于美国机动车特性、车辆道路运行特性以及FTP、US06 和 MEC01 等测试规程开发得到,这决定了模型会与中国实际情况有一定的差异;②模型本身有内在不确定性,不能涵盖运行过程中所有复杂的影响排放的因素,如车辆制造特性、发动机的机械状况、燃油油品、机动车维护保养状态、瞬时道路非正常的运行状况和不同的驾驶习惯等;③作为参照的实测排放水平也可能受到测试仪器、行驶道路的特性等外部因素的影响;④经验表明,尽管两辆车技术水平、保养条件、累积行驶里程等各项技术参数均相同,它们实际的排放水平也会存在一定差异,即同类车辆的排放水平本身存在一定的离散性,而模型结果代表的是相同类型车辆的平均排放水平,因此更合理的对比方法为对测试样本的排放因子平均值与模型结果进行对比。

　　表 7-4 归纳了五城市各车型 CMEM 模拟值和平均测试值。图 7-10 为 CMEM模拟值与所有测试车辆的平均结果对比图。平均而言,车型分类编号为 1 的化油器车辆排放因子模拟结果与实测值存在较大差异,CO 和 HC 排放因子模拟值高于实测值,而 NO_x 排放因子模拟值远低于实测值,说明用 CMEM 模型模拟中国化油器车的排放因子时,会引入较高的不确定性。

表 7-4　五城市各技术类型的 CMEM 排放因子模拟值与平均实测值对比

城市	CMEM 分类编号	CMEM 模型(g/km)			车载测试(g/km)		
		CO	HC	NO_x	CO	HC	NO_x
北京	1	98.30	16.30	1.49	59.03	1.65	2.57
	3	7.35	0.29	1.66	45.62	1.40	2.01
	4	5.70	0.22	0.63	7.08	0.38	1.67
	6	11.15	0.22	1.24	17.63	0.31	1.29
上海	1	140.06	0.34	2.00	53.27	0.63	2.19
	4	46.04	0.29	1.41	26.05	0.40	1.57
	6	50.83	0.31	1.14	33.25	0.46	2.07
成都	6	6.92	0.19	0.87	12.56	0.22	1.22
吉林市	1	87.69	16.54	1.42	48.25	1.15	10.54
	4	4.97	0.22	0.79	12.92	0.70	10.49
	6	10.59	0.29	1.93	15.98	0.10	0.25
长春	1	102.24	20.03	1.08	51.89	2.35	10.27
	4	5.29	0.19	0.45	14.10	0.12	2.65
	6	9.41	0.24	0.81	9.35	0.16	0.74

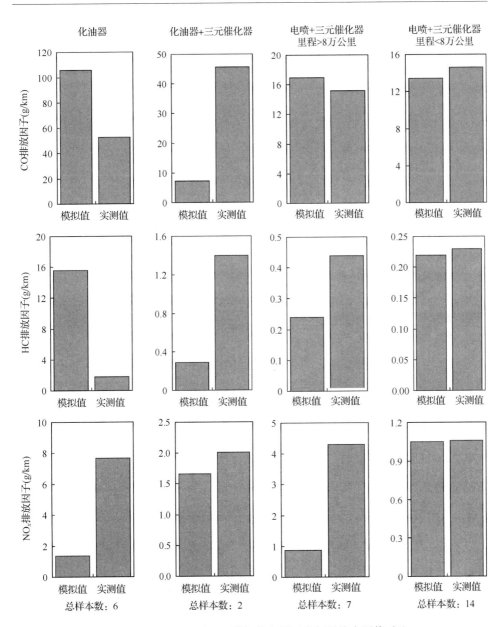

图 7-10　CMEM 排放因子模拟值与测试车辆平均实测值对比

　　对车型分类编号为 3 的化油器车辆,CO 和 HC 的模拟值远低于实测值。根据 CMEM 模拟结果,化油器＋三元催化器车辆的 CO 和 HC 排放因子远低于化油器无三元催化器车辆的排放水平,甚至接近于电喷＋三元催化器技术车辆的排放水平。而实测结果显示,化油器＋三元催化器改造车辆的 CO 和 HC 排放与化油器无催化器车辆比较无明显改善,说明北京的化油器车辆经改造并加装三元催化器在 CO 和 HC 减排方面没有达到预想效果。但是改造后的化油器车辆的 NO_x 排放因子模拟值和实测值基本相当。由于化油器改造车辆的测试样本数量较少(2辆),更准确的结论还依赖于更多样本的测试和分析。

车型分类编号为 4 和 6 的高里程和低里程电喷+三元催化器车辆排放因子的模拟值与实测值较为接近。特别是对较新车辆,即分类编号为 6 的车辆,CO、HC和 NO_x 排放因子的 CMEM 模拟值与实测值呈现出较好的一致性,表明 CMEM模型适用于模拟中国较新车辆的排放因子。对累积行驶里程超过 8 万公里的较老车辆,HC 和 NO_x 排放因子的实测值要高于模拟值,可能的原因之一是中国车辆的 HC 和 NO_x 劣化较严重,因此在使用 CMEM 模型模拟较老车辆时,需要对催化剂通过率等参数进行仔细修正。

需要指出的是,目前中国在路车队的技术种类除了上述四种,还包括国 III、国IV 等多种技术类型。中国正处在快速机动化进程中,国 III 和更新的车辆技术将逐渐成为在路车队的主流技术。应该对各种新技术车辆开展测试,以加强对CMEM 模型在中国适用性的全面理解。

7.3　中国轻型车瞬态排放因子模型 ICEM

为了建立高分辨率路段排放清单,支持空气质量模型以及相关的交通决策,清华大学于 2005 年开发了中国轻型车瞬态排放因子模型 ICEM。瞬态排放因子模型的建立程序如下:①在北京开展机动车排放测试,收集逐秒的行驶特征参数和排放数据,并对数据进行处理;②对速度和加速度进行分区;③分析速度加速度与排放变化的规律,引入"排放增量"概念,建立速度增量函数和加速度增量函数;④模型的验证。

7.3.1　机动车排放测试

为了获取建立 ICEM 模型所需的排放速率基础数据,采用清华大学开发的第一代多功能排放车载测试系统在北京开展轻型车排放测试(有关测试仪器和测试方法请参见本书第 6 章 6.3.1 小节)。测试选取了 8 辆轻型车,其中 3 辆桑塔纳、2辆捷达、1 辆奥拓、1 辆金杯和 1 辆北京吉普,车辆技术参数见表 7-5,每辆车测试2～4 天。

车载测试采用固定路线车辆跟踪技术。建立瞬态排放因子模型需要车辆在多种交通流中行驶时的排放数据,不同交通设施内的交通流形态存在较大差异,因此测试内容中涵盖的交通流状态应包括自由流、饱和流和拥堵流,涵盖的交通设施应包括快速路、城市干路和居民路,以及各种道路的平面交叉路口和立体交叉路口。

基于以上考虑,车载测试的路线选取原则为:①尽量覆盖北京市大部分道路;②增加北京市交通流量较大的环路和主干路等路线的测试比例;③涵盖多种平面交叉路口和立体交叉路口。各测试车辆的测试路线如图 7-11 所示。8 辆车的测试路线总长度为 591 公里,表 7-6 为测试路线统计。

表 7-5　测试车辆技术参数

编号	车型	技术类型	来源	出厂年份	里程表读数(km)	排量(L)
1#	桑塔纳	化油器	事业单位	1998	98 500	1.8
2#	桑塔纳	化油器改造	租车公司	1998	94 000	1.8
3#	桑塔纳	多点电喷＋三元	租车公司	2000	81 000	1.8
4#	捷达	化油器改造	租车公司	1998	209 900	1.6
5#	捷达	多点电喷＋三元	租车公司	2002	48 600	1.6
6#	奥拓	多点电喷＋三元	租车公司	2001	79 500	0.9
7#	金杯	多点电喷＋三元	事业单位	2002	14 800	2.2
8#	北京吉普	多点电喷＋三元	租车公司	2001	50 600	3.0

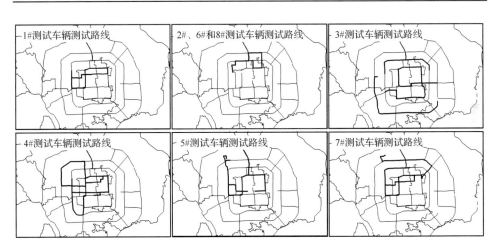

图 7-11　轻型车车载排放测试路线

在测试时间设计上,为了全面采集车辆在自由流、饱和流和拥堵流等各种交通模式的排放数据,测试时间以 8:00~10:00 和 17:00~19:00 两个居民出行高峰,以及正午 12:00~14:00 为主,也适当兼顾其他时间段。

车载排放测试的主要内容为:轻型车在实际行驶过程中的瞬时速度、油耗以及 CO、HC 和 NO_x 排放速率。

表 7-6　测试路线统计

编号	快速路 (km)	测试 比例	主干路 (km)	测试 比例	居民路 (km)	测试 比例	平面交叉 路口数量	立体交叉 路口数量	测试路线 总长度(km)
1#	27	42.9%	36	57.1%	0	0.0%	39	16	63
2#	60	65.9%	30	33.0%	1	1.1%	20	8	91
3#	81	87.0%	12	13.0%	0	0.0%	8	2	93
4#	60	51.7%	55	47.4%	1	0.9%	23	15	116
5#	70	80.5%	15	17.2%	2	2.3%	10	10	87
6#	7	18.4%	30	79.0%	1	2.6%	6	2	38
7#	73	79.3%	15	16.3%	4	4.4%	25	17	92
8#	4	36.4%	7	63.6%	0	0.0%	10	4	11
总计	382	64.6%	200	33.9%	9	1.5%	141	74	591

7.3.2　测试结果分析

1. 加速过程的定义以及加速度和速度的划分

机动车在实际道路上的行驶状态主要分为怠速、加速、减速和匀速行驶。在研究机动车微观油耗和排放特征时,不同研究者对加速、减速和匀速的定义各有不同。根据仪器的测试精度,大多数研究者采用 0.1 m/s^2[或者 1 km/(h·s) 和 1 mile/(h·s)]的模式来定义加速、减速和匀速等行驶状态(Tong et al.，2000；董刚等，2003),即加速、减速和匀速行驶状态的定义分别为逐秒速度变化大于 0.1 m/s,逐秒变化小于 -0.1 m/s,以及逐秒变化的绝对值小于或等于 0.1 m/s。为了体现每秒行驶状态对下一秒排放速率的影响,Unal(2002)将加速过程定义为单秒加速度大于 2 mile/(h·s) 或者连续 3 秒加速度大于 1 mile/(h·s) 的过程。

根据测试结果,污染物的微观排放速率对持续 3 秒以上的连续加速过程较为敏感,而对单独的加速点并不敏感。因此,对加速、减速和匀速采取如下定义:①加速:秒速度变化大于 0.1 m/s,且持续 3 秒以上,称为一个加速段;②减速:秒速度变化小于等于 -0.1 m/s,且持续 3 秒以上,称为一个减速段;③匀速:除属于加速和减速段之外的其他所有情况视为匀速段,根据此定义,怠速为匀速情况的一种。

对速度和加速度等"代用参数"进行分区是数学模型中处理行驶特征参数的重要手段之一。数学模型假设同参数区间的排放水平相同,因此区间的划分方式和细致程度将影响数学工况模型的准确性。各研究所采用的划分方式不同,例如Cernuschi 等(1995)以 -2 km/(h·s)、-0.5 km/(h·s)、0.5 km/(h·s) 和 2 km/

(h・s)为区间边界,将加速度分为五个区间。按照与第 4 章 4.4.2 小节表 4-15 一致的划分方法,根据各种行驶状态下的加速度出现频率将机动车变速状态划分为 11 种。对速度采用小间隔等分划分模式,以 1 m/s 为划分单元,将速度均匀划分为[0, 1 m/s),[1 m/s, 2 m/s),…,[29 m/s, 30 m/s)和[30 m/s,+∞)31 个连续区间。

2. 实际在路微观排放特征分析

对微观排放速率在不同速度和加速度区间的变化规律进行分析是建立瞬态排放因子模型的基础。测试数据的处理方法请参见本书第 6 章 6.3.2 小节。图 7-12

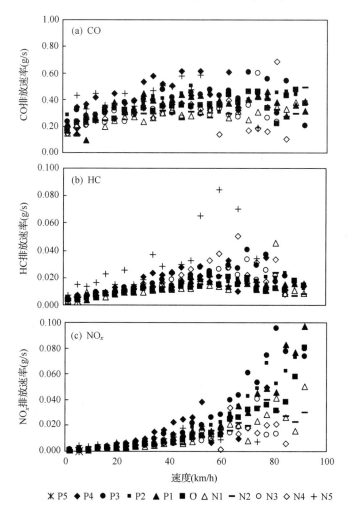

图 7-12　测试车辆行驶速度-加速度与污染物排放速率的关系-1♯测试车(化油器)

和图 7-13 分别给出了 1♯ 和 7♯ 测试车辆在不同速度和加速度区间内的排放变化曲线,其中 1♯ 测试车为化油器技术,7♯ 为电喷＋三元催化技术车辆。

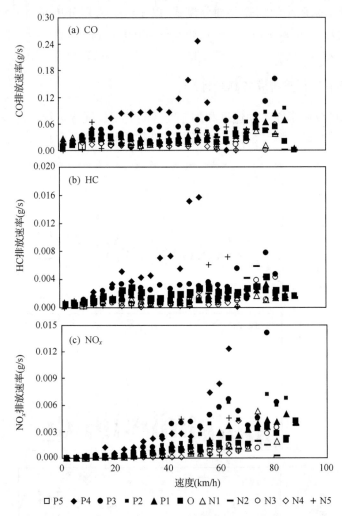

□ P5　◆ P4　● P3　■ P2　▲ P1　■ O　△ N1　— N2　○ N3　◇ N4　+ N5

图 7-13　测试车辆行驶速度-加速度与污染物排放速率的关系-7♯测试车(电喷＋三元)

CO、HC 和 NO_x 三种污染物的逐秒排放速率均随速度和加速度的增加呈现规律性增长趋势,不同污染物的排放速率对速度和加速度变化的敏感程度不同。

对于 1♯ 化油器测试车辆,匀速状态下,CO 和 HC 的排放速率随速度增加呈现小幅度增长。在 30～60 km/h 的速度区域内,两种污染物的排放速率分别为 [0,1 m/s] 速度区间排放水平的 1.0～3.0 倍,在 60 km/h 以上的较高速度的区域内,该倍数为 2.5～4.0。在加速情况下,相同速度下的排放速率随加速度的增加而升高,速度为 30～60 km/h 时,P4 高加速区的排放速率是同速度匀速状态下的

1.7~2.0 倍。在减速情况下,缓减速 N1 以及中减速 N2 和 N3 区间内排放速率比同速度匀速状态下的排放水平要低。而在高减速 N4 和急减速 N5 区间内,污染物的排放速率则普遍比匀速状态下的排放水平升高。

NO_x 对速度的变化最为敏感,排放速率随车辆速度的增加呈明显的超线性增长趋势。当车辆以大于 60 km/h 的速度匀速行驶时,NO_x 的排放速率是 30 km/h 匀速状态下排放速率的 5~10 倍。这是由于车辆在高速行驶时,油耗增加且发动机燃烧室的温度升高导致生成较多热力型 NO_x。加速状态下的 NO_x 排放速率变化规律和匀速状态下类似,而且加速度越大,排放速率越高。在高加速和急加速状态下,NO_x 的排放可增加 10~40 倍。减速状态下 NO_x 排放速率将降低。

对于 7♯测试车辆,匀速状态下的污染物排放速率为化油器车辆排放水平的 1/10 左右。在匀速状态下,CO 和 HC 的排放速率随速度增加呈现小幅度增长。在加速状态下,相同速度下的排放速率随加速度的增加而急剧升高,其中,高加速 P4 区间内 CO 和 HC 的排放速率是同速度匀速状态下的 5~10 倍。减速状态下的排放速率均小于匀速状态下的排放水平,这一点与化油器技术车辆不同。7♯测试车辆的 NO_x 排放速率随速度和加速度的增加呈现明显的超线性增加趋势,与化油器技术车辆所表现的排放速率特征基本相似。

3. 实际在路排放总量特征分析

每辆测试车辆的测试路线和测试时间不完全相同,因此在不同速度和加速度区间的行驶里程分担率和时间分担率有所不同,但各测试车辆却表现出相似的机动车排放分担规律。以 5♯测试车辆为例,图 7-14 给出了 5♯测试车辆在各速度和加速度区间内的行驶里程、时间以及污染物排放总量。

图 7-14 中,每个加速区间内的条形柱由左向右依次代表[0, 1 m/s),[1 m/s, 2 m/s),…,[29 m/s, 30 m/s),[30 m/s,+∞)速度区间。总体上,轻型车实际道路排放呈现两个特点:第一,承担相对较小里程和时间的加速度区间具有较高的污染物排放分担率。如前所述,在实际行驶过程中,机动车的加速行为一般会导致污染物排放高峰的出现,使得污染物排放速率比匀速状态高出几倍甚至数十倍。对于 5♯测试车,P2 加速度区间仅承担了 15%~16% 的行驶里程和时间,却排放了 20% 以上的污染物,P3 加速度区间承担了 8%~9% 的行驶里程和时间,排放了 15% 以上的污染物。P2 和 P3 成为最大的污染排放加速区。其他测试车辆的分析结果也得出类似结论。第二,在正加速度区间内,承担相对较少时间的高速区间具有较高的污染物排放分担率。NO_x 排放速率对速度变化最为敏感,因此表现更为明显。对于 5♯测试车,O、P1 和 P2 加速度区间内速度大于 60 km/h 的行驶时间比例分别为 23%、21% 和 18%,而该速度区间的 CO 排放分担率为 48%、36% 和 39%,HC 排放分担率为 21%、21% 和 21%,NO_x 分担率则达到了 52%、39%

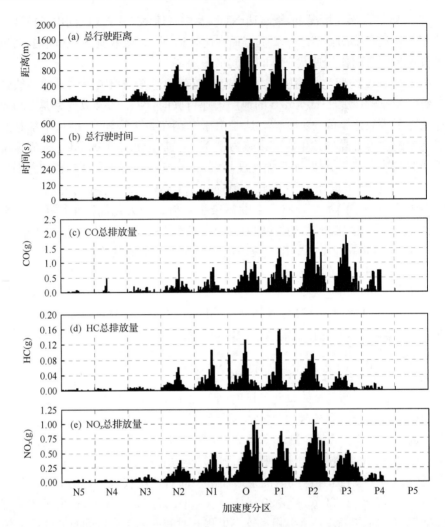

图 7-14　5♯测试车辆在不同加速度区间和速度区间的排放总量

和 41%。

7.3.3　轻型车瞬态排放模型 ICEM 的建立

1. 机动车污染物排放物理原理

机动车在运行中排放的 CO 和 HC 来自燃料中不完全燃烧的碳，NO_x 则主要来自于空气中的 N_2 和 O_2 在高温下生成的热力型 NO_x。因此，机动车的污染物排放与燃料燃烧以及燃料的燃烧条件、发动机做功之间的关系密不可分。国际上许多机动车数学工况排放模型借助发动机负载来分析机动车污染物排放的规律。

　　污染物的微观排放量受油耗、空燃比、燃烧室温度与催化剂效率等因素影响，如式(7-36)所示。其中，油耗由微观速度、机动车克服重力做功、克服地面摩擦阻力和风阻力做功、空调等因素决定，如式(7-37)所示；空燃比跟机动车的微观运行状态有关，通常机动车在冷热启动、加速和爬坡的时候，发动机燃烧室内处于富燃状态，空燃比较低，此时产生大量的不完全燃烧产物 CO 和 HC；燃烧室温度跟发动机输出功率有关，当发动机需要输出较高功率时，更多燃料参与化学反应，致使发动机燃烧室内温度升高，此时会产生大量热力型 NO_x（Heywood，1988；Ross，1994）。因此，综合上述分析，机动车排放的污染物微观排放量可用式(7-38)表达。

$$ER = \eta_c \times f(FC, A/F, T) \tag{7-36}$$

其中，ER 为机动车微观污染物排放速率，g/s；η_c 为催化剂效率；A/F 为发动机空燃比；T 为发动机燃烧室温度，℃；FC 为燃料瞬时流量，g/s。

$$FC = \frac{1}{k} \times \left[\frac{1}{\eta_t} \times \left(C_R Mgv + \frac{0.5 \times \rho C_D A_R v^3}{1000} + 0.5 \times M \frac{dv^2}{dt} + Mgv\sin\theta \right) + P_{acc} \right]$$

$$\tag{7-37}$$

其中，k 为热值系数，kW/g 燃料；η_t 为发动机综合效率，包括燃烧效率、发动机热力传递效率和机械传动效率；C_R 为滚动摩阻系数，量纲一；M 为机动车质量，t；g 为重力加速度，m/s^2；v 为机动车瞬时速度，m/s；ρ 为空气密度，kg/m^3；C_D 为风阻力系数，量纲一；A_R 为机动车迎风面积，m^2；$0.5 \times \frac{dv^2}{dt}$ 为运动惯量，m^2/s^3；θ 为瞬时机动车位置的高度变化；P_{acc} 为机动车空调等使用附件，kW/s。

$$ER = A_1 v^3 + A_2 v^2 + A_3 v + A_4 + A_5 v\alpha + A_6 Mgv\sin\theta \tag{7-38}$$

其中，A_1，A_2，A_3，A_4，A_5 和 A_6 为系数；α 为机动车微观加速度。

　　根据式(7-38)，速度 v、加速度 α 和道路坡度 θ 是直接影响机动车排放因子的主要参数。由于北京市道路坡度较缓，为了简化计算，不考虑坡度对排放的影响。

　　为了定量分析速度和加速度对排放的影响，ICEM 模型引入"排放增量"概念，其定义为机动车在某速度或加速度区间行驶时的排放速率相对于机动车在标准行驶状态下排放速率的倍数。其中，速度排放增量定义所对应的标准行驶状态为匀速状态下的[0, 1 m/s]速度区间，加速度排放增量定义所对应的标准行驶状态是 O 加速度区间。排放增量的计算公式如式(7-39)所示：

$$\begin{cases} m_x = p_v(x_{v,a}) \\ n_x = q_a(x_{v,a}) \\ f_v(m_x) = \dfrac{ER_m}{ER_{[0,1m/s]\&[O]}} \\ f_a(n_x) = \sum\limits_V \left(\dfrac{ER_n}{ER_{[V]\&[O]}} \times \lambda_V \right) \end{cases} \tag{7-39}$$

其中，$p_v(x)$ 和 $q_a(x)$ 分别为速度分区函数和加速度分区函数，用于辨别某瞬时行驶状态 $x_{v,a}$ 所在的速度区间和加速度区间；$f_v(m_x)$ 为车辆在 m 速度区间对匀速状态下 $[0,1\text{ m/s})$ 速度区间的排放增量函数；$f_a(n_x)$ 为车辆在 n 加速度区间对 O 加速度区间的排放增量函数；V 为各种速度区间；λ_V 为各种速度区间的时间分布。于是，对于速度为 v_0，加速度为 a_0 的行驶过程，其排放增量可表示为 $f_v[p_v(v_0)]\times f_a[q_a(a_0)]$。

2. 速度排放增量函数

由式(7-38)，匀速状态下机动车污染物排放速率是速度的三次函数。图 7-15 为不同技术类型测试车辆的速度排放增量统计结果。除电喷＋三元催化技术的 HC 排放表现出速度排放增量的变化波动幅度较大外，所有类型车辆的污染物速度排放增量均随速度呈现超线性增长趋势，这与式(7-38)中所体现的排放-速度关系相吻合。

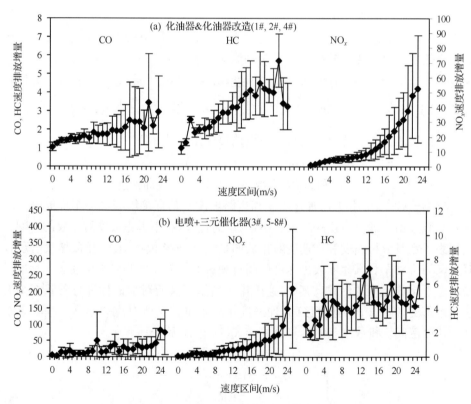

图 7-15　各速度区间对 $[0,1\text{ m/s})$ 速度区间的排放增量

化油器技术车的 CO 速度排放增量普遍低于电喷＋三元催化技术车辆。化油

器技术车辆在[16 m/s，17 m/s)速度区间的 CO 排放速率仅为[0，1 m/s)速度区间时的 2 倍,而对于电喷车,该倍数达到近 30。两种技术的 HC 速度排放增量差不多。NO_x 速度排放增量较高,化油器车辆在[13 m/s，14 m/s)速度区间的 NO_x 排放增量为 10,在[19 m/s，20 m/s)速度区间的 NO_x 排放增量达 30 以上。电喷车 NO_x 速度排放增量更高,是化油器车增量水平的 2 倍以上。当速度大于 24 m/s(86.4 km/h)时,污染物排放增量呈下降趋势。

根据速度对排放影响的物理关系,选择速度的三次多项式函数,即 $f_v = \sum_i (A_i v^i)(i = 0,1,2$ 和 $3)$ 为数学模型,对实测值的速度排放增量统计结果 $f_v^\tau(x)$ 进行分段最小二乘拟合,获取使式(7-40)最小的目标函数 f_v^*。其中,ρ_i 为点 x_i 处的权。表 7-7 为拟合得到的速度排放增量函数表 $f_v(m)$。其中 m 代表速度区间。

$$\| f_v^* - f_v^\tau \|_2^2 = \sum_{i=1}^{31} \left[f_v^* (m_i) - f_v^\tau (m_i) \right]^2 \rho_i = \min \| f_v - f_v^\tau \|_2^2 \quad (7\text{-}40)$$

表 7-7 轻型车速度排放增量函数表

速度区间 m (m/s)	化油器技术			电喷＋三元催化技术		
	CO	HC	NO_x	CO	HC	NO_x
0	1.00	1.00	1.00	1.00	1.00	1.00
1	1.12	1.25	1.31	3.26	1.85	1.71
2	1.24	1.35	2.53	4.65	2.37	3.93
3	1.33	1.47	3.45	5.66	2.84	5.67
4	1.41	1.63	4.13	6.46	3.25	7.03
5	1.48	1.81	4.63	7.23	3.61	8.11
6	1.53	2.01	5.01	8.16	3.92	9.03
7	1.57	2.22	5.35	9.42	4.19	9.88
8	1.61	2.44	5.70	11.19	4.42	10.76
9	1.65	2.66	6.14	13.66	4.61	11.79
10	1.68	2.88	6.71	17.00	4.77	13.06
11	1.72	3.09	7.50	19.00	4.89	14.68
12	1.77	3.30	8.55	21.10	4.99	16.75
13	1.82	3.49	9.95	22.14	5.07	19.38
14	1.89	3.66	11.74	22.52	5.13	22.67
15	1.97	3.80	14.00	22.89	5.18	26.72
16	1.97	3.91	16.79	23.26	5.21	31.64
17	2.01	3.99	20.17	23.64	5.23	37.53

续表

速度区间 m	化油器技术			电喷＋三元催化技术		
(m/s)	CO	HC	NO$_x$	CO	HC	NO$_x$
18	2.10	4.03	24.20	24.01	5.25	44.50
19	2.27	4.02	28.96	24.71	5.27	52.64
20	2.53	3.97	31.79	26.53	5.29	62.07
21	2.79	3.86	37.61	29.84	5.32	72.88
22	3.01	3.69	47.76	34.97	5.36	77.00
23	3.14	3.46	52.38	42.29	5.41	79.89
24	3.28	3.16	57.00	52.14	5.48	81.67
25	3.41	3.16	61.61	64.89	5.56	80.63
26	3.55	3.16	66.23	80.88	5.68	77.49
27	3.68	3.16	70.85			
28	3.82	3.16	75.46			

3. 加速度排放增量函数

图 7-16 为两种技术车辆的污染物加速度排放增量的统计结果。在正加速情

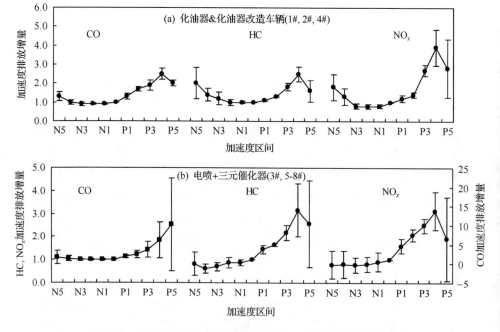

图 7-16　同等速度下不同加速度区间对 O 区间的微观排放增量

况下,加速度排放增量随着加速度的增加呈线性增加趋势,这与式(7-38)中所描述的排放-加速度关系相吻合。在高加速度区间 P4 内,电喷技术车辆的 CO 排放速率将增加 6 倍左右,HC 和 NO_x 的排放速率将增加 2～3 倍。在 P5 急加速度区间内,大多数污染物的排放增量有所降低。另外,由于急加速情况发生频率较低,有效测试时间短,因此标准偏差较大。

综合而言,在正加速情况下,电喷＋三元催化技术车辆污染物排放的加速度排放增量略高于化油器技术车辆。在负加速情况下,电喷车的排放增量基本小于或等于 1,而化油器车的排放增量基本大于 1,在急减速区,化油器的 HC 加速度排放增量可达到 2,NO_x 加速度排放增量可达 1.8。

根据上述分析,以实测值的统计结果为基础,建立加速度排放增量函数 $f_a(n)$,其中 n 代表加速度区间,所得到的 f_a 函数表见表 7-8。

表 7-8　轻型车加速度排放增量函数表

加速度区间	化油器技术			电喷＋三元催化技术		
n	CO	HC	NO_x	CO	HC	NO_x
N5	1.3	2.0	1.8	1.6	0.8	0.8
N4	1.0	1.4	1.3	1.3	0.6	0.8
N3	0.9	1.2	0.8	1.0	0.7	0.8
N2	0.9	1.0	0.8	1.0	0.9	0.8
N1	0.9	1.0	0.8	1.0	0.9	0.9
O	1.0	1.0	1.0	1.0	1.0	1.0
P1	1.3	1.1	1.2	1.7	1.5	1.6
P2	1.7	1.3	1.4	2.4	1.7	2.1
P3	1.9	1.8	2.7	3.6	2.2	2.5
P4	2.5	2.5	3.9	6.0	3.2	3.1
P5	2.0	1.6	2.8	10.1	2.6	1.9

4. ICEM 模型的建立及验证

基于以上分析,以轻型车处于[0,1 m/s)速度区间以及 O 加速度区间的排放速率为基准排放速率,当机动车处在 m 速度区间,n 加速度区间时,实际在路排放水平可用式(7-41)来计算。

$$\mathrm{ER}_i = \mathrm{ERB}_i \times f_v(v,m) \times f_a(a,n) \tag{7-41}$$

其中,i 代表车辆技术,ERB_i 代表 i 类技术车辆在[0,1 m/s)速度区间以及 O 加速度区间的排放速率,g/s,其他参数定义同式(7-39)。

根据上述分析内容和结果,建立污染物瞬态排放因子模型 ICEM,模型的构建流程如图 7-17 所示。研究采用 Excel 的 VBA 程序编写该瞬态排放模拟模式。总程序共包含车载数据分析和处理、行驶状态判别、各速度和加速度区间平均排放速率计算、速度排放增量函数拟合以及排放速率模拟等12个模块。

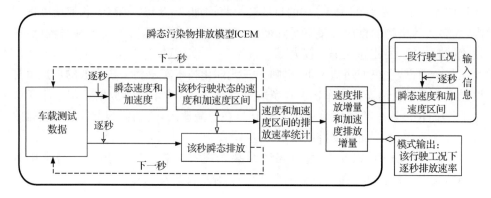

图 7-17　ICEM 模型的构建流程

图 7-18 为整体测试结果与模拟结果对比。绝大部分测试车辆的污染物排放总量模拟值与实际测量值差异在±20%以内。

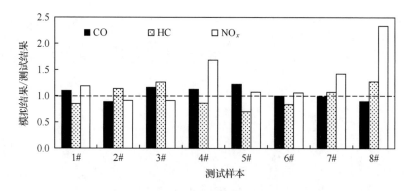

图 7-18　整体测试结果和模拟结果的对比验证

测量值和模拟值之间的偏差来自于以下几个方面：

1）方法学原因。ICEM 模型为简约的数学工况模拟方法，在数据处理和分析中，采用了统计和数值拟合等数学方法，此外，还对速度和加速度进行了分区处理。这些处理方法使得模拟结果与实测结果之间存在一定偏差。事实上，任何一个数学工况模型的模拟结果均会与实测值之间存在偏差。

2）车载测试本身受环境气温等外部因素的影响较大。在模拟中没有更细致地考虑这些外部因素的影响。

3）个体样本的 f_v 和 f_a 与整体样本的平均结果存在差别，因此，利用整体样本建立的 f_v 和 f_a 函数表模拟个体车辆的微观排放，其模拟结果将与测试结果有所不同。

图 7-19 至图 7-22 对比了 1♯、4♯、5♯ 和 7♯ 测试车辆的逐秒排放测试结果与模型模拟结果。其中，ERB 采用各测试车辆本身的基准排放速率，f_v 和 f_a 采用 8 个测试样本的平均结果。从对比结果可以看出，模型计算得到的污染物瞬态排放速率与实测值较接近，并且具有大致相同的变化趋势，特别是能够模拟排放峰值。

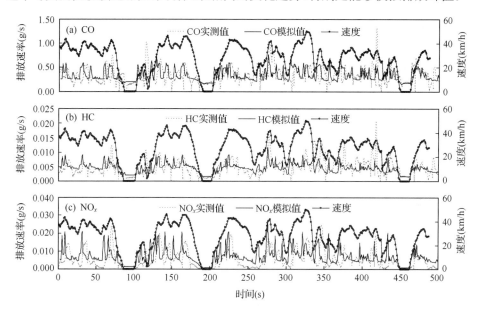

图 7-19　ICEM 模型模拟结果与实测值对比-1♯测试车（化油器技术）

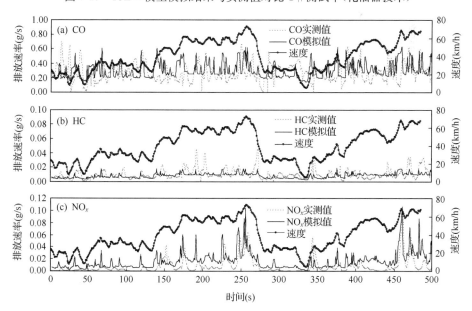

图 7-20　ICEM 模型模拟结果与实测值的对比-4♯测试车（化油器技术）

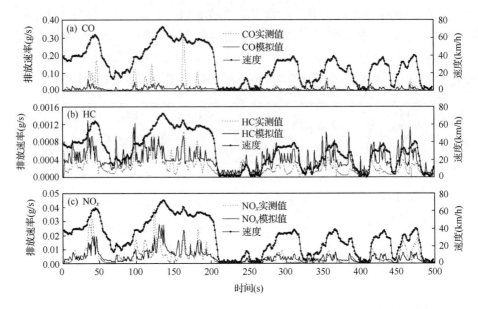

图 7-21　ICEM 模型模拟结果与实测值对比-5♯测试车（电喷＋三元催化技术）

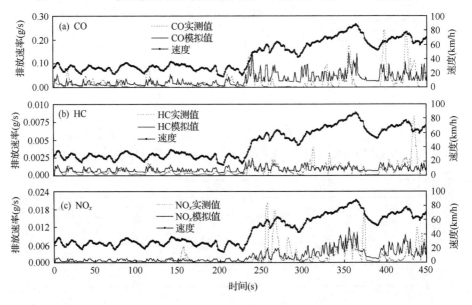

图 7-22　ICEM 模型模拟结果与实测值对比-7♯测试车（电喷＋三元催化技术）

　　综合而言,瞬态排放因子模型 ICEM 具有一定的准确性。在模拟轻型车实际道路微观排放时,能充分反映速度和加速度变化对排放的影响,可体现出排放的变化趋势以及排放峰值。作为一种简约的轻型车微观排放模型,用于机动车排放清单的计算和构建是可靠的。

5. 路段排放速率的计算

微观排放模型的意义在于模拟微观交通环境的机动车排放特征。微观交通环境最合适的空间和时间单元分别是路段和小时,再细致的划分无论是对建立高分辨率排放清单或者支持交通环境管理意义都不大。需要指出的是,路段排放速率需要针对具体城市的具体路段,由机动车微观排放特征与路段行驶特征耦合计算得到。以模拟北京市机动车路段排放速率为例,基于本书第 4 章 4.4.3 小节路段行驶特征的分析结果,路段排放速率可由式(7-42)计算得出。

$$ER_{i,j,k} = ERB_i \times \left(\sum_{V=1}^{31} \left[\phi_{m_V,j,k} \times f_v(m_V) \right] \times \sum_{A=1}^{11} \left[\varphi_{n_A,j,k} \times f_a(n_A) \right] \right)$$

$$(7\text{-}42)$$

其中, i 代表轻型车种类; j 代表时段; k 代表路段; m 代表速度区间; V 代表各速度区间; n 代表加速度区间; A 代表各加速度区间; $ER_{i,j,k}$ 代表 i 类轻型车在 k 路段上第 j 小时的综合排放速率,g/s; ERB_i 为第 i 类轻型车的基准排放速率,g/s; $\phi_{m,j,k}$ 表示机动车在 j 时段 k 路段上处于 m 速度区间的时间分布; $f_v(m)$ 为 m 速度区间的排放增量,量纲一; $\varphi_{n,j,k}$ 表示轻型车在 j 时段 k 路段上处于 n 加速度区间的时间分布; $f_a(n)$ 为 n 加速度区间的排放增量,量纲一。

由式(7-42)可知,路段排放速率的计算必须以基准排放速率为基础。根据 ICEM 的方法,基准排放速率即为机动车处于[0, 1 m/s]速度区以及 O 加速度区间的排放速率。在任何机动车排放模型中,基准排放因子库的建立或选择均为最重要的环节之一,它直接影响排放模拟的准确性。由于中国没有固定且公开的机动车排放测试数据库,ICEM 模型从清华大学自 2003 年开展的轻型车排放测试工作中获得所需的基准排放速率(Wang et al. , 2005;Yao et al. , 2007)。

7.4　MOBILE 模型、IVE 模型和 ICEM 模型的对比与评价

MOBILE 模型和 IVE 模型分别为宏观排放因子模型和工况排放因子模型的代表。本节以北京市 2004 年普通轻型车逐时的污染物排放为研究对象,将瞬态排放因子模型 ICEM 模型与 MOBILE6 模型和 IVE 模型进行对比和评价。

7.4.1　模型输入数据

1. 技术分布参数

三模型的模拟计算中,采用严格一致的技术分布数据(包括年代分布和累积里程分布),即 2004 年清华大学在北京市开展的轻型车技术分布调研结果,参见本书

第 3 章 3.2.1 小节表 3-5。

2. 行驶特征参数

根据 2004 年清华大学开展的行驶特征测试和交通流量视频数据采集结果(参见本书第 6 章 6.2.2 小节),基于北京市路段 GIS 电子地图,模拟得到北京市 144 个快速路路段、1649 个主干路路段和 137 个城市功能团内居民路逐时的交通流量和平均速度(霍红,2005),从中推算出 MOBILE、IVE 和 ICEM 模型所需的行驶特征基础数据。

(1) MOBILE6.2 模型

MOBILE6.2 所需的行驶特征输入信息为时段里程分布、道路类型里程分布与速度区间行驶里程分布。

A. 时段里程分布

时段里程分布的定义为,车队在某一时段的行驶里程占全天总行驶里程数的比例,MOBILE6 借此将排放因子以及排放清单的时间分辨率精确到小时。采用式(7-43)计算时段里程分布。

$$\mathrm{Hvmt}_{i,t} = \frac{\sum\limits_{f}\sum\limits_{l}(Q_{i,t,f,l} \times L_l)}{\sum\limits_{t}\sum\limits_{f}\sum\limits_{l}(Q_{i,t,f,l} \times L_l)} \qquad (7\text{-}43)$$

其中,i 代表车型;t 代表时段;f 代表道路类型,分为快速路、主干路和居民路三种;l 为 1793 个路段以及 137 个城市组团编号;$\mathrm{Hvmt}_{i,t}$ 表示第 i 类车型在第 t 时段的里程分布,量纲一;$Q_{i,t,f,l}$ 表示 i 类车型在 t 时段在 f 类型道路 l 的流量,辆 /h;L_l 代表 l 路段的长度或 l 城市组团内的居民路长度,km。

B. 道路类型里程分布

道路类型里程分布的定义为,某个时段内,机动车在某种道路上的里程占该时段总里程的比例。MOBILE6 借此参数模拟机动车在不同类型道路上行驶的排放因子。车辆每个时段的道路类型里程分布由式(7-44)计算。

$$\mathrm{Fvmt}_{i,t,f} = \frac{\sum\limits_{l}(Q_{i,t,f,l} \times L_l)}{\sum\limits_{f}\sum\limits_{l}(Q_{i,t,f,l} \times L_l)} \qquad (7\text{-}44)$$

其中,$\mathrm{Fvmt}_{i,t,f}$ 表示第 i 类车型在第 t 时段 f 道路类型的里程分布,量纲一;其他参数定义与式(7-43)相同。

C. 速度区间里程分布

速度区间里程分布的定义为,某时段内,机动车在某种类型道路上的行驶过程中,各速度区间的行驶里程占该时段该道路类型行驶总里程的比例。采用式(7-45)计算机动车在每种道路类型以及每个时段的速度区间里程分布。

$$\text{Svmt}_{t,f,s} = \frac{\sum_{h_s}(V_{t,f,s})}{\sum_{h}V_{t,f}} \tag{7-45}$$

其中，s 代表速度区域编号；h 表示机动车在 t 时段 f 道路类型上行驶的所有时刻，秒；$\text{Svmt}_{t,f,s}$ 表示第 t 时段 f 道路类型 s 速度区间的里程分布，量纲一；h_s 表示机动车在 t 时段 f 道路上行驶处在 s 速度区间的所有时刻，秒；$V_{t,f,s}$ 表示在 t 时段 f 道路类型行驶，并且属于 s 速度区间的时刻的速度，m/s；$V_{t,f}$ 表示 t 时段 f 道路类型上的每秒速度，m/s。其他参数定义同式(7-43)。

（2）IVE 模型

IVE 模型的行驶特征输入数据为 VSP 区间频率分布和平均速度。

A. VSP 区间频率分布

VSP 区间时间分布指当地行驶工况下，瞬时行驶状态处于每个 VSP 区间的时间比例。根据行驶特征数据测试的结果，采用本书第 6 章中式(6-2)和式(6-3)计算得到快速路、主干路、居民路三种道路类型上每个时段行驶状态在各 VSP 区间的时间频率。

B. 平均速度

各时段各道路类型的平均速度为每个路段平均速度的加权平均值，权重为路段的平均流量和路段长度的乘积，如式(7-46)所示。

$$V_{f,t} = \frac{\sum_{l}(Q_{f,t,l} \times L_l \times V_{t,f,l})}{\sum_{l}(Q_{f,t,l} \times L_l)} \tag{7-46}$$

其中，f 代表道路类型；t 代表时段；l 为 1793 个路段以及 137 个城市组团编号；$V_{f,t}$ 表示 t 时段 f 类道路类型的平均速度，km/h；$Q_{f,t,l}$ 表示 t 时段内 f 道路类型 l 路段的流量，辆/h；L_l 代表 l 路段的长度或 l 城市组团内的居民路长度，km；$V_{f,t,l}$ 表示 t 时段内 f 道路类型 l 路段或城市组团内居民路的平均速度，km/h。表 7-9 为轻型车在不同类型道路上的平均速度。

表 7-9　各种道路上的平均速度　　　　　单位：km/h

时段	快速路	主干路	居民路	时段	快速路	主干路	居民路
0:00～7:00	62.54	36.98	20.24	14:00～15:00	51.82	30.38	15.56
7:00～8:00	44.96	28.26	16.53	15:00～16:00	33.11	29.74	14.85
8:00～9:00	26.86	25.89	14.12	16:00～17:00	38.50	27.90	15.14
9:00～10:00	41.99	27.95	18.15	17:00～18:00	33.99	25.83	14.75
10:00～11:00	43.42	30.99	16.14	18:00～19:00	32.00	27.42	12.79
11:00～12:00	38.03	31.81	13.44	19:00～20:00	41.70	31.22	14.33
12:00～13:00	52.52	29.38	18.70	20:00～21:00	59.47	36.23	18.79
13:00～14:00	51.58	33.15	15.80	21:00～0:00	62.54	36.98	20.24

（3）ICEM 模型

ICEM 需要的行驶特征参数为各路段逐时的速度时间分布和加速度时间分布，其计算方法参见本书第 4 章 4.4.3 小节。

7.4.2　结果分析

1. 排放因子逐时变化特征

图 7-23 对比了各模型模拟得到的普通轻型车污染物逐时的排放因子结果，可以看出不同方法得到的车辆在各道路类型的污染物排放因子逐时变化趋势差别很大。

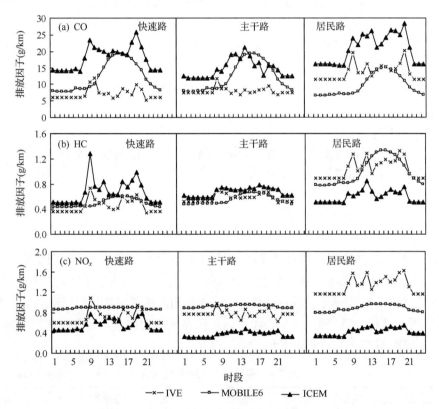

图 7-23　三种方法计算得到的污染物排放因子（g/km）

MOBILE6 模型要求输入各时段在每个速度区间的里程比例，各时段在高速度区间的比例排序是：午夜时段＞中午平峰时段＞早晚高峰时段。然而，MOBILE6 模型的排放因子计算结果并没有明显体现出各时段不同行驶特征对排放因子的影响。特别是由 MOBILE6 计算的 NO_x 排放因子没有表现出明显的逐时变化。

IVE 模型为基于机动车行驶特征的数学工况模型。IVE 模型输出结果明显表现出不同时段机动车行驶状态对排放因子的影响。在早晚两个交通高峰时刻，轻型车污染物排放因子最高，交通高峰时段比午夜时段的排放因子增加 1 倍。

ICEM 模型同样为基于机动车行驶特征的数学工况模型，得到的污染物排放因子表现出与 IVE 模型结果基本相似的逐时变化趋势，特别是排放因子高峰的分布基本吻合。由于 IVE 模型方法中排放因子的计算依据 VSP 区间的时间分布，ICEM 方法依据速度和加速度区间的时间分布，这使得两者排放因子在逐时变化趋势上有一些差异。ICEM 模型的模拟方法可表现出不同时段机动车行驶状态对排放因子的影响，在时间分辨率上与 IVE 模型相当，优于 MOBILE6 模型。

2. 道路类型排放因子特征

由 MOBILE6 模型得到的快速路和主干路的排放因子基本相同。居民路的 HC 排放因子则比其他两种路型高 $80\% \sim 120\%$，CO 和 NO_x 排放因子与其他两种路型相当；由 IVE 模型方法计算得到的三种污染物排放因子的路型排序完全相同，即居民路＞主干路＞快速路；ICEM 模型得到的三种污染物排放因子的路型排序大致为：快速路＞主干路＞居民路，这与 IVE 所得到的趋势恰恰相反。

三种方法得到不同道路排放因子排序互不相同，造成这一差异的主要原因是模型内在的方法不同。以 NO_x 为例，三者快速路 NO_x 排放因子的模拟结果基本相似。其中 ICEM 得到的快速路 NO_x 排放因子大于其他两种路型，其他两种路型的 NO_x 排放因子相当，这与 MOBILE6 模型的模拟结果类似。而根据 IVE 模型的模拟结果，居民路的 NO_x 排放因子是快速路和主干路的 2 倍左右，主要原因来自于 IVE 模型的 VSP 分区模式。如前所述，IVE 模型对 VSP 区间的划分依据美国行驶工况特征，其中 11 号 VSP 区间为低速区，匀速下的速度区间为 $[0, 7.9 \text{ m/s})$，相当于 $[0, 28.4 \text{ km/h})$，由此可见，IVE 模型的低速区分区跨度非常大。北京居民路的平均速度基本处于 $13 \sim 20 \text{ km/h}$ 之间（见表 7-9），属于 11 号 VSP 区间的范围内。IVE 模型假设同 VSP 区间的排放速率相同，于是，由于 IVE 模型对低速区的 VSP 区间划分较粗，使得原本较低平均速度的北京居民路行驶特征被 IVE 模型赋予较高平均速度所具有的排放速率，导致模拟结果偏高。

由此可见，由于 IVE 模型对 VSP 区间的划分基本参照美国行驶工况特点，低速区划分较粗，高速区划分较细，因此在用于北京市较低平均速度的主干路和居民路时，会导致模拟结果偏高的现象。而 ICEM 和 MOBILE6 模型对整体速度的划分均较细致，其中 ICEM 以 1 m/s 为划分单元，MOBILE6 以 5 mile/h（相当于 2.2 m/s）为划分单元。因此在模拟各种平均速度道路时，不会产生由于"代用参数"分区不当而引起的计算误差。这也解释了为何三种方法模拟得到污染物排放因子的路型排序会不同。

根据上述分析,在数学排放因子模型中,"代用参数"的选择以及区间划分方式是直接影响模型准确程度的重要因素。其中,对"代用参数"的区间划分必须以当地行驶特征为基础。ICEM 的速度区间划分采用小间隔等分划分模式,加速度区间以北京市轻型车在不同道路行驶状态下的加速度出现频率为依据进行划分。因此,ICEM 更适用于模拟中国城市轻型车污染特征。

7.4.3　对高分辨率排放清单的支持

在机动车排放因子模型中,所选用的表征行驶特征的"代用参数"是决定排放因子与交通信息耦合能力强弱的关键,也决定了该排放因子模型在排放清单模拟上的应用范围。

MOBILE6 模型为基于平均速度的宏观排放因子模拟方法,以平均速度为"代用参数"。以 MOBILE6 模型为基础的排放清单计算方法为排放因子乘以相应的行驶里程。当各路段的逐时行驶里程数据和平均速度为已知或可获取时,MOBILE6模型能够以"平均速度"为接口,与路段交通信息进行耦合,计算逐路段的排放清单。然而,由于 MOBILE6 模型的排放因子模拟结果无法体现行驶特征逐时变化对排放的影响,因此,由此方法得到的排放清单的时间分辨率较低。一个城市的交通活动在一日之内变化非常大,时间分辨率较低的路段排放清单会丢失许多重要的信息。

IVE 模型为基于工况的数学排放因子模型,从内在方法上,可支持较高时间分辨率的排放清单的建立。但是,由于 IVE 模型以 VSP 为"代用参数",而 VSP 是速度和加速度等行驶特征参数的非线性函数,这使得 VSP 很难和相应的路段交通信息进行耦合。在一定条件下,基于 VSP 的排放因子模型方法可快捷地获取准确程度较高的排放因子,但是同时也限定了它在排放清单模拟上的应用范围,譬如IVE 模型可用于计算城市或者城市某区域的排放清单,且具有较高的时间分辨率,但是无法用于模拟路段级别的排放清单。

以 ICEM 模型为代表的瞬态排放因子模型采用速度和加速度为"代用参数",能直接与路段的交通信息进行耦合,可用于建立具有较高时间分辨率的路段排放清单,可达到的空间分辨率将优于 IVE 模型。

参 考 文 献

陈琨,于雷. 2007. 用于交通控制策略评估的微观交通尾气模拟与实例分析. 交通运输系统工程与信息,
　　7(1): 93-100
戴璞,陈长虹,黄成,等. 2009. 不同行驶工况下轻型柴油车瞬时排放的 CMEM 模拟研究. 环境科学,
　　30(5): 1520-1527
董刚,陈达良,张镇顺,等. 2003. 机动车行驶中尾气排放的遥感测量及排放因子的估算. 内燃机学报,

21(2)：115-119

何春玉，王岐东. 2006. 运用 CMEM 模型计算北京市机动车排放因子. 环境科学研究，19(1)：109-112

黄成，陈长虹，戴璞，等. 2008. 轻型柴油车实际道路瞬时排放模拟研究. 环境科学，29(10)：2975-2982

霍红. 2005. 基于交通流特征的轻型车路段排放研究：[博士学位论文]. 北京：清华大学

李璐，蔡铭，刘永红，等. 2011. 行人过街设施节能减排效果评价研究及应用. 环境科学与技术，34(6G)：
　307-311

王晓宁，刘海洋，李亭慧，等. 2012. CMEM 用于我国柴油公交车排放计算. 哈尔滨工业大学学报，44(6)：
　79-81

王轶，何杰，李旭宏，等. 2012. 基于 VISSIM 的九华山隧道交通尾气污染模拟分析. 武汉理工大学学报，
　34(1)：1-5

吴孟庭，李铁柱. 2009. 路段公交专用道对车辆燃油消耗与污染物排放的影响分析. 交通运输工程与信息学
　报，7(3)：78-86

吴孟庭，李铁柱，何炜. 2010. 考虑环境影响的公交专用道规划方案评价研究. 交通运输工程与信息学报，
　8(1)：82-88

徐成伟，吴超仲，初秀民，等. 2008. 基于 CMEM 模型的武汉市轻型机动车平均排放因子研究. 交通与计
　算机，26(4)：185-188

Ahn K. 2002. Modeling light duty vehicle emissions based on instantaneous speed and acceleration levels：
　[Ph. D. Dissertation]. USA：Virginia Polytechnic Institute and State University

Ahn K, Rakha H. 2008. The effects of route choice decisions on vehicle energy consumption and emissions.
　Transpn. Res. -D, 13：151-167

Akcelik R. 1989. Efficiency and drag in the power-based model of fuel consumption. Transpn. Res. -B, 23：
　376-385

An F, Barth M, Norbeck J, et al. 1997. Development of comprehensive modal emissions model：Operating
　under hot-stabilized conditions. Transp. Res. Record，1587：52-62

An F, Barth M, Scora G, et al. 1998. Modeling enleanment emissions for light-duty vehicles. Transp. Res.
　Record，1641：48-57

An F, Barth M, Scora G, et al. 1999. Modal-based intermediate soak-time emissions modeling. Transp.
　Res. Record，1664：58-67

Barth M, An F, Norbeck J, et al. 1996. Modal emissions modeling：A physical approach. Transp. Res.
　Record，1520：81-88

Barth M, An F, Scora G, et al. 2000. Development of a comprehensive modal emissions model. Report pre-
　pared for National Research Council，NCHRP Project 25-11. http://onlinepubs. trb. org/onlinepubs/
　nchrp/nchrp_w122. pdf

Barth M, Malcolm C, Younglove T, et al. 2001. Recent validation efforts for a comprehensive modal emis-
　sions model. Transp. Res. Record，1750：13-23

Barth M, Scora G, Younglove T. 2004. Modal emissions model for heavy-duty diesel vehicles. Transp. Res.
　Record，1880：10-20

Barth M, Collins J, Scora G, et al. 2006. Measuring and modeling emissions from extremely low emitting
　vehicles. Transp. Res. Record，1987：21-31

Boriboonsomsin K, Barth M. 2008. Impacts of freeway high-occupancy vehicle lane configuration on vehicle
　emissions. Transpn. Res. -D, 13：112-125

Cappiello A. 2002. Modeling traffic flow emissions: [Master Dissertation]. USA: Massachusetts Institute of Technology

Cappiello A, Chabini I, Nam E K, et al. 2002. A statistical model of vehicle emissions and fuel consumption. The IEEE 5th International Conference on Intelligent Transportation Systems. http://dspace. mit. edu/bitstream/handle/1721. 1/1675/A_Statistical_Model_of_Vehicle_. pdf

Cernuschi S, Giugliano M, Cemin A, et al. 1995. Modal analysis of vehicle emission factors. Sci. Total Environ. , 169: 175-183

Chen K, Yu L. 2007. Microscopic traffic-emission simulation and case study for evaluation of traffic control strategies. J. Transpn. Sys. Eng. & IT, 7(1): 93-100

Cocker D R, Shan S D, Johnson K, et al. 2004a. Development and application of a mobile laboratory for measuring emissions from diesel engines: 1. Regulated gaseous emissions. Environ. Sci. Technol. , 38: 2182-2189

Cocker D R, Shan S D, Johnson K C, et al. 2004b. Development and application of a mobile laboratory for measuring emissions from diesel engines: 2. Sampling for toxics and particulate matter. Environ. Sci. Technol. , 38: 6809-6816

El-Shawarby I, Ahn K, Rakha H. 2005. Comparative field evaluation of vehicle cruise speed and acceleration level impacts on hot stabilized emissions. Transpn. Res. -D, 10: 13-30

Heck R M, Farrauto R J, Gulati. S T. 2009. Catalytic Air Pollution Control: Commercial Technology (Third Edition). Hoboken: John Wiley & Sons. Inc

Heywood J B. 1988. Internal Combustion Engine Fundamentals. New York: McGraw-Hill

Kaneko Y, Kobayashi H, Komagome R, et al. 1978. Effect of air-fuel ratio modulation on conversion efficiency of three-way catalysts. SAE Technical Paper Series 780607

Kašpar J, Fornasiero P, Hickey N. 2003. Automotive catalytic converters: Current status and some perspectives. Catal. Today, 77: 419-449

Lee C H. 2000. A micro-scale simulation model of carbon dioxide emissions from passenger cars using classification and regression methods: [Master Dissertation]. Canada: University of Toronto

Lei W, Ma X L, Chen H. 2010. Assessment of traffic environment using fine-tuned dynamic vehicle emission models. 13th International IEEE Annual Conference on Intelligent Transportation Systems, Madeira Island, Portugal, September, 2010

Ma X L, Lei W, Andréasson I, et al. 2011. An evaluation of microscopic emission models for traffic pollution simulation using on-board measurement. Environ. Model. Assess. , 17: 375-387

Nam E K, Gierczak C A, Butler J W. 2003. A comparison of real-world and modeled emissions under conditions of variable driver aggressiveness. 82nd Transportation Research Board Annual Meeting CD-ROM. Washington, D. C. , January 2003.

Noland R B, Quddus M A. 2006. Flow improvements and vehicle emissions: Effects of trip generation and emission control technology. Transpn. Res. -D, 11: 1-14

Rakha H, Ahn K, Trani A. 2003. Comparison of MOBILE5a, MOBILE6, VT-Micro, and CMEM models for estimating hot-stabilized light-duty gasoline vehicle emissions. Can. J. Civ. Eng. , 30: 1010-1021

Rakha H, Ding Y L. 2003. Impact of stops on vehicle fuel consumption and emissions. Journal of Transportation Engineering, 129(1): 23-32

Rakha H, Ahn K, Trani A. 2004. Development of VT-Micro model for estimating hot stabilized light duty vehicle and truck emissions. Transpn. Res. -D, 9: 49-74

Ross M. 1994. Automobile fuel consumption and emissions: Effects of vehicle and driving characteristics. Annu. Rev. Energy Environ. , 19: 75-112

Scora G, Barth M. 2006. Comprehensive Modal Emissions Model version 3. 01: User's guide. www. cert. ucr. edu/cmem/docs/CMEM_User_Guide_v3. 01d. pdf

Silva C M, Farias T L, Frey H C, et al. 2006. Evaluation of numerical models for simulation of real-world hot-stabilized fuel consumption and emissions of gasoline light-duty vehicles. Transpn. Res. -D, 11: 377-385

Stathopoulos F G, Noland R B. 2003. Induced travel and emissions from traffic flow improvement projects. Transp. Res. Record, 1842: 57-63

Teng H, Yu L, Qi Y. 2002. Statistical micro-scale emission models incorporating acceleration and deceleration. 81st Transportation Research Board Annual Meeting CD-ROM. Washington, D. C. , January 2002

Tong H Y, Hung W T, Cheung C S. 2000. On-road motor vehicle emissions and fuel consumption in urban driving conditions. J. Air Waste Manage. Assoc. , 50: 543-554

Unal A. 2002. On-board measurement and analysis of on-road vehicle emission: [Ph. D. Dissertation]. USA: North Carolina State University

Wang Q D, He K B, Huo H, et al. 2005. Real-world vehicle emission factors in Chinese metropolis city-Beijing. Journal of Environmental Science. , 17(2): 319-326

Yao Z L, Wang Q D, He K B, et al. 2007. Characteristics of real-world vehicular emissions in Chinese cities. J. Air Waste Manage. Assoc. , 57: 1379-1386

Yu L. 1998. Remote vehicle exhaust emission sensing for traffic simulation and optimization models. Transpn. Res. -D, 3: 337-347

第8章 综合排放因子模型 MOVES

综合排放因子模型集区域、城市、街区和路段等多种空间尺度的机动车排放模拟功能于一体,国际上最具代表性的综合排放因子模型为美国 EPA 于 2001 年开始开发的新一代移动源排放模型——MOVES(Motor Vehicle Emission Simulator)模型。

MOVES 模型是一个拥有多种功能、综合性很强的科学分析工具。与MOBILE,EMFAC 等传统宏观模型相比,MOVES 模型可以满足多种空间尺度要求的排放模拟。继 MOVES2004,MOVES-HVI Demo,Draft MOVES2009 等版本之后,目前最新的版本 MOVES2010 可以建立包括国家、州和县等不同尺度在内的机动车污染物、温室气体以及有毒物质的排放清单。MOVES2010 还能预测能源总需求量、化石燃料需求量以及石油需求量。未来的 MOVES 模型将扩展到其他移动源,如飞机、火车和轮船等。

本章将重点介绍 MOVES 模型的方法学,并基于国际上已经开展的研究,对MOVES 模型和 MOBILE 及 EMFAC 传统模型进行方法学和数据库等方面的对比和评价。

8.1　发展历程简述

2000 年,美国国家研究委员会(National Research Council,NRC)对美国 EPA的流动源模拟项目进行了详尽的评述,建议 MOBILE 模型之后的下一代模型应朝多尺度的方向发展,而且应包含非道路源排放(National Research Council,2000)。

2001 年,作为对 NRC 建议的回应,美国 EPA 发布了《美国 EPA 新一代移动源排放模型:初步提议和问题》报告(USEPA,2001),提出新一代排放因子模型在若干方面的更新和改进,包括使模型能够解决宏观(macroscale)、中观(mesoscale)和微观(microscale)层面的机动车排放模拟,提高模拟方法的科学性和准确性,采用车载测试数据建模,以及纳入非道路源排放模型 NONROAD 的模拟功能等。

2001～2002 年间,美国 EPA 邀请北卡罗来纳州州立大学(North Carolina State University,NCSU)、加州大学河滨分校(University of California at Riverside,UCR)和美国 ENVIRON 国际公司(Environ International Corporation)三家

研究单位就"如何应用车载数据建立新一代宏观-中观-微观排放模型"这一问题开展独立研究并提出建议。NCSU 建议应用 bin 方法,即由速度、加速度和能量需求定义 bin,并采用回归的方法建立 bin 的排放(Frey et al.,2002)。UCR 提出一种混合数据库(hybrid database)方法,在一个逐秒排放数据库里搜索与目标车型及当时行驶特征最为相似的数据点,以此确定目标车的排放速率。UCR 认为这种方法可适用于宏观、中观及微观尺度的排放模拟(Barth et al.,2002)。ENVIRON 国际公司给出的方案是基于机动车比功率 VSP(关于 VSP 的定义和计算请参见本书第 6 章 6.2.1 小节)的计算及"微行程(microtrip)"的分解和集成(Environ International Corporation,2002)。与此同时,美国 EPA 自己也在寻求合适的方法,发布了《EPA 车载测试分析:综述和结果》报告(Hart et al.,2002)。

2002 年,新一代排放模型被赋予正式的名字:MOVES,当时 MOVES 的全称为"多尺度机动车 & 设备排放系统(Multi-scale Motor Vehicle & Equipment Emission System)"。美国 EPA 公布了 MOVES 设计初稿和实施计划报告,描述了模型技术细节、数据来源及软件实施方案,阐明了"源组(source bin)"、"运行模式单元(operating mode bins)"、"排放速率(emission rate)"等重要定义以及由这些定义构成的模型框架,建议 MOVES 模型采用 VSP 模拟机动车的模式排放速率(Koupal et al.,2002a)。美国 EPA 计划首先推出可模拟温室气体排放的 MOVES 模型——MOVES GHG 模型,而且针对 MOVES 模型方法和温室气体排放数据库发布了《EPA 在多尺度机动车和设备排放系统中建立模式排放速率的方法学》(USEPA,2002)和《MOVES 模型温室气体排放分析计划初稿》(Koupal et al.,2002b)等报告。

2003 年,美国 EPA 公布了《在 MOVES 模型中使用物理排放速率估算因子 PERE(Physical Emission Rate Estimator)概念的验证》报告,其中提出了物理排放速率 PERE 这一概念,建议其作为 MOVES 模型中填补数据缺口和模拟模式排放的重要参数(Nam,2003)。

2004 年,美国 EPA 将 MOVES 重新命名为"机动车排放模型(Motor Vehicle Emission Simulator)",发布了第一版模型"MOVES2004"(Glover et al.,2004)。这一版本内嵌了涵盖全美的默认数据库,可以计算分辨率达到县级的排放清单,能够预测道路机动车的 CO_2、N_2O 和 CH_4 等温室气体排放以及能源需求。MOVES2004 模型嵌入了阿岗国家实验室开发的燃料/汽车生命周期模型 GREET(Greenhouse gases,Regulated Emissions,and Energy use in Transportation)模型,增加了模拟燃料矿井到油泵(well-to-pump,WTP)的能耗和温室气体排放的功能。为了帮助使用者理解 MOVES2004 模型,美国 EPA 发布了若干技术报告,例如在《道路机动车的甲烷和氧化亚氮排放更新》报告中描述了如何将

CH_4 和 N_2O 测试数据转化为 MOVES2004 排放速率的技术细节(USEPA,2004),在《MOVES2004 道路机动车保有量和活动水平数据》报告中详细说明了机动车车队和活动水平等技术参数的确定方法(Beardsley et al.,2004)。

2005 年,在意见征集期间,美国 EPA 鼓励工业界和公众对模型进行评价。美国 EPA 发布的《MOVES2004 能源和排放输入:初步报告》及《MOVES2004 验证结果》等报告明确了 MOVES 模型的数据处理方法和建模方法,对比了 MOVES 模型的模拟结果与基于其他数据源估算的结果(Koupal et al.,2005;Koupal and Srivastava,2005)。为解决油泵到车轮(pump-to-wheels,PTW)燃油消耗速率计算方法,以及能源和排放速率模拟方法等技术问题,美国 EPA 采用 PERE 模型估算了传统和先进汽车技术的 PTW 能耗水平,用于连接 MOVES 模型和 GREET 模型,并且公布了《运用物理排放速率 PERE 模型模拟传统及先进汽车技术的能源消耗》报告(Nam and Giannelli,2005)。

2007 年,美国 EPA 发布了 MOVES2004 的升级版本——MOVES 演示版(MOVES-HVI Demo)(USEPA,2007)。MOVES-HVI 版本添加了模拟关键污染物排放的功能,但只是一个"功能演示版"模型。模型指定的排放速率仅是占位值,不是真实数据。EPA 鼓励用户将自己的数据输入到 MOVES 模型中,应用 MOVES 模型模拟当地的机动车排放并对 MOVES 模型的功能给予评价。

2009 年,美国 EPA 发布了 MOVES 模型的综合草案版(Draft MOVES2009),该版本包含了 MOVES-HVI Demo 的功能,给出了各种关键污染物和一些有毒气体的排放速率,但模型中仍存在一些占位值,例如摩托车的排放因子被设为 0(USEPA,2009a)。同时,美国 EPA 还发布了一系列技术支持报告,用以说明这一版模型基本参数的确定和更新,包括《MOVES2009 道路机动车保有量和活动水平数据》、《MOVES2009 道路机动车温度、湿度、空调和 I/M 修正》、《MOVES2009 轻型车排放速率的开发》、《MOVES2009 重型车排放速率的开发》、《MOVES2009 蒸发排放模拟》和《MOVES2009 汽油燃料影响的开发》等(USEPA,2009b,2009c,2009d,2009e,2009f,2009g)。

2010 年,美国 EPA 发布了 MOVES2010a 模型,这版模型纳入了新的轻型轿车和卡车温室气体排放标准,更新了企业平均燃料经济性标准对温室气体排放的影响(USEPA,2012a)。

2012 年,MOVES2010b 模型问世,它的特点是运算速度快,计算郡级排放清单时速度加快了 10%。MOVES2010b 还允许多人(8 个人)操作。MOVES 模型的新功能使模型的操作性更好。同时,MOVES2010b 对某些计算细节进行更新,例如有毒气体的排放等(USEPA,2012b)。

后来发布的 MOVES 模型版本与第一版 MOVES2004 模型相比,主体的方法学框架基本没有改动,主要变化为数据的更新和功能的完善。

8.2 方 法 学

8.2.1 研究内容和边界

MOVE 模型可估算能源消耗和污染物排放量。能源消耗包括总能源消耗、化石能源消耗和石油消耗。污染物包括总气态碳氢化合物(total gaseous hydrocarbons,THC)、CO、NO_x、PM、硫酸盐颗粒物、轮胎磨损引起的 $PM_{2.5}$ 排放、刹车磨损引起的 $PM_{2.5}$ 排放、CH_4、N_2O、CO_2 以及包含 CH_4、NO_2 和 CO_2 的温室气体 CO_2 当量排放和部分有毒气体。

1. 车型分类

在美国,机动车排放模型和机动车活动水平两者的车型分类一直存在不匹配的问题。例如,用于计算排放量的活动水平数据主要由美国公路绩效监测系统(Highway Performance Monitoring System,HPMS)提供,HPMS 根据轮胎和轴的数量对机动车分类,而美国 EPA 排放模型的车型分类则基于车重。问题的根本在于机动车活动水平和机动车排放的主要影响因素不同。前者的主要影响因素是车的用途,不同用途的车型具有不同的年均行驶里程、日/周出行规律、行驶特征以及行驶道路类型等,因此 HPMS 根据"用途"对车辆分类。而车辆排放的主要影响因素之一是车重,"用途"对排放的影响并不大,因此排放模型根据车重对车型分类。

由于车型分类方法不同,排放因子模型需要建立车型"映射(mapping)"关系将排放数据和活动水平数据进行匹配。MOBILE 系列模型根据 EPA 的分类方法计算排放,匹配工作需要在模型外部完成,而 MOVES 可在模型内部完成车型匹配。

车型匹配是一个复杂的过程,MOVES 模型内置了基于活动水平和能效/排放的多种分类方法。HPMS 分类是活动水平的基本分类,因此 MOVES 对 HPMS 基于"用途"的分类做了更细致的划分,如表 8-1 所示(USEPA,2007)。值得注意的是,虽然用户可以按用途选择想要模拟的车型,结果也会按用途输出,但 MOVES 模型的排放速率不是按车辆用途分类的,因为最初没有按用途分类收集排放和油耗数据。

表 8-1 MOVES 按照"用途"的车型分类

HPMS 分类	MOVES 分类	描述
摩托车	1. 摩托车	
乘用轿车	2. 乘用轿车	
其他 2 轴/4 轮车辆	3. 私人乘用卡车	用于个人交通的 7 座车,皮卡,SUV 以及其他 2 轴/4 轮车辆
	4. 轻型商用卡车	用于商务交通的 7 座车,皮卡,SUV 以及其他 2 轴/4 轮车辆
运输客车 (buses)	5. 城际运输客车	
	6. 城市公交客车	
	7. 校车	
单体卡车 (single unit trucks)	8. 垃圾车	垃圾收集车,其驾驶路线、道路类型分布、运行时间与其他卡车不同
	9. 短途运输卡车	多数单次出行的行程<200 英里
	10. 长途运输卡车	多数单次出行的行程>200 英里
	11. 房车	
连接卡车 (combination trucks)	12. 短途运输卡车	多数单次出行的行程<200 英里
	13. 长途运输卡车	多数单次出行的行程>200 英里

注:SUV,sport utility vehicle,运动型多功能车

2. 排放过程

MOVES 模型考虑的排放过程包括:

运行排放:车辆在发动机完全加热的状态下在路行驶时从尾气管排放的污染物。

启动排放:车辆刚启动、发动机未完全加热时,车辆比热运行行驶时单位里程多产生的污染物尾气排放。MOVES 模型中,启动排放强调的是车辆刚启动后的行驶过程比正常行驶(运行排放)多排放的污染物。

长时间怠速排放(extended idling):车辆在非道路区域长时间怠速产生的尾气排放。目前 MOVE 模型中只对重型长途运输连接卡车考虑了长时间怠速排放,主要为卡车司机在卡车内休息时产生的排放。未来的 MOVES 模型也会考虑轻型乘用车在"不下车服务车道(drive-thru)"怠速的情况。

燃料渗透蒸发排放(permeation):经燃料系统各种塑性弹性体逃逸的碳氢气体排放。

燃料排气口排放(tank vapor venting):由油箱内产生、从蒸气排气口释放到大气中的燃料气体。也包括渗透到机动车部件表面、随后蒸发释放到大气中的燃料气体。

燃料泄漏蒸发排放(liquid leaks):燃料以液体形式泄漏到车身外,然后很快地蒸发到空气中。

刹车磨损排放:车辆刹车过程中,由刹车部件产生的颗粒物排放。

轮胎磨损排放:车辆运行过程中,由轮胎产生的颗粒物排放。

"矿井到油泵(well-to-pump)"排放：生产和运输用于制取燃料的原料、燃料的生产和加工、燃料运输和分配等过程产生的排放。"矿井到油泵"能耗和排放的计算由美国阿岗国家实验室开发的 GREET 模型完成。目前,MOVES 模型仅输出"矿井到油泵"的能耗和温室气体排放。与其他排放过程不同,"矿井到油泵"排放发生的位置非常特殊,多来自于燃料生产环节,与车的运行区域无关。MOVES 模型还未考虑汽车生产制造和回收等过程的能耗和排放。

3. 时空尺度

MOVES 模型的时间尺度包括年、1 年的 12 个月、1 周的 7 天以及每天的 24 个小时。MOVES 模型的"天"不是单纯意义的天,有"工作日"和"周末"的属性。MOVES 模型中的"日历年"代表实际的历史年份。

MOVES 模型可输出 1990 年,1999~2050 年每个月的排放结果,而且提供整合选项计算多月份或者年排放。MOVES 模型考虑了每个月的天数不同,除以 7 得到"周"数,但没有具体考虑历史年份某个月份的周末有多少天。如果用户想要模拟历史某一时间段的排放,需要自己准备这段时间范围内的数据。

美国 EPA 将 MOVES 模型的研究空间尺度定义为国家级(national-level)、郡级(county-level)和项目级(project-level),即传统意义的宏观、中观和微观。MOVES 模型的数据库包含 1999 年的 3222 个行政郡(county),每个郡只属于一个州。1999 年之后郡的行政所属略有变动,但 MOVES 以 1999 年的行政划分为准。MOVES 模型可模拟全美国郡级(county-level)的机动车排放,而且提供整合选项输出州或全国的排放,还可以对数据库进行调整,将郡进一步分解为"区(zones)","区"或者"郡"可以进一步划分为"路段(links)"。

MOVES2004 模型中,每个郡含有 13 种路段,MOVES-HVI Demo 及以后的 MOVES 版本将路段的种类减少到 5 种,其中 4 个代表实际道路,为乡村高速公路、乡村非高速公路、城市高速公路和城市非高速公路,第 5 种路段代表非道路地点。运行排放、刹车与轮胎磨损排放和一部分蒸发排放主要发生在 4 种实际道路上,而启动排放、长时间怠速排放、矿井到油泵排放和一部分蒸发排放发生在非道路地点(USEPA,2007)。

MOVES 模型在进行宏观尺度模拟时,路段被定义为一个区或郡内具有相同道路属性的集合。MOVES 也可以进行中尺度模拟,此时路段的定义为具有相同道路属性及相同速度的集合。当进行更微观的模拟时,路段会被赋予地理信息(USEPA,2007)。

8.2.2　模型方法学框架

MOVES 模型从总活动量(total activity)出发,将总活动量分解到各个"源组

(source bins)"和"运行模式单元(operating mode bins)"中,将这些单元(bin)的分布和各单元的排放速率(emission rate)结合,得到排放量,如式(8-1)所示:

$$总排放_{车型} = 总活动水平 \times \sum_{i=1}^{bin的数量}(排放速率_{车型,i} \times bin分布_{车型,i}) \quad (8\text{-}1)$$

式中,i 代表 bin 的编号。由此可见,MOVES 排放的计算主要有三个要素:①总活动水平;②bin 分布;③bin 排放速率。其中 bin 分布包含"源组 bin"和"运行模式 bin"两方面的含义。

1. 总活动水平

机动车活动水平是估算机动车能耗和排放的重要参数之一。MOVES 模型中处理机动车活动水平时重点考虑两个问题:机动车活动总量是多少? 如何将总量按照基于能耗和排放的机动车分类方法进行分解?

MOVES 模型基于 1999 年机动车的保有量和行驶里程数据,根据从不同渠道收集到的国家数据,利用增长因子将基准年的机动车保有量和行驶里程推算到目标年,然后将结果分配到不同道路类型、车型、车龄和时间段上,MOVES 模型中完成这部分运算的模块为 TAG(total activity generation)模块。TAG 模块将为人熟知的机动车行驶里程(vehicle mileage traveled,VMT)、车龄分布、机动车保有量和销量、VMT 增长率等转化为 MOVES 特有的机动车活动水平参数,即"源运行小时数(source hours operating,SHO)"、启动次数、长时间怠速小时数等。例如,MOVES 模型采用"源运行小时数"作为表征机动车活动水平的基本参数,用于估算车辆的运行排放和轮胎/刹车的磨损排放,而 MOBILE 和 EMFAC 等模型采用行驶里程估算这些排放。表 8-2 为 MOVES 模型各排放过程的活动总量表征参数。

表 8-2　MOVES 不同排放过程的活动总量

排放过程	表征活动总量的参数	描述
运行过程、轮胎和刹车磨损	源运行小时数(source hours operating,SHO)	一种源类别在给定时间和地点的所有运行小时数,等于源的个数×每个源的运行小时数
燃料渗透蒸发排放、排气口排放、泄漏蒸发排放	源小时数(source hours)	一种源类别在给定时间和地点的所有小时数,等于源的个数×这段时间的小时数
启动	启动次数	一种源类别在给定时间和地点的所有启动次数,等于源的个数×每个源的启动次数
长时间怠速	长时间怠速小时数	一种源类别在给定时间和地点的长怠速小时数
矿井到油泵	车的能源消耗	一种源在指定时间和地点的所有运行、启动和怠速过程的能源消耗

2. 源组

MOVES 模型方法学中,排放是从多种"源(source)"的一个或几个"排放过程"中产生。在一种"源"的某个排放过程中,排放量又由车的运行模式和车龄组确定。处于同一组别的车辆具有相同的排放特征。

对排放和油耗具有重要影响的是出厂年、燃料和发动机技术等参数,所以MOVES 模型重点考虑这些主要影响因素,引入了"源组(source bin)"这一重要概念,由影响排放和能耗最关键的因素来定义每个"源组"。表 8-3 和表 8-4 为MOVES 模型的"源组"的定义(USEPA,2007)。"能耗源组(energy source bin)"主要由燃料类型、发动机类型、出厂年、车重以及发动机尺寸等参数定义。对于多数污染物,"源组"由燃料类型,出厂年和标准等级等定义。值得注意的是,不同污染物排放类别具有不同的出厂年组。

表 8-3　MOVES 模型对车辆分类的"源组"定义(不含出厂年)

燃料类型 (排放)	发动机技术 (排放)	装载重量,磅 (能耗)	发动机尺寸,升 (能耗)	法规分类 (除能耗和蒸发渗透外)
汽油	传统内燃机(CIC)	无	无	2b 轻重型机动车
柴油	先进内燃机(AIC)	<500(摩托车)	<2.0	轻重型机动车
CNG	混合动力-CIC 中混	500~700(摩托车)	2.1~2.5	中重型机动车
LPG	混合动力-AIC 中混	>700(摩托车)	2.6~3.0	重重型机动车
乙醇(E85)	混合动力-CIC 全混	≤2 000	3.1~3.5	城市客车
甲醇	混合动力-AIC 全混	2 001~2 500	3.6~4.0	
气态氢	燃料电池	…	4.1~5.0	
液态氢	混合动力-燃料电池	4 501~5 000	>5.0	
电力	纯电动	5 001~6 000		
		…		
		9 001~10 000		
		10 001~14 000		
		14 001~16 000		
		16 001~19 500		
		19 501~26 000		
		26 001~33 000		
		33 001~40 000		
		40 001~50 000		
		50 001~60 000		
		60 001~80 000		
		80 001~100 000		
		100 001~130 000		
		≥130 001		

表 8-4　MOVES 模型对车辆分类的"源组"定义（出厂年）

出厂年（能耗）	CH_4, N_2O	HC 蒸发	启动及热运行的 HC,CO,NO_x,PM 排放	长时间怠速的 HC,CO,NO_x,PM 排放	硫酸盐 PM
1980 年及以前	1972 年及以前	1970 年及以前	1980 年及以前	1980 年及以前	1980 年及以前
1981～1985	1973	1971～1977	1981～1982	1981～1985	1981 年及以后
1986～1990	1974	1978～1995	1983～1984	1986～1990	
1991～2000	1975	1996～2003	1985	1991～2000	
2001～2010	…	2004	1986～1987	2001～2006	
2011～2020	1999	2005	1988～1989	2007～2010	
2021 年及以后	2000	…	1990	2011～2020	
	2001～2010	2019	1991～1993	2021 年及以后	
	2011～2020	2020	1994		
	2021 年及以后	2021 年及以后	1995		
			…		
			2019		
			2020		
			2021 年及以后		

此外,为了反映车龄对排放的劣化影响,MOVES 根据车龄将"源组"进一步分成 7 组,分别为 0～3 年、4～5 年、6～7 年、8～9 年、10～14 年、15～19 年、20 年以上。

在 MOVES 模型中,计算各"源组"分布的模块称为"源组分布生成模块(source bin distribution generator,SBDG)"

3. 运行模式单元

MOVES 模型采用机动车比功率(VSP)的概念定义车辆运行单元。MOVES 模型把机动车行驶工况(启动、运行、怠速等)划分为与 VSP 和速度相关的若干个行驶单元(bin),并计算这些行驶单元的分布。表 8-5 为 MOVES 模型计算 THC、CO 和 NO_x 运行排放时,运行模式单元与 VSP 和速度的对应关系。MOVES 模型计算运行模式单元分布的模块称为运行模式分布生成模块(operating mode distribution generator,OMDG)。OMDG 模块可以计算各种预设行驶工况的行驶单元分布。

表 8-5　MOVES 模型计算 THC、CO 和 NO$_x$ 运行排放时的运行单元(bin)定义

刹车	bin 0		
怠速	bin 1(−1 mile/h＜速度＜1 mile/h)		
VSP(kW/t)　瞬时速度(mile/h)	1～25	25～50	＞50
＜0	bin 11	bin 21	
0～3	bin 12	bin 22	
3～6	bin 13	bin 23	
6～9	bin 14	bin 24	
9～12	bin 15	bin 25	
≥12	bin 16		
12～18		bin 27	bin 37
18～24		bin 28	bin 38
24～30		bin 29	bin 39
≥30		bin 30	bin 40
6～12			bin 35
＜6			bin 33

4. 排放速率

排放计算模块是 MOVES 模型的核心部分。MOVES 模型把基于模式的排放速率和机动车行驶特征关联起来。MOVES 模型中,每个排放源组和行驶模式的基准排放速率首先经过一系列的修正,这些修正包括维护(I/M)制度、燃油、温度和相对湿度等。8.2.3 小节将总结 MOVES 模型计算排放速率的方法和数据更新。

图 8-1 为 MOVES 模型框架及主要模块示意图。如式(8-1)所示,根据 SBDG 计算得到的排放源组比例,由 OMDG 得到的行驶模式的比例,将修正后的排放速率进行加权平均,得到以 g/s 或 g/次启动为单位的平均排放速率。再将平均排放速率与 TAG 模块输出的活动水平(运行小时 SHO 和启动次数)进行匹配,即可得到各区域不同时间段分车型分燃料的机动车排放结果。

8.2.3　排放因子模拟方法及数据的更新

MOVES 模型建模过程中,美国 EPA 获得了丰富的测试数据,因此 MOVES 模型比 MOBILE 模型具有更坚实的数据基础。同时,通过分析这些数据,美国 EPA 对车辆排放劣化、启动排放、修正因子以及蒸发排放过程等关键问题产生了全新的理解,并在 MOVES 模型中采用了新的排放模拟方法。本节将对此开展论

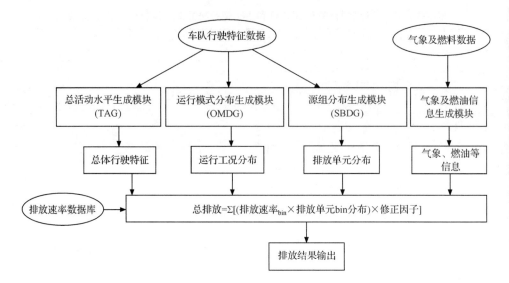

图 8-1　MOVES 模型的主要模块及功能示意图

述,其中与 MOBILE 模型方法类似的部分不做重点介绍。

1. 轻型汽油车气态污染物尾气排放

MOVES2010 模型比 MOBILE 模型拥有更多的排放测试数据,其中包括数百万辆轻型在用车的排放测试数据。MOBILE 模型的排放数据来自在用车台架测试结果,车辆主要从公众招募而来,这会造成样本选择的偏差。MOVES 模型中,轻型车尾气排放数据来源于在亚利桑那州、伊利诺伊州、印第安纳州、威斯康星州等州开展的 I/M 项目测试数据。在实施 I/M 项目的州,机动车必须通过 I/M 测试才能上路。I/M 测试项目可能会漏掉未注册的车辆、未通过 I/M 却依然上路的车辆,以及不在 I/M 制度地区注册却在该地区行驶的车辆,但是这种偏差远远小于公众招募的技术选择偏差。

(1) 排放劣化

MOBILE 和 MOVES 模型模拟排放劣化的方法有很大不同。首先,MOBILE 模型用行驶里程建立排放劣化趋势,而 MOVES 模型采用车龄(或者车龄单元)。MOBILE 模型假设排放因子随里程线性劣化,但是亚利桑那州的 I/M 数据以及一些遥感测试结果显示,在车辆开始使用的几年内,排放随车龄呈指数增长,然后趋于平稳。因此 MOVES 模型用一条"S"形曲线来描述劣化轨迹,开始时劣化较为缓慢,然后突然加快,最后趋于平稳。根据 MOVE 模型的假设,在实施 I/M 项目的地区,车辆在车龄为 12～15 年时排放劣化趋于平稳;在没有 I/M 项目的地区,车辆排放将持续劣化,车龄为 20 年以后,排放劣化的程度会降低(USEPA,2009d)。

空气改善资源公司（Air Improvement Resources, Inc., AIR）等对 Draft MOVES2009 模型进行了评估,指出亚利桑那州的 I/M 数据显示 Tier1(1996 年及之后)车辆的排放劣化远低于较老的车,而且排放因子与车龄不呈指数增加的关系,它们的排放随车龄线性增加。车辆在车龄较高的时候,排放劣化趋于平稳,可能的原因是高车龄车队里高排放车辆已经报废掉,剩下的整体而言是维护较好、排放较低的车辆。他们进一步建议 MOVES 模型对 Tier1 及之后的车辆劣化从指数劣化修改为线性劣化(AIR et al.,2010)。

（2）高排放车

MOBILE 模型为“普通车”和“高排放车”设计了两套不同的排放因子,而 MOVES 模型没有将“高排放车”区分出来,这是两个模型的重要区别之一。MOVES 模型取消“高排放车”分组有几方面的原因。首先,MOVES 模型开发组对测试数据进行排放因子累积频率统计分析,没发现有明显证据支持“高排放车”的分类。频率曲线在高排放因子区域呈现连续平滑的增长趋势,说明“高排放车”的出现是符合统计规律的,采用车队整体平均排放因子足以将“高排放车”的影响考虑进去(USEPA,2009d)。

MOVES 模型取消“高排放车”的分类还有一些实际的原因:①模型开发组发现高排放车往往只有一种污染物的测试结果较高,而其他污染物排放结果正常,一些被测车辆还会发生第一次测试结果偏高再次测试结果变低的现象,这些情况很难判断是车辆原因还是测试系统原因导致,因此增加了模型对“高排放车”单独计算的操作难度;②MOVES 开发模式不基于 FTP 测试工况或任何标准工况,因此很难为“高排放车辆”进行定义;③目前没有足够的数据支持高排放车辆排放因子的修正和模拟。

（3）I/M 项目

MOVES 模型对 I/M 项目的处理方法与 MOBILE 模型不同。MOBILE 模型中,不参加 I/M 项目的车辆排放因子被设为默认值,对参加 I/M 项目的车辆进行 I/M 修正获得排放因子。MOVES 模型设计了“I/M 情景”和“无 I/M 情景”两套排放数据,“I/M 情景”数据主要来自 1995~2005 年间亚利桑那州的 I/M 项目,“无 I/M 情景”的数据由“I/M 情景”数据及亚利桑那州来自无 I/M 地区的外来车辆的测试结果修正得到的。根据用户指定的 I/M 情景,MOVES 模型对两套数据进行修正,得到该情景的排放因子。而 AIR 等(2010)研究机构指出,MOVES 应该为没有实施 I/M 项目的地区开发独立的排放速率。他们认为,MOVES 模型用 I/M 地区和无 I/M 地区的车辆排放水平比例计算无 I/M 地区车辆的排放,这种方法及其基础数据没有经过严格检验。

（4）启动排放

MOVES 模型对启动排放的处理方法与 MOBILE 模型略有不同。MOBILE

模型对车辆在 FTP 测试工况下的冷启动测试结果进行热浸时间修正和环境温度修正,得到轻型车的启动排放。在 MOVES 模型中,表征启动排放的"运行模式 bin"由热浸时间来决定,冷启动为"bin108",热启动和温启动根据热浸时间长短被划分为"bin101~bin107",如表 8-6 所示。MOVES 对各热启动和温启动模式定义了"热浸比例(soak fractions)",即热/温启动与冷启动排放的比例,用以计算不同热/温启动模式的排放。冷启动排放(bin108)由 FTP 工况下收集的 Bag1 和 Bag3 测试结果计算得到并辅以修正,对不同运行模式下(bin101~bin107)的启动排放热浸比例采用了 MOBILE 模型内的设定(USEPA,2009d)。其中,冷启动和热启动从最新的测试数据获取,而温启动的"热浸比例"基于 Tier1 及更早期车辆测试的数据,目前还不知道该比例是否适用于新技术车辆(AIR et al.,2010)。图 8-2 为 1996 年及以后出厂的轻型汽油车 NO_x,CO 和 HC 启动排放的热浸曲线,这个曲线还应用到轻型汽油车 PM 启动排放和重型车启动排放的计算中。

表 8-6　MOVES 模型启动运行模式 bin 定义

运行模式 bin 编号	描述	热浸时间(min)
101	热启动	≤6
102		6~30
103		30~60
104	温启动	60~90
105		90~120
106		120~360
107		360~720
108	冷启动	≥720

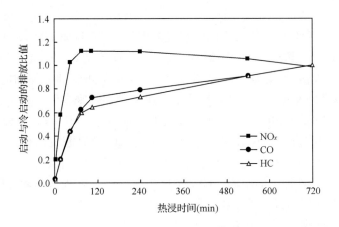

图 8-2　轻型汽油车 NO_x,CO 和 HC 启动排放的热浸曲线

MOVES 为 1995 年之前和之后生产的车辆设置了两套启动排放数据,还考虑了启动排放劣化的情况。MOBILE 模型假设,NO_x 启动排放与热运行排放具有相同的劣化速度,而 CO 和 HC 冷启动劣化比热运行劣化慢。目前,MOVES 模型没有足够的测试数据支持这一假设,因此延用 MOBILE 模型的假设。表 8-7 为不同年龄组车辆冷启动排放劣化与热运行劣化的比例。

表 8-7　MOVES 模型启动排放劣化与热运行排放劣化比例

污染物 ＼ 车龄组	0～3	4～5	6～7	8～9	10～14	15～19	20＋
CO	1.00	0.57	0.46	0.39	0.33	0.33	0.33
HC	1.00	0.58	0.47	0.41	0.36	0.36	0.36
NO_x	1.00	1.00	1.00	1.00	1.00	1.00	1.00

（5）温度修正

测试结果显示,环境温度对 HC、CO 和 NO_x 冷启动排放有明显影响,但是对运行排放没有影响。因此,MOVES 模型为轻型汽油车 HC、CO 和 NO_x 冷启动排放设置了温度修正的线性或平方根函数,对这些污染物运行排放的温度修正系数取为 1(USEPA,2009c)。温度修正系数随车龄不发生变化。

MOVES 模型考虑了 1994 年执行的低温 CO 排放限值(20°F 或−7 ℃)对 CO 排放的影响,也考虑了近期通过的移动源空气有毒物质(Mobile Source Air Toxic,MSAT)法规规定的轻型汽油车低温 HC 排放限值对 HC 排放的影响。AIR 等(2010)指出,达到 MSAT 较低 HC 排放限值的车辆,其 CO 排放也很可能会较低,因此应该对那些满足 MSAT 低温 HC 排放要求的车辆开展研究,分析它们的 CO 启动排放是如何变化的。

2. 轻型汽油车颗粒物尾气排放

MOVES 模型中的汽油车颗粒排放因子数据主要来源之一是 2004～2005 年间在堪萨斯开展的"堪萨斯城项目(Kansas City Characterization Study)"中得到的排放测试数据(Kishan et al.,2006;Nam et al.,2008;USEPA,2009d;Nam et al.,2010)。这个测试项目首次大规模使用多种仪器测试方法分析汽油车的逐秒颗粒物排放。在夏季和冬季分别测试了 261 辆和 278 辆轻型汽油车,其中 42 辆车在夏天和冬天均被测试,被称为"季节对照组"。项目中采集 PM 数据的测试工况为 LA92 工况(即加州标准测试工况 UCDS)。

（1）排放劣化

堪萨斯城项目是个两年项目,很难从测试数据中拟合颗粒物排放劣化趋势,MOVES 模型开发组又考察了其他几个纵向测试项目,认为样本数太少不足以代表车队水平,于是决定采用新车排放测试建立排放与车辆出厂年份的关系曲线。将不同的排放测试研究进行整合,得到较新车辆的 PM 排放。模型开发组将颗粒物排放对数与车龄的关系进行回归,估算劣化系数,并假设车龄为 20 年时,PM 劣化系数达到最高值,这长于 HC、CO 和 NO_x 劣化至最高值的时间。MOVES 模型假设出厂年份较晚车辆的劣化比例与老旧车辆相同。由于新车辆起始排放水平很低,因此新车辆随车龄的排放劣化比老旧车辆低很多(USEPA,2009d)。

(2) 启动排放

MOVES 模型从堪萨斯城的测试数据中获取 PM 冷启动排放因子,但是无法得到不同热浸时间的 PM 启动排放。MOVES 模型采用 HC 的热浸曲线(见图 8-2)模拟不同热浸时间的 PM 启动排放。

(3) 温度修正

MOVES 模型中,PM 排放的温度修正因子来自于堪萨斯城研究的"季节对照组"测试以及 EPA 在 2006 年开展的"移动源空气有毒物质(MSAT)法规项目"。如前所述,MOVES 对 HC、CO 和 NO_x 的冷启动排放进行温度修正,但对热运行阶段的排放不考虑温度修正。对于 PM 排放,"季节对照组"测试结果表明,轻型汽油车的 PM 排放随温度降低呈指数增长,大概每降低 20°F(降低约 10 ℃),PM 排放就会增长 1 倍,而且冷启动和热运行两个阶段的 PM 排放都会增长,其中冷启动排放的增长幅度是热运行排放增长幅度的两倍以上(Nam et al.,2010)。

AIR 等(2010)指出,MOVES 模型忽视了达到 MSAT 法规低温 HC 排放限值的车辆可能会具有较低的 PM 排放因子。因为 HC 和颗粒物排放具有很好的相关性,低温情况下 HC 排放较低时,颗粒物排放也应该较低,认为 MOVES 模型应该考虑 MSAT 法规对 PM 排放温度修正的影响。

3. 重型柴油车排放

MOBILE6 模型中,重型车的排放基于发动机排放标准,单位为 g/bhp,因此需要利用转换因子将发动机的排放转换成基于里程的排放,即 g/mile。MOVES 模型利用底盘测功机测试数据和在路车载测试数据,将测试结果转化为以 g/s 为单位的排放速率。目前 I/M 项目尚不能测量重型柴油车的所有主要污染物,因此 MOVES 模型没有采用 I/M 项目数据。MOVES 模型模拟重型柴油车排放的数据来自多个大型测试项目,包括美国陆军阿伯丁试验中心(U. S. Army Aberdeen Test Center)开展的 ROVER(Remote On-board Vehicle Emissions Recorder)车载测试研究(MOVES 模型在其中选择了 124 辆出厂年份为 1999~2007 年的重型柴油车),西弗吉尼亚大学采用流动实验室开展的测试研究(MOVES 模型选择了 188 辆出厂年份为 1994~2003 年的重型柴油车),包含数百辆出厂年份为 1969~2005 年的 CRC E55-59 台架测试项目等。

MOVES 模型考虑了维护不当等因素引起的排放劣化、重型车长时间怠速排放、曲轴箱排放、启动排放等,而 MOBILE6 模型没有对重型车排放考虑这些因素。

（1）排放劣化

实验室测试结果显示,若维护得当,重型车随里程或车龄的排放劣化非常小,但是在实际运行中,人为破坏排放控制系统和维护不当(tampering and mal-maintenance,T&M)会引起重型车排放因子的严重劣化。图 8-3 为 MOVES 模型假设的重型车在 T&M 影响下的排放劣化轨迹,即在保修期内,重型车的排放会保持零公里排放水平;保修期结束后,在 T&M 的作用下排放将随车龄线性增加,直到车辆报废。

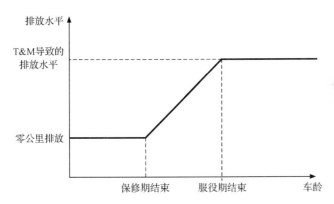

图 8-3　重型车在 T&M 影响下的排放劣化过程

为了模拟 T&M 对重型车排放的影响,MOVES 模型建立了 T&M 频率表和排放影响表。表 8-8 为 MOVES 模型的重型车 T&M 频率表。MOVES 模型基本采用 EMFAC2007 模型的 T&M 频率数据,但在空气过滤器堵塞、电控件失灵、废气再循环失效、NO_x 后处理失效等方面进行了调整(USEPA,2009e)。

表 8-8　重型柴油车 T&M 发生频率表（%）

出厂年	1994~1997	1998~2002	2003~2006	2007~2009	2010-重重型	2010-轻重型
正时提前	5	2	2	2	2	2
正时滞后	3	2	2	2	2	2
喷射问题	28	28	13	13	13	13
限烟器错置	4	0	0	0	0	0
限烟器失效	4	0	0	0	0	0
最大油量过高	3	0	0	0	0	0
空气过滤器堵塞[a]	8	8	8	8	8	8
错误涡流	5	5	5	5	5	5
冷热调节器堵塞	5	5	5	5	5	5

续表

出厂年	1994～1997	1998～2002	2003～2006	2007～2009	2010-重重型	2010-轻重型
其他空气问题[a]	6	6	6	6	6	6
发动机机械故障	2	2	2	2	2	2
油耗过高	5	3	3	3	3	3
电控件失灵[a]	3	3	3	3	3	3
电控件破坏	10	15	5	5	5	5
废气再循环阀开启	0	0	0.2	0.2	0.2	0.2
废气再循环失效[a]	0	0	10	10	10	10
NO_x后处理感应器	0	0	0	0	10	10
替换 NO_x后处理感应器	0	0	0	0	1	1
NO_x后处理失效[a]	0	0	0	0	13	16
PM 过滤器泄漏	0	0	0	5	5	5
PM 过滤器失灵	0	0	0	2	2	2
氧化催化失灵/移除[a]	0	0	0	5	5	5
错误燃料[a]	0.1	0.1	0.1	0.1	0.1	0.1

a. MOVES 模型对 EMFAC 模型 T&M 频率数据进行了调整

　　MOVES 模型假设 T&M 对 NO_x 的影响比对其他污染物的影响要小。对 2009 年之前出厂的重型车，T&M 对 NO_x 排放的影响实际为 10% 左右，但是 MOVES 模型将其设为 0。由于 2010 年重型车 NO_x 标准更加严格，2010 年之后出厂的重型车会安装选择性催化还原(selective catalyst reduction,SCR)或稀薄氮捕捉(lean NO_x trap,LNT)等后处理装置，T&M 将会对 NO_x 排放带来显著影响。MOVES 模型假设 T&M 将使 2010 之后出厂重型车的 NO_x 排放增加 72%～87%。表 8-9 为 T&M 对排放的影响。

表 8-9　MOVES 中 T&M 对重型车排放的影响

出厂年	T&M 导致的 PM 排放增加	T&M 导致的 HC 和 CO 排放增加	T&M 导致的 NO_x 排放增加	
	MOVES 值	MOVES 值	实际分析数据	MOVES 值
1998 年之前	85%	300%	10%～14%	0
1998～2002	74%	300%	10%～14%	0
2003～2006	48%	150%	9%	0
2007～2009	50%	150%	11%	0
2010 年及以后	50%	33%	72%[a],87%[b]	72%[a],87%[b]

a. 对安装了 LNT 技术的车辆

b. 对安装了 SCR 技术的车辆

有研究者指出,建立排放速率数据库选用的测试车辆可能已经包含了 T&M 车辆,因此模型再考虑 T&M 可能会引起对 T&M 影响的重复计算,因此需要对原始的测试车辆进行仔细筛查。AIR 等(2010)提出,MOVES 没有考虑重型车车载诊断系统法规对减少 T&M 的效果。T&M 会使配有颗粒物捕集器和 NO_x 削减装置的重型车排放增加,而车载诊断系统(on-board diagnostics,OBD)可明显减少 T&M 的情况。在 2009 年的联邦咨询委员会(Federal Advisory Committee Act,FACA)会议上,美国 EPA 提出,装有 OBD 车辆的排放比没有 OBD 的车辆低 33%,为此建议推行 OBD。由于目前路上还没有装设 OBD 的重型卡车,33% 的假设可能并不准确,有必要针对重型柴油车车主对车载诊断系统法规的反应和遵从情况开展调研和研究。MOVES 模型没有考虑重型车"重整项目(reflash programs)"对排放的影响。1998 年美国 EPA 与 7 家重型发动机生产商签署了重型卡车同意法令,要求 20 世纪 90 年代生产的道路重型卡车发动机在第一次发动机调整时对车载电控系统进行一次刷新校正,以减少 NO_x 的排放,AIR 等(2010)进一步建议 MOVES 模型考虑这一因素。

（2）长时间怠速排放

长时间怠速(以下简称为长怠速)指持续数小时的汽车怠速过程,在这过程中,发动机保持高速运转,而且空调或暖风等设备处于开启状态。长怠速多发生在长途运输途中,司机将卡车作为栖身之所并让卡车怠速运转,不包括在正常运行过程中发生的停车等待情况(例如在交通信号灯前等待通行信号、临时装卸货等)。长怠速过程中使用空调或暖风会增加机动车排放,还会降低机动车催化转化器以及其他尾气后处理装置的工作温度,引起排放增加(USEPA,2009e)。

MOVES 模型假设只有长途运输连接卡车会发生长怠速情况,整合了美国 EPA、加利福尼亚州空气资源局、协调研究委员会(Coordinating Research Council,CRC)、国家高速公路合作研究计划以及田纳西大学开展的多项重型车长怠速测试研究,确定了以 g/h 为单位的长怠速排放因子。研究发现,发动机负载,包括空调等设备的使用和发动机转速是决定长怠速排放的主要因素,发动机尺寸和出厂年等因素对长怠速排放的影响很小。MOVES 模型假设长怠速过程中使用了空调等设备,而且发动机被设置为高转速上。表 8-10 为 MOVES 模型根据多个测试研究确定的长怠速排放因子。

AIR 等(2010)认为,MOVES 模型的一些假设可能会高估重型卡车怠速排放,这些假设包括:①所有的长时间怠速均为高怠速;②忽略某些州的反长怠速法规;③卡车休息站没有可避免卡车长时间怠速的旅馆化设施。一项针对卡车司机的调查显示,他们在怠速时大部分时间都将发动机设定在较低的空转速度上。而且,目前很多卡车司机使用旅馆化设施,这减少了卡车的怠速。

表 8-10		长怠速排放因子		单位：g/h
出厂年	NO$_x$		HC	CO
1990 年之前 [a]	112		108	84
1990～2006 [b]	227		56	91
2007 年及之后 [c]	201		53	91

a. 基于 CRC 和 EPA 开展的两项研究，共包含 19 辆 1975～1990 年出厂车辆的长怠速测试结果

b. 基于 7 项研究中 184 辆车的测试数据，其中 NO$_x$ 长怠速排放因子的增加基于 3 项研究中的 26 个测试

c. 2007 年及 2010 年的排放标准将推动颗粒物过滤、尾气再循环及尾气后处理技术的使用。但标准中没有规定这些技术对长怠速排放的控制要求，MOVES 假设这些技术在 8 小时怠速过程只在第 1 个小时有效，进一步假设 2007 年及之后车辆的长怠速排放因子比 1990～2006 年出厂车辆的排放水平低 9%～12%（CO 除外）

（3）启动排放

MOVES 模型里重型车启动排放的计算方法与轻型车类似，即根据热浸时间定义了 8 个启动单元（bin101～bin108）。MOVES 开发小组仅掌握冷启动（bin108）气态污染物排放的测试数据，缺乏 bin101～bin107（热启动和温启动）的测试数据，因此 MOVES 采用轻型车的热浸曲线（图 8-2）模拟重型车不同热浸 bin 的气态污染物启动排放。

重型柴油车的 PM 启动排放测试数据更为缺乏，目前 MOVES 模型仅掌握一个发动机样本的测试数据，据此美国 EPA 建立了重型柴油车 PM 启动排放因子，并为重型柴油车 PM 启动排放设置了单独的热浸曲线，如图 8-4 所示（USEPA，2009e）。

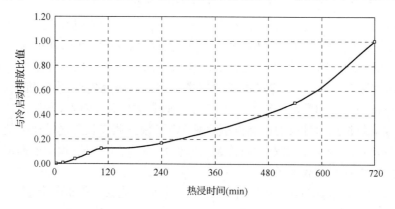

图 8-4　MOVES 模型中重型柴油车 PM 启动排放的热浸曲线

4. 重型汽油车排放

重型汽油车在美国车队的比例不高，约占重型车保有量的 20%，测试数据也

不多。MOVES 模型在 CRC 项目及 EPA 以往研究的 67 个测试样本基础上确定了重型汽油车气态污染物的排放因子。MOVES 模型对重型柴油车排放的 T&M 影响考虑得较为细致,但仅对重型汽油车考虑较简单,仅给出 0~5 年和 6 年以上两个车龄组的排放因子。由于缺乏重型汽油车 PM 排放测试数据,MOVES 模型采用轻型汽油车 PM 排放因子估算重型汽油车的 PM 排放因子,假设重型汽油车的 PM 运行和启动排放因子是轻型汽油车 PM 运行和启动排放因子的 1.4 倍(USEPA,2009e)。

5. 蒸发排放

蒸发排放是机动车 HC 排放中的重要组成部分。根据 MOVES 模型的估算,轻型汽油车的蒸发排放约占总 HC 排放的一半,未来 HC 总排放量减少时,这一比例也会保持不变。蒸发排放与尾气排放差异很大,在排放因子模型中通常由单独的模块来计算。MOBILE 模型按车辆状态将蒸发排放分为车运行中的蒸发损失(running loss)、车在停车场长时间静置的蒸发损失(diurnal 和 resting loss)、车刚停置在停车场时的热浸排放(hot soak)以及车在加油时的加油损失(refueling loss)(见本书第 2 章 2.2.1 小节)等。MOBILE 模型对多种蒸发过程进行昼夜试验或 1~3 天昼夜循环试验测试,得到不同蒸发排放过程的排放。MOVES 模型开发组认为,越来越多的证据表明,温度和燃料等因素是车辆蒸发排放量的首要影响因素,而不是车辆状态(USEPA,2012f)。

MOVES 模型根据蒸发排放的发生性质建立了一套全新的蒸发排放模拟方法,新方法将蒸发排放分为渗透(permeation)、油箱排气口燃料蒸气排放(tank vapor venting)以及油路系统的燃料泄漏(liquid leaks),其中排气口燃料蒸气排放和燃料泄漏又分为冷浸(cold soak)、热浸(hot soak)和运行排放(running loss)。MOVES 模型以 CRC 和 EPA 开展的大量蒸发排放测试数据为基础,确定各种类型蒸发的排放因子。

温度是渗透和排气口蒸发排放的主要影响因素。为了计算蒸发排放,MOVES 模型设计了一套油箱温度的模拟方法,将油箱温度和环境温度、车辆运行时间、车辆出厂年等参数进行关联,模拟计算得到车辆冷浸热浸时油箱温度变化以及车辆运行中油箱温度(USEPA,2009f)。

(1)燃料渗透蒸发排放

在昼夜蒸发测试(实验室 24 小时蒸发排放测试)的最后 6 个小时,车辆温度已经冷却到环境温度(72°F 或 22℃),MOVES 将这时测试得到的非泄漏蒸发排放确定为燃料渗透的基准因子。模型对基准因子进行温度修正得到其他油箱温度下的渗透排放。根据测试结果,温度每升高 18°F(升高 10℃),车辆的渗透排放增加 1 倍。此外,MOVES 模型还对渗透排放进行燃料修正,譬如使用 E10 燃料(掺混

10％乙醇的汽油）会使出厂年份为 2001 年及以后的车辆的渗透蒸发排放增加 175％。

（2）油箱排气口燃料蒸气排放

根据 MOVES 模型，2008 年夏天伊利诺伊州库克郡的乘用车队 HC 蒸发排放因子约为 0.195 g/mile，主要来自于排气口蒸气排放。MOVES 模型将油箱排气口燃料蒸气排放分为冷浸、热浸和运行排放分别计算。对于冷浸排放，MOVES 模型需要确定温度升高过程中油箱的蒸气产生量，并确定其中多少被释放掉了。MOVES 模型首先将昼夜测试结果和每个小时的燃料渗透模拟结果相减，得到每个小时的油箱燃料蒸气产生量，将其累加得到油箱燃料蒸气产生量。然后建立油箱温度升高过程中油箱燃料蒸气产生量和油箱温度及压力之间的数学关系，以及蒸发排放量和蒸气产生量之间的数学关系。对于热浸排放，MOVES 模型首先得到热浸小时的平均温度并计算该温度下的渗透排放，然后用热浸试验结果减去渗透排放得到热浸排气口蒸气排放。运行排放与之类似，即确定运行中油箱温度并计算该温度下的渗透排放，用运行损失试验结果减去渗透排放，得到运行阶段排气口蒸气排放。计算中涉及的测试车辆均不含泄漏车辆。

最后的结果还考虑了 I/M 测试不通过车辆的比例。MOVES 模型假设 I/M 项目只对油箱排气口排放有影响，不影响燃料渗透和泄漏蒸发排放。为此，MOVES 模型确定了实施与不实施 I/M 项目地区的蒸发排放因子和不达标率。

AIR 等（2010）指出，MOVES 假设符合 Tier2 蒸发排放标准和 MSAT 蒸发排放标准的新技术车辆仅降低了排气口蒸气排放，但蒸发排放标准对渗透和排气口蒸气排放均提出严格规定，因此这些新技术车辆的渗透和排气口蒸发排放都应该减少。此外，MOVES 的蒸发排放计算没有包含部分零排放车辆（partial zero emission vehicles，PZEVs），而这些车辆在全美范围内销售，特别是在实施了加利福尼亚低排放车辆计划的州，因此应该将这项技术类型及其相关的蒸发排放纳入到模型里。

（3）燃料泄漏蒸发排放

根据泄漏车辆的测试结果，冷浸泄漏、热浸泄漏和运行泄漏的排放因子分别为 9.9 g/h、19.0 g/h 和 178 g/h。MOVES 模型认为燃料发生泄漏的车辆多为车龄为 15 年以上的老旧车。根据 MOVES 模型的假设，车龄小于 10 年的车辆发生燃料泄漏的比例小于 0.1％，车龄为 10～14 年的为 0.25％，车龄为 15～19 年的 0.77％，车龄为 20 年以上的车辆发生泄漏的比例为 2.38％。

泄漏车辆和高蒸发排放车辆的比例对蒸发排放的计算产生重要影响。美国 EPA 将进行更多的测试来评估这些车辆的出现频率，CRC 项目正在调查新技术汽车的蒸气泄漏排放，这会为 MOVES 模型提供有价值的信息。

6. 燃料修正

MOVES 模型设定 2001 年前和 2001 年及以后的两种燃料为基准燃料（硫含量分别为 90 ppm 和 30 ppm），然后根据车辆使用其他燃料时的排放以及使用基准燃料时的排放来设定燃料修正因子。各种燃料特性和排放的关系大多数是非线性的，MOVES 模型中，HC 和 NO$_x$ 排放的燃料修正因子由 EPA 的预测模型（Predictive Model）提供，CO 排放的燃料修正因子由 EAP 的 EPA 复合模型（EPA Complex Model）提供，燃料硫含量的修正参考 MOBILE 模型。

燃料硫含量对车辆排放的影响一直是机动车排放研究领域关注的焦点。MOVES 模型采用了 MOBILE 模型中的燃料硫含量修正模式。美国 EPA 在对大量的测试数据回归之后，发现排放与硫含量呈现半对数线性关系或双对数线性关系，如式(8-2)所示。其中 A、B、C 和 D 均为参数。根据测试数据回归结果，Tier1 车辆的排放和硫含量关系为半对数线性关系，Tier 0、LEV 和 ULEV 车辆的排放和硫含量关系为双对数线性关系。

$$\begin{cases} \ln(排放) = A \times (硫含量) + B & \text{Tier1 车辆} \\ \ln(排放) = C \times \ln(硫含量) + D & \text{Tier0、LEV 和 ULEV 车辆} \end{cases} \qquad (8\text{-}2)$$

AIR 等(2010)指出，式(8-2)为 10 年前建立的，那时的硫含量远远高于当前水平。根据 MOVES 模型中排放和硫含量的对数关系，当硫含量低于 30 ppm，机动车的排放会出现陡降，如图 8-5 所示，这与近期测试结果不符。因此 MOVES 模型应该根据实验室测试结果对排放与低硫含量燃料的关系进行修订。

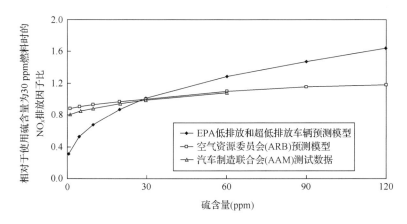

图 8-5　MOVES 模型硫含量和排放关系曲线及与测试数据对比

"EPA 低排放和超低排放车辆预测模型(Predictive Model)"代表双对数线性模式，另外两条线代表为汽车制造联合会 AAM(Alliance of Automobile Manufacturers)近期采集的测试数据以及空气资源委员会预测模型 ARB PM（Air Resources Board Predictive Model）内嵌的新数据

8.3　方法学特点、模型验证及应用

8.3.1　方法学特点

表 8-11 对比了 MOBILE、EMFAC 和 MOVES 三个模型的研究域、方法学特点及应用范围（Bai et al.，2008；Vallamsundar and Lin，2011）。总体而言，MOVES 比 MOBILE 和 EMFAC 包含了更多的功能。

表 8-11　MOBILE、EMFAC 和 MOVES 模型特点及应用范围对比

	MOBILE6.2	EMFAC2007	MOVES2010
程序语言	Fortran	Fortran	Java™
数据管理	模型嵌入	模型嵌入	MySQL 关联数据库
图形界面	否	是	是
排放源	道路源	道路源	道路源，非道路源
地理区域	全国	州（加利福尼亚） 空气盆地（Air Basin） 区 郡	全国 州 郡 路段
道路类型	高速路，主路，本地路，匝道	无	乡村高速/非高速道路，城市高速/非高速道路，非路网道路
空间尺度	区域尺度	区域尺度	宏观（区域尺度）、中观、微观
时间尺度	分析年份：1952～2050 季节：夏季、冬季、年度 月份：一年中每个月 日：工作日或周末 小时：24 小时中任一小时	分析年份：1970～2040 季节：夏季、冬季、年度 月份：一年中每个月 不同季节、年份的日排放调整默认活动水平可以间接获得小时排放	分析年份：1990，1999～2050 季节：夏季、冬季、年度 月份：一年中每个月 日：工作日或周末 小时：24 小时中任一小时
燃料类型	汽油、柴油、天然气、电力	汽油、柴油、电力	汽油、柴油、压缩天然气、液化石油气、乙醇、甲醛、气态氢、液态氢、电力
车辆出厂年份	1951～2050	1965～2040	1960～2050

续表

	MOBILE6.2	EMFAC2007	MOVES2010
污染物	HC（THC、NMHC、VOC、TOG、NMOG）、CO、NO$_x$、CO$_2$、CH$_4$、SO$_4$、SO$_2$、NH$_3$、Pb、柴油颗粒物有机碳和元素碳、苯等有毒污染物	TOG、ROG、THC、CH$_4$、CO、NO$_x$、CO$_2$、PM$_{30}$、PM$_{10}$、PM$_{2.5}$、SO$_x$、Pb、燃料消耗	CH$_4$、N$_2$O、CO$_2$、CO$_2$eq 总能源消耗、石油消耗、化石燃料消耗、THC、CO、NO$_x$、PM$_{10}$、PM$_{2.5}$、气态有毒污染物
排放过程	运行排放、启动排放、昼夜损失、热浸损失、静置损失、运行损失、加油损失、曲轴箱排放、轮胎磨损、刹车磨损	运行排放、启动排放、怠速排放、昼夜损失、热浸损失、静置损失、运行损失、轮胎磨损、刹车磨损	运行排放、启动排放、长时间怠速排放、生命周期、蒸发渗透、燃料排气口排放、燃料泄漏、曲轴箱、轮胎磨损、刹车磨损
运行模式	基于行程的车辆平均速度	基于行程的车辆平均速度	机动车比功率（VSP）和瞬时速度
车辆类型	轻型汽油车 轻型柴油卡车 1 轻型柴油卡车 2 轻型柴油卡车 3 轻型柴油卡车 4 重型汽油车 2b 重型汽油车 3 重型汽油车 4 重型汽油车 5 重型汽油车 6 重型汽油车 7 重型汽油车 8a,8b 轻型柴油车 轻型柴油卡车 1,2 重型柴油车 2b 重型柴油车 3 重型柴油车 4 重型柴油车 5 重型柴油车 6 重型柴油车 7 重型柴油车 8a,8b 汽油摩托车 汽油运输/城市/校园客车 柴油运输/城市客车 柴油校园车 轻型柴油卡车 3,4	乘用轿车 轻型卡车 1 轻型卡车 2 中型卡车 轻重型卡车 1 轻重型卡车 2 中重型卡车 重重型卡车 房车 城市公交 校车 其他客车 摩托车	摩托车 乘用轿车 乘用卡车 轻型商用卡车 城际运输客车 城市公交客车 校车 垃圾车 短途单体卡车 长途单体卡车 房车 短途连接卡车 长途连接卡车

	MOBILE6.2	EMFAC2007	MOVES2010
活动水平默认数据	全国总量 VMT 分布	郡级总量 各郡的车队和 VMT 分布	全国总量,各郡的分配系数,全国的车队和 VMT 分布,全国行驶特征
活动水平表征形式	车辆行驶里程	车辆行驶里程	车辆运行时间
排放速率数据	台架测试	台架测试	台架测试及车载测试
气象数据	用户输入	各郡逐时温度和相对湿度	各郡每月的逐时温度和相对湿度;用户也可自定义目标地域的气象数据
I/M 项目	用户输入	模型默认值(预设加州 I/M)或用户自定义	各郡 I/M 项目,或用户自定义

　　MOVES 模型的计算框架与 MOBILE 和 EMFAC 模型类似,即采用活动水平、排放因子及修正因子计算总排放量,但 MOVES 对前两者采取了不同的处理方式。MOBILE 模型等传统模型用行驶里程代表车辆活动水平,排放因子也基于行驶里程,而 MOVES 用时间表征活动水平,并将排放以时间为单位(例如秒)进行模式化。本质上,MOVES 模型是一个基于行驶模式的排放模型,它对不同行驶模式的排放特征进行逐秒的估计,这使 MOVES 模型与之前的模型相比在机动车排放模拟方法学上发生了根本的转变。理论上讲,这种针对排放速率的模式化使 MOVES 模型能更准确地估算如街道等交通设施的排放或者更大尺度的区域排放清单。

　　MOVES 模型建立的排放速率与机动车运行模式密切相关。MOVES 模型以时间为单位,应用 VSP 将基于模式的排放速率与行驶活动进行关联。与速度相比,VSP 与道路排放的相关性更好,因此,MOVES 比 MOBILE 或 EMFAC 能更准确地描述道路机动车的排放特征。

　　MOVES 模型以 g/h、g/s 和 g/次等基于时间的单位来表征排放速率,将车辆的行驶里程(VMT)和其他活动水平计量转换为"源运行小时数 SHO"等参数。因此,MOVES 模型能够得到各种车辆运行方式下的排放因子,这种功能是基于里程排放因子(g/km)无法实现的。通过对不同道路类型、不同发动机技术和使用不同燃料车辆的排放进行加权相加,MOVES 模型能够计算全国、州级及郡级的排放清单。MOVES 模型可以为用户模拟多种自定义情景下的移动源排放,帮助用户回答"如果在工作日交通流量高峰期间限制卡车行驶,那么会减少多少颗粒物的排放?"等情景问题。MOVES 模型基于模式排放的方法使其在空间尺度的分析更加完整,可实现从路段到区域尺度的排放计算。MOVES 模型在空间模拟尺度上的灵活性是机动车排放模型方法学的重大改进之一。

在时间尺度上,MOVES 模型对活动水平数据进行多种时间尺度的分配(小时、天、月、年),通过加和的方法实现多种时间尺度的清单输出。

MOVES 模型比 MOBILE 和 EMFAC 模型具有更广泛的应用范围。MOVES 模型可以计算多种常规污染物及温室气体排放,可估算能源消耗量。MOVES 模型包括道路和非道路移动源,还涵盖了常规燃料、替代燃料及先进汽车技术的上游排放过程,如炼制、生产和销售等环节(即矿井到油泵)。

在车型分类上,MOVES 模型基于活动水平特征以及排放水平对车辆进行分类,其分类结果是 HPMS 车辆类型的一个子集。该分类体系将车辆活动和排放数据更好地关联起来。

8.3.2　与其他模型的结果对比

1. 与 MOBILE 模型对比

多项对比研究表明,MOVES 模型的排放模拟结果普遍高于 MOBILE 模型结果,其原因包括 MOVES 采用了纳入速度、加速度等行驶特征的参数计算排放,对里程和温度等影响因素采用了新的修正方法,并考虑了长怠速等排放过程。

美国 EPA 对 Draft MOVES2009 和 MOBILE6 两个模型在三个城市(亚特兰大、芝加哥和盐湖城)的应用结果进行了对比(Beardsley and Dolce,2009),结果显示,MOVES 的 HC 排放量略低于 MOBILE6 的结果,原因为 MOBILE 模型高估了新技术车辆的蒸发排放。而 MOVES 得到的 NO_x 和 PM 排放量远高于 MOBILE6 的结果,主要原因为 MOVES 模型比 MOBILE 模型多考虑了温度对冷启动 $PM_{2.5}$ 排放因子影响,重型卡车的排放劣化,速度对排放的影响,以及长怠速排放等因素。Kota 等(2012)的研究也指出,MOVES 模型考虑了速度对 PM 排放影响是 MOVES 模型的 PM 排放结果高于 MOBILE 模型结果的主要原因。

AIR 等(2010)应用两个模型模拟了芝加哥和亚特兰大两个城市的机动车排放量,模拟结果显示,除了两模型的 CO 排放结果大致相同,MOVES 得到的其他污染物排放结果普遍高于 MOBILE 模型,主要原因是 MOVES 模型采用排放和车龄的指数关系模拟排放劣化,而且采用了较高的 VSP 修正因子。特别是 MOVES 模型得到的 $PM_{2.5}$ 排放比 MOBILE 模型的结果高 3 倍左右,这是因为 MOVES 考虑了劣化和低温等对轻型汽油车 PM 排放的影响,而且 MOVES 还考虑了重型车长时间怠速及维护不当等因素。MOVES 和 MOBILE6 模型得到的 2008~2015 年的减排比结果显示,MOVES 模型得到的 HC,CO 和 NO_x 减排幅度普遍小于 MOBILE6 模型结果,不同地区减排效果不同。如果美国各州应用 MOVES 模型模拟未来空气质量,将会增加美国州实施计划(State Implementation Plans,SIPs)的难度。

Vallamsundar 和 Lin(2011)以 2009 年芝加哥库克郡轻型汽油车的 NO_x 和 CO_2 运行排放为研究目标,对比了 MOVES2010 和 MOBILE6.2 模型的计算结果,发现 MOVES 模型得到的 NO_x 和 CO_2 排放结果比 MOBILE 模型结果分别高 17% 和 16%。Vallamsundar 和 Lin(2011)认为,该差异主要由两模型对机动车运行模式采用了不同的处理方法所致。

2. 与 EMFAC 模型对比

2008 年,加州大学戴维斯分校以洛杉矶为研究对象,对比了 MOVES HVI Demo 模型和 EMFAC2007 模型计算的 CO_2 和 CH_4 排放结果(Bai et al.,2008,2009)。结果表明,两模型的结果存在差异,其中 CO_2 排放差异是由机动车行驶里程预测的差别引起的,而 CH_4 排放差异由基础排放速率不同所致。

MOVES 和 EMFAC 两个模型的车辆类型、行驶速度,以及包括机动车保有量、车队技术构成和 VMT 等在内的活动水平数据在数量和分布上均存在较大差异。MOVES 中默认的车辆活动水平数据与 EMFAC 本地数据显示出明显不同,未来轻型卡车车队的差异更为明显。譬如 EMFAC 和 MOVES 模型都假设较新车辆具有更高的年均行驶里程,而 MOVES 中的洛杉矶车队车龄更小,这种差异会引起这两个模型的 VMT 不同。两个模型的基于速度分布的 VMT 也截然不同。MOVES 的 VMT 分布与 MOBILE 的默认值是一致的,在 30～50 mile/h 速度区间的行驶活动要高于 EMFAC。EMFAC 的行驶活动多发生在低速区和高速区,车辆在这两个区间的单位里程排放速率最高。在对 VMT 进行调整之后,EMFAC 和 MOVES 计算得到的 2002 年 CO_2 排放量相似,但 MOVES 的 2030 年 CO_2 排放量比 EMFAC 模型结果高 40%。

MOVES 得到的 2002 年 CH_4 排放比 EMFAC 的计算结果低 50%,这是由于 MOVES 包括了最新的台架测试结果,而新的测试结果中 CH_4 排放结果较低。MOVES 预测的 2030 年 CH_4 热运行尾气排放与 EMFAC 类似,但由于 MOVES 模型中车辆启动排放速率很高,是 EMFAC 模型的 8～9 倍,这导致 MOVES 计算得到的 2030 年总 CH_4 排放是 EMFAC 结果的近 2 倍。

Bai 等(2009)将 MOVES 的计算结果进行处理,得到了速度与排放的关系,将其与 EMFAC 的速度校正因子进行比较。MOVES 结果处理得到的数据显示,随着平均车速的增加,车队平均 CO_2 和 CH_4 排放因子(g/mile)呈降低趋势,这与 EMFAC 的结果正好相反。EMFAC 的结果显示当速度超过 50 mile/h 时,机动车排放因子(g/mile)会增加,这种差异对微观尺度研究非常关键。研究者指出,这个结论只对洛杉矶地区的 CO_2 和 CH_4 成立,两个模型模拟常规污染物和有毒气态污染物的差异,以及在其他地区应用的差异还需要进一步研究。

8.3.3　模型验证

MOVES 模型采用了新方法,拥有更多功能。随着 MOVES 模型的功能不断升级和完善,人们越来越关注 MOVES 模型的准确性。为此,研究者开展多项观测和测试研究,验证 MOVES 模型的准确性。

Wallace 等(2012)在爱德华的 Treasure Valley 地区开展了环境观测研究,将观测得到的 CO 和 NO_x 环境浓度比与 MOBILE6.2 和 MOVES 模型结果做对比,发现 MOVES 模型得到的运行排放 CO/NO_x 比(4.3)与观测值(5.2)更为接近,MOVES 所有排放过程的 CO/NO_x 排放比较高(9.1),但远低于 MOBILE 模型结果(20.2),由此说明 MOVES 模型的结果更接近实际情况。

Fujita 等(2012)基于道路隧道测试和遥感测试结果对 MOVES2010a、MOBILE6.2 和 EMFAC2007 三个模型进行了对比和评价,结果表明,低温下 HC/NO_x 测试值与模拟值表现较好的一致性,但高温下 HC/NO_x 测试值分别是 MOVES、MOBILE 和 EMFAC 模型结果的 3.1 倍、1.7 倍和 1.4 倍,特别是 MOVES 模型模拟的 HC 排放因子对温度的敏感性较差,造成高温下 HC 因子排放模拟值远低于测试值。此外,MOVES 柴油卡车的 NO_x 和含碳颗粒物排放模拟值明显高于测试值和 MOBILE 模型结果。

Liu 和 Barth(2011)认为发动机数秒前的工作历史对排放有一定影响,并且不同工况产生的影响不同。通过对比多种工况下的实测数据和 MOVES 模型结果,Liu 和 Barth(2011)发现,在驾驶风格和缓的工况条件下,MOVES 模型的模拟结果与测试结果显示出较好的一致性,即 MOVES 对和缓工况下发动机的历史影响模拟较准确,但对于驾驶风格急进的工况,MOVES 模型会高估 CO 和 HC 的排放结果。Lee 等(2012)的测试研究也得到了类似的结论。Lee 等(2012)对比了 FTP、UDDS、US06、SC03 和 HWFET 五种工况下(各种工况的定义请参见本书第 4 章 4.1.2 小节)的测试结果和 MOVES 模型结果,发现 MOVES 模型严重高估了 CO、NO_x、HC 和 PM 排放,在高速工况下高估可达 10 倍以上。然而,上述研究只选了一辆测试车辆,更有说服力的结论有待于多个样本的测试研究。

8.3.4　模型应用

MOVES 模型是一个集多种研究尺度为一体的综合型机动车排放模型,因此它的应用领域更为广泛。MOVES 模型的研究尺度为国家级、郡级和项目级,每个级别应用于不同尺度的问题,其中后两者的应用较多。

开发 MOVES 模型的重要目的之一是为环境管理者提供一个有力的机动车排放计算工具和交通项目评价工具,为美国州实施计划 SIPs 和交通一致性管理

(transportation conformity)服务(USEPA,2009h,2012c)。SIPs 是美国各州为了实现国家的清洁空气标准和清洁空气法案(Clean Air Act)而制定和提交的一系列法规和文件,由美国 EPA 执行。MOVES 可以实现郡级尺度的模拟,因此MOVES 开始为各州 SIPs 提供各年份及各情景下的郡级道路源排放清单。交通一致性是美国清洁空气法案中的一项要求,由美国 EPA 和美国交通部联合执行,目的为确保一个地区的交通规划能达到国家和地方的环境要求。MOVES 模型的项目级研究尺度有助于识别和分析一个交通项目中的污染物排放高值和浓度高值(hot-spots),并对其区域环境影响进行评价。美国 EPA 已提出采用 MOVES 分析区域性的交通一致性,发布了应用 MOVES 模型定量分析 CO、$PM_{2.5}$ 和 PM_{10} 等污染物高排放值的交通一致性指导报告(USEPA,2010)。

　　MOVES 可为研究者提供机动车排放清单,例如 Vijayaraghavan 等(2012)基于 MOVES 模型结果,运行空气质量模型 CAMx(Comprehensive Air Quality Model with Extensions)模拟不同机动车排放法规情景对大气颗粒物和臭氧浓度的影响。研究者还可应用 MOVES 模型开展微观层面(项目层面)的研究,例如分析交叉路口信号灯不同控制模式的排放变化,及有信号灯控制和无信号灯控制的污染物排放差异(Chamberlin et al. ,2011;Papson et al. ,2012)。

　　MOVES 模型在中国的应用刚刚起步,北京交通大学对 MOVES 模型进行了本地参数敏感性分析,发现 MOVES 排放模拟结果对速度和车龄的敏感性较大,并运用 MOVES 模型分析了高速公路电子收费和人工收费对车辆排放产生的影响(黄冠涛,2011)。MOVES 模型集合了美国最新的测试数据,其模型原理和分析方法对中国具有很强的借鉴意义,但由于 MOVES 模型为美国量身定做,内嵌的排放数据和活动水平均代表美国水平,在中国应用 MOVES 模型时需要对其进行细致的数据本地化。

参 考 文 献

黄冠涛. 2011. 基于 MOVES 的微观层次交通排放评价:[硕士学位论文].北京:北京交通大学

AIR(Air Improvement Resources,Inc.),E. H. Pechan and Associates,Inc. ,Hochhauser A. 2010. Review of the 2009 Draft Motor Vehicle Emissions Simulator (MOVES) model. Prepared for Coordinating Research Council. CRC Report No. E-68a

Bai S,Eisinger D,Niemeier D,et al. 2008. MOVES vs. EMFAC:A comparative assessment based on a Los Angeles county case study. University of California at Davis,USA.

Bai S,Eisinger D,Niemeier D,et al. 2009. MOVES vs. EMFAC:A comparison of greenhouse gas emissions using Los Angeles County. 88th Transportation Research Board Annual Meeting CD-ROM,TRB 09-0692. Washington,D. C. ,January 2009

Barth M,Younglove T,Malcolm C,et al. 2002. Mobile source emissions new generation model:Using a hybrid database prediction technique. University of California at Riverside,USA. Prepared for USEPA

Beardsley M,Brzezinski D,Gianelli B,et al. 2004. MOVES2004 highway vehicle population and activity data (draft). USEPA report,EPA420-P-04-020

Beardsley M,Dolce G. 2009. Air pollution from highway vehicles: What MOVES tells us. Presentation for the International Emission Inventory Conference. Washington D. C. ,USA,April 15,2009

Chamberlin R,Swanson B,Talbot E,et al. 2011. Analysis of MOVES and CMEM for evaluating the emissions impacts of an intersection control change. 90th Transportation Research Board Annual Meeting CD-ROM, TRB 11-0673. Washington,D. C. ,January 2011

Environ International Corporation. 2002. On-board emission data analysis and collection for the New Generation Model. Prepared for USEPA

Frey H C,Unal A,Chen J J. 2002. Recommended strategy for on-board emission data analysis and collection for the New Generation Model. North Carolina State University,USA. Prepared for USEPA

Fujita E M, Campbell D E, Zielinska B. 2012. Comparison of the MOVES2010a, MOBILE6. 2, and EM-FAC2007 mobile source emission models with on-road traffic tunnel and remote sensing measurements. J. Air Waste Manage. Assoc. 62: 1134-1149

Glover E,Koupal J,Cumberworth M,et al. 2004. MOVES2004 user guide (draft). USEPA report,EPA420-P-04-019

Hart C,Koupal J,Giannelli R. 2002. EPA's onboard emissions analysis shootout: Overview and results. USE-PA report,EPA420-R-02-026

Kishan S,Crews W,Zmud M. 2006. Kansas City PM characterization study. Final report prepared for USE-PA,Contract ♯ GS 10F-0036K.

Kota S H,Ying Q,Schade G W. 2012. MOVES vs. MOBILE6. 2: Differences in Emission Factors and Regional Air Quality Predictions. 91st Transportation Research Board Annual Meeting CD-ROM,TRB 12-4438. Washington,D. C. ,January 2012

Koupal J,Cumberworth M,Michaels H,et al. 2002a. Draft design and implementation plan for EPA's multiscale motor vehicle and equipment emission system (MOVES). USEPA report,EPA420-P-02-006

Koupal J, Hart C, Brzezinski D, et al. 2002b. Draft emission analysis plan for MOVES GHG. USEPA. EPA420-P-02-008

Koupal J,Landman L,Nam E,et al. 2005. MOVES2004 energy and emission inputs (draft report). USEPA report,EPA420-P-05-003

Koupal J, Srivastava S. 2005. MOVES2004 validation results (draft report). USEPA report,EPA420-P-05-002

Lee D W,Johnson J,Lv J,et al. 2012. Comparisons between vehicular emissions from real-world in-use testing and EPA MOVES estimation. Texas Transportation Institute,USA. Report SWUTC/12/476660-00021-1http://www. ntis. gov

Liu H,Barth M. 2011. An analysis of U. S. EPA's MOVES model's operating modes and handling of history effects. 90th Transportation Research Board Annual Meeting CD-ROM,TRB 11-0597. Washington,D. C. , January 2011

Nam E D. 2003. Proof of concept investigation for the physical emission rate estimator to be used in MOVES. USEPA report,EPA420-R-03-005

Nam E,Fulper C,Warila J,et al. 2008. Analysis of particulate matter emissions from light-duty gasoline vehicles in Kansas City. EPA420-R-08-010

Nam E,Kishan S,Baldauf R W,et al. 2010. Temperature effects on particulate matter emissions from light-duty,gasoline-powered motor vehicles. Environ. Sci. Technol. ,44: 4672-4677

Nam E K,Giannelli R. 2005. Fuel consumption modeling of conventional and advanced technology vehicles in the Physical Emission Rate Estimator (PERE). USEPA report,EPA420-P-05-001

National Research Council. 2000. Modeling Mobile-Source Emissions. Washington D. C: National Academy Press

Papson A,Hartley S,Kuo K L. 2012. Analysis of emissions at congested and uncongested intersections using MOVES2010. 91st Transportation Research Board Annual Meeting CD-ROM,TRB 12-0684,Washington, D. C. ,January 2012

USEPA. 2001. EPA's new generation mobile source emissions model: Initial proposal and issues. EPA420-R-01-007

USEPA. 2002. Methodology for developing modal emission rates for EPA's multi-scale motor vehicle and equipment emission system. EPA420-R-02-027

USEPA. 2004. Update of methane and nitrous oxide emission factors for on-highway vehicles. EPA420-P-04-016

USEPA. 2007. Motor vehicle emission simulator highway vehicle implementation (MOVES-HVI) demonstration version: software design and reference manual (draft). EPA420-P-07-001

USEPA. 2009a. Draft motor vehicle emission simulator (MOVES) 2009: software design and reference manual. EPA-420-B-09-007

USEPA. 2009b. Draft MOVES2009 highway vehicle population and activity data. EPA-420-P-09-001

USEPA. 2009c. Draft MOVES2009 highway vehicle temperature, humidity, air conditioning, and inspection and maintenance adjustments. EPA-420-P-09-003

USEPA. 2009d. Development of emission rates for light-duty vehicles in the motor vehicle emissions simulator (MOVES2009) (draft report). EPA-420-P-09-002

USEPA. 2009e. Development of emission rates for heavy-duty vehicles in the motor vehicle emissions simulator (Draft MOVES2009). EPA-420-P-09-005

USEPA. 2009f. Development of evaporative emissions calculations for the motor vehicle emissions simulator (Draft MOVES2009). EPA-420-P-09-006

USEPA. 2009g. Development of gasoline fuel effects in the motor vehicle emissions simulator (MOVES2009) (draft report). EPA-420-P-09-004

USEPA. 2009h. Policy guidance on the use of MOVES2010 for state implementation plan development,transportation conformity,and other purposes. EPA-420-B-09-046

USEPA. 2010. Transportation conformity guidance for quantitative hot-spot analyses inPM$_{2.5}$ and PM$_{10}$ nonattainment and maintenance areas. EPA-420-B-10-040

USEPA. 2012a. Updates to the greenhouse gas and energy consumption rates in MOVES2010a. EPA-420-R-12-025

USEPA. 2012b. Motor vehicle emission simulator (MOVES): User Guide for MOVES2010b. EPA-420-B-12-001b

USEPA. 2012c. Using MOVES to prepare emission inventories in state implementation plans and transportation conformity: Technical Guidance for MOVES2010,2010a and 2010b. EPA-420-B-12-028

Vallamsundar S,Lin J. 2011. MOVES Versus MOBILE: Comparison of greenhouse gas and criterion pollutant ernissions. Transp. Res. Record,2233: 27-35

Vijayaraghavan K, Lindhjem C, DenBleyker A, et al. 2012. Effects of light duty gasoline vehicle emission standards in the United States on ozone and particulate matter. Atmos. Environ. ,60: 109-120

Wallace H W, Jobson B T, Erickson M H, et al. 2012. Comparison of wintertime CO to NO_x ratios to MOVES and MOBILE6. 2 on-road emissions inventories. Atmos. Environ. ,63: 289-297

第9章 宏观机动车排放清单建立方法

机动车排放清单的定义为某地区在一段时间内的机动车排放量及时空分布和变化,其意义在于支持机动车污染物浓度模拟研究和机动车排放控制决策。之前章节探讨了各种机动车排放因子模型,它们关心的问题是机动车在某种行驶条件和环境下的排放水平如何,核心目标为建立机动车排放水平和各种影响因素的数学或物理关系。机动车排放清单涵盖的范畴不仅包括车的排放特征,还包括了这个地区的交通活动特征。其中,机动车排放特征通常由排放因子模型完成,因此机动车排放清单的关键是获取与排放因子相匹配的交通活动信息,并建立排放特征与交通活动的匹配关系。为了支持大气扩散模式研究及空气质量管理,还需要对排放量进行网格化。

根据所选用的排放因子模型和获取的交通活动的属性,机动车排放清单可大致分为宏观排放清单和微观排放清单两种,本章首先着重讨论宏观机动车排放清单(即城市尺度及以上的排放清单)的建立方法和关键要素,然后探讨不同类型城市机动车排放清单的建立方法,并将其推广到全国,建立网格化的中国高分辨率机动车排放清单。

9.1 清单方法学

9.1.1 清单的研究内容

概括而言,排放清单是车辆排放因子和交通活动水平的乘积,如式(9-1)所示。需要指出的是,虽然 MOVES 等新模型的热运行排放计算以时间为单位,目前宏观清单中模拟热运行排放普遍采用的排放因子仍基于行驶里程。

$$
\begin{cases}
E_{i,t}^{\text{running}} = \sum_j \left(\text{EF}_{i,j}^{\text{running}} \times \text{TVMT}_{j,t} \right) \\
E_{i,t}^{\text{start}} = \sum_j \left(\text{EF}_{i,j}^{\text{start}} \times \text{TSTART}_{j,t} \right) \\
E_t^{\text{park}} = \sum_j \left(\text{EF}_j^{\text{park}} \times \text{TPARK}_{j,t} \right)
\end{cases}
\tag{9-1}
$$

其中,i 代表污染物种类,包括 CO_2,CO,HC,NO_x 和 PM 等;t 代表模拟的时间段;j 代表车型分类;$E_{i,t}^{\text{running}}$,$E_{i,t}^{\text{start}}$ 和 E_t^{parking} 分别为 t 时间里机动车的污染物 i 的热运行排放量、污染物 i 的启动排放、车辆停置时的蒸发损失(如昼夜换气损失、热浸蒸发损失、静置损失等），g；$\mathrm{EF}_{i,j}^{\mathrm{running}}$，$\mathrm{EF}_{i,j}^{\mathrm{start}}$ 和 $\mathrm{EF}_{j}^{\mathrm{park}}$ 分别为 j 类机动车的污染物 i 的热运行排放因子(g/km)、污染物 i 的启动排放因子(g/次)和停置时的排放因子(g/h)；$\mathrm{TVMT}_{j,t}$，$\mathrm{TSTART}_{j,t}$ 和 $\mathrm{TPARK}_{j,t}$ 为交通活动量，分别代表 j 类车在时间 t 内的总行驶里程(km)、总启动次数(次)和静置时间(h)。

总交通活动量可表示为 j 类车的保有量 VP_j 和 j 类车在 t 时间内的平均单车活动量，这样式(9-1)可转化为(9-2)。

$$\begin{cases} E_{i,t}^{\mathrm{running}} = \sum_j (\mathrm{EF}_{i,j}^{\mathrm{running}} \times \mathrm{VP}_j \times \mathrm{IVMT}_{j,t}) \\ E_{i,t}^{\mathrm{start}} = \sum_j (\mathrm{EF}_{i,j}^{\mathrm{start}} \times \mathrm{VP}_j \times \mathrm{ISTART}_{j,t}) \\ E_{t}^{\mathrm{park}} = \sum_j (\mathrm{EF}_{j}^{\mathrm{park}} \times \mathrm{VP}_j \times \mathrm{IPARK}_{j,t}) \end{cases} \quad (9\text{-}2)$$

其中，VP 为车型 j 的保有量；$\mathrm{IVMT}_{j,t}$，$\mathrm{ISTART}_{j,t}$ 和 $\mathrm{IPARK}_{j,t}$ 分别代表 j 车型在 t 时间内的平均单车行驶里程(km)、启动次数(次)和静置小时数(h)；其他参数定义同式(9-1)。

式(9-2)中的 $\mathrm{EF}_{i,j}$ 由排放因子模型获取，因此，完成排放清单的计算需要获取车辆保有量和车辆单车活动水平信息。

式(9-2)是简化的清单计算方法。在数据较为缺乏的中国城市，多采用简化算法。实际上，排放因子模型对不同技术不同车龄车辆的排放模拟非常细致，例如 MOBILE6 模型模拟了车辆在不同速度区间的排放水平，因此排放清单的计算通常比式(9-2)要复杂。以热运行排放的计算为例，式(9-3)表示了计算排放清单需考虑的诸多因素。

$$E_{i,t}^{\mathrm{running}} = \sum_j \sum_m \cdots \sum_n \sum_v (\mathrm{EF}_{j,m,\cdots,n,v}^{\mathrm{running}} \times \mathrm{TVMT}_{j,m,\cdots,n,v,t}) \quad (9\text{-}3)$$

其中，m 代表技术类别；n 代表车龄；v 代表速度区间；$\mathrm{EF}_{j,m,\cdots,n,v}^{\mathrm{running}}$ 代表车型为 j，技术为 m，车龄为 n 的车辆在速度 v 时的排放因子，g/km；$\mathrm{TVMT}_{j,m,\cdots,n,v,t}$ 代表 t 时间段内，车辆为 j，技术为 m，车龄为 n 的车辆以速度 v 行驶的总里程，km。其他参数定义同式(9-1)。

根据式(9-3)，清单计算的重点之一是根据排放因子的主要影响因素(车型、技术、车龄和速度等)，对总交通活动水平($\mathrm{TVMT}_{j,t}$)进行分解，使之与排放因子模型的输出相匹配。此外，为了支持空气质量模拟，将机动车排放清单进行网格化也是清单研究的重要内容。

综上所述，在机动车排放因子模型的基础上建立机动车排放清单的方法学内容可总结为三个方面：①获取交通活动水平；②根据排放因子的主要影响因素对交通活动进行分解；③清单的网格化。

9.1.2　交通活动水平的获取

交通活动包括机动车保有量、交通流量、车辆年行驶里程、启动次数与热浸时间分布、车辆日出行次数分布、车辆静置时间及分布等。这些数据可通过官方统计、调查、交通模型模拟等渠道和方法获取。根据交通活动的性质及获取方法，机动车排放清单可分为自上而下/自下而上清单、动态/静态清单等。本节以与热运行相关的交通活动（保有量和行驶里程）为例，讨论获取机动车交通活动水平的主要方法。

1. 机动车保有量

机动车保有量一般由官方统计部门发布。譬如美国联邦高速公路管理局（FHWA）每年公布美国各州各类车型的保有量、年均行驶里程、燃油消耗等信息，可追溯到1936年。中国机动车统计数据的积累时间相对较短，1978年之前仅有全国总机动车保有量统计数据，车型粗分为客车和货车，1978年之后统计部门开始公布各省份的总机动车保有量数据，2002年起公布各省份分车型的保有量数据。在城市层面，部分城市的统计部门公布了城市分车型保有量数据，部分城市只公布车辆总量信息，还有一些城市没有任何机动车保有量的统计信息。获取这些城市完整的历史分车型保有量数据需要采用多种方法。

对于机动车保有量已知但缺乏分车型信息的城市，假设其车型分布比例与所在省的车型分布比例相同。对于没有任何机动车保有量信息的城市，可根据城市GDP和人口等信息及其所在省的机动车保有量数据进行计算，这种方法假设机动车保有量或千人拥有量与GDP或人口等成正比，如式（9-4）所示：

$$VP_c = VP_p \times \frac{P_c}{P_p} \tag{9-4}$$

其中，VP_c 和 VP_p 分别为城市和城市所在省份的机动车保有量；P_c 和 P_p 分别为城市和所在省的人口或GDP。

也可以利用Gompertz生长曲线获取城市的机动车保有量。Gompertz曲线是一种生长曲线，它可描述一个地区车辆拥有量随人均GDP增长而发生变化的趋势（Dargay and Gately，1999）。首先建立所在省的千人车辆拥有率与人均GDP的Gompertz曲线，并假设这条Gompertz曲线也可表示这个城市的车辆拥有率增长规律，然后根据城市人均GDP及人口计算得到城市的机动车保有量。Gompertz曲线如式（9-5）所示：

$$V_i = V^* \times e^{\alpha e^{\beta EF_i}} \tag{9-5}$$

其中，i 代表年份；V_i 为第 i 年千人汽车拥有量，辆/1000人；V^* 为汽车千人拥有量饱和值，辆/1000人；EF_i 为人均GDP，元/人；α 和 β 为确定曲线形状的参数。

利用 Gompertz 曲线确定中国城市机动车保有量的方法在 Huo 等(2011)及本章 9.2 节得到了应用。值得注意的是,利用式(9-5)计算一个省份各城市机动车保有量时,需要用该省的总保有量数据约束并修正各城市的保有量模拟结果,以保证各城市的机动车保有量模拟值之和与省机动车保有量统计结果一致,修正过程如式(9-6)所示。

$$VP_{i,c} = \frac{VP_{i,p}}{\sum_c (VP_{i,c}^{Gompertz})} \times VP_{i,c}^{Gompertz} \tag{9-6}$$

其中,i 代表年份;c 代表城市编号;$VP_{i,c}$ 为 c 城市 i 年的机动车保有量;$VP_{i,p}$ 代表 c 城市所在省份 p 的 i 年机动车保有量;$VP_{i,c}^{Gompertz}$ 代表用 Gompertz 方程模拟得到的 c 城市 i 年机动车保有量。

2. 车辆行驶里程

车辆行驶里程(vehicle kilometer traveled,VKT,在美国多用 vehicle mileage traveled,VMT)可指总行驶里程,也可指单车平均行驶里程,其中前者为机动车保有量和单车平均行驶里程的乘积。单车平均行驶里程可以通过部门宏观调查和问卷调查法获取,本书第 3 章"机动车技术分布和活动水平确定方法"对两种方法进行了详细阐述。由于清单朝着研究域更广、分辨率更高的纵深方向发展,这些方法获取的交通活动信息不能完全满足清单的需求,这时需要选用人口或 GDP 等容易获得的数据将已知的统计和调查数据分解到更细致的时空层面上。

以美国 EPA 计算 1999 全国排放清单(National Emission Inventory,NEI)为例,研究者掌握了各州车辆 VMT 数据,因此可以将排放计算到州一级,但在继续估算郡级排放时,却缺少许多郡的车辆行驶里程信息。对此,研究者利用郡级的人口数和州级的 VMT,获得该郡的车辆行驶里程,如式(9-7)所示(E. H. Pechan & Associates,Inc,2004)。

$$TVMT_c = TVMT_s \times \frac{POP_c}{POP_s} \tag{9-7}$$

其中,$TVMT_c$ 和 $TVMT_s$ 代表郡和郡所在的州的车辆总里程;POP_c 和 POP_s 代表郡和郡所在州的人口。

这种方法基于一个假设,即一个地区的车辆总里程与地区人口成正比。这个假设具有一定的不确定性。

3. 交通需求预测模型

交通需求预测模型主要用于交通规划和决策,目前越来越广泛地应用在机动车排放清单研究中。在欧美等国家,城市尺度的清单研究越来越多地采用交通模型获取交通活动数据。

交通模型中的路网由若干条标识着起点和终点坐标的路段(link)组成,每条路段包含交通容量、车道数、道路长度、自由流和拥堵流的车速等信息。交通模型将研究域分为若干个交通分析区(traffic analysis zones,TAZ)。Ghareib(1996)根据交通活动的发生区域,将交通行为分为三类:①TAZ 之间的交通行为,即出发地和目的地均在研究域内,但是分属不同的 TAZ;②TAZ 内的交通行为,即出发地和目的地均在研究域内,且交通活动发生在同一个 TAZ;③部分活动发生在研究域内,部分活动发生在研究域外。用于排放清单研究的交通模型通常将交通行为分为 TAZ 内交通行为和 TAZ 间交通行为两种。

交通模型基于交通起止点调查(OD 调查)数据估算从出发 TAZ 到目标 TAZ 的交通流,还可根据实际交通流量数据对交通模型的结果进行校正和调整。交通模型输出每条路段逐时的交通流量、平均速度和 VKT,这些是计算机动车排放量的关键信息。由于交通模型得到的是各路段的交通信息,因此基于交通模型建立清单的方法是一种自下而上的方法。

(1) 交通模型的分类

交通模型可分为基于行程的静态交通需求模型、基于行程的动态交通需求模型、基于人的活动的交通模型和交通仿真模型。

在宏观清单研究中,基于行程的静态交通模型应用较多。基于行程的静态交通需求模型采用传统的四阶段法。模型将任务分成四个步骤:①总交通流预测:估算每个区的交通生成量和吸引量;②交通发生-吸引预测:在出发地和目的地预测交通生成量和吸引量,形成出发地-目的地矩阵;③模式选择:为行程确定模式(汽车、公交车等);④交通量分配:根据出发地-目的地矩阵为交通路网中的每段路分配行程,输出各路段的交通流量、行程数量和平均速度等信息。早期四阶段交通模型的缺点是过于注重采用纯数学方法演绎交通行为,而对社会经济因素的影响解释不足,因此结果的准确性常受到质疑。为了将交通模型应用到机动车排放研究中,研究者对交通模型进行了多种改进,包括提高模型对路段平均速度预测的准确性,对模型结果进行更为细致的分解以获得逐时的路段流量等(Reynolds and Broderick,2000;Cook et al.,2008)。国际上比较有代表性的四阶段交通模型包括 TransPlan 和 Trips 等。

静态交通模型注重研究交通网内交通行为的整体特征,所有交通行为都在模拟时间段内完成,而动态交通模型将交通行为分解为若干时间单元的行为,因此可输出更小时间单元的结果。动态模型多用于智能交通项目。在排放研究领域内,动态模型通常与交通仿真模型相结合,为排放清单计算提供详细的交通活动数据。

基于人的活动的交通模型根据决策过程预测交通需求。这类模型认为人们出行的目的不是出行,而是参与各项活动,这促成了交通需求的产生,交通是人们参与各项活动的副产品。因此模型的研究重点为考察人们活动的顺序和模式,并建立了人们活动与交通出行行为的关系。模型可估算个体的出行距离、出行次数、出行目的等。开发这类模型需要详细的交通行为调查数据,例如每个人全天的活动属性、时间和方式,以及调查人的性别、年龄和职业等信息。基于活动的交通模型包括 AMOS 和 SMASH 等(隽志才等,2005)。

交通仿真模型的主要功能为模拟交通流中机动车的状态和行为,可分为确定型和随机型两种模型,比如模型中车辆对车间距和速度的选择既可以是确定的,也可以是随机的。交通仿真模型又分为宏观模型和微观模型。宏观模型根据平均交通流量和一些简单假设确定车辆匀速、加减速等行驶的时间。微观仿真模型从建立个体车辆与其他车辆的关系出发,生成逐秒的车辆运行数据。应用较多的代表性宏观仿真模型包括 TransCAD 和 VISUM 等,微观仿真模型包括 INTEGRATION、PARAMICS、DYNASMART 和 VISSIM 等。宏观仿真模型多用于宏观机动车排放清单的建立,微观仿真交通模型多用于微观排放清单研究中,研究车辆在交叉路口、收费站和匝道等微观驾驶环境中的排放特征。

(2) 交通模型在排放清单研究中的应用

交通模型广泛应用于各种机动车排放清单研究中(Bachman et al.,2000;Sbayti et al.,2002;Reynolds and Broderick,2000)。美国加利福尼亚州空气资源局(CARB)的机动车排放清单模型 MVEI(Motor Vehicle Emission Inventory)是一个运用交通模型获取交通活动数据的代表性清单模型之一。MVEI 模型由CALIMFAC、WEIGHT、EMFAC 和 BURDEN 四个模型组成,其中 CALIMFAC和 WEIGHT 分别生成分年代分技术的车辆基准排放速率和累积行驶里程,然后输入到 EMFAC 模型中。EMFAC 为排放因子模型,输出以 g/km 为单位、修正后的车队平均排放因子(参见本书第 5 章 5.2 节)。EMFAC 模型输出的排放因子与用户提供的机动车行驶里程数据(VMT)一起输入到 BURDEN 模型中,得到机动车排放清单。MVEI 模型中,机动车交通活动由美国都市规划组织(Metropolitan Planning Organizations,MPOs)运行四阶段交通模型得到,并基于交通模型结果得到基于路段(link-based)的 VMT 速度分布。

中国交通模型研究开展得较早,但在应用交通模型研究机动车排放清单方面相对滞后,目前中国宏观机动车排放清单研究仍以采用静态的年均行驶里程数据为主。在一些交通数据较完备、交通模型研究基础较好的城市,研究者已经开始尝试运用交通模型研究机动车排放,H. K. Wang 等(2009b)基于 TransCAD 模型的输出结果,应用 MOBILE 模型模拟了 2005 年北京的机动车污染物排放清单。Zhou 等(2010)采用修正的 MOBILE5b-China 模型与 TransCAD 模型分析了北京2008 年奥运会一些交通管制措施的减排效果。清华大学(Wang and Fu,2010;Wang H K et al.,2010a)将 VISUM 模型和自己开发的速度-VSP 排放模型相结合,得到了 2005 年北京机动车排放的网格化清单。张嫣红(2011)探讨了微观交通仿真模型 VISSIM 用于模拟机动车排放的适用性。

9.1.3　交通活动水平的分解

1. 按车龄分解

研究者对机动车在服役期内行驶里程的逐年变化进行了分析,发现随车龄增加,车辆年行驶里程呈明显下降趋势。图 9-1 为美国各种车型的年均行驶里程-车龄变化曲线(Davis et al.,2012;U.S.Census,2012)。可以看出,在车辆使用的前十年中,美国轿车的年均行驶里程下降了 33%,中型柴油卡车下降 42%,重型连接卡车下降 56%。

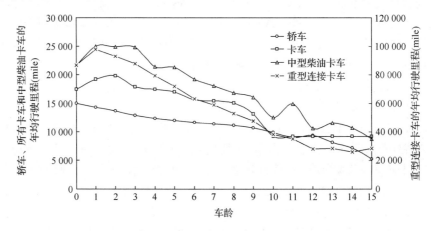

图 9-1　美国各种车型年均行驶里程随车龄的变化趋势

对车队中新老车辆技术差异不大的国家而言,这种年行驶里程下降的趋势对排放结果的影响很小,仅对劣化严重的污染物排放计算产生影响。而中国在较短时间内实施了多个阶段的排放标准,例如对轻型客车 2000 年实施国 I,2007 年实施国 III,目前车队包括国 0 到国 III 的车辆。新老车辆之间的技术差异很大,排放水平相差数十倍甚至上百倍,因此考虑老旧车辆年行驶里程减小非常重要。

采用式(9-8)可以模拟机动车年均行驶里程随车龄增加而变化的趋势(Huo et al.,2012)。

$$y_i = y_{i-1} \times \left[1 - \frac{1}{1 + e^{(a + b \times c^x)}} \right] \qquad (9\text{-}8)$$

其中,i 代表车龄,年;y_i 代表车龄为 i 时的年均行驶里程,km;a、b 和 c 为系数。

基于在北京和佛山开展的车辆行驶里程调查数据,采用式(9-8)拟合北京轿车,佛山大型客车、轻型卡车和重型卡车的行驶里程逐年变化,结果如图 9-2 所示。

根据拟合结果获得车龄 n 对车龄为 0 的年行驶里程比值 R_n。利用里程比值

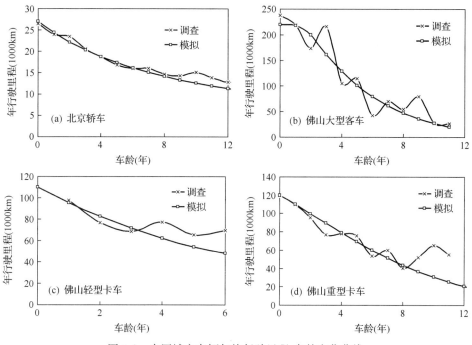

图 9-2　中国城市车辆年均行驶里程-车龄变化曲线

对总行驶里程进行分解,如式(9-9)所示:

$$\mathrm{VKT}_{j,n} = \frac{\mathrm{TVKT}_j}{\sum_{i=0}^{A} (R_i \times V_{j,i})} \times R_n \times V_{j,n} \qquad (9\text{-}9)$$

其中,j 代表车型;n 代表车龄,年;R_n 为车龄为 n 对车龄为 0 的里程比值;A 为车型 j 的最大服役年限,年;$\mathrm{VKT}_{j,n}$ 为车型 j 车龄为 n 的车辆行驶里程,km;$V_{j,n}$ 为车型 j 车龄为 n 的机动车数量,辆;TVKT_j 为车型 j 的总行驶里程,km。

2. 按速度分解

速度是排放的重要影响因素之一。车速分布与城市道路属性和时间段极为相关。在交通流理论中,速度和流量的变化呈横"U"形,如图 9-3 所示。当交通流量较小时,车辆之间的干扰不大,车辆能够按照道路的限速以较高的速度行驶,这时的交通流状态为自由流。随着交通流量的增大,车辆之间

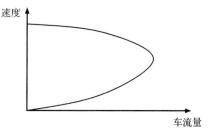

图 9-3　车流量与车速的变化关系示意图

相互干扰,车速也随之降低。当交通量接近道路的通行能力时,速度降低的幅度最大。当流量超过通行能力时,流量开始下降,车速进一步下降。

　　依据交通流量和车速的关系曲线,可由一条路的交通流量计算得到这条路的车速。再根据道路长度,获得这个速度下的 VKT,进而得到不同速度下的 VKT 分配系数。如式(9-10)所示。

$$
\begin{cases}
\mathrm{VKT}_{j,i,v,h} = Q_{j,i,v,h} \times L_i \times H_h \\
\mathrm{VKT}_{j,v} = \dfrac{\mathrm{TVKT}_j}{\sum\limits_i \sum\limits_v \sum\limits_h \mathrm{VKT}_{j,i,v,h}} \times \sum\limits_i \sum\limits_h \mathrm{VKT}_{j,i,v,h}
\end{cases}
\tag{9-10}
$$

其中,j 代表车型;i 代表路段编号;v 代表速度区间;h 代表时段;$\mathrm{VKT}_{j,i,v,h}$ 代表 i 路段上 h 时段车型 j 以 v 行驶的里程数,km;$Q_{j,i,v,h}$ 代表 i 路段上在 h 时段中车型 j 速度为 v 的流量,辆/h;L_i 代表路段 i 的长度,km;H_h 代表时段 h 的时长,小时;$\mathrm{VKT}_{j,v}$ 代表车型 j 以速度 v 的行驶里程;TVKT_j 为车型 j 的总里程。

　　由式(9-10),建立 VKT 速度分布需要掌握城市路网流量和道路长度等信息,还需要对流量和速度之间复杂的变化关系进行解析。对不具备这些条件的城市而言,将交通活动进行速度分解非常困难。清华大学郝吉明等(2000)基于北京市交通管理局 1995 年的交通调查,对北京市不同级别道路的实测流量和速度进行了分析,拟合出各种道路类型车速-流量关系表达式,并据此得到不同道路上逐时的平均速度。在交通模型的支持下,获取 VKT 在不同速度区间的分布比较容易,例如 MVEI 模型采用的 VMT 速度分布是由交通模型预测的各路段流量和速度计算而来的。

　　值得注意的是,式(9-10)得到的是基于路段的 VKT 速度分布。有研究者指出,宏观排放因子模型输出的排放因子基于一段完整出行的行驶工况,属于基于出行行程(trip-based)的排放因子。从这个意义而言,基于路段的 VKT 速度分布与排放因子的属性不匹配,这将引起排放计算结果的偏差,因此清单的计算应采用基于出行行程的 VKT 速度分布(DeCorla-Souza et al.,1994;Nanzetta et al.,2000,ITO et al.,2001)。

　　图 9-4 为基于行程和基于路段的 VKT 速度分布计算示意图,表 9-1 为各行程的 VKT 在不同速度区间的分布比例。其中,$A \sim E$ 代表路段节点,$v_1 \sim v_5$ 分别代表路段 AB、BC、CD、AE 和 ED 的速度,$l_1 \sim l_5$ 分别代表这五条路段的长度。行程一为从 A 出发经节点 B 和 C 到达 D,行程二为从 A 出发经节点 E 到达 D。按照两种方法,行程一在不同速度区间的分布比例如表 9-1 所示。基于路段和基于行程的速度分布主要的差异在于前者在三个速度 v_1、v_2 和 v_3 的区间内有里程比例,而后者仅在一个平均速度区间有里程。由于排放因子模型中速度和排放的关系是非线性的,因此 v_1、v_2 和 v_3 对应的排放因子将不同于这个行程平均速度对应的排放因子。这种不同随着 v_1、v_2 和 v_3 三者相互接近而逐渐减小,当 $v_1 = v_2 = v_3$ 时,两种方法得到的 VKT 速度分布差异消失。对于单次出行任务而言,在所有途径路段上保持速度不变的确有一定的发生概率,但对于两个随机的行程组合,这种概率

降低 50%。如表 9-1 所示,对于行程一和行程二两个出行任务,基于路段的里程分布在五个速度区间,基于行程的里程分布在两个速度区间,两种方法的 VKT 速度分布相同的前提是,行程一和行程二在各自的行驶中保持速度一致。当案例扩大到包含 M 个路段的 N 个出行任务时,N 个出行任务各自保持平均速度不变的概率微乎其微。因此,当涉及的路段和行程增加时,速度的差异将放大,两种 VKT 速度分布之间的差异也愈发明显,由此得到的两组排放量结果也将不同。

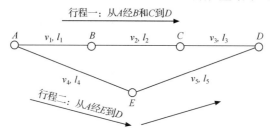

图 9-4　用于计算 VKT 速度分布的行程和路段示意图

表 9-1　图 9-4 中各行程的 VKT 在不同速度区间的分布比例

	行程一	行程一和行程二	包含 m 个路段的 n 个行程[a]
基于路段	$v_1: \dfrac{l_1}{l_1+l_2+l_3}$ $v_2: \dfrac{l_2}{l_1+l_2+l_3}$ $v_3: \dfrac{l_3}{l_1+l_2+l_3}$	$v_1: \dfrac{l_1}{l_1+l_2+l_3}$ $v_2: \dfrac{l_2}{l_1+l_2+l_3}$ $v_3: \dfrac{l_3}{l_1+l_2+l_3}$ $v_4: \dfrac{l_4}{l_4+l_5}$ $v_5: \dfrac{l_5}{l_4+l_5}$	$v_{1,1}: \dfrac{l_{1,1}}{\sum\limits_{i=1}^{C_1} l_{1,i}}$ $\vdots$ $v_{n,C_n}: \dfrac{l_{n,C_n}}{\sum\limits_{i=1}^{C_n} l_{n,i}}$
基于行程	$\dfrac{v_1\times l_1+v_2\times l_2+v_3\times l_3}{l_1+l_2+l_3}$ $: 100\%$	$\dfrac{v_1\times l_1+v_2\times l_2+v_3\times l_3}{l_1+l_2+l_3}:$ $\dfrac{l_1+l_2+l_3}{l_1+\cdots+l_5}$ $\dfrac{v_4\times l_4+v_4\times l_5}{l_4+l_5}:$ $\dfrac{l_4+l_5}{l_1+\cdots+l_5}$	第 1 个行程: $\dfrac{\sum\limits_{i=1}^{C_1}(v_{1,i}\times l_{1,i})}{\sum\limits_{i=1}^{C_1} l_{1,i}}: \dfrac{\sum\limits_{i=1}^{C_1} l_{1,i}}{\sum\limits_{j=1}^{n}\sum\limits_{i=1}^{C_n} l_{j,i}}$ $\cdots$ 第 n 个行程: $\dfrac{\sum\limits_{i=1}^{C_n}(v_{n,i}\times l_{n,i})}{\sum\limits_{i=1}^{C_n} l_{n,i}}: \dfrac{\sum\limits_{i=1}^{C_n} l_{n,i}}{\sum\limits_{j=1}^{n}\sum\limits_{i=1}^{C_n} l_{j,i}}$

a. $l_{j,i}$ 代表第 j 个行程中的第 i 个路段的长度;C_n 代表第 n 个行程的路段数;$v_{j,i}$ 代表行程 j 的第 i 个路段的速度

由表 9-1 可以看出,基于路段的方法对速度划分的更细,这种方法下的里程在高速区间的比例较高,而基于行程的方法对路段速度进行了平均,因此里程多分布在中速区间。Nanzetta 等(2000)以美国加利福尼亚州的 Sacramento 城市为例,将基于路段的 VKT 速度分布转化为基于行程的 VKT 速度分布,发现基于路段的 VKT 有 40%分布在速度大于 55 mile/h(相当于 90 km/h)的高速区间,60%分布在 25~50 mile/h(相当于 40~80 km/h)的中速区间。而基于里程的 VKT 有 90% 处在 25~50 mile/h 的中速区间,仅有不到 2%的 VKT 速度大于 55 mile/h。由于机动车在高速区间排放因子高于中速区间,因此基于路段的 VKT 速度分配方法将高估机动车的排放量,特别对速度极为敏感的 NO_x 排放,高估更为严重。Bai 等(2007a)对 Sacramento 和 Kern 两市进行研究,认为基于路段的 VKT 速度分配会造成 10%~14%的 NO_x 排放量高估。

9.1.4　排放清单网格化

为了支持交通环境管理和空气质量模型研究,需要将机动车排放总量进行网格化,也就是将排放量分配在研究域内的各网格中。机动车为流动源,直接对其排放进行网格化具有难度,需要选择一个或几个可代表交通活动和排放特征的"代用参数",依据代用参数的分布决定排放量或交通活动的分配。清单网格化的准确性取决于所选代用参数的代表性和分配原则的合理性。

1. 基于社会经济参数

基于社会经济参数的清单网格化方法选择一种(或几种)社会经济参数作为代用参数,假设排放量或交通活动与所选的社会经济参数值成正比,根据这些参数的数值按比例将排放量或者交通活动分配到网格中。这些社会经济参数包括人口、人口密度、GDP 和人均 GDP 等,如式(9-11)所示:

$$E_j = E \times \frac{P_j}{\sum_j P_j} \tag{9-11}$$

其中,j 代表网格编号;E_j 代表网格 j 的排放量或交通活动量;E 为总排放量或交通活动量;P_j 为网格 j 的人口或 GDP。

这种分配方法多用于国家和区域等较大尺度的机动车排放清单研究(Cai and Xie,2007,2009;Funk et al.,2001)。该方法简单易操作,GDP 和人口等数据较易获取,因此广泛应用于各类清单的网格化研究。这种分配方法最大的问题是,没有直接证据表明机动车排放与 GDP(或人口)有很强的线性关系。这种方法分配下来的排放量空间分布与 GDP(或人口)的空间分布是一样的,没有体现出流动源排放特有的空间分布特征,因此这种方法的准确性受到很多质疑(Brandmeyer and Karimi,2000;Zheng et al.,2004;Zheng et al.,2009)。

2. 基于道路信息

机动车的排放发生在道路上,因此可利用路网长度和交通流量等道路信息作为排放清单网格化的代用参数(Brandmeyer and Karimi,2000;Kinnee et al.,2004)。式(9-12)为基于路网信息建立网格化清单的基本表达式:

$$E_j = E \times \frac{\sum_i (Q_{j,i} \times L_{j,i})}{\sum_j \sum_i (Q_{j,i} \times L_{j,i})} \qquad (9\text{-}12)$$

其中,j 代表网格编号;i 代表网格内的道路编号;E_j 为网格 j 的排放;E 为研究域总排放;$Q_{j,i}$ 和 $L_{j,i}$ 分别代表网格 j 第 i 条路的交通流量和道路长度。

基于路网信息分配机动车排放的方法在中国已经得到应用,例如郑君瑜等(2009)引入"标准道路长度"的概念,基于交通流量对珠三角地区的高速公路和一级至四级公路等五个等级的公路进行了折算,得到不同等级公路对"标准道路"的折算系数,将各道路实际道路长度和该道路的标准道路折算系数相乘获得各种道路的"标准道路长度",基于各网格的总"标准道路长度"将机动车总排放量分配到网格中。

Zheng 等(2009)采用基于人口和基于路网两种方法建立了珠江三角洲机动车网格化排放清单。结果表明,两种方法得到 12 km×12 km 的网格化排放清单较接近,但是两者得到的 3 km×3 km 网格化清单差异明显。其中最显著的差别为,基于人口的网格化清单在一些没有道路的网格里划分了排放,而基于路网的清单中,排放的分布基本符合交通流的位置分布和强度分布,就这一点而言,基于路网的清单更准确。

3. 基于人口和道路信息

机动车排放包括线源排放和面源排放,前者包括高速公路、城市快速路和主干路排放,后者主要为城市居民路、停车场等排放。对于线源排放,可根据网格内的道路长度和交通流量将排放进行网格分配。但对面源而言,通常缺乏详细的道路信息,因此需要人口和道路等多重信息完成排放的网格化。Alexopoulos 等(1993)提出,网格中面源的排放量跟网格的功能属性和网格内的道路属性相关。前者吸引了交通行为,由此产生的车辆行驶里程与网格的人口密度相关,后者起到了连接车辆行程的作用,引导车辆经过这个网格区域,这种行驶里程与道路面积有关。网格的这两种属性在分配中的重要性由加权系数 α 确定,α 的定义为网格内交通活动的出发地或目的地处于该网格的行驶里程数占该网格总行驶里程的比例。α 值与该网格的功能属性有关,途径路过该网格的机动车行驶里程数占该网格总行驶里程的比例为 $1-\alpha$,与该网格的道路属性有关。各网格内面源的行驶里程分配如式(9-13)所示：

$$TVKT_{s,j} = TVKT_s \times [\alpha \times K_{1,j} + (1-\alpha)K_{2,j}] \qquad (9-13)$$

其中，j 代表网格编号；$TVKT_{s,j}$ 为网格 j 的面源行驶里程，km；$TVKT_s$ 为研究域的面源总里程，km；α 为车辆在网格 j 吸引/发生的里程与网格 j 总里程的比值，Alexopoulos 等(1993)对希腊的 α 取值为 0.5；$K_{1,j}$ 和 $K_{2,j}$ 分别代表网格 j 内吸引/发生里程及路过里程的因子，计算方法如式(9-14)所示。

$$\begin{cases} K_{1,j} = \dfrac{P_j}{P_T} \\[2mm] K_{2,j} = \dfrac{L_j}{L_T} \end{cases} \qquad (9-14)$$

其中，P_j 和 L_j 分别代表网格 j 的人口数和道路长度；P_T 和 L_T 为研究区域的总人口数和面源道路总长度。

采用道路和人口双重信息作为网格化代用参数的方法在中国已有应用。Hao 等(2000)利用 MOBILE5 建立了 1995 年北京市机动车排放清单，然后采用了基于人口和道路双重信息的方法对车辆面源活动进行了 1.5 km×1.5 km 网格化，支持 ISCST3 大气扩散模式模拟北京市机动车污染物浓度的时空分布，其中，α 取为 0.25。程轲(2009)在模拟 2008 年石家庄机动车面源排放时，参考了 Hao 等(2000)的方法，对 α 也取为 0.25。

α 是这种网格化方法的关键参数，但由于不具备各网格的详细数据，研究者多采用估算的方式确定 α 值。理论上，不同的网格应具有不同的 α 值，而且 α 值在全天内会随时间变化。例如，学校所在的网格在上午 7:30~8:00 之间会吸引较多的汽车行驶里程，形成较高的 α 值，上学高峰之后，该网格的车辆则多为过路车辆，α 值急剧降低；而商场所在的网格吸引的汽车里程在全天虽有变化，但不会形成强烈的高峰，α 值在全天内的变化较平稳。但 Alexopoulos 等(1993)和 Hao 等(2000)对各网格选取一致的 α 值，对此 Hao 等(2000)的考虑是：1995 年，北京私家车较少，人们上学和工作等日常出行主要依赖于在固定路线上行驶的公交车。城市功能区对人们出行的起点和止点具有较强的发生和吸引，但是对公交车行驶的发生和吸引较弱。例如，学校所在网格吸引的不是公交车，而是公交车上的人，表现在这站从公交车下来的人较多。即使过了学校这站车上没有乘客了，公交车还必须按照设定的路线走完全程，从这个意义而言，即使学校是所有乘客的目的地，但是公交车对于学校网格而言仍属于路过车辆。因此，由于公交车的运行属性，公交车每次运营出行对沿途各网格的行程属性不产生影响，与这个时段的出班频率无关，与这次运营出行处于哪个时段也无关。尽管如此，公交车的路线设计与功能区分布有一定关系，因此 Hao 等(2000)假设了较低的 α 值。随着私家车逐渐增多，车辆的出行行程将具有强烈而明确的目的，α 值与网格功能区的相关性会越来越强。

由此可见,α不但与功能区分布有关,还与交通模式有关,交通模型可以对功能区和交通模式与α的复杂关系进行量化。

4. 基于交通模型的网格交通活动:UC-Drive 模型

交通模型可通过预测交通量、建立交通发生和吸引、确定交通模式、分配交通量的方式量化车辆里程。交通模型将交通行为分为 TAZ 内交通行为和 TAZ 间交通行为,将排放分为 TAZ 间运行排放、TAZ 间的启动和停车排放以及 TAZ 内的排放。

TAZ 间运行排放为线源排放,交通活动由交通模型以路段为单位输出,可根据路段的交通流量和长度对 TAZ 间运行排放进行网格化。TAZ 间的启动和停车排放以及 TAZ 内各种排放则属于面源排放,其交通活动由交通模型以 TAZ 为单位输出。一些网格化研究,例如 Systems Application Inc. 的 DTIM(Direct Travel Impact Model)模型,以及 G. H. Wang 等(2009)将 TAZ 面源排放指定到 TAZ 中心(即 TAZ 排放密度最高的一点)所在的网格中。Niemeier 和 Zheng(2004)认为,这种指定方法会导致几个聚集程度较高的 TAZ 面源中心分配到一个网格中,如图 9-5(a)。而且,当 TAZ 大于网格时,会出现一个 TAZ 包含几个网格的情况,将 TAZ 排放仅分配给 TAZ 中心所在的网格,意味着本属于几个网格的排放被分配到一个网格中,造成明显的排放分配偏差,如图 9-5(b)。随着空气质量模型对分辨率的要求越来越高,排放网格不断细化,这种情况出现的可能性越来越大。

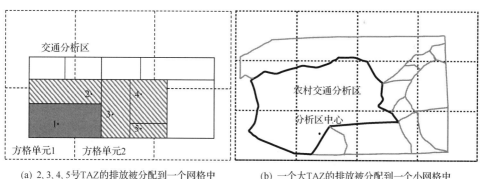

(a) 2,3,4,5号TAZ的排放被分配到一个网格中　　　　(b) 一个大TAZ的排放被分配到一个小网格中

图 9-5　将 TAZ 排放分配在 TAZ 中心所在的网格的方法(Niemeier and Zheng,2004)

随着尾气排放法规日趋严格,运行排放的比例越来越小,启动排放和车辆静置产生的蒸发排放所占比例逐渐升高,面源网格化造成的误差对整个清单的影响将会越来越显著(Zheng et al. ,2004)。为此,美国加州大学戴维斯分校建立了一套基于网格交通活动的排放分配方法,并以此为核心开发了机动车网格化清单模型 UC-Drive 模型(Zheng,2003;Zheng et al. ,2004;Niemeier and Zheng,2004)。

为了将 TAZ 排放分解到网格,UC-Drive 模型引入了分配因子 f_i,其定义为各网格 i 的排放与总排放的比例,如式(9-15)所示:

$$f_i = \frac{E_i}{E} \tag{9-15}$$

其中,i 代表网格编号;f_i 为网格 i 的分配因子;E_i 代表网格 i 的机动车排放;E 代表研究域内的总排放,其中总排放由 EMFAC 模型(Niemeier and Zheng,2004; Niemerier et al.,2004)或者是 MOBILE 模型模拟得到(Niemeier et al.,2003;Bai et al.,2007b;Hixson et al.,2010)。

UC-Drive 模型没有采用网格的土地利用模式或人口等因素获取分配因子 f_i,而是采用网格内的交通活动 t_i 得到 f_i,如式(9-16)所示:

$$\begin{cases} F_i = t_i \times (\mathrm{FW}_i \times R_\lambda + \mathrm{RL}_i \times R_\phi) \\ f_i = \dfrac{F_i}{\sum\limits_{i=1}^{\gamma} F_i} \end{cases} \tag{9-16}$$

其中,i 代表网格编号;γ 为网格个数;t_i 为网格 i 的交通活动;f_i 为分配因子,F_i 为融入了网格活动、网格道路密度及道路排放特征的权重因子。FW_i 代表高速公路密度,为网格 i 内高速公路长度与网格面积的商,$\mathrm{km/km^2}$;RL_i 代表干路和其他道路类型的密度,为网格 i 内这些道路类型的长度与网格面积的商,$\mathrm{km/km^2}$;R_λ 和 R_ϕ 分别代表高速路和主干路等道路的排放因子。

由式(9-16)可见,UC-Drive 模型方法将网格活动、道路密度和道路排放特征结合,可同时解决线源和面源的排放分配。道路密度和道路排放因子可由地理信息系统和排放模型获取,因此 UC-Drive 模型的核心是计算网格交通活动 t_i。交通活动 t_i 由网格活动密度和网格面积计算而来,网格活动密度由双三次样条插值的方法计算而来。双三次插值是一种二维空间的插值方法,函数 f 在点 (x,y) 的值可以通过矩形网格中最近的十六个点的值加权平均得到,双三次样条插值的基本公式如式(9-17)所示,可根据插值函数的导数来求解加权系数的值。式(9-18)为 UC-Drive 模型采用的双三次样条插值方程。

$$S(x,y) = \sum_{p=0}^{3} \sum_{q=0}^{3} (a_{p,q} \times x^p \times y^q) \tag{9-17}$$

$$S(x,y) = \sum_{p=0}^{3} \sum_{q=0}^{3} \left[a_{p,q} \times (x - x_j)^p \times (y - y_j)^q \right] \quad (x,y) \in \text{研究域 } \boldsymbol{R} \tag{9-18}$$

其中,x_j 和 y_j 为 TAZ_j 中心的坐标;$a_{p,q}$ 为系数,为了求解 $a_{p,q}$,在研究域内构建 $m \times n$ 个矩阵单元,根据矩阵节点 (c,d) 到 TAZ 中心 (x_j, y_j) 的距离,将 TAZ_j 中心的活动密度 d_j(即 TAZ_j 中心交通活动与 TAZ_j 面积的商)转化为矩阵单元节点 $(c,$

d)的活动密度 $z_{c,d}$,然后用 $S(x_c,y_d)=z_{c,d}$ 求解系数 $a_{p,q}$。

得到 $a_{p,q}$ 之后,在式(9-18)中代入网格 i 中心点坐标 (x_j,y_j) 便可获得网格 i 的交通活动密度 $S(x_i,y_i)$。网格 i 的交通活动 t_i 即为交通密度 $S(x_j,y_j)$ 与网格面积的乘积。

Niemeier 和 Zheng(2004)采用 TAZ 中心法(即将 TAZ 活动划分在 TAZ 中心所在网格的方法)和 UC-Dirve 模型对以加州首府 Sacramento 等五个城市/郡构成的城市群的排放清单进行了 4 km×4 km、2 km×2 km 和 1 km×1 km 的网格化。结果表明,UC-Drive 的模拟结果在城市中心出现了较高的排放强度,而 TAZ 中心法的结果在城市中心旁边地区表现出高排放强度。对于城郊地区,由于 TAZ 较大,TAZ 中心法将一个 TAZ 分配到一个网格中,导致城郊地区某个网格出现排放的高值,而某些网格排放很低。当分辨率提高时,这一偏差更为明显。

5. 网格化方法评价

上述四种清单网格化方法具有不同的适用性。表 9-2 总结并对比了四种方法。

表 9-2　机动车排放清单网格化方法评价

	基于 GDP、人口等	基于道路信息	基于人口和道路信息	基于交通模型的网格交通活动
分配项目	排放、交通活动	交通活动	交通活动	排放
适用的研究域尺度	国家、区域	国家、区域、城市	国家、区域、城市	区域、城市
适用的源类型	线源、面源	线源	面源	线源、面源
准确性	较低	对区域高,对城市低	较高	高
数据要求	低	较高	较高	高
操作难易程度	简单	普通	普通	较难
代表性研究	Cai 和 Xie(2007)	郑君瑜等(2009)	Hao 等(2000)	Zheng 等(2004)

基于 GDP 和人口的网格化方法的优点是数据容易获取,但是适用范围受到很大限制,譬如仅适用于国家和区域等尺度较大的研究域,而且网格化结果的准确性对网格尺寸非常敏感,网格变小时,准确性会大幅度降低。因此这种方法仅对一定尺寸以上的网格划分才能保证可接受的准确性,其中网格的阈值与研究域的土地利用属性和道路分布相关。

基于道路信息的方法需要掌握路网的交通流量和长度等信息,适用于国家、区域和城市等多种尺度的研究,而且在一定范围内进一步细化网格不会对准确性产生很大影响。但是这种方法仅适用于线源,对面源不具有可操作性。在城市地区,交通面源的排放贡献较高,因此应用这种方法对城市排放清单进行网格化时不能保证较高的准确性。

结合人口与道路信息的网格化方法可用来分配面源排放。因为基于道路信息的网格化方法仅适用于线源，这种方法可以看作是基于道路信息网格化方法在城市应用的补充。两种方法同时使用，分别针对线源和面源排放，可以完成对城市排放清单的网格化。这种方法的不足是，其准确性受限于人口这一参数对面源活动的代表性，而且缺乏对城市功能区和交通模式与关键参数 α 之间内在关系的理论描述。

基于交通模型计算网格交通活动的分配方法对线源和面源的排放特点考虑最为全面，然而应用前提之一是该清单以交通需求模型为基础。由于目前中国城市机动车排放清单研究对交通模型应用的不多，现阶段该方法在中国的应用十分有限。

9.2　中国多城市排放清单的建立

9.2.1　引言

长期以来，大城市（如北京、上海、广州）一直是中国机动车排放研究和控制的重点。然而应该注意的是，随着大城市机动车拥有量日趋饱和，中小城市成为了中国最具潜力的汽车市场，在不久的将来将成为汽车消费的主要力量。因此，中小城市将面临大城市当初面临的汽车拥堵、汽车污染等问题。而且，由于中小城市数目多，基数大，它们将对全国机动车排放产生较大影响。从这个意义而言，对机动车排放的研究不应该再局限于大城市。机动车污染正在成为中国各种规模城市的主要环境问题，认识并理解各种规模城市机动车的排放特征对全面把握中国的机动车污染问题、支持国家层面机动车污染控制战略具有重要意义。

此外，对不同规模的城市开展机动车排放研究，特别是开展纳入城市行驶特征及车队特征的机动车排放清单研究，可提高国家机动车排放清单的准确性。以往的国家机动车排放清单研究中，由于缺少城市级数据，经常采用的做法是利用大城市的排放基础数据计算国家或者省级排放总量，然后根据经济参数或人口数据将排放量分配到城市或网格。这种方法建立的机动车排放清单的准确性受到多种因素的制约，譬如大城市机动车排放特征的代表性，机动车污染物排放量与社会经济参数的关联性等。

中国各城市的交通基础设施建设、交通流量、道路质量等因素差异较大，导致车辆的行驶工况差别很大，因此研究中国不同城市的机动车污染物排放应该采用基于工况的排放因子模型，例如 IVE 模型（关于 IVE 模型方法学描述，请参见本书第六章 6.2 节）。本节选择 22 个发展阶段不同、地理位置不同、行政级别不同的中国城市，应用 IVE 模型模拟各城市的机动车污染物排放因子，并以此为基础，开发一套具有广泛适用性的中国城市机动车排放清单建立方法。

　　22 个所选城市涵盖了各种城市规模,包括四个直辖市(北京、上海、天津和重庆),七个省会城市(乌鲁木齐、西安、沈阳、长春、济南、成都、昆明),九个地级城市(大连、吉林市、宁波、东莞、深圳、珠海、佛山、荆州、绵阳),以及两个县级城市(九台和梓潼)。22 个城市既包括经济较发达的城市,如京津冀地区的北京和天津,长三角地区的上海和宁波,珠三角地区的珠海、深圳、佛山和东莞,也有来自经济发展相对缓慢的西部城市。中国城市的机动车车队特征差别很大,特大城市中乘用车在车队中的比例比中小城市大;南方城市的摩托车保有量通常比北方城市多;北方工业化城市的车队拥有更高比例的重型卡车用来运输煤炭、材料和工业产品。22 个所选城市也尽可能涵盖多种车队特征。图 9-6 为 22 城市的位置及 2007 年的社会经济信息(中国国家统计局,2008)。

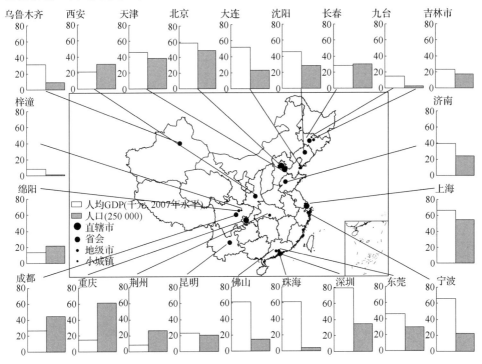

图 9-6　22 个所选城市的位置和 2007 年社会经济信息

　　首先获取各城市分车型的机动车保有量,然后对每个城市的机动车行驶特征和车队技术分布等进行分析,应用 IVE 模型计算各城市分车型的排放因子,为各城市建立 2007 年机动车 CO、HC、NO_x、PM_{10} 和 CO_2 排放清单。

9.2.2　清单方法和数据

　　各城市机动车污染物 j 的排放总量由式(9-19)计算:

$$E_j = 10 \times \sum_i (\mathrm{VP}_i \times \mathrm{EF}_{i,j} \times \mathrm{VKT}_i)$$ (9-19)

其中，j 代表污染物种类，包括 CO、HC、NO_x、PM_{10} 和 CO_2；E_j 代表污染物 j 的排放量，kg；i 代表机动车类型，每个城市车队分为轻型客车（LDV），轻型卡车（LDT），重型客车（HDV），重型卡车（HDT）和摩托车（MC）五类；VP_i 代表机动车 i 的保有量，万辆；$EF_{i,j}$ 代表 i 类型机动车污染物 j 的排放因子，g/km；VKT_i 代表机动车 i 在 2007 年的年均行驶里程，km。

1. 分车型保有量

各城市机动车总保有量数据直接从中国统计年鉴中获取。梓潼、九台和乌鲁木齐的机动车保有量没有纳入统计，采用 Gompertz 曲线进行估算[式(9-5)]。Gompertz 曲线将机动车拥有量增长与人均 GDP 增长关联起来（Wang et al.，2006）。为计算梓潼、九台和乌鲁木齐的机动车保有量，首先根据这三个城市所属省区（即四川省、吉林省和新疆维吾尔自治区）的历史人均 GDP 和千人保有量拟合出各自的 Gompertz 曲线，并假设省级机动车增长 Gompertz 曲线可表征所辖城市的机动车增长趋势，然后根据梓潼、九台和乌鲁木齐的人均 GDP 计算出三城市的机动车保有量。采用这种方法对其他 19 个保有量已知的城市进行验证，保有量模拟值与统计值表现出较好的一致性，R^2 为 0.9（图 9-7）。

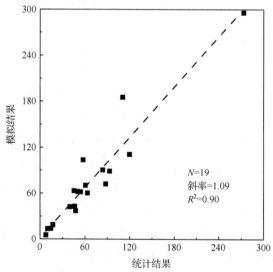

图 9-7　19 个城市机动车保有量统计值和 Gompertz 曲线拟合结果的对比

中国统计年鉴提供北京、上海、天津和重庆直辖市以及各个省份的分车型数据。为了确定其他城市的分车型保有量，假设这些城市各种车型在总车队中的比例与其所在省的车型比例相同。表 9-3 给出了 2007 年 22 个城市机动车分车型保有量以及轻型车所占的比例。

表 9-3　2007 年 22 城市分车型机动车保有量

	总机动车保有量(千辆)	轻型车比例(%)	机动车保有量(千辆)				
			LDV	LDT	HDV	HDT	MC
北京	2938	81	2368	118	148	58	246
天津	1172	62	731	103	43	37	258
上海	2457	36	878	84	112	124	1260
重庆	1384	25	346	120	38	119	762
成都	1740	34	597	112	38	93	900
长春	678	44	302	47	17	31	281
吉林市	325	37	120	24	8	18	155
绵阳	401	18	72	14	5	11	299
宁波	648	58	376	85	20	23	144
九台	37	21	8	2	1	1	26
梓潼	26	6	2	0	0	0	24
佛山	1796	20	362	154	28	32	1220
深圳	1127	71	797	188	77	45	20
珠海	190	49	93	32	12	6	47
西安	661	51	338	49	29	57	188
东莞	1109	37	408	135	35	31	500
沈阳	672	53	359	86	44	51	131
大连	614	49	301	72	37	43	160
济南	983	34	336	73	20	32	522
荆州	548	9	49	13	6	11	470
昆明	1131	60	682	100	30	68	251
乌鲁木齐	260	55	143	45	16	36	20

2. 机动车排放因子的模拟

研究考虑机动车的热稳定运行排放、启动排放和蒸发排放。采用基于工况的排放因子模型 IVE 模型模拟 22 城市的机动车排放因子。IVE 模型所需数据包括机动车技术分布、行驶工况、目标城市的热浸时间分布及当地基本信息(纬度、温度、I/M 水平等)。

(1) 机动车技术分布

如表 9-4 所示,中国在 2000~2007 年间实施了国 I、国 II 和国 III 三个阶段的机动车排放标准(相当于欧 I、欧 II 和欧 III 标准),使得 2007 年各城市车队的技术差别很大。因为新入市场的机动车要求满足正在施行的排放标准,所以各年份新车数在总车队中占有的比例(即出厂年分布)是决定技术分布的一个关键因素。

表 9-4 中国车辆排放标准实施时间(年月)

	轻型汽油车			重型柴油车		
	北京	上海	其他城市	北京	上海	其他城市
国 I	1999.1	1999.7	2000.1	2000.1	2000.9	2000.9
国 II	2003.1	2003.3	2004.9	2002.9	2003.3	2003.9
国 III	2005.12	2007.7	2007.7	2005.12	2007.1	2007.1

   本书第 3 章讨论了技术分布的计算方法。这里北京、上海和天津的技术分布采用基于调查的模型法获取(参见本书第 3 章 3.3.3 小节),其中北京和天津的调查数据分别来自于清华大学 2004 年在北京和 2006 年在天津的小样本调查研究,上海的调查数据来自于上海环境科学研究院等单位 2004 年在上海开展的车辆技术分布调查研究(Huang et al.,2005)。表 9-5 为三城市调查得到的轻型车年代分布。由于缺少其他城市的调查数据,假设它们的车队技术分布与全国车队技术分布相同,全国车队技术分布采用存活曲线正演法(见本书第 3 章 3.3.1 小节)获取。表 9-6 为各城市的机动车技术分布信息。

表 9-5 北京、上海和天津三城市轻型客车年代分布(%)

出厂年 / 车队	1996 年及之前	1997	1998	1999	2000	2001	2002	2003	2004	2005	2006
北京(2004 年)	8.9	4.8	3.7	7.0	4.6	10.2	17.9	23.4	19.5	—	—
上海(2004 年)	4.7	1.1	3.7	4.3	8.9	11.5	19.7	24.9	21.2	—	—
天津(2005 年)	2.8	3.7	5.3	2.6	1.9	1.0	3.7	21.6	23.2	34.2	—

注:调查均在年中进行,这里根据各市当年新车注册量将调查结果调整为当年或上年年底结果

表 9-6 中国城市机动车分车型技术分布(每种技术水平占总车队比例)

	LDV	LDT	HDV	HDT	LDV	LDT	HDV	HDT
	北京				天津			
国 0	0.097	0.341	0.247	0.354	0.155	0.383	0.411	0.553
国 I	0.139	0.353	0.332	0.347	0.203	0.287	0.346	0.321
国 II	0.320	0.151	0.245	0.148	0.441	0.188	0.145	0.077
国 III	0.444	0.155	0.176	0.151	0.201	0.142	0.098	0.049
	上海				全国(其他城市)			
国 0	0.070	0.291	0.239	0.468	0.115	0.323	0.333	0.403
国 I	0.244	0.377	0.441	0.331	0.265	0.367	0.423	0.399
国 II	0.488	0.232	0.231	0.133	0.437	0.211	0.171	0.132
国 III	0.198	0.100	0.089	0.068	0.183	0.099	0.073	0.066

（2）城市行驶工况

按照本书第 4 章 4.2 节中描述的行驶工况测试技术，在 22 个城市开展轻型客车行驶工况测试，在两个城市开展轻型卡车行驶工况测试，在七个城市开展重型客车行驶工况测试，在五个城市开展重型卡车行驶工况测试，具体如表 9-7 所示。测试数据的处理以及工况合成程序请参见本书第 4 章 4.2 节。研究共得到 36 组机动车行驶特征曲线，在运行 IVE 模型时，每个城市的轻型客车工况采用各自的轻型车行驶特征曲线，轻型卡车、重型客车和重型卡车采用测试城市的平均工况。

表 9-7　开展各车型工况测试的城市

	轻型客车	轻型卡车	重型客车	重型卡车
所有 22 城市	√			
深圳			√	√
沈阳		√	√	√
大连		√	√	√
济南			√	√
荆州			√	
昆明			√	√
乌鲁木齐			√	

（3）启动热浸时间分布及其他信息

通过 2004 年在北京和上海开展的启动调查（参见本书第 3 章 3.2.1 小节）获得 IVE 模型所需的轻型车启动热浸时间分布。

海拔、温度等信息通过各城市的统计资料获取。燃料硫含量根据各城市 2007 年实施的燃料品质标准确定。2007 年，除北京和上海外，全国汽油硫含量为 500 ppm，车用柴油硫含量为 2000 ppm。北京和上海由于提前实施国 III 机动车排放标准，因此燃油品质优于全国水平，2007 年汽油硫含量为 150 ppm，柴油硫含量为 350 ppm。

3. 机动车年均行驶里程

机动车年均行驶里程数据由广泛的文献调研和调查得到。本书第 3 章 3.2.2 小节综述了中国各城市的机动车年均行驶里程调查研究。根据 2007 年之前开展的调查研究，北京轻型车的年均行驶里程约为 22 000 公里，天津约为 20 000 公里，上海为 28 000 公里。对于其他城市，由于缺少专门的实地调研数据，采用全国机动车平均年行驶里程结果，即 24 000 公里。基于在北京和天津开展的调研及其他文献，确定了 22 城市轻型卡车、重型客车、重型卡车和摩托车的年均行驶里程，分别为 21 000 公里、55 000 公里、40 000 公里和 5 800 公里。

9.2.3　结果分析

1. 机动车排放因子

图 9-8 为 IVE 模型输出的 22 城市轻型客车排放因子,从图可以看出中国城市间的机动车排放因子具有明显差异。根据模型结果,22 个城市轻型客车的 HC 排放因子范围为 $1.0 \sim 1.9$ g/km,NO_x 为 $0.46 \sim 0.84$ g/km,CO 为 $8.2 \sim 14.9$ g/km,PM_{10} 为 $0.008 \sim 0.012$ g/km,CO_2 为 $179.6 \sim 295.4$ g/km,排放因子的最高值比最低值高出 $50\% \sim 90\%$。

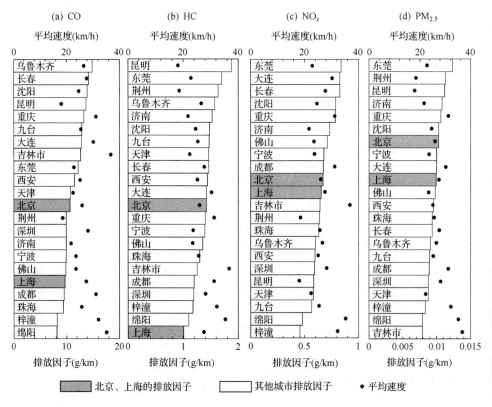

图 9-8　中国城市轻型客车排放因子(g/km)(城市按排放因子大小排序)

技术分布是影响机动车排放因子的重要因素。北京和上海实施的机动车排放标准领先于其他城市(见表 9-4),然而北京和上海并没有像预期那样具有最低的排放因子。根据图 9-8,北京和上海比研究中半数以上城市的机动车排放因子要高(除上海的 HC 和 CO),一个原因是这两座特大城市拥堵的交通和低效率的驾驶模式恶化了机动车的排放因子。

如前所述,由于缺乏当地数据,除北京、上海和天津外所有城市采用同样的全国车队技术分布,因此当地因素(如驾驶模式及地理位置)是城市机动车排放因子存在显著差异的主要原因。如图9-8所示,平均车速高的城市通常具有较低的排放因子。此外,地理特征也会影响排放因子。例如,重庆的山地地形导致机动车频繁爬坡,即使重庆平均车速并不低,但仍然具有较高的排放因子。海拔是另一个重要因素,尤其对于重型柴油车排放(Bishop et al.,2001;Yanowitz et al.,2000)。昆明海拔1900米,这使得昆明的机动车具有较高的排放因子。中国北方城市(长春和乌鲁木齐)由于气候寒冷,气温较低,因此机动车排放因子也很高。

当地车辆行驶特征和地理特征使城市间机动车排放因子具有显著的差别,这会对机动车排放清单的准确性产生重要影响。然而由于缺少数据,之前的机动车排放清单研究一直忽略这一点,他们通常采用的方法是选择一个或几个数据较完整的城市(例如北京)来代表全中国。尽管从图9-8来看,用北京代表全国平均机动车排放水平是合理的,但这种简化会给排放清单空间分布结果造成偏差,继而对基于这种清单的区域空气质量研究产生影响,导致错误结果的输出。

2. 机动车排放量

根据式(9-19)计算得到22个城市的机动车排放量,如图9-9所示。图9-9中的城市是按照除摩托车外的机动车保有量顺序排列的。通常来讲,一个城市机动车越多,机动车排放量就越大。但也有例外,如昆明和重庆的机动车排放量排名要比它们的机动车保有量排名靠前,这是因为它们的机动车排放因子非常高。

对大多数城市而言,轻型客车的HC和CO排放量占车队排放的$30\%\sim60\%$。在北京,轻型客车对HC和CO排放的贡献要远远高于其他城市,原因是北京轻型客车在车队中的比例非常高,达到81%,而其他城市大多为60%(见表9-3)。在广泛使用摩托车的南方城市,例如上海和佛山,摩托车对HC和CO排放的贡献超过15%。在荆州等小城市,摩托车对排放的贡献更高,甚至超过50%。可以看出,每个城市机动车排放的主要贡献者不同,某种程度上讲,根据当地机动车排放特征采取适用于当地的机动车污染控制策略将会更有效,例如在北京加强对轻型客车排放的控制,在上海和佛山等城市对摩托车采取特别的控制措施。

在22个城市中,重型车(重型客车与重型卡车)是机动车NO_x和PM_{10}排放的主要贡献者,这表明控制重型车是减少城区NO_x和PM_{10}排放的关键。道路交通是中国NO_x排放的第二大排放源,贡献率达到17%以上(Zhang et al.,2007)。控制重型车的NO_x排放对于减少中国NO_x排放总量具有重要意义。

尽管重型车在总保有量的比例不超过20%,其CO_2排放占车队排放的$40\%\sim60\%$,表明重型机动车应该成为CO_2排放控制的重点。为了减少交通部门的石油消耗和CO_2排放,中国自2005年实施了针对轻型乘用车的燃料经济性标准。目前

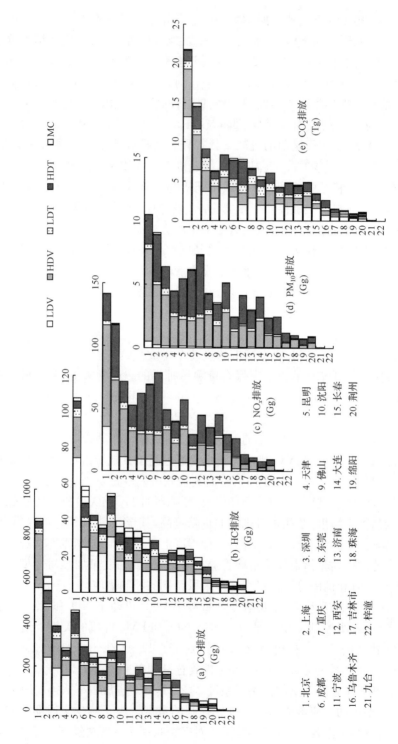

图 9-9　机动车污染物排放量（城市按照除摩托车外的机动车保有量排序）

中国正在探讨重型车油耗限值标准的制订和实施办法,该标准有望 2015～2020 年间实施。

9.2.4 对全国高分辨率排放清单的方法学启示

清单的用途之一是支持空气质量模拟研究,其分辨率和准确性决定了下游研究的分辨率和准确性。近年来,中国研究者致力于建立国家/区域高分辨率机动车排放清单。以往清单研究中,由于市和县一级机动车数据匮乏,通常采用市和县的人口、GDP 或人均 GDP 数据为分配因子,将国家和省一级的排放量按照分配因子的权重分配到市和县。这种分配方法的一个重要假设是机动车排放量与所选取的分配因子成正比。

图 9-10 为人均 GDP 与人均机动车排放量的关系图。虽然各城市的人均机动车排放与人均 GDP 呈现大致的线性关系,但半数城市明显偏离这种关系,用各城市的人均 GDP 来估算城市机动车排放将造成结果的高估或低估。譬如宁波的排放将被高估 2 倍、而昆明和乌鲁木齐的排放将被严重低估 3～6 倍。因此,利用人口和 GDP 等社会经济参数分配排放总量,而不考虑不同地区的地域特征、车队属性和行驶特征,会使清单的准确性大打折扣。

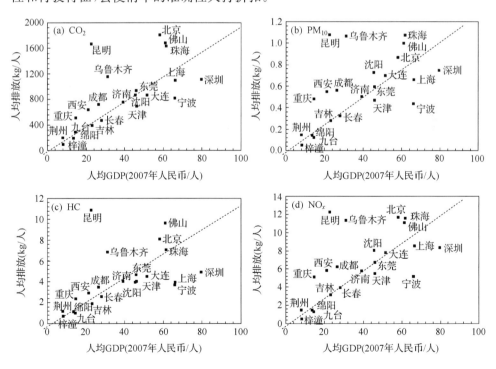

图 9-10 城市人均 GDP 与人均机动车排放的关系

从方法学角度而言,这里探讨了采用 IVE 模型模拟中国多城市的机动车排放,这提供了一种新的方法:通过估算城市尺度的机动车排放量,提高了中国机动车排放清单的空间分辨率。在中国,国家和地区统计部门还未开始公布与交通活动相关的数据,机动车保有量的统计数据通常也只在省级层面上简单分类。这里的新方法提供了一种利用可获取的数据估算各类城市机动车排放量的方法,适用于从特大城市到小城镇等各种规模的城市。

9.2.5　政策启示

中国正处在机动车快速增长时期。应该注意到,目前机动车新车增长主要发生在排放控制措施相对宽松的地区。譬如,排放控制标准更加严格的北京和上海在 2007 年的新注册量占全国的 10%,2008 年该比例降至 8.8%,2010 年降至 7.9%(中国国家统计局,2008,2009,2011)。随着更多的中小城市逐渐进入机动车快速增长期,这个比例预计会继续减少。有研究表明由于采取了排放控制措施,北京的机动车排放已经开始减少(Wu et al. ,2011)。然而,北京的机动车排放控制措施明显严格于中国其他地方,因此中国其他城市的机动车排放预计不会发生这种排放总量大幅度减少的现象。如何控制机动车排放的增长趋势是一个关键问题,它依赖于全面了解和掌握各种城市各类机动车的排放状况。

图 9-11 比较了北京、美国和一些欧洲国家的人均机动车排放量(Austrian Environment Agency,2010;USEPA,2010;U. S. Census,2010)。美国和欧洲已经表现出随着人均 GDP 增加人均机动车排放量减少的趋势,这是因为这些国家的人均机动车保有量增长极为缓慢甚至保持不变,但机动车技术显著提高,单车排放因子大幅度下降。由此可见,中国应该进一步提高机动车排放控制技术水平,才能抵消由机动车保有量快速增长引起的机动车排放潜在增长。

对北京和欧美国家人均机动车排放量进行对比,发现尽管北京的机动车排放标准一再严格,车辆技术大幅度提高,但北京的人均机动车排放量仍高于发达国家,如图 9-11 所示。美国的千人机动车拥有量为 800 辆,欧洲为 500~600 辆,北京为 220 辆,远低于美国及欧洲水平,但北京的人均机动车排放量却不低于这些国家,主要原因是北京自 1999 年开始施行国 I 排放标准,因此到 2007 年仍有达不到国 I 标准的车(即黄标车)在路上行驶,这些车的比例超过 10%。在中国,车辆的平均报废车龄为 15 年,这意味着 1999 年之前出厂的黄标车可以存活到 2014 年。而一辆黄标车的排放水平相当于几十辆甚至上百辆国 III 或国 IV 的车辆。为了消除黄标车对政府减排工作的负面影响,北京市不得不下大力气报废黄标车,而如果国 I 标准早几年施行就会避免这个问题。从北京的经验看中国其他城市,尽管中国中小城市的机动车污染问题没有像特大城市那样严重,但由于机动车更新是一个缓慢的过程,尽快采取机动车排放控制措施十分重要。通过加严排放标准提升

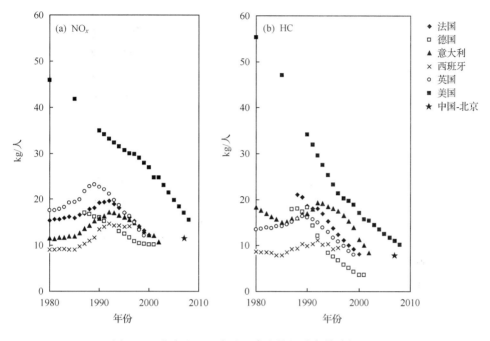

图 9-11　北京和一些发达国家人均机动车排放的对比

中国机动车污染控制技术的步伐需要加快,这是解决城市机动车污染问题的重要途径。

9.3　中国高分辨率机动车排放清单的建立

9.3.1　引言

　　最近三十年中国民用汽车保有量迅速增加,从 1980 年的 135 万辆增长到 2010 年的 7800 万辆。机动车迅速增长导致的污染物排放增加给城市空气质量带来了巨大压力(He et al.,2002),卫星观测到 1996～2004 年中国东部地区对流层 NO_2 柱浓度迅速升高(Richter et al.,2005),道路机动车对全国 NO_x 排放的贡献从 1995 年的 14.8% 上升到 2004 年的 17.2%(Zhang et al.,2007)。由于市和县一级机动车活动水平数据匮乏,以往中国机动车排放清单研究通常是建立全国排放清单(Cai and Xie,2007;Zhang et al.,2009)和计算大型城市(如北京、上海、广州等)的机动车排放总量(Hao et al.,2000;Huo et al.,2009;Wang H K et al.,2008,2009,2010b;Wu et al.,2011),很少有工作关注县一级的机动车排放,主要原因是难以获取县级机动车保有量、排放因子等清单计算参数。9.2 节介绍了计算中国不同城市机动车排放量的方法,本节在 9.2 节的基础上,探讨全国县级机动车排放清单的建立方法。

　　建立全国范围县一级机动车排放清单的主要意义在于提高清单空间分辨率，支持高分辨率空气质量模拟研究。区域空气质量模型网格分辨率通常是数十公里，与中国东部地区县的尺寸相当。以美国 EPA 第三代区域空气质量模型 CMAQ 为例，最外层研究域的网格尺寸通常为 36 公里(Liu et al. ,2010a,2010b；Wang L T et al. ,2010a,2010b)，而中国 60％以上的县要小于 2600 平方公里(即两个 36 公里网格大小)。以往清单研究中，通常在国家或省一级计算机动车排放总量，再根据空间代用参数分配到市和县一级，进一步生成网格化排放(Cai and Xie,2007；Zhang et al. ,2009)。县一级机动车排放清单有助于减少网格化过程引入的空间分配误差，改善空气质量模型模拟精度。美国 EPA 开发的 MOVES2010 模型基于每个郡甚至路段计算机动车排放量，它需要大量详细的清单计算参数，在基础数据匮乏的中国地区并不适用。本节在 9.2 节基础上，建立一套编制全国高分辨率排放清单的方法学，将清单计算单元细化到县一级，充分体现活动水平和排放因子的空间差异，降低空间分配过程的不确定性。这一节以 2008 年为模拟年。

9.3.2　清单方法和数据

1. 方法概述

　　如本章 9.1 节所述，车辆排放因子和交通活动水平是编制机动车宏观排放清单的基本参数。编制高分辨率清单的基本原理是将这两个参数的空间分辨率提高到县一级，在更小的空间单元上计算排放。细化计算单元需要克服数据匮乏的问题。在城市层面，中国的统计资料仅有机动车总保有量数据，部分城市的统计部门公布所辖各县的车辆总量信息，但大部分城市没有县一级机动车保有量数据。获取完整县一级车辆保有量数据需要采用 9.2.2 小节介绍的 Gompertz 生长曲线法，利用市一级数据建立城市千人车辆拥有率增长规律，修正后应用于各县机动车保有量计算。利用各县海拔、温度、湿度等因素修正基准排放因子获取各县的机动车平均排放因子。本章 9.2 节中国多城市排放清单建立过程中，技术分布计算采用了基于调查的模型法和存活曲线正演法，缺少调查数据的城市采用全国一致的技术分布。在本节计算全国各县的机动车排放量时，由于缺乏调查数据和新车统计数据，采用本书第 3 章 3.3.2 小节介绍的存活曲线反演法，基于各省统计数据获取分省技术分布。以往研究在处理技术分布时，仅考虑排放标准实施时间的差异，采用北京、上海、全国其他地区等几套技术比例分布数据(Cai and Xie,2007；Huo et al. ,2011；Wang H K et al. ,2010b)。本节采用分省的技术分布，同时考虑排放标准实施时间和保有量增长速度对技术分布的影响。

每个县的机动车污染物 k 的排放总量由式(9-20)计算:

$$\begin{cases} E_k = \sum_i \sum_j (\mathrm{TVKT}_{i,j} \times \mathrm{EF}_{i,j,k}) \\ \mathrm{TVKT}_{i,j} = \eta \times \mathrm{VP}_{i,j} \times \mathrm{VKT}_i + \mathrm{TVKT}_{i,j,\text{other}} \end{cases} \quad (9\text{-}20)$$

其中,k 代表污染物种类,包括 CO、NMHC 和 NO_x;E_k 代表污染物 k 的排放量,t; i 代表机动车类型,车型分类与中国统计年鉴一致,为大型客车(HDB),中型客车 (MDB),小型客车(LDB),微型客车(MB),重型货车(HDT),中型货车(MDT),轻 型货车(LDT),微型货车(MT)八类;j 代表机动车技术水平,分为国 0、国 I、国 II、 国 III 和国 IV 五类;$\mathrm{EF}_{i,j,k}$ 代表平均排放因子,g/km;$\mathrm{TVKT}_{i,j}$ 代表县域范围内机 动车总行驶里程,km;$\mathrm{VP}_{i,j}$ 代表机动车保有量,百万辆;VKT_i 代表机动车 i 的年 均行驶里程,km;η 代表行驶里程发生在注册地的比例;$\mathrm{TVKT}_{i,j,\text{other}}$ 代表非本地 机动车在本县的行驶里程,km。η 和 $\mathrm{TVKT}_{i,j,\text{other}}$ 不是固定的参数,代表了县一 级机动车行驶里程的空间分配过程,在本小节"5. 排放网格化方法"中详细 论述。

2. 县级机动车保有量计算方法

县级机动车保有量计算过程与 9.2.2 小节计算梓潼、九台和乌鲁木齐三城市 保有量过程类似,即采用 Gompertz 增长曲线的估算方法。Gompertz 增长曲线被 广泛用于国家机动车保有量历史数据拟合与增长趋势预测(Dargay and Gately, 1999;Dargay et al. ,2007),在 9.2.2 小节用于城市尺度机动车保有量的估算。本 节将 Gompertz 方程使用范围扩展到县级机动车保有量计算,首先根据各城市历 史人均 GDP 和千人保有量拟合出各自城市的 Gompertz 曲线,假设市级机动车增 长 Gompertz 曲线可表征所辖县机动车增长趋势,然后根据县人均 GDP 和人口算 出机动车保有量。由于城市机动车增长规律与所辖县并不相同,所以各县在应用 城市 Gompertz 曲线时需要引入修正因子,修正县机动车增长速度与归属城市的 差异。县级机动车保有量计算过程可以由式(9-21)描述:

$$\begin{cases} \ln\left[-\ln\left(\dfrac{V_i}{V^*}\right)\right] = \ln(-\alpha_i) + \beta_i E_i \\ V_{i,j} = V^* \times \mathrm{e}^{\alpha_i \mathrm{e}^{k_i,j\beta_i E_j}} \end{cases} \quad (9\text{-}21)$$

其中,i 代表城市;j 代表县或市辖区;V 代表千人机动车保有量;V^* 代表千人机动 车保有量饱和值;E 代表人均 GDP;α 和 β 代表 Gompertz 曲线形状因子;k 代表斜 率修正因子。对于 Gompertz 曲线拟合效果较差($R^2 < 0.5$)及数据缺失严重(如青 海、新疆、西藏三省区)的城市,采用所属省的 Gompertz 曲线代替,有 14% 的城市 需要采用省一级 Gompertz 曲线。

　　这里引入斜率修正因子 k 来修正同一城市内各县机动车增长速率的差异。Gompertz 曲线是一条 S 形曲线,不同人均 GDP 区间内机动车增长速率具有显著差异。基于城市历史数据建立的 Gompertz 曲线描绘了城市机动车增长平均状况,由于内部各区县经济发展水平不同,所以机动车增长速率各异,经济越发达的区县机动车增长速率越慢,这一现象可以通过基于省和城市历史数据建立的 Gompertz 曲线差异得到证实。图 9-12 为基于河北省及所辖各市历史数据建立的 Gompertz 曲线。图 9-12(a)中人均 GDP 较高的唐山市机动车增长速率低于全省平均水平(斜率绝对值小),而人均 GDP 较低的衡水市机动车增长速率明显偏高,只有人均 GDP 与省均值接近的沧州市机动车增长速率与省平均水平相近。图 9-12(b)中河北省内各城市 Gompertz 曲线拟合斜率与人均 GDP 呈反相关关系,说明基于大范围区域数据建立的 Gompertz 曲线应用到小区域时可以通过人均 GDP 修正斜率。

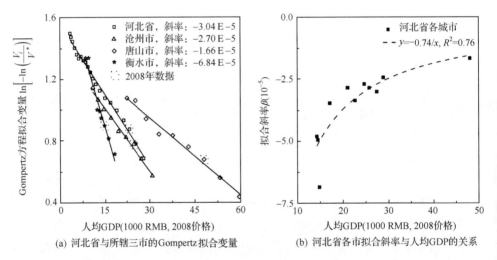

图 9-12　基于河北省数据建立的 Gompertz 曲线

　　斜率修正因子 k 可以通过式(9-22)计算:

$$k_{i,j} = \begin{cases} \dfrac{E_{i,\min}}{E_j} & E_j \leqslant E_{i,\min} \\ 1 & E_{i,\min} < E_j < E_{i,\max} \\ \dfrac{E_{i,\max}}{E_j} & E_j \geqslant E_{i,\max} \end{cases} \tag{9-22}$$

其中,i 代表城市或省份;j 代表县或市辖区;$E_{i,\min}$ 和 $E_{i,\max}$ 分别为建立 Gompertz 曲线时用到的人均 GDP 最小值和最大值;对于人均 GDP 超出建立 Gompertz 方程人均 GDP 范围的区县,利用边界值对拟合斜率进行修正。

3. 分省机动车技术分布算法

机动车技术分布计算采用本书第 3 章 3.3.2 小节介绍的存活曲线反演法,基于分省保有量数据结合存活曲线反推历年新车注册量,再以新车注册量结合存活曲线计算目标年机动车车龄分布,进而得到机动车技术分布。分省技术分布可以通过式(9-23)计算:

$$
\begin{cases}
\displaystyle\sum_{i=j-20}^{j} R_i \times S_{i,j-i} = P_j & (j = 1985,1986,\cdots,2010) \\
S_{i,j-i} = \exp\left[-\left(\dfrac{(j-i)+b}{T}\right)^b\right]
\end{cases}
\tag{9-23}
$$

其中,i 代表新车注册年份;j 代表保有量计算目标年份;R_i 代表新车注册量;P_j 代表目标年机动车保有量;$S_{i,j-i}$ 代表 i 年注册的新车在车龄为 $j-i$ 时的存活率,采用 Weibull 分布方程模拟得到;b 和 T 为控制存活曲线形状的参数。中国机动车保有量统计可追溯到 1985 年,开始仅有客车与货车保有量,自 2002 年开始公布分车型保有量数据。为了充分利用历史数据,技术分布分客车与货车两种车型进行计算,式(9-23)中方程从 1985 年开始。存活曲线选取参考 3.3.1 小节,各省存活曲线根据注册量计算结果与年鉴新车注册量之间的差异进行修正。通过验证新车注册量计算结果与年鉴统计结果是否一致可以验证存活曲线设置是否合理。计算分省历年新车注册量后,再应用存活曲线正演法得到分省的机动车技术分布信息。

4. 县级排放因子计算方法

环境因素(如海拔、温度、湿度等)对机动车排放因子具有显著影响(Bishop et al.,2001;Nam et al.,2008;Weilenmann et al.,2009),因此中国机动车排放清单通常采用各省不同的排放因子,与机动车活动水平空间分辨率相同(Cai and Xie,2007;Zhang et al.,2009)。本节建立的高分辨率机动车排放清单基于县一级机动车活动水平,所以需要应用县一级机动车排放因子。研究考虑机动车热稳定运行和启动排放,分县机动车排放因子计算采用工况排放因子模型 IVE 生成分车型分技术的基准排放因子,再结合分县气象参数修正得到各县排放因子。

输入工况采用 9.2 节中 22 城市实测平均工况,启动热浸时间分布来自 2004 年在北京和上海开展的启动调查(参见本书第 3 章 3.2.1 小节),利用道路实测结果对 IVE 模型生成的基准排放因子进行修正以反映中国机动车排放的实际状况。

IVE 模型作为工况模型的代表性模型之一,优势在于可以更加准确模拟车辆行驶特征对排放因子的影响,但劣势在于其内置的气象参数修正模块过于简单,难以反映实际气象条件下的机动车排放因子。为了解决这一问题,采用

MOVES2010 模型模拟不同气象条件下机动车 CO、NMHC 和 NO$_x$ 排放因子的修正系数。MOVES 模型是美国新一代机动车排放模型,汇集了机动车排放模拟研究的最新成果,详见本书第 8 章。总体来讲,海拔与温度对排放因子的影响比湿度的影响更加显著。各县气象参数(温度与湿度)来自于 WRF(Weather Research & Forecasting Model)气象模型的模拟结果,将 WRF 模型输出的逐网格逐时气象参数进行平均得到每个县的月均值,各县海拔数据由 MODIS(Moderate Rosolution Imaging Spectroradiometer)土地利用数据得到。基准排放因子由各县逐月气象参数修正得到县级逐月排放因子,排放因子的空间差异反映了各县温度、湿度及海拔等因素对排放因子的影响,排放因子的月变化体现了逐月气象因素对排放因子的影响。

5. 排放网格化方法

本节采用基于人口和道路信息的方法将机动车排放量空间分配到网格:对于热稳定运行排放等线源排放,基于道路长度分配(分为高速、国道、省道、县道等);对于启动排放等面源排放,基于人口总量分配。以往研究广泛采用以路网密度近似交通流量作为空间分配代用参数的方法,这种方法会低估高速公路、主干路、工业区及市中心等交通流量大的地区的排放量,高估居民区等交通流量小的地区的排放量(Ossés de Eicker et al.,2008;Saide et al.,2009;Tuia et al.,2007)。由于全国道路流量数据难以获得,在分配线源排放时采用简化的方法,即根据车辆在不同类型道路的行驶时长将排放量分配到不同道路类型,再基于道路长度权重分配到网格。这种方法可以近似表征不同类型道路的流量差异。

将排放清单网格化之前首先需要计算县域范围内机动车的总排放量,县总排放量同时由本地和外地机动车贡献。因为车辆活动范围不仅局限于注册地,所以通过县级保有量与单车行驶里程计算得到县机动车总行驶里程后需要在其活动范围内进行再分配。为了确定机动车活动范围,这里引入一个基本假设,即客车活动范围不超过县所在城市,货车活动范围不超过县所在省份。这个假设基于的基本事实是货物运输距离大于乘客运输距离,客车主要承担城市内部短途运输,货车主要承担城市之间长途运输。对于货车,同一省内机动车行驶里程加在一起按照不同道路类型的里程分布和道路长度将总行驶里程分配到县,不同类型道路分配权重由 2010 年在河北和山东开展的货车行驶工况调查获得(表 9-8)。对于客车,假设 80% 行驶里程分布在本县,另 20% 行驶里程分布在城市间道路,城市间道路包括高速、国道和省道。县一级机动车活动水平重新分配后与县级机动车排放因子相乘得到县一级机动车排放量,然后按照相应道路长度将排放量分配到网格。

表 9-8　基于道路类型的货车行驶里程分布

	高速	国道	省道	县道
重型货车	52%	29%	11%	8%
中型货车	17%	52%	18%	13%
轻(微)型货车	21%	30%	24%	25%

9.3.3　结果分析

1. 县级机动车保有量分布及验证

应用各城市历史数据建立的 Gompertz 曲线相关系数平方(R^2)均值为 0.92，中值为 0.96，整体处在[0.52,1.00]范围内，说明 Gompertz 方程能准确模拟城市一级的机动车增长规律。为了验证县级机动车保有量计算结果，从市一级统计年鉴收集了 629 个区县的保有量统计数据，并与计算结果比较[图 9-13(a)]，同时将县保有量加和得到市保有量，并与年鉴数据比较[图 9-13(b)]。机动车保有量大的县计算结果与统计数据吻合度优于机动车保有量小的县. 每个县都需要一定数量的机动车满足最基本的社会需求，与经济因素驱动无关，这部分机动车不适用于Gompertz 方程。对于机动车保有量小的县来说，这部分机动车比例较高，导致计算结果偏差较大。

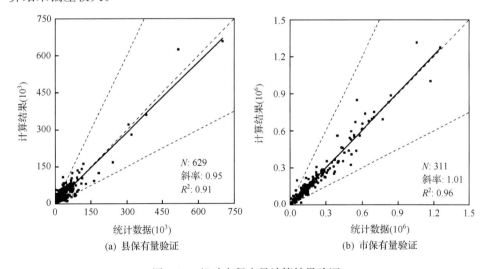

(a) 县保有量验证　　　　　　　　(b) 市保有量验证

图 9-13　机动车保有量计算结果验证

图 9-14 展示了 2008 年中国东部地区各县机动车保有量的空间分布状况。县级千人机动车保有量与机动车总量均呈对数正态分布，千人机动车保有量中值为

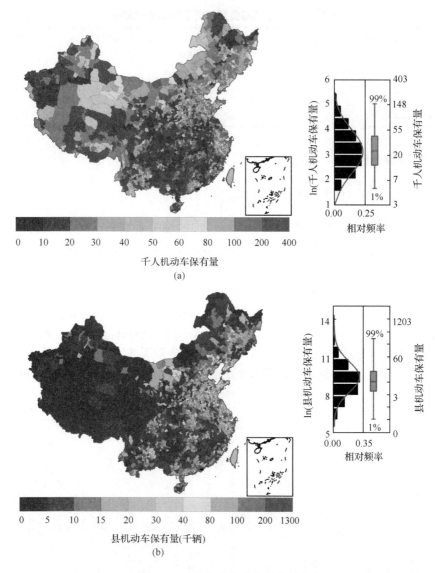

图 9-14　2008 年各县机动车保有量分布

本图另见书末彩图

23,绝大部分区县低于 150,仍然存在巨大的增长潜力;县机动车保有量中值为 13 360,但各地区分布极不均匀,如华北平原、长江三角洲、珠江三角洲等经济发达地区机动车保有量远高于中值水平。经济快速发展是机动车保有量增长主要动力,经济发达地区需要大量机动车支持生产活动和出行需求。例如内蒙古西部鄂尔多斯和阿拉善两座城市,蕴藏大量矿产资源,工业十分发达,2008 年人均 GDP 位列中国所有城市前 2%,其中部分区县千人机动车保有量大于 200,远超中国绝大部分县级行政区。机动车保有量分布不均匀说明缩小排放清单计算单元的重要性,以县级单位为基础编制清单有利于识别排放热点,突出高排放区,减少排放分配过程中的不确定性。

2. 机动车技术分布计算结果

存活曲线对于机动车技术分布的计算具有重要意义,新车注册量计算结果可以验证存活曲线反演法中存活曲线设置的合理性。图 9-15 展示了新车注册量验证结果,包括除河北、香港、澳门、台湾外 30 个省级行政区 2002～2010 年分省客车与货车新车注册量验证结果。香港、澳门、台湾缺乏统计资料,不在验证范围内。河北省新车注册量统计数据存在不合理的跳跃,2007 年新车总注册量为 54 771,2009 年为 813 186,2010 年为 132 658,因此也不用来验证。验证结果表明,新车注册量计算结果与年鉴统计结果一致,分省存活曲线可以较好反映车辆报废状况,证明了分省技术分布计算结果的可靠性。

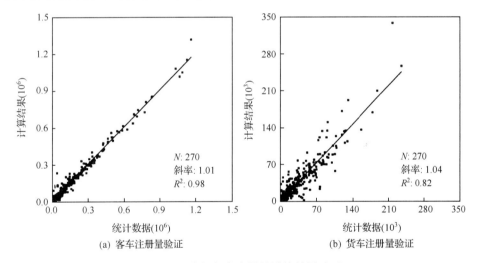

图 9-15　省级新车注册量计算结果验证

中国短时间内施行了多阶段排放标准,这使得车队技术分布构成复杂,本章 9.2.2 小节计算多城市机动车技术分布时考虑到标准实施时间不同造成的技术分布差异,标准实施早的地区(如北京、上海)拥有更新的车队技术分布。图 9-16 展示了 2008 年分省技术分布的计算结果,以及黄标车(国 Ⅰ 前技术水平)比例与 2001～2008 年间机动车年均增长速率的关系。北京和上海比全国其他省份提前实施机动车排放控制标准,因此车队技术水平更新,高于国 Ⅱ 标准的车比例更高。此外,车队增长速度同样对技术分布具有影响,保有量增长迅速的地区旧车比例会更低。图 9-16 中各省按照 2001～2008 年机动车增长速率从低到高排列,机动车增长越快的省份黄标车比例越低,图 9-17 为国 0 车在车队中的比例与保有量增长关系散点图,也表现出同样的规律。

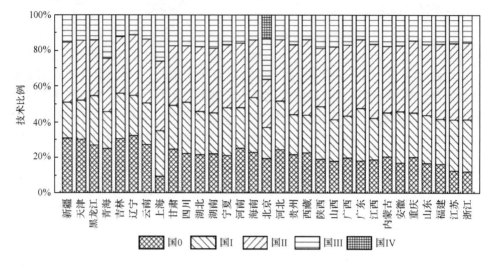

图 9-16　2008 年全国各省机动车技术分布

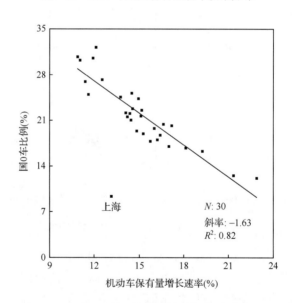

图 9-17　各省国 0 车比例与保有量增长关系散点图

　　上海市是图 9-17 中的一个例外。上海市的机动车增长率为 13%,但黄标车比例与机动车增长率为 23% 的地区相当。图 9-18(a)将上海市新车注册量模拟值与统计值进行比较,两者非常接近,说明模拟结果具有一定的准确性。图 9-18(b)考察了全国和上海市新车注册量和保有量增量的关系,可以看出,上海市的年新车注册量是保有量年增量的 1.09 倍,远高于全国平均水平(1.02 倍),这说明上海市具有很高的车辆报废率。快速的车辆更新周期使得上海虽然车辆销量较低,但是车队的技术组成较新。一个可能的原因是上海市施行车辆牌照拍卖制度,每年新车数量被严格控制,这限制了机动车总保有量的增长,而上海市经济发达,新车更换频繁,这客观上加快了老旧车辆的淘汰速度。

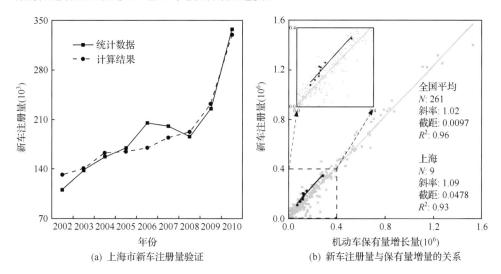

图 9-18　上海市新车注册量模拟及与保有量增量的关系

　　不同技术水平的机动车排放因子差别很大,甚至具有数量级的差异。旧车虽然在车队中比例不高,但排放分担率可能很高。排放控制标准实施时间、机动车增长速率、机动车总量控制政策等都会对机动车技术分布产生影响。本节利用存活曲线反演法,基于省一级机动车保有量数据计算得到了具有地区差异的技术分布,提高了技术分布的空间分辨率。如果可获得市或县长时间序列的机动车保有量数据,本节采用的方法可以进一步拓展到市或县一级,计算得到具有更高空间分辨率的机动车技术分布。

3. 县一级排放因子计算结果

　　本节以轻型汽油客车与重型柴油货车为例,说明机动车排放因子的时空分布特征。轻型汽油客车对 CO 与 NMHC 排放量贡献较大,重型柴油货车对 NO_x 与 $PM_{2.5}$ 排放量贡献较大,分析这两种车型的排放因子变化规律有助于理解机动车排放时空分布特征。图 9-19 展示了轻型汽油客车与重型柴油货车排放因子修正系数月变化情况,其中每个箱尾图代表某月全国所有县排放因子修正系数统计结果,图中虚线代表基准排放因子,即温度 75°F、湿度 60%、海拔 500 英尺条件下的排放

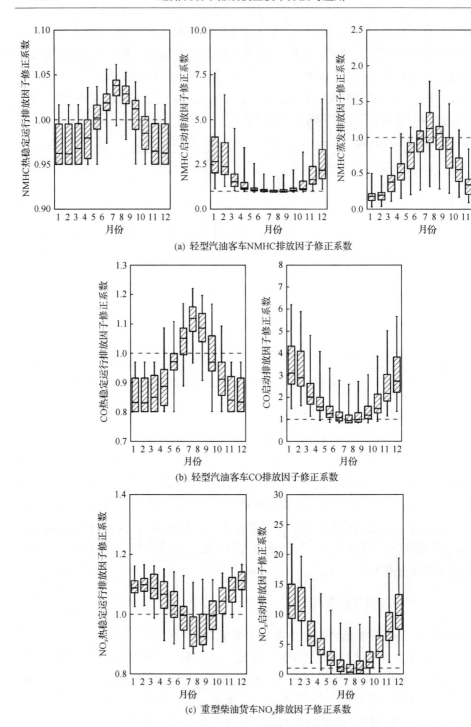

(a) 轻型汽油客车NMHC排放因子修正系数

(b) 轻型汽油客车CO排放因子修正系数

(c) 重型柴油货车NO$_x$排放因子修正系数

图 9-19　机动车排放因子修正系数的逐月变化

因子。轻型汽油客车 CO 与 NMHC 排放因子在热稳定运行与启动阶段呈现出不同的分布规律：气温较高时，空调使用等因素导致热稳定运行中的 CO 和 NMHC 排放增加，同时高温条件有利于 NMHC 的蒸发，所以热稳定运行与蒸发排放因子在夏季炎热地区较高；低温不利于启动时尾气净化装置的高效运行，所以启动排放因子在冬季寒冷地区较高。重型柴油货车 NO$_x$ 排放因子在热稳定运行与启动阶段呈现相似的分布规律，即夏季低冬季高。总体来看，环境因素对启动排放因子影响更大，尾气净化装置稳定运行条件严格，冷启动时整套装置没有达到理想的工作温度，污染物没有经过充分净化即排出，所以排放因子更高。中国各县地域范围分布广，环境要素差异很大，温湿度等气象要素月变化特征明显，利用各县逐月的气象参数修正基准排放因子得到各县月均排放因子，有助于体现机动车排放因子的时空分布特征，提高机动车排放清单的时空精度。

图 9-20 展示了轻型汽油客车 CO 排放因子修正系数的空间分布。CO 热稳定

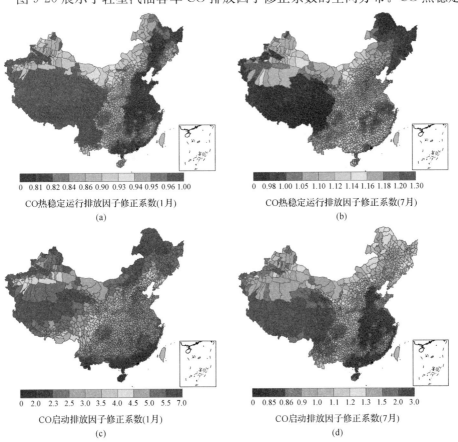

图 9-20 轻型汽油客车 CO 排放因子修正系数的时空分布特征

本图另见书末彩图

运行排放因子在冬季(1月)较低;在夏季(7月),南方地区的 CO 排放因子较高,南北方差异最大达到 30%。CO 启动排放因子主要受温度影响,空间分布特征与温度带一致,高温区排放因子低,低温区排放因子高,地区差异可以达到 3.5 倍。

4. 县一级机动车排放清单

按照式(9-20)计算得到县一级机动车排放清单。表 9-9 展示了由县一级机动车排放量加和得到的 2008 年全国机动车排放总量,排放量按照车型和技术分开表示。CO 和 NMHC 排放主要由汽油车贡献(88% 和 63%),NO_x 排放主要由柴油车贡献(91%)。从不同车型排放分担率看,轻型车(包括轻型客车 LDB 和微型客车 MB)是 CO(61%)和 NMHC(42%)排放的主要来源,然而重型车(包括中型卡车 MDT 和重型卡车 HDT)是 NO_x(51%)排放的主要来源。道路交通部门贡献了中国 NO_x 排放总量的 20% 左右,控制重型车 NO_x 排放对 NO_x 减排达标具有重要意义。

表 9-9　2008 年机动车排放总量

		HDB	MDB	LDB	MB	HDT	MDT	LDT	MT
CO 排放量 (Gg)	国 0	212.8	377.3	1935.4	692.4	127.2	293.5	180.1	31.7
	国 I	209.4	272.8	2541.7	573.4	290.1	253.8	620.9	33.2
	国 II	826.1	986.1	3120.6	97.5	261.2	377.5	588.2	6.3
	国 III	49.7	13.5	1000.0	18.5	101.0	30.8	246.2	1.4
	国 IV	0.0	0.0	2.2	0.0	0.0	0.0	1.1	0.0
	总量				16373.6				
	客车/货车				12929.3/3444.3				
	汽油车/柴油车				14473.8/1899.8				
NMHC 排放量 (Gg)	国 0	18.0	26.9	182.2	64.6	26.5	28.9	28.0	4.8
	国 I	23.3	23.4	191.1	40.2	44.1	30.3	62.7	2.9
	国 II	104.8	89.7	125.6	4.2	109.0	58.6	90.1	0.4
	国 III	8.5	2.5	6.2	0.1	17.3	5.8	40.7	0.0
	国 IV	0.0	0.0	0.2	0.0	0.0	0.0	0.1	0.0
	总量				1461.6				
	客车/货车				911.3/550.3				
	汽油车/柴油车				919.6/542.0				

续表

		HDB	MDB	LDB	MB	HDT	MDT	LDT	MT
NO$_x$ 排放量 (Gg)	国 0	54.6	46.4	79.4	27.9	191.2	112.3	56.5	2.5
	国 I	131.5	143.0	43.8	8.8	304.5	264.6	123.0	2.3
	国 II	386.6	342.1	52.9	1.6	643.1	400.1	360.9	1.7
	国 III	137.5	73.8	10.1	0.2	265.5	156.7	146.3	0.3
	国 IV	0.0	0.0	0.3	0.0	0.0	0.0	0.6	0.0
	总量	4572.5							
	客车/货车	1540.5/3032.0							
	汽油车/柴油车	428.4/4144.1							
PM$_{2.5}$ 排放量 (Gg)	国 0	4.7	2.7	0.4	0.2	16.6	6.7	3.3	0.1
	国 I	9.6	7.4	0.9	0.2	21.8	13.7	4.4	0.3
	国 II	29.9	17.8	1.4	0.0	50.9	21.1	11.3	0.2
	国 III	4.6	1.4	0.1	0.0	8.7	3.0	1.3	0.0
	国 IV	0.0	0.0	0.0	0.0	0.0	0.0	0.0	0.0
	总量	245.0							
	客车/货车	81.4/163.6							
	汽油车/柴油车	8.4/236.6							

图 9-21 展示了机动车逐月排放结果,在冬季,启动排放对 CO 排放总量贡献较高,占排放总量近一半。NO$_x$ 与 PM$_{2.5}$ 排放总量主要由热稳定运行排放组成,启动排放贡献少,夏季(7 月)排放量全年最低。

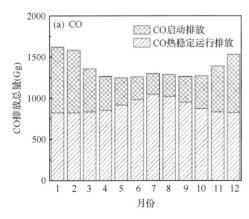 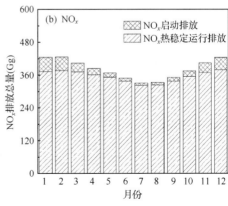

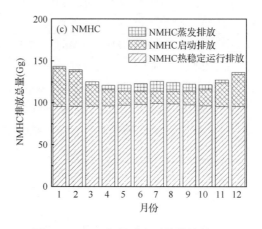

图 9-21　2008 年机动车逐月排放量

图 9-22 展示了机动车 CO 和 NO_x 排放的空间分布。机动车排放分布不均匀，

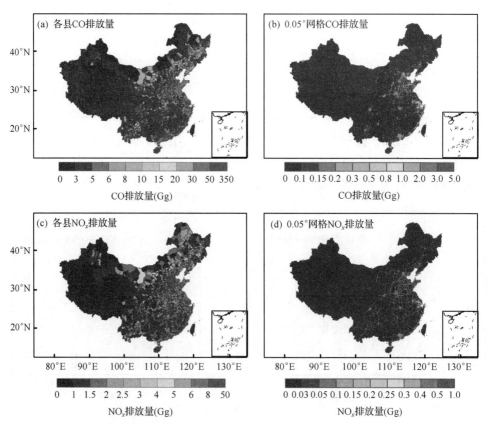

图 9-22　2008 年中国机动车县级及 0.05°网格排放结果

本图另见书末彩图

高度集中于省会、工业城市、沿海城市等经济发达地区,在同一城市内更多地集中在市辖区。从机动车排放网格化结果看,两种污染物表现出了不同的空间分布特征。CO 排放主要由客车贡献,客车的行驶里程更多集中在城市内部,因此排放主要集中在城市地区。NO_x 排放主要由货车贡献,货车更多地承担长距离货物运输,大部分行驶里程发生在高速、国道、省道等主干路网,在城市内部行驶里程较少,因此 NO_x 排放更多地分布在路网上。

9.3.4　全国高分辨率机动车排放清单方法的评价

本节建立的全国高分辨率机动车排放清单方法基于可获得的数据将清单分辨率提高到县一级,降低了清单网格化过程引入的不确定性。以往研究中,市或县一级数据难以获取,机动车排放量的计算通常在国家或省一级完成,然后采用人口、GDP、土地面积、路网长度等参数将排放量进行空间分配。这种分配方法基于的假设是机动车排放量与分配参数成正比,排放分布实际上反映了分配参数的分布特征,建立的清单准确性取决于这一假设在哪一空间尺度上成立。已有研究表明,基于简单空间分配参数建立的机动车排放清单在城市尺度不具备较高的准确性,尤其会明显低估经济社会活动较强的地区的排放水平(Ossés de Eicker et al.,2008;Saide et al.,2009;Tuia et al.,2007)。本节建立的机动车排放清单基于县级活动水平和排放因子,得到全国县级机动车排放清单,有利于识别城市内部高排放区县,获得全国县级机动车排放分布特征。

本工作建立的全国高分辨率清单可以改善下游空气质量模拟研究的分辨率和准确性,尤其有助于提高区域模式的模拟精度。以往研究建立的全国清单一般基于人口或世界数字地图(Digital Chart of the World,DCW)路网数据,将省级排放分配到网格。本节建立的全国高分辨率排放清单基于新的路网数据与车辆行驶特征调查数据,将县级排放分配到网格。图 9-23 以 NMHC 排放为例,对比了本工作排放分配方法与基于人口和道路长度分配方法的计算结果。本工作建立的全国高分辨率排放清单方法在网格较细时与其他方法差异明显:以总人口为权重(方法1)的排放分配结果在人口高值区过于集中,以 DCW 道路总长度为权重(方法2)的排放分配结果则集中在人口低值区,这是因为 DCW 路网数据以国道和省道为主,基本不含城市内道路,所以在城市内(人口高值区)排放分配较少。当网格较粗时(大于 0.5°),不同分配方法的结果大致相同,但基于人口和道路长度的分配方法会对北京、长三角地区、珠三角地区所在网格的排放造成低估。细化空间计算单元可提高网格化清单的空间精度,将空间分配误差限制在县一级,有助于改善区域模式模拟效果。

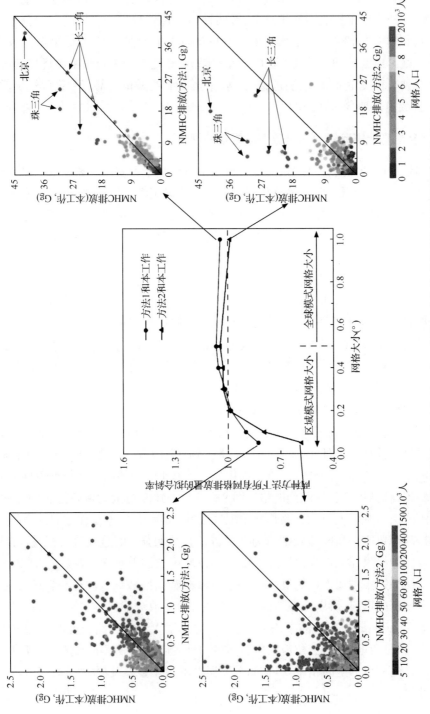

图 9-23　本工作排放网格分配方法与基于人口和基于道路长度（DCW 路网）分配方法的对比

参 考 文 献

程轲. 2009. 石家庄市机动车大气污染物排放及控制对策研究：[硕士学位论文]. 陕西：西北农林科技大学

郝吉明, 傅立新, 贺克斌, 等. 2000. 城市机动车排放污染控制——国际经验分析与中国的研究成果. 北京：中国环境科学出版社

隽志才, 李志瑶, 宗芳. 2005. 基于活动链的出行需求预测方法综述. 公路交通科技, 22(6)：108-113

张嫣红. 2011. 基于微观交通仿真模型的排放测算适用性研究：[硕士学位论文]. 北京：北京交通大学

郑君瑜, 车汶蔚, 王兆礼. 2009. 基于交通流量和路网的区域机动车污染物排放量空间分配方法. 环境科学学报, 29(4)：815-821

中国国家统计局. 2008. 中国统计年鉴 2007. 北京：中国统计出版社

中国国家统计局. 2009. 中国统计年鉴 2008. 北京：中国统计出版社

中国国家统计局. 2011. 中国统计年鉴 2010. 北京：中国统计出版社

中国国家统计局. 2008. 中国区域经济统计年鉴 2008. 北京：中国统计出版社

Alexopoulos A, Assimacopoulos D, Mitsoulis E. 1993. Model for traffic emissions estimation. Atmos. Environ. ,27：435-446

Austrian Environment Agency. 2010. Co-operative program for monitoring and evaluation of the long-range transmissions of air pollutions in Europe. Web Dab-EMEP Activity Data and Emission Database. http://www. ceip. at/emission-data-webdab/emissions-as-reported-by-parties/

Bachman W, Sarasua W, Hallmark S, et al. 2000. Modeling regional mobile source emissions in a geographic information system framework. Transpn. Res. -C, 8：205-229

Bai S, Chiu Y C, Niemeier D A. 2007a. A comparative analysis of using trip-based versus link-based traffic data for regional mobile source emissions estimation. Atmos. Environ. ,41：7512-7523

Bai S, Niemeier D A, Handy S L, et al. 2007b. Integrated impacts of regional development, land use strategies and transportation planning on future air pollution emissions. Proceedings of the 2007 Conference of Transportation Land Use, Planning, and Air Quality, Orlando, Florida, USA, July, 2007

Bishop G A, Morris J A, Stedman D H, et al. 2001. The effects of altitude on heavy-duty diesel truck on-road emissions. Environ. Sci. Technol. ,35：1574-1578

Brandmeyer J E, Karimi H A. 2000. Improved spatial allocation methodology for on-road mobile emissions. J. Air Waste Manage. Assoc. ,50：972-980

Cai H, Xie S D. 2007. Estimation of vehicular emission inventories in China from 1980 to 2005. Atmos. Environ. ,41：8963-8979

Cai H, Xie S D. 2009. Tempo-spatial variation of emission inventories of speciated volatile organic compounds from on-road vehicles in China. Atmos. Chem. Phys. ,9：6983-7002

Cook R, Isakov V, Touma J S, et al. 2008. Resolving local-scale emissions for modeling air quality near roadways. J. Air Waste Manage. Assoc. ,58：451-461.

Dargay J, Gately D. 1999. Income's effect on car and vehicle ownership, worldwide：1960-2015. Transpn. Res. -A, 33：101-138

Dargay J, Gately D, Sommer M. 2007. Vehicle ownership and income growth, worldwide：1960-2030. Energy J. ,28：143-170

Davis S C, Diegel S W. Boundy R G. 2012. Transportation Energy Data Book：31st Edition. Prepared for the U. S. Department of Energy, ORNL-6987

DeCorla-Souza P, Everett J, Cosby J. 1994. Trip-based approach to estimate emissions with Environmental Protection Agency's MOBILE model. Transp. Res. Record, 1444: 118-125

E. H. Pechan & Associates, Inc, 2004, Documentation for the onroad National Emissions Inventory (NEI) for base years 1970-2002. prepared for USEPA.

Funk T H, Stiefer P S, Chinkin L R, et al. 2001. Development of gridded spatial allocation factors for the state of texas. Final report prepared for Texas Natural Resource Conservation Commission, STI-900570-2114-FR,

Ghareib A H. 1996. Different travel patterns: interzonal, intrazonal, and external trips. Journal of Transportation Engineering, 122: 67-75

Hao J M, He D Q, Wu Y, et al. 2000. A study of the emission and concentration distribution of vehicular pollutants in the urban area of Beijing. Atmos. Environ. , 34: 453-465

He K B, Huo H, Zhang Q. 2002. Urban air pollutio in China: Current status, characteristics, and progress. Annu. Rev. Energy Environ. , 27:397-431

Hixson M, Mahmud A, Hu J L, et al. 2010. Influence of regional development policies and clean technology adoption on future air pollution exposure. Atmos. Environ. , 44: 552-562

Huang C, Pan H S, Lents J, et al. 2005. Shanghai vehicle activity study. Report prepared for International Sustainable Systems Research. http://www. issrc. org/ive/downloads/reports/ShanghaiChina. pdf

Huo H, Zhang Q, He K B, et al. 2009. High-resolution vehicular emission inventory using a link-based method: A case study of light-duty vehicles in Beijing. Environ. Sci. Technol. , 43: 2394-2399

Huo H, Zhang Q, He K B, et al. 2011. Modeling vehicle emissions in different types of Chinese cities: Importance of vehicle fleet and local features. Environ. Pollut. , 159: 2954-2960

Huo H, Zhang Q, He K B, et al. 2012. Vehicle-use intensity in China: Current status and future trend. Energy Policy, 43: 6-16

ITO D T, Niemeier D, Garry G. 2001. Conformity: How VMT-speed distributions can affect mobile emission inventories. Transportation, 28: 409-425

Kinnee E J, Touma J S, Mason R, et al. 2004. Allocation of onroad mobile emissions to road segments for air toxics modeling in an urban area. Transpn. Res. -D, 9: 139-150

Liu X H, Zhang Y, Cheng S H, et al. 2010a. Understanding of regional air pollution over China using CMAQ, part I performance evaluation and seasonal variation. Atmos. Environ. , 44: 2415-2426

Liu X H, Zhang Y, Xing J, et al. 2010b. Understanding of regional air pollution over China using CMAQ, part II. Process analysis and sensitivity of ozone and particulate matter to precursor emissions. Atmos. Environ. , 44: 3719-3727

Nam E, Fulper C, Warila J, et al. 2008. Analysis of Particulate Matter Emissions from Light-Duty Gasoline Vehicles in Kansas City. USEPA

Nanzetta K, Niemeier D, Utts J M. 2000. Changing speed-VMT distributions: the effects on emissions inventories and conformity. J. Air Waste Manage. Assoc. , 50: 459-467

Niemeier D, Bai S, Handy S. 2003. The impact of residential growth patterns on vehicle travel and pollutant emissions. The Journal of Transport and Land Use, 4(3): 65-80

Niemeier D A, Zheng Y. 2004. Impact of finer grid resolution on the spatial distribution of vehicle emissions inventories. Environ. Sci. Technol. , 38: 2133-2141

Niemeier D A, Zheng Y, Kear T. 2004. UCDrive: A new gridded mobile source emission inventory model. Atmos. Environ. ,38: 305-319

Ossés de Eicker M, Zah R, Triviño R, and et al. 2008. Spatial accuracy of a simplified disaggregation method for traffic emissions applied in seven mid-sized Chilean cities. Atmos. Environ. ,42(7): 1491-1502

Reynolds A W, Broderick B M. 2000. Development of an emissions inventory model for mobile sources. Transpn. Res. -D,5: 77-101

Richter A, Burrows J P, Nü βH, et al. 2005. Increase in tropospheric nitrogen dioxide over China observed from space. Nature,437: 129-132

Saide P, Zah R, Osses M, and et al. 2009. Spatial disaggregation of traffic emission inventories in large cities using simplified top-down methods. Atmos. Environ. ,43(32): 4914-4923

Sbayti H, El-Fadel M, Kaysi I. 2002. Effect of roadway network aggregation levels on modeling of traffic-induced emission inventories in Beirut. Transpn. Res. -D,7: 163-173

Tuia D, Ossés de Eicker M, Zah R, and et al. 2007. Evaluation of a simplified top-down model for the spatial assessment of hot traffic emissions in mid-sized cities. Atmos. Environ. ,41(17): 3658-3671

U. S. Census Bureau. 2010. International data base. http://www. census. gov/

U. S. Census Bureau. 2012. Vehicle inventory and use survey. http://www. census. gov/svsd/www/vius/products. html

USEPA (U. S. Enviromental Protection Agency). 1998. AP-42: Compilation of Air Pollutant Emission Factors. Appendix J: Emission Sensitivity Tables--By Vehicle Type. http://www. epa. gov/oms/models/ap42/j-tables/j-tables. pdf

USEPA. 2010. National emission inventory air pollutant emission trends. http://www. epa. gov/ttn/chief/trends/

USEPA. 2010. MOVES: Highway vehicle temperature, humidity, air conditioning, and inspection and maintenance adjustments. EPA-420-R-10-027

Wang G H, Bai S, Ogden J M. 2009. Identifying contributions of on-road motor vehicles to urban air pollution using travel demand model data. Transpn. Res. -D,14: 168-179

Wang H K, Chen C H, Huang C, et al. 2008. On-road vehicle emission inventory and its uncertainty analysis for Shanghai, China. Sci. Total Environ. ,398: 60-67

Wang H K, Fu L X, Lin X, et al. 2009. A bottom-up methodology to estimate vehicle emissions for the Beijing urban area. Sci. Total Environ. ,407: 1947-1953

Wang H K, Fu L X. 2010. Developing a high-resolution vehicular emission inventory by integrating an emission model and a traffic model: Part 1-modeling fuel consumption and emissions based on speed and vehicle-specific power. J. Air Waste Manage. Assoc. ,60: 1463-1470

Wang H K, Fu L X, Chen J C. 2010a. Developing a high-resolution vehicular emission inventory by integrating an emission model and a traffic model: Part 2-a case study in Beijing. J. Air Waste Manage. Assoc. ,60: 1471-1475

Wang H K, Fu L X, Zhou Y, et al. 2010b. Trends in vehicular emissions in China's mega cities from 1995 to 2005. Environ. Pollut. ,158: 394-400

Wang L T, Jang C, Zhang Y, et al. 2010a. Assessment of air quality benefits from national air pollution control policies in China. Part I: Background, emission scenarios and evaluation of meteorological predictions. Atmos. Environ. ,44: 3442-3448

Wang L T, Jang C, Zhang Y, et al. 2010b. Assessment of air quality benefits from national air pollution control policies in China. Part II: Evaluation of air quality predictions and air quality benefits assessment. Atmos. Environ. ,44: 3449-3457

Wang M, Huo H, Johnson L. et al. 2006. Projection of Chinese motor vehicle growth, oil demand, and CO_2 emissions through 2050. Argonne National Laboratory, ANL/ESD/06-6, USA

Weilenmann M, Favez J Y, and Alvarez R. 2009. Cold-start emissions of modern passenger cars at different low ambient temperatures and their evolution over vehicle legislation categories. Atmos. Environ. , 43: 2419-2429

Wu Y, Wang R J, Zhou Y, et al. 2011. On-road vehicle emission control in Beijing: Past, present, and future. Environ. Sci. Technol. ,45,147-153

Yanowitz J, Mccormick R L, Graboski M S. 2000. In-use emissions from heavy-duty diesel vehicles. Environ. Sci. Technol. ,34: 729-740

Zhang Q, Streets D G, He K B, et al. 2007. NO_x emission trends for China, 1995-2004: The view from the ground and the view from space. J. Geophys. Res. ,112: D22306

Zhang Q, Streets D G, Carmichael G R, et al. 2009. Asian emissions in 2006 for the NASA INTEX-B mission. Atmos. Chem. Phys. ,9: 5131-5153

Zheng Y. 2003. A new grid-based mobile source emissions inventory model: [Ph. D. Dissertation]. USA: University of California at Davis

Zheng Y, Wang B, Zhang H M, et al. 2004. A new gridding method for zonal travel activity and emissions using bicubic spline interpolation. Transpn. Res. -B, 38: 751-766

Zheng J Y, Che W W, Wang X M, et al. 2009. Road-network-based spatial allocation of on-road mobile source emissions in the pearl river delta region, China, and comparisons with population-based approach. J. Air Waste Manage. Assoc. ,59: 1405-1416

Zhou Y, Wu Y, Yang L, et al. 2010. The impact of transportation control measures on emission reductions during the 2008 Olympic Games in Beijing, China. Atmos. Environ. ,44: 285-293

第 10 章　城市微观机动车排放清单建立方法

与宏观排放清单相同,微观排放清单可获取机动车在一段时间内的排放量及时空分布。两者的区别是,宏观清单关心的是排放量及其分布,即使是自下而上、基于路段的宏观排放清单估算的也是路段排放量及其表现的排放分布特征;而微观机动车排放清单关心的是交通流对车辆排放的影响机制。如果说宏观排放清单回答的是"是多少"的事实性问题,那么微观排放清单探究的更像是"为什么"的机理性问题。微观排放清单以量化各种交通因素对排放的影响为主要目标,通过将微观排放模型和微观交通数据进行耦合,模拟交通流内车辆的排放变化,提供高分辨率的机动车排放清单,支持交通规划和交通措施的环境影响评价。

本章首先对微观机动车排放清单方法学及应用进行概述,然后以 2004 年北京城区轻型车的排放为研究目标,探讨中国城市微观路段排放清单的建立方法,最后对宏观排放清单和微观排放清单进行对比和评价。

10.1　概　　述

10.1.1　方法学

与所有排放清单一样,微观机动车排放清单的建立需要排放因子和活动水平两方面的信息。微观机动车排放清单通常由瞬态排放因子模型和微观交通行为耦合而成,它大致包括三方面的内容:①瞬态排放因子模型的选取/建立;②微观交通行为的获取;③耦合机制的构建。同时,建立微观排放清单还需要一个拥有研究域内各路段位置、长度、车道数、限速、流量等信息的电子地图,作为清单计算的平台。

1. 瞬态排放因子模型的选取/建立

用于微观排放清单的排放因子模型必须为瞬态模型。本书第 7 章对瞬态排放因子模型方法和应用进行了详细的论述。瞬态排放因子模型的定义为根据速度、加速度等行驶特征数据逐秒模拟机动车污染物排放速率的模型。根据建模原理,瞬态排放因子模型可分为数学模型和物理模型。

数学模型根据逐秒的排放测试结果,对排放与速度和加速度的数学关系进行拟合。代表性模型包括弗吉尼亚理工大学的纯数学回归 VT-Micro 模型、麻省理工大学的基于发动机负载的瞬态排放因子 EMIT 模型以及清华大学的 ICEM 模型等。

物理模型分析排放产生的原理和过程,从发动机能量需求出发,站在物理学的角度对发动机转速、燃空当量比、燃料消耗、发动机污染物排放和催化剂效率等进行模拟和计算,进而得到机动车尾气排放。物理模型以美国加州大学河滨分校开发的 CMEM 模型为代表。

2. 微观交通行为的获取

微观交通行为有两种获取方法,即微观交通调查和交通仿真模型。微观交通调查通常采用 GPS 和视频数据采集设备在目标道路上搜集行驶数据和交通流数据,根据调查结果回归车辆在不同道路和不同时段的速度 v 和加速度 a 分布特征及交通流变化规律。基于这种方法建立的微观清单一般是静态的。

交通仿真模型基于交通流理论,可逐秒模拟车辆在交通流中的行为。交通仿真模型中,车的行为和速度由跟车模型、换道模型以及红绿灯和道路限速等确定。关于微观交通模型请参阅交通流理论相关书籍,例如李力等(2011)和张生瑞(2010)等,这里仅以跟车模型为例,简单描述交通仿真模型如何模拟车辆行为。跟车模型研究交通流中前后车辆间的相互影响,模拟后车对前车行为的反应。最简单的跟车模型原理如式(10-1)所示,认为后车的速度变化由后车司机的反应时间,以及他对车距的期望值与实际值之间的差异,或他对两车之间的速度差的判断所决定。

响应(后车速度变化)＝敏感性(后车司机反应时间)

$$\times 刺激(与前车车距变化或两车速度差) \qquad (10\text{-}1)$$

式(10-2)是最早并最具代表性的跟车模型之一(Chandler et al.,1958),之后跟车模型被不断地扩展和改进,出现了多种基于不同理论、可模拟各种交通条件下的跟车模型。

$$a_n(t+\tau) = C_0 \times [v_{n-1}(t) - v_n(t)] \qquad (10\text{-}2)$$

其中,t 为时间;$[v_{n-1}(t)-v_n(t)]$ 为第 n 辆车和第 $n-1$ 辆车在时间 t 时的速度差;$a_n(t+\tau)$ 为第 n 辆车的速度变化;τ 为司机反应时间;C_0 为敏感系数。τ 和 C_0 从司机调查和试验中获得。

交通行为的获取方法很大程度上决定了机动车排放清单的属性。机动车排放清单具有自下而上/自上而下、静态/动态、宏观/微观等属性,其中宏观/微观属性由排放因子和交通行为的属性共同制约,其他属性均取决于交通行为的获取方法。基于宏观交通统计和调查数据建立的清单均为静态宏观排放清单,基于交通模型建立的清单为自下而上的排放清单,其中动静态的属性由交通模型的性质决定。表 10-1 总结了交通活动行为获取方法与清单属性的关系。

表 10-1　机动车排放清单的属性

交通活动的获取方法	清单属性					
	一	自上而下	自下而上			
	静态	静态	静态		动态	
	宏观	宏观	宏观	微观	宏观	微观
宏观调查/统计[a]	√					
基于宏观调查/统计、依据代用参数等估算		√				
静态交通模型			√			
动态宏观交通模型					√	
微观调查(与宏观/工况排放因子模型耦合)			√			
微观调查(与瞬态排放因子模型耦合)				√		
动态微观交通模型(与宏观/工况排放因子模型耦合)					√	
动态微观交通模型(与瞬态排放因子模型耦合)						√

a. 仅基于宏观调查和统计建立的清单通常为单区域清单,不具备自上而下或自下而上的分类条件

3. 耦合机制的构建

车辆速度 v 和加速度 a 既是描述车辆行驶行为的主要参数,又是表征车辆排放的主要参数,因此绝大多数微观排放清单以 v 和 a 作为排放模型和交通行为的耦合参数。在耦合过程中,微观交通调查或交通仿真模型输出某时段道路上某点的车辆 v 和 a,然后输入到微观排放模型,获得该时段该点的排放。

在一些应用中,譬如为大气化学模式提供高分辨率排放清单,微观排放清单不必提供逐秒的排放数据,因为大气模式的时间分辨率一般大于 1 小时,空间分辨率大于 1 km(通常大于城市路段)。这时,为了简化计算,交通调查/交通模型可以以 1 小时和路段为时空单元,计算 v 和 a 在这个时空范围内的分布,然后输出给瞬态排放因子模型。

如果采用成熟的交通仿真模型提供微观交通数据,耦合机制还包括瞬态排放因子模型和交通仿真模型车型定义的匹配。

10.1.2　主要应用

1. 提供高分辨率排放清单

与宏观排放清单相比,微观排放清单基于瞬态排放因子模型,准确性更高。而且,微观排放清单以秒为时间单位计算车辆排放,可实现较高的时间和空间分辨率。因此,机动车微观排放清单方法可以为空气质量模拟研究提供更准确、更高分辨率的清单。

研究者将瞬态排放因子模型和仿真模型耦合,形成模型化的机动车微观排放清单,具有代表性的微观机动车清单模型包括由美国联邦公路管理局(Federal Highway Administration,FHWA)开发的内嵌微观排放模块的交通仿真模型 TSIS(Traffic Software Intergrated System)(Bared et al.,2011)。

2. 评价车辆行为和交通改善策略对排放的影响

除了计算机动车排放量,微观排放清单更独特的用途是模拟微观交通环境中司机/车辆行为对排放的影响,评价各种交通规划和改造措施的环境影响。

瞬态排放因子模型和交通仿真的耦合模型广泛应用于分析司机路线选择与油耗和排放的关系(Fellendorf and Vortisch,2000;Bandeira et al.,2012)。例如,Ahn 和 Rakha(2007,2008)在美国 66 号州际高速公路(代表高速路)和美国弗吉尼亚 7 号公路(代表主干路,具有 32 个交通信号灯)上选择了两段具有相同起止点的道路,利用 GPS 仪器收集的行驶数据与 VT-Micro 模型分析了早高峰时段的道路选择对车辆排放的影响,发现选择高速路比选择主干路多产生 10%～50% 的排放,尽管司机可节省 4 分钟。

微观耦合模型还用来模拟多种交通措施对排放的影响。Boriboonsomsin 和 Barth(2008)为了评价高速路上多载客(high-occupancy vehicle,HOV,即拼车出行)车道的设计方案对车辆排放的影响,将 PARAMICS 模型和 CMEM 模型进行耦合,以早高峰时段的美国加州 91 号高速路为研究对象,模拟了早高峰时段自由进入和限制进入 HOV 车道的排放变化,发现自由进入比限制进入不但可多承担 5% 的交通流量,而且还能减少 8%～17% 的车辆排放。Stathopoulos 和 Noland(2003)将 VISSIM 模型和 CMEM 模型耦合,考察欧洲车辆在交汇路口自由交汇和设置信号灯两种情景的排放,进而分析改善交通流对减少机动车排放的作用。Panis 等(2006)利用微观排放清单模型分析了比利时 Gentbrugge 小城镇不同道路限速对排放的影响。

在中国,研究者将各种瞬态排放因子模型和交通仿真模型进行耦合,研究城市内交叉路口信号灯周期改变、增设公交专用线、架设过街天桥、道路单向改造等交通改造措施的减排效果,以及新建交通基础设施的环境影响。刘皓冰等(2010)将 VISSIM 模型和 POLY 模型耦合,选取了上海市闸北区一交叉路口,分析增设锯齿形公交优先进口道和调整交叉口信号灯周期等交通措施对排放的影响。李璐等(2011)以广州一处人行天桥为例,利用 PARAMICS 和 CMEM 耦合模型分析架设行人过街天桥的机动车减排效益。VISSIM 和 CMEM 耦合模型被用来评价南京市某段道路增设公交专用道的机动车减排效益(吴孟庭等,2010;吴孟庭和李铁柱,2009)及南京市某区新建立交桥的环境影响(王轶等,2012)。崔志华(2009)和孙凤艳(2008)应用由 FHWA 开发的 TSIS 模型分别分析了长春市道路单向改造及交叉口交通管理方案的机动车减排潜力。

可以看出,这些研究分析的交通规划和措施带有浓郁的地方特色,而且研究对象通常是具有特定地理位置的交通基础设施。由于每个城市具有不同的交通流量、交通流特征和车队特征,其结果仅适用于各自的研究域,对其他国家和同一国家其他城市的借鉴意义不大,甚至对一个城市不同地区的同类型道路,或同一条道路的不同时段,结果可能也会有变化。

10.2　北京市轻型车路段微观排放清单的建立

本节以 2004 年北京城区轻型车的排放为研究目标,探讨中国城市基于路段微观排放清单的建立方法,分析北京市轻型车的路段排放特征。首先,确定机动车路段排放量的计算方法,这包括三个方面的工作:①选择合适的瞬态排放因子模型;②获取微观交通数据;③建立耦合机制。然后,依托 GIS 技术,获取北京城市道路路段的地理信息,其中将快速路和主干路视为线源,将居民路视为面源。最后,以电子地图为计算平台,建立北京市轻型车排放清单,对北京市轻型车的污染总量、污染分担率以及污染时空分布等污染特征进行分析。

10.2.1　路段排放量的计算

1. 瞬态排放因子模型的选取

瞬态排放因子包括 POLY、VT-Micro 和 CMEM 等多种模型。本案例的研究域为北京市,因此选用清华大学基于北京市实测排放数据建立的 ICEM 模型。本书第 7 章 7.3 节详细描述了 ICEM 模型的方法和建模过程。ICEM 模型用速度和加速度作为“代用参数”,将速度和加速度分别划分为 31 个区间(0～30 m/s 之间按 1 m/s 平均划分 30 个区间,30 m/s 以上为一个区间)和 11 个区间(5 个加速区间,1 个匀速区间和 5 个减速区间,在低加/减速区间划分较密),将速度在 0～1 m/s 区间以及加速度在 $-0.1\,\text{m/s}^2 \leqslant a \leqslant 0.1\,\text{m/s}^2$ 区间内的排放定义为基准排放速率,引入了“速度排放增量”和“加速度排放增量”两个概念计算不同速度和加速度下的瞬态排放。“速度排放增量”和“加速度排放增量”根据在北京开展的 8 辆轻型车车载测试结果拟合得到。详请见本书第 7 章 7.3.3 小节。

2. 微观交通行为的获取

这里,微观交通行为包含两个方面的含义:①车辆路段行驶特征;②微观交通流中各路段上的瞬时车辆数目。

（1）车辆路段行驶特征

车辆路段行驶特征与 ICEM 模型耦合的条件有两个：①两者采用相同的行驶特征参数作为耦合的接口。ICEM 模型以 v 和 a 为代用参数，因此路段行驶特征也要以 v 和 a 来表征；②两者采用的行驶特征参数是匹配的，即表征交通行为的 v 和 a 要采用 ICEM 模型的速度和加速度分区方法。

采用 GPS 仪器在多条道路上捕捉以 v 和 a 表征的车辆行驶特征。清单以小时为时间分辨率，以路段为空间分辨率，因此将微观交通行为转化为基于路段的逐时的 v 分布和 a 分布，建立路段行驶特征。

本书第 4 章 4.4 节"路段行驶特征"描述了如何使用 GPS 获取北京市多种路段的行驶数据，以及如何将行驶数据转化为以 v 和 a 表征的路段行驶特征。简要地说，对于快速路，分析车辆行驶的振荡周期，将快速路行驶特征拟合成一段由若干个加速—匀速—减速—匀速—加速过程的、形状一样的梯形构成的特征曲线。对于主干路，路段两端为交叉路口，对交叉路口起始端和结束端各定义 4 种车辆行驶状态，根据这 8 种行驶状态定义 23 个行驶特征参数（例如每种状态的平均加速度和速度，以及加速、匀速和减速下的运行距离）。由采集得到的车辆行驶数据确定每种状态的比例及各行驶特征参数的值。将采集的行驶数据进行拟合和整理，获得各路段逐时的 v 和 a 时间分布。

（2）微观交通流中各路段上的瞬时车辆数目

以往的机动车排放清单研究采用交通流量表征交通流中的车辆数目。交通流量的定义为，一时段内通过道路某断面的车辆数。然而，从微观的角度分析，交通流量这一概念无法表征车辆在交通流内的瞬态活动水平。

交通密度的定义为一段道路上的车辆数，单位为辆/km 道路。交通密度直接体现了道路上排放污染物的实体数，可用于表征路段机动车数目。某路段上瞬时的车辆数与交通密度和道路长度有关，如式(10-3)所示。

$$VP_{i,j,k} = L_k \times \rho_{i,j,k} \tag{10-3}$$

其中，i 代表车型；j 代表时刻；k 代表路段编号；$VP_{i,j,k}$ 为 j 时刻 k 路段上车型 i 的数量；L_k 为 k 路段长度，km；$\rho_{i,j,k}$ 为车型 i 在 j 时刻 k 路段上的平均交通密度，辆/km，若以大于车辆通过路段时间的 t 为单位，t 时段内路段上的平均交通密度等于 t 时段通过的交通流量除以车辆在这段时间内的平均速度，如式(10-4)所示。

$$\rho_{i,j \to j+t,k} = \frac{Q_{i,j \to j+t,k} \times t'_{i,j,k}}{L_k} = \frac{Q_{i,j \to j+t,k} \times \frac{L_k}{V_{i,j \to j+t,k}}}{L_k} = \frac{Q_{i,j \to j+t,k}}{V_{i,j \to j+t,k}} \tag{10-4}$$

其中，$t'_{i,j,k}$ 为车型 i 在时刻 j 通过路段 k 的平均时间，s；t 为大于 $t'_{i,j,k}$ 的时段，s；$\rho_{i,j \to j+t,k}$ 为在时刻 j 至 $j+t$ 之间路段 k 上轻型车 i 的平均交通密度，辆/km；$Q_{i,j \to j+t,k}$ 为时刻 j 至 $j+t$ 之间路段 k 上轻型车 i 的流量，辆/s；$V_{i,j \to j+t,k}$ 为时刻 j 至

$j+t$ 之间轻型车 i 在路段 k 上的平均速度,km/s。值得注意的是,式(10-4)中,交通流量可作为计算平均交通密度的一个参数。考虑到清单的时间分辨率为小时,这里 t 取为 1 小时。

若不考虑车身长度等其他因素,在非自由流中,交通密度和速度呈非线性单调递减关系,即交通流速度随交通流密度的增大而减小,当车辆均处于怠速时,道路交通密度最大(威廉姆·劳埃茨巴赫,1998)。

各路段逐时的交通流量和平均速度可通过交通数据采集和交通模型等方法获取。这里采用交通流量视频数据采集技术及交通流量曲线拟合方法获取各路段逐时的交通流量,从各路段逐时的 v 分布推算逐时的平均速度。本书第 6 章 6.2.2 小节"2. 交通流量视频数据采集和结果分析"介绍了 2004 年在北京北居民区、南居民区和中心商业区三个功能区的快速路、主干路和居民路上开展的交通流量视频数据采集研究,以及根据交通流量时变化系数将时间不连续的交通流量结果推衍到其他小时段的方法,这里假设北京市同一功能区内相同道路类型具有相同的单车道流量。

由式(10-3)可知,计算路段车辆数还需要路段长度信息,由北京市路段电子地图读取,这将在 10.2.2 小节中进行描述。

3. 耦合机制

耦合分为两步:①将瞬态排放因子模型和车辆路段行驶特征耦合,获得路段机动车排放速率;②将路段排放速率和路段车辆数目耦合,得到路段机动车排放量。

(1) 将瞬态排放因子模型和车辆路段行驶特征耦合

对于第一步耦合,ICEM 模型与路段行驶特征拥有相同的 v 和 a 分区,可采用相乘的方式直接耦合,如本书第 7 章 7.3.3 小节式(7-42)所示,得到车型 i 在 j 时段路段 k 上的综合排放速率 $\mathrm{ER}_{i,j,k}$。

(2) 将路段排放速率和路段车辆数目耦合

综合上述分析,从瞬态且微观的角度分析,某一时刻,道路上某类车型的污染物排放量等于道路上所有该车型的数量与该时刻机动车的排放速率之积,可用式(10-5)来表示:

$$\mathrm{EM}_{i,j,k} = \frac{3600}{1000} \times \mathrm{ER}_{i,j,k} \times \mathrm{VP}_{i,j,k} \tag{10-5}$$

其中,i 代表车型;j 代表时段;k 代表路段;$\mathrm{EM}_{i,j,k}$ 为时段 j 时车型 i 在路段 k 上产生的污染物排放量,kg;$\mathrm{ER}_{i,j,k}$ 为在时段 j 时 i 类轻型车在 k 路段上的综合排放速率,g/s;$\mathrm{VP}_{i,j,k}$ 为 j 时段 k 路段上车型 i 的数量,辆。

将式(10-3)和式(10-4)带入式(10-5)，可化为式(10-6)。

$$\mathrm{EM}_{i,j,k} = \frac{3600}{1000} \times \frac{Q_{i,j,k} \times \mathrm{ER}_{i,j,k} \times L_k}{V_{i,j,k}} \tag{10-6}$$

其中，j 代表以小时为单位的时段，其他参数意义同式（10-3）、式（10-4）和式（10-5）。

由式(10-6)可知，机动车排放量是由交通流量 Q、交通流平均速度 V 以及排放速率 ER 三个因素协同作用的结果。其中排放速率 ER 是机动车行驶速度和加速度的函数，受路段类型以及长度影响；Q 是平均速度 V 的函数。不同道路的 Q-V 关系不同，不同污染物的排放与速度和加速度的函数也不同，因此，在不同道路上，各种污染物的排放量会表现出相互不同的逐时变化规律。

两个耦合步骤构成计算快速路、主干路和居民路流动源排放量及建立排放清单的主要方法。该排放清单计算方法基于机动车排放速率、路段行驶特征以及道路交通密度，是一种自下而上的排放清单计算方法，即从机动车在每条路段及每个时段的排放特征、行驶特征和活动水平特征出发，构建整个城市逐时的轻型车路段排放清单。

10.2.2　北京市路段电子地图的绘制

根据研究的模拟需要，采用自行绘制的 2004 版北京城市道路电子地图计算机动车排放清单。首先对 1：70 000 的《2004 北京市交通图》进行高分辨率扫描，然后使用 Mapinfo 软件，对扫描图像进行手工矢量化。电子地图的道路包括快速路和主干路的各路段，可输出研究所需的路段长度和车道数等信息。电子地图还可赋予各个城市功能组团的居民路密度和长度信息。

1. 快速路和主干路

2004 年，北京市区的道路系统由 4 条环型快速路、8 条放射快速路、贯通旧城区的 6 条东西向干路、3 条南北向干路、若干条干路和次干路以及居民路网组成。北京市区快速路系统由快速路环路和若干主要放射干线组成。主要放射干线在五环以内的部分被定义为城市快速路，以外为高速公路。主干路系统由城市干路和次干路构成。

绘制过程中，以立交桥为快速路路段的分割点，以交叉路口为主干路路段的分割点，尽可能包括北京市所有主要快速路和主干路，共获取 144 个快速路路段和 1649 个主干路路段。

道路车道数是非常重要的道路信息，它在一定程度上表现了一条道路的运输容量。这项工作进行期间（2005 年），北京市的二环路、三环路、四环路和五环路分别为双向 6 车道、双向 6 车道、双向 8 车道和双向 6 车道，机场高速公路为双向

6～8车道、八达岭高速公路(现更名为京藏高速公路)为双向 6 车道等。城市主干路以双向 4 车道居多,二环以内主干路双向车道数大于 4 的情况较多,譬如长安街为双向 10 车道、平安大街为双向 8 车道等。次干路单向车道数在 1～2 之间。研究通过查阅航拍图片和实地考察等方式,确定了北京市主要道路的车道数。

自绘的道路电子地图如图 10-1 所示,道路信息如表 10-2 所示。

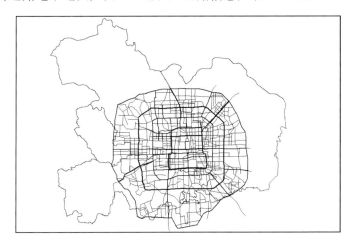

图 10-1　2004 年北京市道路电子地图

表 10-2　电子地图的道路信息

	位置	路段数	道路总长度(km)
快速路	二环	28	32.7
	三环	44	48.1
	四环和三四环之间的放射快速路	52	79.3
	五环和四五环之间的放射快速路	20	135.4
主干路	二环内	287	150.2
	二三环之间	326	173.9
	三四环之间	370	225.3
	四五环之间	666	503.8

2. 居民路

将机动车在居民路的排放视为面源。根据北京市城市规划设计研究院编写的《北京市区道路网系统功能调整及加密规划》(以下简称《加密规划》),北京城市内某区域的居民路密度跟该地区的地理位置和功能相关(殷丽,1999)。将城市地理位置分为二环以内、二三环之间、三四环之间以及四五环之间四种,将城市功能分为居民区、商业区、工厂及仓储区、城市景观及公园、城市周边绿地及农田五种类型（《北京规划建设》编辑部，1994a），于是，根据城市组团的功能以及地理位置分布，城市组团可分为 20 种属性。据此将五环以内的城市地区共划分为 137 块城市组团，各地区属性的编号及面积见表 10-3。

表 10-3　地区类型划分以及每类地区的面积　　　　单位：km²

功能类型	地理位置	二环以内	二三环之间	三四环之间	四五环之间
	编号	2ND	3RD	4TH	5TH
居民区	RE	42.9	62.1	66.2	146.6
商业区	BU	5.6	11.9	3.4	0.0
工厂及仓储区	IN	0.0	0.0	19.0	11.0
城市景观及公园	PA	10.4	7.1	4.1	0.0
城市周边绿地及农田	GR	0.0	0.0	30.2	240.0

在城市各组团的整体路网内，快速路、主干路和居民路在长度分配上存在一定关系，采用式（10-7）和式（10-8）分别计算各组团内的居民路密度和长度。

$$\omega_{\mathrm{R},j} = \frac{(R_{\mathrm{F},j} + R_{\mathrm{A},j}) \times \dfrac{\delta_j}{1-\delta_j}}{A_j} \tag{10-7}$$

其中，j 代表地理位置，分为二环以内、二三环之间、三四环之间以及四五环之间四类；$\omega_{\mathrm{R},j}$ 代表 j 地理位置地区的居民路密度，km/km²；$R_{\mathrm{F},j}$ 代表 j 地理位置地区的快速路总长度，km；$R_{\mathrm{A},j}$ 代表 j 地理位置地区的主干路总长度，km；A_j 为 j 地理位置地区的总面积，km²；δ_j 代表 j 地理位置地区居民路长度占总道路长度的比例（取值参考《加密规划》：二环以内，$\delta_j=0.48$；二三环之间，$\delta_j=0.44$；三四环之间，$\delta_j=0.39$；四五环之间，$\delta_j=0.28$）。

$$R_{\mathrm{R},i,j} = \mu_{i,j} \times \omega_{\mathrm{R},j} \times A_{i,j} \tag{10-8}$$

其中，i 代表地区功能类型，包括居民区、商业区、工厂及仓储区、城市景观及公园、城市周边规划绿地以及农田等五种类型；$R_{\mathrm{R},i,j}$ 代表 j 地理位置 i 城市功能地区的居民路长度，km；$A_{i,j}$ 为 j 地理位置 i 城市功能地区的总面积，km²；$\mu_{i,j}$ 为 j 地理位置 i 城市功能地区的道路密度调整系数，取值参考《加密规划》，具体见表 10-4 所示。其他参数定义同式（10-7）。

根据式（10-7）和式（10-8）计算得到 137 个城市组团的居民路道路密度和长度。

居民路的单向车道数均设为 1。

表 10-4　道路密度调整系数

功能类型 \ 地理位置	2ND	3RD	4TH	5TH
RE	1.3	1.3	1.4	1.3
BU	1.1	1.1	1.0	1.0
IN	0.9	0.9	1.0	1.0
PA	0.0	0.0	0.1	0.1
GR	—	—	0.8	0.65

3. 道路信息验证

综上所述,在北京市五环路内的研究区域内,共划分出快速路 296 km,主干路 1053 km,居民路 787 km,总道路密度为 3.2 km/km^2,各个地区的道路信息见表 10-5。

表 10-5　电子地图道路信息

	快速路 (km)	主干路 (km)	居民路 (km)	总道路长度 (km)	总道路密度 (km/km^2)
二环内	32.7	150.2	167.4	350.3	5.6
二三环之间	48.1	173.9	175.6	397.6	4.3
三四环之间	79.3	225.3	194.7	499.3	3.4
四五环之间	135.4	503.8	249.0	888.2	2.4
三环内	80.8	324.1	343.0	747.9	4.8
四环内	160.1	549.4	537.7	1247.2	4.1
五环内	295.5	1053.2	786.7	2135.4	3.2

由于缺乏全面的现状统计资料,采用一些宏观数据对绘制的道路电子地图进行验证。根据《北京规划建设》编辑部(1994b)编写的《北京城市总体规划综述》,市区规划路网密度平均为 2.44 km/km^2,三环以内规划道路网密度为 4.64 km/km^2,二环以内规划道路网密度为 5.96 km/km^2。根据《2003 年北京市发展纲要》(北京市交通委员会和北京交通发展研究中心,2004),2002 年,北京市五环内城市快速路和各种干路的道路密度为 1.44 km/km^2,北京市五环内道路密度为 2.80 km/km^2。

与上述 2002 年历史数据相比较,这里绘制的电子地图的道路密度偏高 10% 左右,但是考虑到 2002~2004 年间北京市道路建设飞速发展,2004 年的电子地图比 2002 年的道路数据偏高属合理范围内。此外,制图严格遵循最新版北京交通地图,道路数量不可能高于实际情况。因此,本节绘制的电子地图用于模拟机动车时空排放时是可靠的。

10.2.3　结果与分析

将北京城区分为三个地区：二环内、二四环之间和四五环之间。每个研究地区包括三种路型：快速路、主干路和居民路。轻型车分为普通轻型车和出租车。

1. 日排放总量和分担率

表 10-6 为北京市各地区每种道路类型的轻型车污染物排放量。2004 年，北京市轻型车每日排放 1140.8 吨 CO、47.5 吨 HC 和 31.3 吨 NO_x。其中，保有量占轻型车队不到 10% 的出租车对污染物排放的贡献达到 50% 左右。如此高的排放分担率出于两个原因：第一，出租车在交通流量中的比例很高。根据实测的交通流结构分析，出租车在北京市交通流量的比例约为 13.3%～33.5%。第二，出租车排放水平较高。出租车的年均行驶里程比普通轻型车高 5 倍左右，加上养护相对较差，单位里程排放因子是同类普通轻型车的 2～5 倍。鉴于其较高的排放水平以及排放分担率，出租车应该成为北京市轻型车污染排放控制的重点。

表 10-6　北京市不同地区各种道路类型的轻型车污染物排放量

		日排放量(吨/天)			所占比例(%)		
		CO	HC	NO_x	CO	HC	NO_x
按车型	普通轻型车	537.0	22.7	17.9	47	48	57
	出租车	603.8	24.8	13.4	53	52	43
按道路类型	快速路	455.8	18.2	14.5	40	38	46
	主干路	599.5	28.2	14.2	53	60	46
	居民路	85.5	1.1	2.6	7	2	8
按地区	二环内	212.8	8.3	4.8	19	18	15
	二四环之间	478.3	18.6	12.5	42	39	40
	四五环之间	449.7	20.6	14.0	39	43	45
	总计	1140.8	47.5	31.3			

另一方面，普通轻型车(这里主要指私家车)的迅速发展导致北京市的道路交通一直处于超饱和状态，不断建设的道路无法消纳持续增长的机动车保有量。因此，未来一段时间内，单纯建设地面道路非但不能解决城市道路交通拥堵问题，还会使机动车的总排放量持续增加，这是城市交通管理和环境污染控制决策者必须考虑的问题。

从道路类型的排放分担率来看，快速路和主干路的污染物排放分担率相当，其中主干路略高，两种道路类型占总排放量的 95% 左右。快速路的长度仅占路网总长度的 14%，但因承载了 50% 左右的城市交通流量而成为城市轻型车污染的主要来源。居民路的污染物排放量为总排放量的 2%～8%。值得注意的是,机动车排放包括冷/热启动排放、蒸发排放、热稳定排放等多种类型,这里模拟的是轻型车在热稳定行驶过程中的尾气排放,不考虑其他种类的排放。由于车辆的冷/热启动排放过程基本发生在居民路,因此居民路的机动车排放贡献实际会高于表 10-6 的计算值。

2. 道路排放强度

图 10-2 显示了轻型车的道路排放强度,即每公里道路的污染物排放量。随着二环至四环间城区的建设和新功能区的规划,二四环之间的交通活动越来越活跃,致使其道路排放强度已接近二环内的道路排放强度水平。如图 10-2 所示,二四环之间道路的 CO、HC 和 NO$_x$ 排放强度分别是二环内道路排放强度的 67%～80%、67%～75% 和 73%～96%。这意味着,除了旧城区这个传统的机动车重污染区以外,二四环之间也正遭受严重的机动车污染,而且污染程度正慢慢接近旧城区。由于北京市一直以来的以旧城区为中心、新区包围旧城、同心同轴向外蔓延的城市发展模式,北京城市机动车污染区域不断向四周扩散,已经形成了连片的、较大面积的机动车高污染区域。

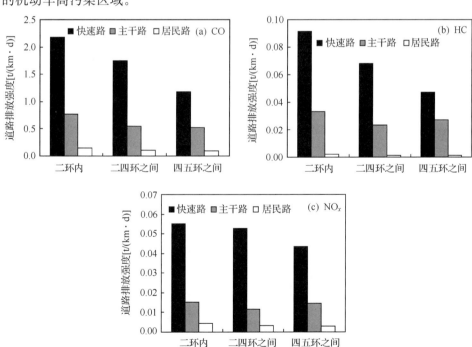

图 10-2　轻型车污染物道路排放强度

道路排放强度与道路交通流量、交通流内行驶速度、道路上机动车的污染控制技术水平、机动车行驶特征等多种因素相关。如图 10-2 所示,二环以内城区的道路排放强度最高。其中,快速路的日均道路排放强度为每公里 2.18 吨 CO、0.092 吨 HC 和 0.055 吨 NO_x,分别为同地区主干路道路排放强度的 2.8、2.8 和 3.6 倍。三种污染物在两种类型道路上所表现的排放强度差异来自于三者不同的速度和加速度排放增量水平,以及车辆在两种道路类型上明显不同的速度以及加速度时间分布。相对其他两种污染物,NO_x 对高速度更为敏感,具有较高的速度排放增量。快速路交通流具有较高的高速区时间分布,因此,轻型车在快速路上行驶时,NO_x 排放速率明显增高。

　　二四环之间快速路的道路排放强度是同区主干路排放强度的 2.9~4.6 倍,而四五环之间为 1.8~3.0 倍。由于各地区快速路和主干路交通流量的差异基本相当,同区两种道路上的车辆技术分布也相同,因此,这种道路排放强度的差异来自不同地区轻型车行驶特征的差异。城市中心道路拥堵的概率要大于外围地区,而由于主干路上的交通流本身具有间歇行驶的特性,因此拥堵状况对快速路排放强度的影响要远大于对主干路的影响。由此可见,这里建立的自下而上的机动车排放清单计算方法可以更为细致地体现出机动车在不同区域不同道路类型上的排放特征变化。

　　此外,北京市当时限制化油器车在四环及以内的城区行驶,因此四五环之间道路上的化油器车比例高于四环内道路,这导致四五环之间地区的轻型车队平均排放水平比四环内道路轻型车高 70%~90%,使得四五环间城市地区道路相对较低的交通活动水平也会产生较高的排放强度,其中,主干路排放强度甚至高于二四环之间城市地区主干路。

3. 城区面积排放强度

　　城区面积排放强度与道路密度、道路类型分布、交通活动水平、机动车控制技术水平及机动车行驶状态等因素有关。图 10-3 显示了轻型车的面积排放强度,即每平方公里城区的污染物排放量。

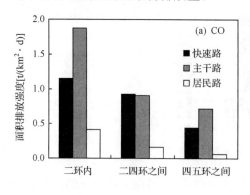
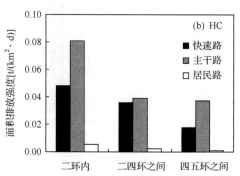

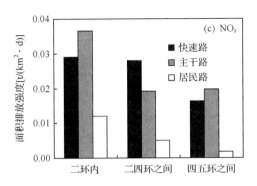

图 10-3　轻型车污染物面积排放强度

由图 10-3 可以看出,由于中心区较高的道路密度和交通活动水平,其面积排放强度最大。面积排放强度随着区域由城市中心向城市边缘的扩展呈递减趋势。二环内,每平方公里城区面积上每天排放 3.43 吨 CO、0.135 吨 HC、和 0.078 吨 NO_x,分别是二四环之间和四五环之间污染物排放强度的 1.5~1.7 倍和 2.0~2.8 倍。

虽然二四环内快速路的密度($0.53\ km/km^2$)和二环内快速路的密度($0.52\ km/km^2$)较为相近,但由于交通活动水平以及交通结构的差异,两个区的快速路面积排放强度略有不同,二环内 CO、HC 和 NO_x 的面积排放强度分别是二四环间快速路面积排放强度的 1.24 倍、1.33 倍和 1.04 倍。

同样,由于四五环之间轻型车的控制水平较低,四五环之间出现了与该区道路密度和交通活动水平不相称的较高面积排放强度。其中,主干路的面积排放强度与二四环之间城区主干路的面积排放强度水平相当。

4. 排放时变化规律

图 10-4 为各种道路类型上轻型车污染物排放量的逐时变化。由于普通轻型车的活动主要发生在白天,因此它们的污染物排放基本集中在 8:00~18:00 之间,分担了全天 70% 以上的污染物排放量。出租车在 19:00~0:00 之间活动仍然频繁,因此该时段出租车的排放水平非常高。

图 10-5 为全市污染物总排放量的时变化趋势,并与全市道路平均交通流量时变化趋势进行对比。其中,全市道路平均交通流量为各路段交通流量加权平均值,权重为路段长度。高峰时段,CO 的时排放量为 80 t/h,HC 的时排放量为 3.4 t/h,NO_x 的时排放量为 2.0 t/h。

宏观排放清单方法通常采用交通流量表征交通活动水平,这种方法得到的污染物排放时变化规律会与交通流量时变化趋势相同。而自下而上、基于路段的微观排放清单的模拟结果并非如此。由图 10-4 可以看出,污染物排放的时变化趋势

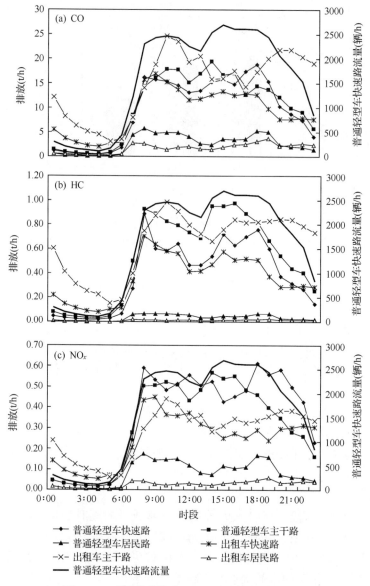

图 10-4　不同道路类型上的污染物排放量时变化

并不完全遵循交通量的时变化趋势。在 10.2.1 小节的方法学分析中提到,排放总量受交通密度、速度以及速度排放增量函数、加速度排放增量函数共同影响。在流量相对较低的 10:00～14:00,由于车辆可以保持较高的车速,单位时间的排放速率很高,因此在这个时段内的总排放量可以达到较高值;而另一方面,虽然 17:00～18:00 机动车流量较大,车流中机动车的车速很低,因此单车的排放速率很低,排放量反而可能会比交通平峰时刻的排放量要小。NO$_x$ 排放的时变化规律

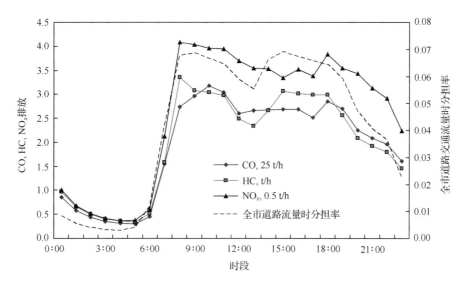

图 10-5　污染物排放总量的时变化

在此方面表现得尤为强烈,根据本书第 7 章对车辆排放实测结果的分析(图 7-12 和图 7-13),NO$_x$ 的排放速率受速度影响最大,对于电喷车,在速度高于 60 km/h 匀速行驶状态时,速度排放增量可达到 50 倍以上,而在速度低于 30 km/h 匀速行驶时,速度排放增量仅为 10 左右,这使速度排放增量这一因素在 NO$_x$ 排放模拟结果中居主导地位。因此在交通流较小,行驶车速较高的平峰时段会发生较高的 NO$_x$ 排放。

同样,CO 的排放增量函数也较高,对总排放量的影响也非常明显。此外,CO 的加速度排放增量相对较大,因此在加速度比例较高的时段,加速度排放增量函数会表现出较强优势。譬如,车辆在驰歇相间的主干路交通流里的 CO 排放速率比在快速路以相同速度平稳行驶时的排放速率高 25%～50%。在流量相对较小的时段,车辆在行驶过程中可自由加速,因此 P4 加速度区间的时间比例增加,CO 的排放速率也会升高。

对于 HC,由于速度排放增量和加速度增量均较小,交通流量对排放量的影响处于主导地位。因此 HC 排放量时变化和交通流量变化趋势最为接近。

由此可见,本节建立的微观排放清单方法可更细致地体现交通密度、速度以及速度排放增量函数、加速度排放增量函数对排放总量时变化的综合影响。

5. 排放清单的时空网格分布

将北京市研究区域按照 1 km×1 km 进行划分,计算每个网格内污染物的排放量。计算方法如式(10-9)所示。

$$M_i = M_i^{\mathrm{L}} + M_i^{\mathrm{A}} \tag{10-9}$$

其中，i 为网格编号，M_i 为网格 i 的污染物排放量，t；M_i^{L} 为线源，即快速路和主干路在网格 i 内的排放量，t；M_i^{A} 为面源，即居民路在网格 i 内的排放量，t。

图 10-6(a)～(c)为一些时段的污染物排放量空间网格化结果。排放的网格化结果可更直观地表现出北京市轻型车污染物排放时空分布规律。

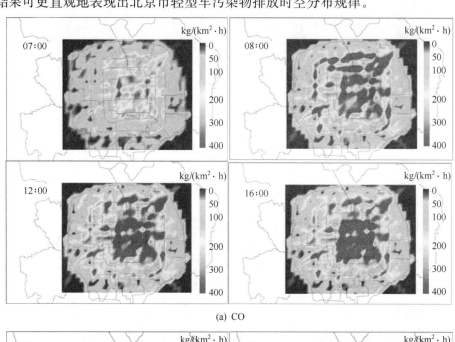

(a) CO

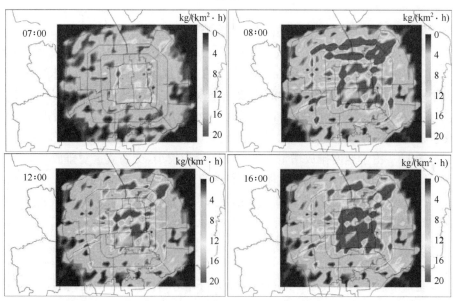

(b) HC

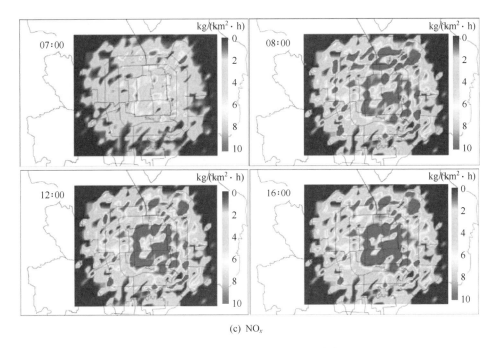

(c) NO$_x$

图 10-6　污染物排放空间网格分布

北京市轻型车污染物排放强度在空间分布上具有如下规律：①二环内城区，轻型车污染排放强度最高，尤其是长安街以及平安大街等路段属于高污染区域；②快速路上轻型车污染排放强度较高；③综合而言，北京北区的轻型车排放强度大于南区，主要是因为两个地区的交通活动水平差别较大；④北京城区内的景观和公园（故宫、天坛、动物园等）以及大院大所（北京高校等）等地区，出现"排放空洞"；⑤三种污染物的排放强度空间分布总体趋势相同，局部略有差异，譬如在北京南区快速路上，由于交通活动水平相对较低，行驶状况较好，车辆行驶速度较高，因此，速度排放增量较高的 NO$_x$ 会在南区快速路上出现排放高峰。

北京市轻型车污染物排放量在时间分布上具有如下规律：①7:00～8:00，北京市轻型车污染物排放量迅速增加，并在白天持续较高的排放水平；②20:00 开始，污染物排放水平明显下降；③机动车污染物排放的时变化特征与人类交通活动的总体变化趋势一致，但细节有所不同，这在前文中已经阐述了原因。

6. 轻型车年排放总量

采用式（10-10）计算北京五环以内轻型车的污染物排放总量。

$$Q_i = \sum_{m=1}^{12} \left[\zeta_m \times d_m \times \left(w_m \times \sum_{t=0}^{23} EM_t + h_m \times \sum_{t=0}^{23} (EM_t \times \lambda_{t,m}) \right) \right] \quad (10\text{-}10)$$

其中，i 代表污染物种类；m 代表月份；Q_i 为北京市轻型车队的 i 污染物年排放量，t；

ζ_m 为 m 月份的机动车活动水平调整系数，假设北京市居民的出行以及城市经济活动在不同月份不存在明显差别，每个月的 ζ 取值均为 1；d_m 为 m 月份的总天数，天；w_m 为 m 月中的工作日天数比例；h_m 为 m 月中的非工作日天数比例；t 代表时段；EM_t 为 t 时段内的污染物排放，t；$\lambda_{t,m}$ 为 m 月份内非工作日机动车活动水平对工作日的比值，这里没有对非工作日交通流量数据进行采集，根据国家科技专项"北京市大气污染控制对策"子课题"北京市大气污染的成因和来源分析"的调查研究，对 λ 取值如表 10-7 所示。

表 10-7　非工作日的活动水平系数

时段	λ	时段	λ	时段	λ	时段	λ
0:00～1:00	1.20	6:00～7:00	0.66	12:00～13:00	0.93	18:00～19:00	0.95
1:00～2:00	1.24	7:00～8:00	0.82	13:00～14:00	0.93	19:00～20:00	0.98
2:00～3:00	1.23	8:00～9:00	0.91	14:00～15:00	0.95	20:00～21:00	0.98
3:00～4:00	1.21	9:00～10:00	0.95	15:00～16:00	0.97	21:00～22:00	0.96
4:00～5:00	0.95	10:00～11:00	0.98	16:00～17:00	0.94	22:00～23:00	0.98
5:00～6:00	0.67	11:00～12:00	0.99	17:00～18:00	0.91	23:00～0:00	1.12

采用式(10-10)，计算得到 2004 年北京市轻型车热运行尾气排放总量为：CO 41.32 万吨，HC 1.69 万吨，NO_x 1.11 万吨。

20 世纪 90 年代以来，许多研究者对北京市机动车热运行状况下的尾气排放开展了定量研究。国家科技专项"北京市大气污染控制对策"子课题"北京市大气污染的成因和来源分析"的模拟结果为：1999 年北京市城八区机动车共排放了 90 万吨 CO、14.6 万吨 HC 以及 9.7 万吨 NO_x；Hao 等(2000)研究的模拟结果为：2000 年北京市轻型车共排放了 38 万吨 CO、5.4 万吨 HC 以及 1.7 万吨 NO_x。Wang 等(2010)得到的结果为：2004 年，北京轻型客车 CO 和 NO_x 的污染物排放量为 47 万吨和 3 万吨。导致上述研究结果存在差异的原因有很多，而且很复杂，很难定量分析。总体而言，基于微观排放清单得到的轻型车排放总量结果在数量级别上与上述清单研究结果相一致，但是结果总体偏低。除了内在的方法差异和研究域不同以外，技术分布和交通活动水平等基础数据的差别也会引起结果不同，而这些因素导致的结果差异很难定量估算。因此，为了更全面地评价本节建立的微观路段排放清单方法，下一节将微观路段排放清单与基于 MOBILE6 模型和 IVE 模型的宏观清单进行对比和分析，三个模型采用相同的行驶特征、车队技术分布和交通活动水平。

10.3　宏观排放清单和微观路段排放清单的对比和评价

以 2004 年北京市普通轻型车排放为例，采用一致的机动车活动水平、行驶特征和技术分布数据,建立基于 MOBILE 模型和 IVE 模型的宏观排放清单和基于 ICEM 的微观排放清单,然后对宏观和微观排放清单的准确性进行对比和评价。本书第 7 章 7.4 节描述了采用 MOBILE 模型和 IVE 模型模拟排放因子的方法和过程。由于清单的主要输出是排放量及其时空分布,以下重点对这两项内容进行对比。

10.3.1　排放量

三个清单采用了相同的技术分布、行驶特征和活动水平数据,因此三种方法得到的总排放量差异主要来自于两个方面:第一为基准排放因子数据库之间的差异;第二为方法差异。为了更好地确定各模型方法差异引起的结果不同,首先需要考察各模型排放因子数据库之间的差异。

1. 基准排放因子

MOBILE6 和 IVE 排放因子数据库均以美国 EPA 的机动车台架测试数据为基础,因此可认为上述两者的排放因子数据库是相同的。ICEM 采用的基准排放速率为处于[0,1 m/s)速度区间和 0 加速度区间的排放速率。MOBILE6 将速度分为 14 个区,其中第一个和第二个速度区间与 ICEM 基准数据库对应的行驶状态最为接近。MOBILE6 中,第一个速度区间为[0,2.5 mile/h),相当于[0,1.1 m/s),第二个速度区间为[2.5 mile/h,7.5 mile/h),相当于[1.1 m/s,3.3 m/s)。IVE 模型将行驶状态划分为 60 个 VSP 区间,其中第 11 区间与 ICEM 基准数据库对应的行驶状态最为接近,该区间的速度边界值并不固定,当加速度为 0 时,该区间的速度为[0,7.9 m/s)。

图 10-7 为 ICEM 模型基准排放速率和 MOBILE6 的第一、第二速度区间,以

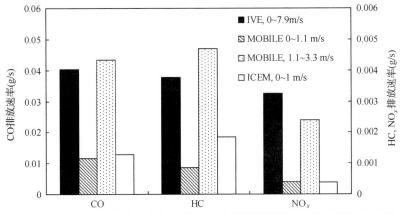

图 10-7　ICEM 基准排放速率与 MOBILE 和 IVE 模型相当行驶特征区间排放
速率的比较(车队平均)

及 IVE 模型 11 号 VSP 区间的排放速率对比。需要指出的是,IVE 的 11 号 VSP 区间不是纯粹的匀速区间,它根据美国实际工况包含一定的加减速比例。但是,IVE 模型假设同一 VSP 区间内排放速率相同,因此 11 号 VSP 区间的排放速率可看作是车辆在速度[0,7.9 m/s)区间行驶且不掺有任何加减速因素的排放水平。

综合分析,MOBILE6 的第一速度区间与 ICEM 所定义的基准排放速率的行驶状态更为接近,因此更具有可比性。ICEM 采用的 CO、HC 和 NO_x 基准排放速率分别比 MOBILE6 模型的第一速度区间排放速率高 10%、高 110% 和低 6%。需要注意的是,MOBILE6 第一速度区间仅是与 ICEM 基准排放速率的行驶状态最为接近,并非完全一致。

微观排放清单采用的 ICEM 模型基于车载测试,测试结果包含了许多实验过程中难以控制、后续数据处理程序中也难以完全剔除的不确定因素,此外测试样本数量有限。而 MOBILE6 模型和 IVE 模型的排放因子基础数据库基于美国几十年来上万辆车的台架测试。因此,从测试方法和样本数量的角度而言,ICEM 模型在准确度上与上述两个模型会有较大差距。

2. 总排放量

三种模拟方法基于不同的排放因子基准数据,因此,通过比较三者的排放量模拟结果偏差与基准排放因子偏差之间的浮动,可以分析宏观和微观两种清单方法的差异。表 10-8 为三种模型计算的 2004 年北京市四环内普通轻型车污染物排放量。

表 10-8　三种方法计算的 2004 年北京四环内普通轻型车污染物排放量结果对比

单位:万吨

	CO	HC	NO_x
宏观排放清单-基于 MOBILE6	9.68	0.44	0.64
宏观排放清单-基于 IVE	6.24	0.44	0.61
微观路段排放清单-基于 ICEM	13.21	0.48	0.39

三个清单的 HC 排放量结果较为一致,基于 ICEM 的微观清单的 CO 结果比两个宏观清单结果高 36%~110%,NO_x 结果比两个宏观清单结果低 36%~39%。然而,模型间的对比不能简单地从结果上分析。

ICEM 采用的 CO、HC 和 NO_x 基准排放因子与 MOBILE 第一速度区间的排放因子的差异分别为 +10%、+110% 和 -6%。根据表 10-8,基于 ICEM 模型的微观排放清单与基于 MOBILE6 的宏观排放清单的 CO、HC 和 NO_x 排放量相差分别为 +36%、+9% 和 -39%。两种偏差之间的变化大致剔除了模型间基础排放数据库的差异,基本上能体现方法之间的差异,对于 CO、HC 和 NO_x,两种偏差之间的变化分别为 26%、−101% 和 −33%。造成这种变化的原因是多方面的。关于 CO 的偏差变强的主要解释是,MOBILE 模型在处理加速度对排放的影响方面很弱,而 ICEM 模型考虑了加速度对排放的影响,根据 ICEM 的 CO 加速度增量函数,中加速和急加速可引起 3.6~10.1 倍的排放增量(第 7 章 7.3 节表 7-8),此外,ICEM 为电喷＋三元催化车设置的 CO 速度增量函数也较高(第 7 章 7.3 节表 7-7),这些因素使基于 ICEM 和 MOBILE 模型的两个清单 CO 结果偏差在基准排放因子的偏差上又增加了 26%。HC 和 NO_x 负偏差增强的原因与两个模型排放因子与速度之间的函数差异有很强的关系。

需要指出,MOBILE6 和 IVE 两个模型具有相似的基准排放因子数据库,但由于基于不同方法,它们的 CO 总排放结果之间亦存在 78% 的误差。因此基于 ICEM 模型方法得到的排放量与基于 MOBILE 模型方法得到的排放量之间的偏差在两者基准排放因子偏差上产生的变化属合理范围之内,说明基于 ICEM 模型建立的微观排放清单在方法上具有基本的可靠性和准确性。随着测试样本的增加,微观清单的准确程度还会进一步提高。

10.3.2　排放的时空分辨率

由于活动水平相同,排放量的时空分布准确性取决于排放因子的时空分辨率。排放因子模型方法决定了排放因子的时空分辨率,本书第 7 章 7.3 节采用了相同的行驶特征和技术分布数据计算并对比了 MOBILE6.2、IVE 和 ICEM 三个模型的排放因子,在时空分辨率方面得到的主要结论如下:

1) 时间分辨率上,ICEM 模型的模拟方法可表现出不同时段机动车行驶状态对排放因子的影响,在时间分辨率上与 IVE 模型相当,并优于 MOBILE6 模型。

2) 空间分辨率上,MOBILE6 模型对速度采取等区间划分,但是由于没有考虑加速度对排放的影响,准确性输于工况模型和瞬态模型。IVE 模型对 VSP 区间的划分基本参照美国行驶工况特点,低速区划分较粗,高速区划分较细,而北京居民路和主干路多处于低速区。ICEM 的速度区间划分采用小间隔等分划分模式,加速度区间以北京市轻型车在不同道路行驶状态下的加速度出现频率为依据进行划分。因此,ICEM 更适用于模拟中国城市轻型车污染特征,可达到的空间分辨率将优于 IVE 和 MOBILE 模型。

综上,因为瞬态排放因子模型比宏观和工况排放因子模型具有更高的时空分辨率,因此微观排放清单的排放时空分布准确性将优于宏观排放因子模型。

10.3.3　应用优势

由于微观清单的排放因子和活动水平具有较高的时空分辨率,因此微观机动车排放清单的应用优势之一为支持空气质量模拟研究。

　　微观排放清单对各影响因素的描述具有较高的独立性和灵活性。与宏观排放清单模式不同，微观排放清单基于自下而上的方法可根据研究需要逐一考察并量化各种影响因素，因此可直接反馈各种影响因素对排放的影响。微观机动车排放清单方法不但考虑了机动车排放速率、路段行驶特征和道路交通密度，还将城市土地利用模式、交通规划与交通设施建设以及交通管理等因素纳入到清单计算中，因此微观排放清单方法可用于交通措施和项目的环境影响评价，支持与交通相关的机动车污染控制决策等。在美国等国家，微观排放清单模型广泛应用于评价交叉路口信号灯策略、高速公路收费模式和鼓励拼车出行（carpool）等交通措施的环境影响，这是微观排放清单模型主要应用优势。

　　另一方面，还需要认识到，微观排放清单的局限性在于它的数据需求远大于宏观清单，因此在实际应用中，应首先明确所要解决问题的性质和尺度，从而选择合适的方法。微观路段排放清单在模拟城市综合排放因子及城市宏观排放清单时，在准确性上并不比宏观排放清单占有优势，而且微观排放清单的数据需求和工作量还会成倍增加。

参 考 文 献

《北京规划建设》编辑部. 1994a. 北京城市总体规划综述（之二）. 北京规划建设，1994(1)：10-15

《北京规划建设》编辑部. 1994b. 北京城市总体规划综述（之三）. 北京规划建设，1994(2)：7-12

北京市交通委员会，北京交通发展研究中心. 2004. 北京市交通发展纲要. http://www.chinaeol.net/bell-green/ppt/bjjt.pdf

崔志华. 2009. 城市道路单向改造对交通排放的影响研究：［硕士学位论文］. 长春：吉林大学

李力，姜锐，贾斌，等. 2011. 现代交通流理论与应用. 北京：清华大学出版社

李璐，蔡铭，刘永红，等. 2011. 行人过街设施节能减排效果评价研究及应用. 环境科学与技术，34(6G)：307-311

刘皓冰，熊英格，高锐，等. 2010. 基于微观仿真的交叉口车辆能耗与排放研究. 城市交通，8(2)：75-79

孙凤艳. 2008. 基于微观交通仿真的城市道路交叉口减排方法研究：［硕士学位论文］. 长春：吉林大学

王轶，何杰，李旭宏，等. 2012. 基于 VISSIM 的九华山隧道交通尾气污染模拟分析. 武汉理工大学学报，34(1)：1-5

威廉姆·劳埃茨巴赫. 1998. 交通流理论导论. 徐贺文，等译. 北京：北京工业大学出版社

吴孟庭，李铁柱，何炜. 2010. 考虑环境影响的公交专用道规划方案评价研究. 交通运输工程与信息学报，8(1)：82-88

吴孟庭，李铁柱. 2009. 路段公交专用道对车辆燃油消耗与污染物排放的影响分析. 交通运输工程与信息学报，7(3)：78-86

张生瑞. 2010. 交通流理论与方法. 北京：中国铁道出版社

殷丽. 1999. 北京市区道路网系统功能调整及加密规划. 北京城市建设，6：27-29.

Ahn K，Rakha H. 2007. Field evaluation of energy and environmental impacts of driver route choice decisions. Proceedings of the 2007 IEEE Intelligent Transportation Systems Conference, Seattle, WA, USA, September, 2007

Ahn K,Rakha H. 2008. The effects of route choice decisions on vehicle energy consumption and emissions. Transpn. Res. -D 13: 151-167

Bandeira J,Carvalho D O,Khattak A J,et al. 2012. A comparative empirical analysis of eco-friendly routes during peak and off-peak hours. 91st Transportation Research Board Annual Meeting CD-ROM,TRB 12-0570. Washington,D. C. ,January 2012.

Bared J,Yang C Y D,Huang P,et al. 2011. Modeling transportation systems: past,present,and future. Public Roads,75(2). http://www. fhwa. dot. gov/publications/publicroads/11septoct/02. cfm

Boriboonsomsin K,Barth B. 2008. Impacts of freeway high-occupancy vehicle lane configuration on vehicle emissions. Transpn. Res. -D,13: 112-125

Chandler R E,Herman R,Montroll E W,et al. 1958. Traffic dynamics: Studies in car following. Operations Research,6(2) : 165-184

Fellendorf M,Vortisch P. 2000. Integrated modeling of transport demand,route choice,traffic flow and traffic emissions. 79th Transportation Research Board Annual Meeting CD-ROM. Washington, D. C. , January 2000.

Hao J M,He D Q,Wu Y,et al. 2000. A study of the emission and concentration distribution of vehicular pollutants in the urban area of Beijing. Atmos. Environ. ,34: 453-465

Pains L I,Broekx S,Liu R H,et al. 2006. Modeling instantaneous traffic emission and the influence of traffic speed limits. Sci. Total Environ. ,371: 270-285

Stathopoulos F G,Noland R B. 2003. Induced travel and emissions from traffic flow improvement projects. Transp. Res. Record,1842: 57-63

Wang H K,Fu L X,Zhou Y,et al. 2010. Trends in vehicular emissions in China's mega cities from 1995 to 2005. Environ. Pollut. ,158: 394-400

第 11 章　挑战与展望

11.1　问题与挑战

1. 机动车排放的模拟存在多种不确定性

影响机动车排放的因素多而且复杂,因此机动车排放计算具有多种不确定性来源。以机动车热运行过程为例,热运行排放计算的不确定性主要来自两个方面:机动车活动水平和机动车排放因子。

机动车活动水平包括机动车保有量和单车活动水平。在计算国家和省一级较为宏观的排放时,机动车保有量可以从统计资料中获取,数据较准确,不确定性较小。但计算市县一级的排放时,由于统计数据不全,一些研究采用市县的人均GDP 或人口对省级排放量进行分配。这种方法将产生较大的不确定性,因为市县的机动车保有量/排放量与人均 GDP 或人口之间不存在明显的线性关系。降低不确定性的方法之一是基于机动车拥有量随人均 GDP 变化表现出的"S"形增长曲线分解省级保有量,例如本书第 9 章 9.3 节提出的县级机动车保有量确定方法。

单车活动水平主要指机动车年均行驶里程,该项参数直接影响排放计算结果。由于中国的统计系统尚未纳入机动车年均行驶里程,目前的研究主要通过实地调研的方法确定机动车单车行驶里程,这种方法的不确定性主要来自取样地点的代表性以及数据的样本数。大幅度增加调查城市以及样本数量可有效降低不确定性,但是会成倍增加研究成本。更坚实可靠的数据依赖于中国统计部门对这方面工作的完善。

机动车排放因子主要由排放测试确定。首先,测试系统本身存在系统误差,重复测试或对多种测试方法的结果进行比较均可消除一部分系统误差。而且,测试选取的样本代表性会引入一定的误差。每辆车均有自己的特殊性,若样本数不足,测试结果则无法代表整体车队的排放特征。拥有大规模样本的测试研究通常会产生可信度较高的测试结果。美国 EPA 开发的 MOVES 模型基于上百万辆车的测试数据,极大地降低了由样本特殊性引入的不确定性。目前,中国已开展了多项机动车测试研究,但受时间和成本所限,样本规模普遍较小,由此确定的排放因子具有一定的误差。若能将现有的测试研究进行整合,同时结合中国的官方认证测试开展综合分析,可大幅度降低中国机动车排放因子的不确定性。

此外,排放与行驶状态有关,中国的机动车排放研究主要采用一段城市综合行驶工况代表一个城市平均的行驶状态,这段工况的代表性会影响排放模拟结果的准确性。此外,综合行驶工况是一种静态的表达方法,不适用于模拟特殊时段特殊路段的车辆排放。目前国际上的研究趋势是应用交通模型生成汽车行驶状态,解决了工况法的代表性问题和静态问题。

中国在较短时间内实施了多阶段排放标准,导致在路车队的技术组成非常复杂。由于不同技术等级的排放因子差别较大,车队的平均排放因子对技术分布非常敏感。目前大多数研究确定技术分布的方法基于新车注册量和存活曲线。对于国家级的清单计算,新车注册量/销售量可从国家统计数据中获取,存活曲线的确定可根据车辆更新和报废规律由历年的新车量和汽车保有量推算。这种方法基于统计数据,因此引入的不确定性较小。但对于省级的清单计算,因缺少完整的分省新车注册量/销售量统计信息,以往研究大多假设省级的机动车技术分布与全国的车队技术分布相同。由于中国经济发展的省际差异很大,这种处理方法用在发展相对较快或较慢的省份时会引入较高的误差。本书 9.3 节基于有限的省级新车注册统计数据,建立了计算分省技术分布的方法,大幅度缩小了这项误差。但由于缺少市/县的新车数据,本书 9.3 节在计算市/县级机动车排放时,假设市/县级车队的技术分布与所属省份的车队技术分布相同。这种假设具有一定的不确定性,其大小与一个省内各市/县的发展平衡状况相关。

上述不确定性分析主要针对车辆热运行排放。对于车辆的启动排放和蒸发排放,不确定性的来源大致相同,即机动车活动水平和排放因子。目前中国针对车辆启动排放和蒸发排放的研究相对较少。值得指出的是,随着尾气排放标准的不断加严,启动排放和蒸发排放所占的比例越来越高,在机动车排放清单中的重要性也将更为明显。因此,分析这两种排放相关的活动水平和排放因子的不确定性,并开展测试、实地调研和方法学研究来降低不确定性,对建立准确、全面的机动车排放清单具有重要意义。

2. 城市机动车排放清单需要与交通模型动态耦合,体现城市土地利用及城市规划对机动车排放的影响

城市机动车排放清单需要能够支持城市环境管理及城市发展规划等政府决策。机动车活动密度及分布与城市土地利用特征(即功能区分布)密切相关,而中国城市正处在快速的发展和建设中,解析未来城市土地利用变化以及城市发展规划对机动车排放产生的影响对加强城市环境管理具有重要意义。例如,北京市正在全城范围内加大地铁和轻轨基础设施的建设,这将改变城市各功能区出行的发生和吸引量,导致城市机动车活动密度和分布发生变化,进而影响机动车排放量及其空间分布。

建立机动车排放与城市土地利用之间定量关系的方法之一是将城市交通流理

论引入到城市机动车排放清单方法学中,实现机动车排放清单模型与包含城市土地利用属性的交通模型之间的动态耦合。首先应用交通模型模拟土地利用变化导致的交通出行改变和交通流变化,然后应用排放清单模型模拟交通变化引起的机动车排放变化,这项工作的难点和重点在于建立两个模型系统的耦合机制以实现两者的无缝连接。

3. 未来清单研究中需要建立新能源汽车排放的模拟方法

大城市等某些重点地区的空气质量问题日益严峻,对此地方政府将采取更为严格的尾气排放控制措施。新能源汽车(主要包括纯电动车和插电式电动车等)作为一种超低排放车和"零排放车",将成为解决地区空气污染的重要方案之一,在未来汽车市场占有相当的比例。2012 年,美国加州政府修订了"零排放车(zero emission vehicle)"法规,提出到 2025 年零排放车(包括氢燃料电池车、纯电动车和插电式电动车)的销量达到 150 万辆,市场占有率将达到 15.4%(Brown,2013)。2012 年,我国国务院出台的《节能与新能源汽车产业发展规划》中明确指出,新能源汽车的累计销量至 2015 年达到 50 万辆,至 2020 年达到 500 万辆,届时新能源汽车在全国的市场占有率将达到 5%~8%,在北京等重点城市的汽车市场中所占份额将更高。由此可见,十年内先进技术车辆在车队中将占有一定比例,因此未来的机动车排放模型方法需要能够定量模拟这些车辆产生的排放。

由于排放性质不同,新能源汽车与传统汽油车和柴油车的排放计算方法差异很大。例如,纯电动车的尾气排放为零,但是它上游的发电过程排放了大量的污染物。计算这类机动车的排放时,需要重新定义研究边界,综合考虑全生命周期的排放,并针对具体城市的固定源分布特点建立分配方法,以确定全生命周期排放发生在城市区域的部分。插电式电动车的排放计算更为复杂,它分为两个部分:用电部分和用油部分。如何分配两者的行驶距离是定量模拟插电式电动车排放的难题,同时用电部分仍需要考虑发电过程的排放。在微观排放清单研究中,还需要确定用电和用油两种行驶距离发生的地理位置。

4. 区域道路交通(城际交通)排放尚缺乏可靠的模拟方法

排放清单需要能够准确表征排放量的空间分布。机动车流动的特点使得其在空间分布表征方面比固定源难度更大。

机动车排放主要发生在城市(县)内和城际公路上,其中城市交通路网较密集,城市排放常被看作是面源;而城际交通密度低距离长,因此城际排放通常被看作是线源。由于缺乏机动车活动的地理分布信息,以往研究一直未能很好地将排放量按照两种排放发生区域分开,降低了机动车排放清单空间分布的准确性。一部分研究将机动车排放全部按照面源排放处理,无法体现机动车排放在城际公路上的空间分布特征;还有一部分研究根据各级高速公路/道路的交通流量和长度分配排放量,但忽略了城市次级路和居民路的交通流量,不能体现城市内机动车活动和排放的空间分布特征。

如何准确模拟区域道路交通(即城际交通)的排放是提高机动车排放空间分布准确性的核心问题。本书第 9 章 9.3 节根据 2010 年在河北和山东开展的货车行驶工况调查确定了各类货车在各级道路上的里程分布,为区域道路交通排放模拟提供了一种方法,但这种方法尚不完善。首先它是一种静态的方法,无法推延到其他年代,而且两个省份调查数据的代表性还存在疑问。更为可靠的方法需建立在大量的、动态的高速公路交通流量信息基础上。美国各州的交通统计部门基于本州各种道路上各类车的交通流量设计了一套动态算法,得到逐年/月的各种车型城际和城市里程分布比例,其中还识别出外地车的流量。这些统计数据是美国计算机动车城际交通排放的基础。

5. 非道路流动源排放模拟的研究方法存在许多不足

非道路交通流动源包括三轮农用车、低速载货车(也称为四轮农用车)、火车、各种船类、飞机、农业机械和工程机械等运输机械。虽然在数量上少于道路机动车,但由于非道路运输机械主要消耗柴油,而且活动密度高,因此它们在流动源排放中占有相当高的比例。研究表明,2010 年中国非道路交通源的 $PM_{2.5}$ 和 NO_x 排放分别占流动源排放的 49% 和 32%(来自 MEIC 模型,http://www.meicmodel. org/)。随着道路流动源的控制力度不断加大,非道路流动源的排放贡献呈现逐年升高的趋势。

非道路流动源在活动和排放特征方面与道路机动车差别较大,两者的排放模拟方法也有很多差异。由于种类多而且性质各不相同,非道路流动源排放的表征具有更高的难度。因为非道路运输机械的活动水平和排放数据较难获取,目前的流动源清单研究中很少考虑非道路流动源,或采用简单的基于燃料消耗的方法估算非道路流动源的排放,其中燃料消耗量的确定基于统计数据和若干假设,基于燃耗的排放因子(g/kg 油)由普通柴油机的排放因子确定。由于对非道路运输机械的活动规律和排放特征缺乏深入理解,无法对相关假设的可靠性进行验证,因此这种方法具有较高的不确定性。

非道路流动源排放模拟方法学的改进首先需要提高基础数据的准确性和可信度。在排放因子方面,非道路运输机械的国产化率较高,而且与国外机械的技术差异较大,因此很难借鉴国外的测试结果。中国对非道路流动源排放已开展了一些测试研究。魏安等(2011)测试了营运船舶柴油机的 NO_x 排放,付明亮等(2013)测试并分析了农业拖拉机在怠速、行走和耕作三种操作模式下的 CO、HC、NO_x 和 PM 排放水平。Yao 等(2011)测试了北京三轮农用车和低速载货车的污染物排放,并与同等重量的轻型柴油卡车的排放水平进行了对比。在活动水平方面,掌握各种非道路运输机械使用强度及活动地域分布的方法之一是广泛开展调研工作。目前中国在这方面的研究积累非常少,这应该成为未来非道路流动源排放研究的重点工作之一。

11.2 研究展望

针对上述问题和挑战,未来机动车排放模型研究的发展方向将主要集中在测试手段、数据采集方法以及模型分析方法上,发展纳入先进分析技术的多元化分析方法,提高清单的质量,加强清单的应用功能。主要包括:

1. 与交通和环境管理部门合作,发展自动化测试技术和智能数据采集方法,提高基础参数的数据质量

排放因子及活动水平的数据质量很大程度上决定了排放因子模型与清单的可靠性和准确性。为了提高数据质量,传统的研究多采用增加测试样本、扩大数据采集区域的方法,这将导致研究的时间成本和人力成本成倍增加。从过去几十年国际机动车排放研究发展进程来看,排放测试程序正朝着便捷、快速的方向发展;在活动水平数据获取方面,越来越多地借助政府管理部门的协调职能和服务职能来收集大规模样本数据。未来中国机动车排放研究的一个重要发展方向是与交通和环境管理部门开展合作,发展可实现自动化测量排放的测试技术以及可获取大规模活动水平数据的智能数据采集方法,改善机动车排放研究基础参数的数据质量。

2. 加强排放因子模型和清单的不确定性分析,提升清单质量

机动车排放的影响因素多,因此产生不确定性的来源较多。在研究的时间域和空间域发生改变时,各种影响因素的不确定性以及机动车排放对各项参数的敏感程度也会产生变化。应该在机动车排放因子和清单中建立不确定性分析模块,针对不同的研究域识别出对排放结果影响最为显著的关键参数,提高高敏感参数的准确性,降低清单的不确定性,提升清单质量。

3. 应用卫星观测方法分析机动车排放,发展多元化分析手段

近年来,大气污染物的卫星遥感观测技术得到了迅速的发展。目前已有十多颗在轨的卫星提供大气中气溶胶、温室气体及气态污染物的遥感观测数据。利用卫星遥感观测技术定量分析大气污染物排放的方法越来越受到关注。卫星观测方法由观测的浓度反演排放量,与机动车排放清单的方法学基础完全不同,因此可作为验证和校正排放清单方法的重要手段。随着卫星数据精度的改善,这一方法的应用已从校验大尺度排放清单逐渐拓展到验证和反演特定源的排放,例如大点源、城市排放、高速公路排放等。在未来,随着静止卫星等新一代高分辨率卫星的发射,卫星数据的观测精度将得到很大提高,进一步发展这一方法将会对提高和改善区域道路交通及非道路流动源等较难准确定量表征的排放源的模拟方法产生较大的促进作用。

　4. 在清单方法中引入生命周期分析方法,拓展交通排放研究边界

　全球范围内,汽车技术和燃料种类正趋向多样化,未来的汽车技术将不局限于传统汽油/柴油内燃机车,机动车排放清单研究也将朝着可模拟多种汽车技术/燃料排放的方向发展。各种燃料上游的排放源性质差异很大,需要在机动车排放清单中建立生命周期分析方法,将煤炭化工、石油化工及电力等多个部门纳入机动车排放清单研究中。在这个分析框架下,不仅可以模拟非传统汽车/燃料技术的排放,还可以分析电力、工业等多种排放源的控制措施对交通排放产生的影响。美国对此已经开展了许多工作,例如美国 EPA 开发的新一代机动车排放模型 MOVES 中嵌入了先进汽车技术和燃料生命周期模型 GREET 模型,可模拟电动车、插电式混合动力车、乙醇燃料等新汽车/燃料技术进入车队后对机动车总排放产生的影响。

参 考 文 献

付明亮,丁焰,尹航,等. 2013. 实际作业工况下农用拖拉机的排放特性. 农业工程学报,29(6):42-48

魏安,韩雪峰,吕代臣,等. 2011. 远洋船舶 NO_x 排放量的测量. 重庆交通大学学报(自然科学版). 2011, 30(1):166-170

Brown J. 2013. 2013 ZEV Action Plan:A Roadmap toward 1. 5 Million Zero-Emission Vehicles on California Roadways by 2025. Office of Governor Edmund G. Brown Jr

Yao Z L, Huo H, Zhang Q, et al. 2011. Gaseous and particulate emissions from rural vehicles in China. Atmos. Environ. ,45:3055-3061

缩 略 词 表

（一）机动车排放模型

CMEM	Comprehensive Modal Emission Model，美国加州大学河滨分校综合模式排放模型
COPERT	Computer Programme to Calculate Emissions from Road Transport，欧洲道路交通排放模型
DCMEM	Driving-Cycle Based Mobile Emission Factors Model，中国清华大学工况排放因子模型
EMFAC	Emission Factors，美国加利福尼亚州机动车排放因子模型
EMIT model	Emissions from Traffic model，美国麻省理工大学交通排放模型
GREET	Greenhouse gases，Regulated Emissions，and Energy use in Transportation，美国阿岗国家实验室燃料/汽车生命周期模型
ICEM	Instantaneous Car Emission Model，中国清华大学轻型车瞬态排放因子模型
IVE model	International Vehicle Emission model，美国加州大学河滨分校国际机动车排放模型
MOBILE	Mobile Source Emission Factor Model，美国 EPA 流动源排放因子模型
MOVES	Motor Vehicle Emission Simulator，美国 EPA 机动车综合排放因子模型
MVEI	Motor Vehicle Emission Inventory，美国加州空气资源局机动车排放清单模型
PART	Particulate Emission Factor Model，美国 EPA 颗粒物排放因子模型
VT-Micro	Virginia Tech Microscopic Energy and Emission model，美国弗吉尼亚理工大学微观能源和排放模型

（二）机动车排放测试工况

C-FTP	Cold Federal Test Procedure，低温美国联邦测试规程
ETC	European Transient Cycle，欧洲重型发动机瞬态测试工况
EUDC	Extra Urban Driving Cycle，欧洲补充城市工况
FTP	Federal Test Procedure，美国联邦测试规程
HWFET	Highway Fuel Economy Test，美国高速公路燃料经济性测试循环
LAFY	Los Angeles Freeway，洛杉矶高速工况
LANF	Los Angeles Non Freeway，洛杉矶城市工况
MEC01	Modal Emission Cycle 01，美国模式排放工况
MVEG-A	Motor Vehicle Emission Group-A，欧洲测试工况（即 ECE＋EUDC）
MVEG-B	Motor Vehicle Emission Group-B，新欧洲测试工况（即 NEDC）
NEDC	New European Driving Cycle，新欧洲测试工况
NYCC	New York City Cycle，美国纽约城市工况（轻型车）

NYNF	New York Non Freeway,美国纽约城市工况(重型车)
UCDS	California Unified Cycle Driving Schedule,美国加州标准测试规程(也称 UC 工况和 LA92 工况)
UDC	Urban Driving Cycle,欧洲城市工况
UDDS	Urban Dynamometer Driving Schedule,美国城市道路工况(即 FTP-72)

(三)大气污染物

BC	Black carbon,黑碳
CO	Carbon monoxide,一氧化碳
HC	Hydrocarbon,碳氢化合物
NMHC	Non-methane hydrocarbon,非甲烷碳氢化合物
NMOG	Non-methane organic gas,非甲烷有机气体
NMVOC	Non-methane volatile organic compound,非甲烷挥发性有机物
NO_x	Nitrogen oxide,氮氧化物
OC	Organic carbon,有机碳
PAH	Polycyclic aromatic hydrocarbon,多环芳烃
ROG	Reactive organic gas,活性有机气体
SO_2	Sulfur dioxide,二氧化硫
SOF	Soluble organic fraction,可溶性有机组分
THC	Total gaseous hydrocarbon,总气态碳氢化合物
TOG	Total organic gases,总有机气体
VOC	Volatile organic compound,挥发性有机物

(四)测试与分析方法

AMS	Aerosol mass spectrometer,气溶胶质谱仪
CMB	Chemical mass balance,化学质量平衡
CPC	Condensation particle counter,凝结粒子计数器
CVS	Constant volume sampling system,定容采样系统
DUV	Dispersive ultraviolet spectroscopy,分光紫外分析法
ELPI	Electrical low pressure impactor,电子低压冲击仪
FID	Flame ionization detector,火焰离子检测器
MAAP	Multi Angle Absorption Photometer,多角度光散射黑碳气溶胶分析仪
MERL	Mobile Emissions Research Laboratory,美国加州大学河滨分校流动源排放测试研究实验室
NDIR	Non-dispersive infrared spectroscopy,不分光红外分析法
NDUV	Non-dispersive ultraviolet spectroscopy,不分光紫外分析法
PEMS	Portable emissions measurement system,车载排放测试系统
SHED	Sealed housing for evaporative determination,密闭室蒸发确定程序
SMPS	Scanning mobility particle sizer,扫描式粒径分析仪
TILDAS	Tunable infrared laser differential absorption spectroscopy,调谐红外激光差分吸收光谱

VOCE   Vehicle occupancy characteristics enumerator, 车辆使用特征记录仪

（五）其他

AIR   Air Improvement Resources, Inc. , 空气改善资源公司

AQIRP   Auto/Oil Air Quality Improvement Research Program, 美国汽车/石油空气质量改善研究项目

ARI   Aerodyne Research Inc. , 美国重飞行器研究中心

CARB   California Air Resource Board, 美国加利福尼亚州空气资源局

CFR   Code of Federal Regulations, 美国联邦法典

CPF   Catalyst pass fraction, 通过催化剂的污染物比例

CRC   Coordinating Research Council, 美国协调研究委员会

CONCAWE   Oil Companies' European Association for Environment, Health and Safety in Refining and Distribution, 欧洲石油化工协会

DCW   Digital Chart of the World, 世界数字地图

EEA   European Environment Agency, 欧洲环保署

FHWA   Federal Highway Administration, 美国联邦高速公路管理局

GPS   Global Positioning System, 全球定位系统

GIS   Geographic Information System, 地理信息系统

HPMS   Highway Performance Monitoring System, 美国公路绩效监测系统

I/M   Inspection/Maintenance, 检查与维护

MPG   Miles per gallon, 每加仑油的行驶里程数

MSAT   Mobile source air toxic, 移动源空气有毒物质

NCHRP   National Cooperative Highway Research Program, 美国国家公路合作研究计划

NRC   National Research Council, 美国国家研究委员会

ORVR   On-board refueling vapor recovery, 车载加油蒸气回收

PCV   Positive crankcase ventilation, 曲轴箱强制通风

PERE   Physical emission rate estimator, 物理排放速率估算因子

PTW   Pump-to-wheels, 油泵到车轮

RVP   Reid vapor pressure, 里德蒸气压

SHO   Source hours operating, 源运行小时数

SIPs   State implementation plans, 美国州实施计划

TAF   Traffic adjustment factor, 交通流调整因子

TAZs   Traffic analysis zones, 交通分析区

TWC   Three way catalysts, 三元催化剂

UOP   Universal Oil Products, 环球油品公司

USEPA   U. S. Environmental Protection Agency, 美国环境保护署

VIUS   Vehicle Inventory and Use Survey, 美国机动车清单和使用调查

VSP   Vehicle specific power, 机动车比功率

WTP   Well-to-pump, 矿井到油泵

单位换算表

1 ppm(part per million,百万分之一)＝1 μL/L（体积浓度）或者 1 mg/kg(质量浓度)

1 gal (gallon,加仑)＝3.78 543 L

1 psi(pounds per square inch)＝6 894.757 29 Pa

1 ft (foot,英尺)＝0.3048 m

1 lb(pound,磅)＝0.453 592 kg

1 bhp (break horsepower,制动马力)＝0.7457 kW

1 hp (horsepower,马力)＝0.7457 kW

1 mile (英里)＝1.609 km

1 ft-lbs (英尺•磅)＝1.3558N•m

1 hp/lb (马力/磅)＝1.643 W/g

1 g/bhp-hr(grams per brake horsepower-hour)＝1.341 g/kWh

索　引

B

标准测试工况　87
不完全燃烧　17
部门宏观调查　59

C

长时间怠速排放　283
车队模型法　73
车辆行驶里程　301
城市综合行驶工况　98
催化剂效率　228
存活曲线　75
存活曲线反演法　78
存活曲线正演法　73

D

代用参数　22
怠速排放　19
道路车载测试　35
道路遥感测试　31

E

二氧化硫　2

F

复合污染　3
富燃　17

G

高排放车　20
工况排放因子模型　176

光化学烟雾　3,5

H

含碳颗粒物　2
黑碳　2
宏观机动车排放清单　298
宏观排放因子模型　136
化学计量比　17
黄标车　11
挥发性有机物　1

J

机动车活动水平　59
机动车技术分布　59
机动车排放标准　10
机动车排放清单　298
机动车排放清单模型　13
机动车排放因子模型　12
机动车污染控制　5
基准标准因子　137
加速度时间分布　120
加油损失　42
检查/维护制度　11
交通仿真模型　303,348
交通分析区　302
交通活动　300
交通模型　302
静置损失　42

K

空燃比　17
矿井到油泵　271

L

冷启动排放　19
理论空燃比　17
劣化率　138
零公里排放　138
路段排放速率　257
路段行驶特征　116

M

密闭室蒸发测试方法　44

N

氮氧化物　1

P

排放清单网格化　308
排放速率　13,36
排放增量　249
贫燃　17

Q

启动排放　19,21
前体物　3
曲轴箱排放　42

R

燃料消耗排放因子　156
热浸时间　19
热浸损失　42
热力型 NO_x　17
热启动排放　19
热稳定运行排放　19

S

三元催化剂　18
瞬态排放因子模型　216

速度时间分布　121
隧道测试　29

T

台架测试　28
碳捕集方法　44
特征参数法　104

W

微观机动车排放清单　347
微观交通调查　348
微观排放因子模型　216
问卷调查法　61

X

行驶特征参数　104
行驶特征曲线　105
修正因子　138

Y

一氧化碳　1
移动实验室测试　38
源运行小时数　272
运行损失　42

Z

蒸发排放　42
昼夜换气排放　42
综合排放因子模型　266

其他

CMEM 模型　220
COPERT 模型　150
C-FTP 工况　90
EMFAC 模型　148
FTP 工况　89
Gompertz 生长曲线　300

HWFET 工况　92

MOBILE5 模型　137

MOBILE6 模型　145

MOVES 模型　266

NEDC 工况　88

SC03 工况　90

UC 工况　90

US06 工况　90

VKT 速度分布　306

VSP　180

彩　　图

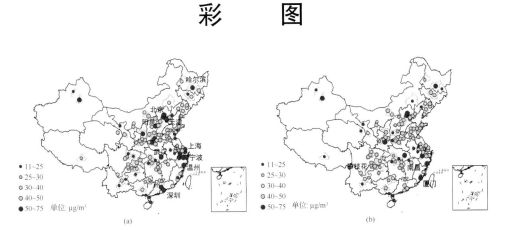

图 1-2　2003 年(a)及 2012 年(b)上半年全国百余个环境保护重点城市 NO₂ 年均浓度图

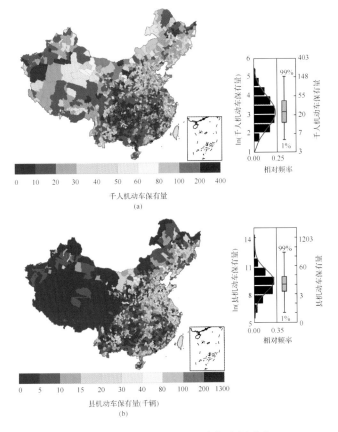

图 9-14　2008 年各县机动车保有量分布

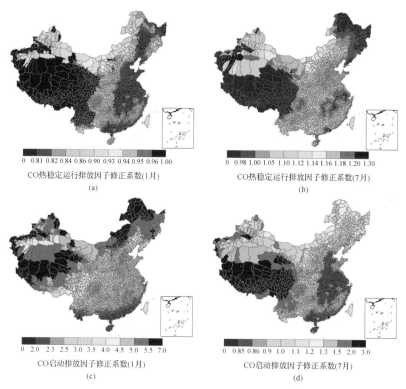

图 9-20　轻型汽油客车 CO 排放因子修正系数的时空分布特征

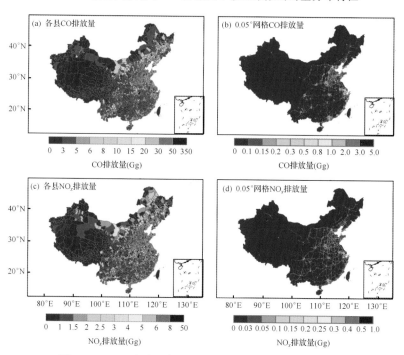

图 9-22　2008 年中国机动车县级及 0.05°网格排放结果